Handbuch der Fräserei.

Kurzgefaßtes Lehr- und Nachschlagebuch für den allgemeinen Gebrauch in Bureau und Werkstatt.

Gemeinverständlich bearbeitet

von

Emil Jurthe und **Otto Mietzschke,**

Ingenieure.

Dritte, umgearbeitete und vermehrte Auflage.

Mit 330 Abbildungen, Tabellen und einem Anhang über Konstruktion der gebräuchlichsten Zahnformen bei Stirn- und konischen Getrieben, sowie Schnecken- und Schraubenrädern und die dafür festgelegten Normen.

Springer-Verlag Berlin Heidelberg GmbH 1912

ISBN 978-3-662-35494-0 ISBN 978-3-662-36322-5 (eBook)
DOI 10.1007/978-3-662-36322-5
Softcover reprint of the hardcover 3rd edition 1912

Vorwort zur dritten Auflage.

Mit vorliegendem Werk „Handbuch der Fräserei“ übergeben wir der Öffentlichkeit ein Hilfs- und Nachschlagebuch, dessen Zweck darin bestehen soll, den Techniker, Meister und strebsamen Maschinenbauer in das so wichtige Gebiet der Fräserei einzuführen.

Das Werk behandelt alles Wissenswerte, was zur gründlichen Kenntnis der Herstellung, Erhaltung und Anwendung der Fräser und zur Bedienung der dazu erforderlichen Maschinen und Vorrichtungen unbedingt nötig ist. Die heute so vielseitige Anwendung des Fräsers gebot uns, auch kurz auf die gesamte Entwicklung von Fräser und Fräsmaschine einzugehen und zugleich darauf hinzuweisen, daß für die weitere Entwicklung der Frästechnik die wirtschaftliche Frage ausschlaggebend sein wird. Bei der Neubearbeitung der vorliegenden 3. Auflage hat deshalb die wirtschaftliche Seite in den Vordergrund gestellt werden müssen. Die durch die allgemeine Einführung des Schnellbetriebes bedingten bedeutend größeren Betriebsmittel erfordern eine wesentlich höhere Ausnutzung von Maschinen und Werkzeugen, und zwingen sehr oft, ganz neue Wege einzuschlagen.

Die Neuerungen sind bis auf die letzte Zeit berücksichtigt, so daß die Abbildungen und Beschreibungen dem neuesten Stande dieses Metallbearbeitungsgebietes entsprechen. Auch ist die amerikanische Werkstattpraxis, wie sie in den dortigen ersten Werkstätten geübt wird, verwertet worden. Die in den letzten Jahren stattgefundenen internationalen Ausstellungen haben ebenfalls manche Anregung gegeben.

Besonderen Dank sind wir allen denen schuldig, die uns ihre Erfahrungen in Fräsereibetrieben des In- und Auslandes durch mündliche und schriftliche Berichte bereitwillig zur Verfügung stellten.

Ebenso wie bei der ersten und zweiten Auflage wurde uns wiederum die weitgehenste Unterstützung seitens der ersten Firmen zu teil; ihnen, sowie auch der Verlagsbuchhandlung, die für eine zeitgemäße Ausstattung Sorge trug, sei an dieser Stelle ebenfalls gedankt.

Frankfurt a. Main, im November 1911.

Die Verfasser.

Inhaltsverzeichnis.

I. Das Fräsewerkzeug.

Seite

1. Das Fräsewerkzeug und seine Arbeitsweisen 1
   a) Der mehrschneidige Fräser im Vergleich zu den einschneidigen Dreh- und Hobelstählen 1
   b) Die Fräser für hohe Schnittgeschwindigkeiten 9
2. Die Einteilung der Fräser 11
   a) Die Entwicklung der Fräser 11
   b) Die Fräserarten 16
3. Die Konstruktion der Fräser und deren Schnitt- und Schaltgeschwindigkeiten 29
   a) Die Form und Teilung der Schneidzähne 29
   b) Die spiralgewundenen Schneidzähne 36
   c) Die Schnitt- und Schaltgeschwindigkeiten der Fräser 39
4. Die mechanische Bearbeitung der Fräser 48
   a) Allgemeines 48
   b) Die Bearbeitung der Fräser auf den Werkzeugmaschinen 48
   c) Das Hinterdrehen der Fräser 52
      Die Universal-Hinterdrehbank von J. E. Reinecker 55
5. Die Feuerbehandlung der Fräser 63
   a) Das Erwärmen des Stahles zum Schmieden und Glühen 63
   b) Das Härten der Fräser 65
6. Das Schleifen und Schärfen der Fräser 76
   a) Die Wirkungsweise und Leistungsfähigkeit der Schleifarbeit . . . 76
      Grundsätze, betr. den Betrieb von Schmirgelscheiben usw. . . . 81
   b) Das Rundschleifen der Fräser und die dazu erforderlichen Schleifmaschinen 83
      Die Universalrundschleifmaschine der Naxos-Union 85
   c) Das Schärfen der Fräser und die dazu erforderlichen Fräserschleifmaschinen 91
      1. Die Fräserschärfmaschinen von J. E. Reinecker 96
      2. Die Fräserschärfmaschinen der Naxos-Union 102
      3. Die Metallkreissäge-Schärfmaschine der Naxos-Union 104

II. Die Fräsmaschinen.

7. Die Entwicklung der Frästechnik 106
8. Die Aufspanneinrichtungen für Fräsmaschinen 120
   a) Die Maschinenschraubstöcke 120
   b) Die Fräsvorrichtungen 122

Seite

9. Die Fräsmaschinen für allgemeine und besondere Arbeiten in der Metallbearbeitung . . . 131
a) Die Einteilung der Fräsmaschinen . . . 131
b) Die Beschreibungen von Fräsmaschinen . . . 133
1. Die Wagerechtfräsmaschinen . . . 133
Die Universalfräsmaschine von L. Löwe & Co. . . . 134
Die Universalfräsmaschine mit automatischem Teil- und Schaltapparat von L. Löwe & Co. . . . 135
Die Universalfräsmaschine der Wandererwerke . . . 137
Die Universalfräsmaschine der Cincinati-Milling-Machine-Co. . . . 139
Die schwere Universalfräsmaschine von J. E. Reinecker . . . 141
Die Horizontal-Hochkraftfräsmaschine von Biernatzki & Co. 146
Die schwere Planfräsmaschine von Brown & Sharp . . . 152
Die Lang- und Vertikalfräsmaschine von J. E. Reinecker . . . 156
Die einfache Wagerechtfräsmaschine von J. Zimmermann . . . 157
Die Doppelfräsmaschine von J. E. Reinecker . . . 158
2. Die Senkrechtfräsmaschinen . . . 159
Die Vertikalfräsmaschine von J. E. Reinecker . . . 159
Die Vertikalfräsmaschine mit Kopiereinrichtung von J. E. Reinecker . . . 161
Die Vertikalschnellfräsmaschine von Biernatzki & Co. . . . 163
Die Vertikalfräsmaschinen der Elsässischen Maschinenbau-Gesellschaft . . . 164
Die Parallelfräsmaschine von J. E. Reinecker . . . 165
Die Langfräsmaschine von J. Zimmermann . . . 166
3. Die Sonderfräsmaschinen . . . 167
Die Rundfräsmaschine von L. Löwe & Co. . . . 167
Die Gewindefräsmaschine der Wandererwerke . . . 168
Die Spiralbohrerfräsmaschine von Biernatzki & Co. . . . 169

10. Die Berechnungen für Teil- und Spiralarbeiten . . . 171
a) Die Teilvorrichtungen . . . 171
b) Das Teilen und die Teilscheiben . . . 176
c) Die Herstellung spiralgewundener Nuten, Zähne und Riefen . . . 190
d) Das Schrägstellen der Supporte . . . 212

11. Das Kopieren und die dazu erforderlichen Kurvenfräsmaschinen und -vorrichtungen . . . 216
a) Die Kurvenarten . . . 216
b) Die Kopier- und Kurvenfräsmaschinen . . . 220
Die doppelte Kopierfräsmaschine von J. Zimmermann . . . 220
Die Fassonfräsmaschine von Curd Nube . . . 223
Die einfache Kurvenfräsmaschine . . . 223
Die Kurvenfräsmaschine von J. E. Reinecker . . . 225
Die Kurvenfräsmaschine von Curd Nube . . . 226
c) Die Kurvenfräsvorrichtungen . . . 228
1. Die Flächen- und Längskurven . . . 228
2. Die Stirn- oder Plankurven . . . 230
3. Die Mantel-, Zylinder- oder Trommelkurven . . . 233

Seite

12. Das Fräsen von Zahngetrieben 235
a) Die Erzeugung richtiger Zahnformen 235
b) Das Fräsen der Zahnräder auf der Universalfräsmaschine 243
c) Die Fräsmaschinen zum Verzahnen der Getriebe 248
Die automatische Stirnräderfräsmaschine von L. Löwe & Co. . 248
Die automatische Räderfräsmaschine von Biernatzki & Co. . 249
Die Stirnradfräsmaschine von J. E. Reinecker 251
Die Schneckenräderfräsmaschine von J. E. Reinecker 252
Die Zahnstangenfräsmaschine von J. E. Reinecker 257
Die automatische Kegelräderfräsmaschine von L. Löwe & Co. . 258
Der Kegelrädervorfräsapparat von J. E. Reinecker 259

III. Anhang.

13. Die Zahnräder 261
a) Allgemeines 261
b) Die Bestimmung der Abmessungen 263
1. Die Stirnräder 263
2. Die Spiralzahn- oder Schraubenräder 266
3. Die Schneckengetriebe 271
4. Die Kegelräder 274
c) Vor- und Nachteile der gebräuchlichen Verzahnungsmethoden . . 279
d) Aufzeichnung der normalen Evolventenverzahnung 280
e) Die Diametral-pitch-Teilung 284

Tabellenverzeichnis.

	Seite
Tabelle für Fräserringe	25
Maßtabelle für metrische Konen	27
Maßtabelle für Morse-Konen	28
Maßtabelle für Reinecker-Konen	28
Tabelle für Fräserteilungen	32
Tabelle für die Zähnezahl	33
Tabelle für hinterdrehte, geradlinige Fräser	34
Längentabelle der Fräserspiralen bei gegebenen Winkeln	37
Tabelle für Schnitt-Schaltgeschwindigkeiten	42
Schnittgeschwindigkeitstabelle	44/45
Wechselrädertabellen für die Hinterdrehbank	62
Tabelle für die Anlaßfarben	76
Tabelle für die Umdrehungszahlen der Schleifräder	83
Teiltabelle für $e = 40$	181
Teiltabelle für $e = 60$	182
Teiltabelle für $e = 80$	183
Sinus- und Kosinustabelle	200
Tangens- und Kotangenstabelle	203
Formeltabelle	207
Gradtabelle für Supportstellungen (Zoll)	208
„ „ „ (Millimeter)	210
Gradtabellen für Schneckenräder (Zoll)	214
„ „ „ (Millimeter)	214
„ „ „ (Modulteilung)	216
Wechselrädertabelle	272
Grants Tabelle für normale Evolventenverzahnung	282
Tabellen für Diametral-pitch-Teilung	285

I. Das Fräsewerkzeug.

1. Das Fräsewerkzeug und seine Arbeitsweisen.

a) Der mehrschneidige Fräser im Vergleich zu den einschneidigen Dreh- und Hobelstählen.

Das Fräsewerkzeug, kurz Fräser genannt, hat in den letzten Jahren so durchgreifende Verbesserungen erfahren, seine Widerstandsfähigkeit ist so vervollkommnet, seine Anwendung ist, dank der vortrefflich konstruierten Maschinen, eine so vielseitige geworden, daß jeder Techniker, Meister und Maschinenbauer die Herstellung, Anwendung und Erhaltung der Fräser durchaus kennen muß.

Mit Recht wird der Fräser das Werkzeug der Zukunft genannt, da es keinen Zweig der Metallbearbeitung gibt, auf dem er sich nicht mit Erfolg verwenden ließe.

Als kreisendes Werkzeug mit vielen Schneidzähnen hat der Fräser eine ganz bedeutende Überlegenheit gegenüber den einschneidigen Dreh- und Hobelstählen, welche am Ende ihrer Leistungen sind, wenn sich die arbeitenden Schneidspitzen so weit erwärmt haben, daß sie ausglühen, d. h. weich werden. Selbst der leere Rücklauf bei den Hobelmaschinen hebt nicht ganz die Erwärmung des Hobelstahles auf; er wird nach und nach immer wärmer und durch die zunehmende Abnutzung bald stumpf. Nicht so der Fräser, dessen viele Schneidzähne nicht unausgesetzt zu arbeiten haben, sondern sich in die Arbeit teilen. Bei ihm werden sich die Schneidzähne genügend abkühlen können, da sie nur einen verhältnismäßig kleinen Teil einer Umdrehung der Arbeitswärme, die durch das Abtrennen der Späne erzeugt wird, ausgesetzt sind. Es ergibt sich daraus von selbst, daß den Fräsern höhere Schnittgeschwindigkeiten zugemutet werden können, als den Dreh- und Hobelstählen.

Der Fräser weist durch die eigentümliche Art der Spanabhebung besonders günstige Eigenschaften auf, indem der arbeitende Fräserzahn stets auf reinem Material angreift und die harte Guß- oder Schmiedekruste, ohne daß sie berührt wird, mit seinem Span abbricht. Die Dreh- und Hobelstähle schleifen sich dagegen an den Krusten stumpf. Der Fräserzahn beginnt ferner seine Arbeit mit einer Leistung, die gleich Null ist. Fig. 1 zeigt einen Span, der in seiner Fortsetzung allmählich stärker wird und einem kreisbogenförmig auslaufenden Dreieck *a b c* gleicht.[1]) Hervorgerufen wird diese Eigentümlichkeit durch die Schaltrichtung des zu bearbeitenden Werkstückes zum Fräser, welche stets der Umdrehungsrichtung des Fräsers entgegen erfolgt. Eine Schaltungsrichtung gleichlaufend mit der Umdrehungsrichtung des Fräsers wäre falsch, da der Fräserzahn an der harten Guß- oder Schmiedekruste angreifen müßte, ferner mit seiner größten Leistung begönne und dabei sich in das Werkstück förmlich einhaken würde.

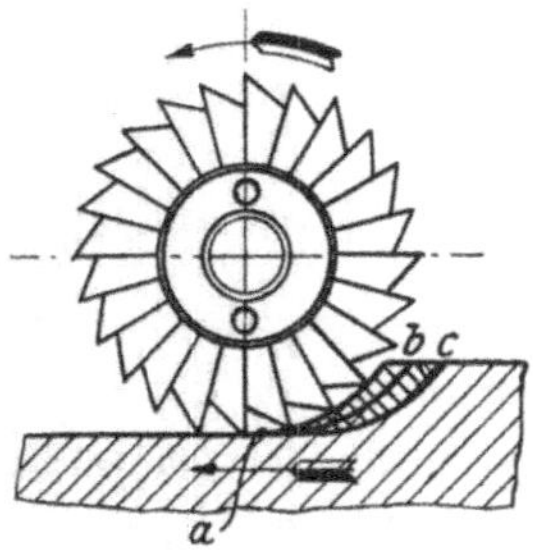

Fig. 1. Das Abheben der Späne.

Der Fräser verrichtet auch wesentlich anders seine Arbeit als die einschneidigen Dreh- und Hobelstähle. So vollzieht sich das Hobeln einer Platte Fig. 2 durch aufeinanderfolgende Gänge, mit der für das Hobeln üblichen Schnittgeschwindigkeit (70—100 mm in der Sekunde für Werkzeugstahl, 150—250 mm für Schnellstahl), wobei die Platte *a* unter dem Hobelstahle *b* durchgleitet, dessen Schneide das ihr entgegengeführte Material wegschneidet. Nach jedem Durchgange wird der Hobelstahl — senkrecht zu der Arbeitsbewegung *i*—*k* — in Richtung *h*—*i* weitergeschoben (geschaltet), um bei dem nächsten Durchgange neues Material wegschneiden zu können. Dieser Vorgang, dem Werkzeug immer neues Material zuzuteilen, nennt man Schalten, und den dadurch zurückgelegten Weg *h*—*i* Schaltweg. Der Fräser dagegen greift diese Platte zwecks Bearbeitung in ihrer ganzen Breite an (Fig. 3). Die Arbeitsbewegung wird hierbei vom Fräser ausgeführt, dem ununterbrochen durch Schalten in der Richtung *e*—*f* neues Material zugeführt wird.

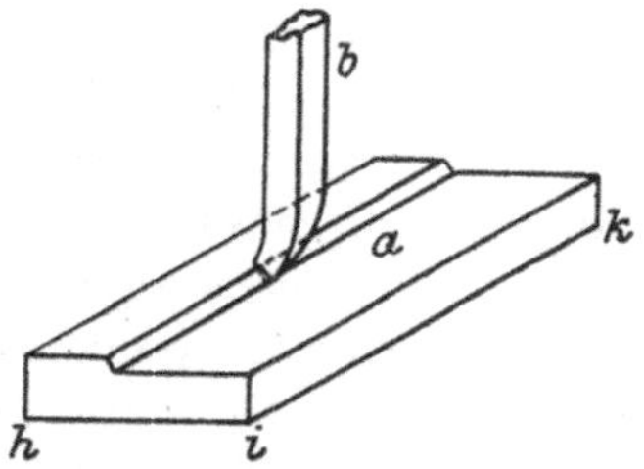

Fig. 2. Das Hobeln einer Platte.

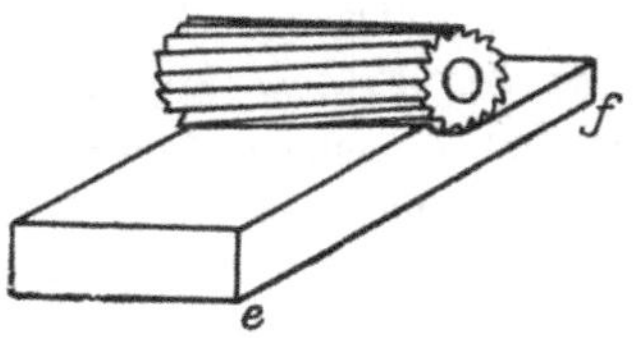

Fig. 3. Das Fräsen einer Platte.

Durch das Fräsen werden viele Arbeiten erheblich vereinfacht, weil sich das Profil eines Werkstückes auf den Fräser übertragen läßt. So würde das Hobeln eines Tischschlittens, Fig. 4, eine ganze Anzahl Schaltwege ergeben, während das Fräsen mit dem zusammengesetzten Fräser nur einen benötigt.

Endlich hat der Fräser den Vorteil, daß sich bei ihm der Schneidwinkel nicht ändert, wenigstens nicht in einem Maße, das seine Schneid-

[1]) Sogen. kommaähnliche Späne. Vergl. Fischer, Werkzeugmaschinen. Berlin 1901.

fähigkeit beeinflußte, wie es beispielsweise bei dem Drehen von Elipsen und Kurven der Fall ist, was Fig. 5 veranschaulicht.[1])

Als hauptsächlichste Vorteile des Fräsers gegenüber anderen Werkzeugen müssen genannt werden:

die unzähligen Arten der Anwendung,
die hohe Leistungsfähigkeit,
der geringe Kraftverbrauch und
die allgemeine Wohlfeilheit.

Die unzähligen Anwendungsarten zur Erzeugung der vielseitigen und zusammengesetzten Formen beruhen größtenteils im folgenden:

1. Der Fräser kann eine Form erhalten, mit der er imstande ist, profilierte Werkstücke zu erzeugen, die mit keinem anderen Werkzeuge auch nur annähernd so vorteilhaft hergestellt werden können.

2. Das Werkstück kann zum Bearbeiten unter jedem nur denkbaren Schaltwege dem Fräser zugeführt werden, sofern er mit geeigneten Schneidzähnen versehen ist.

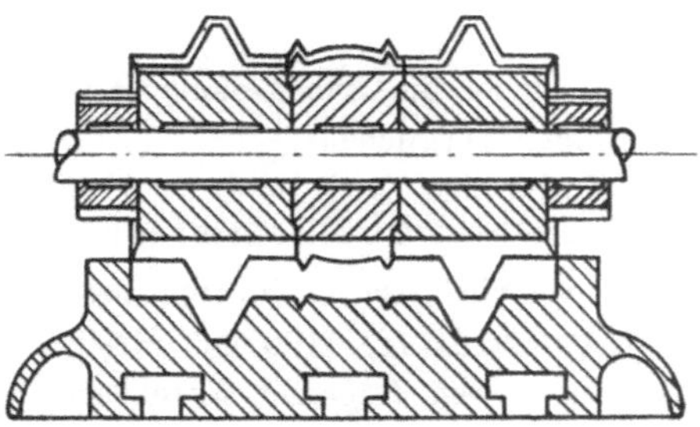

Fig. 4. Das Fräsen eines Tisches.

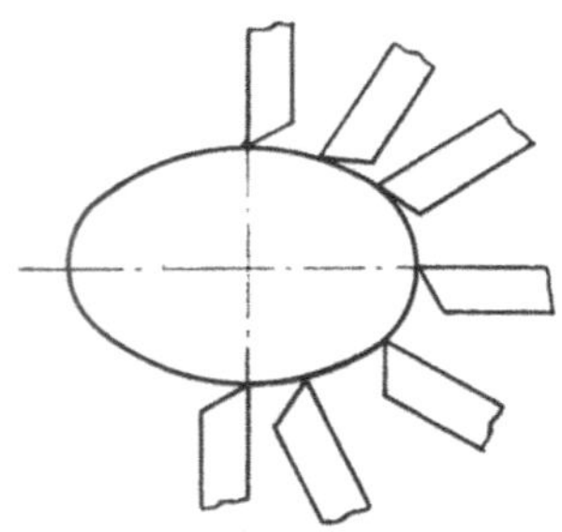

Fig. 5. Das Verändern der Schneidwinkel.

Die Schaltwege, die gerade, kreisförmig oder gerade und kreisförmig sein können, ergeben in Verbindung mit der Stellung des Fräsers folgende Schaltarten:

a) Den geraden Schaltweg senkrecht zur Achse des Fräsers liegend, z. B. in Fig. 1 beim Planfräsen, ferner beim Stirnfräsen und beim Fräsen von geraden Zähnen.

b) Den geraden Schaltweg parallel zur Achse des Fräsers liegend, z. B. beim Fräsen von Vertiefungen, Bohrungen usw.

c) Den kreisförmigen Schaltweg, dessen Achse parallel zu der des Fräsers liegt, z. B. beim Rundfräsen von Scheiben, Trieben, Segmenten, Kurbeln usw.

d) Den kreisförmigen Schaltweg, dessen Achse die des Fräsers im rechten Winkel schneidet.

e) Den kreisförmigen Schaltweg, der mit seiner Achse zu der des Fräsers in einem zweckentsprechenden Winkel liegt.

---

[1]) Fischer, Werkzeugmaschinen Bd. I, S. 33.

f) Den geraden Schaltweg, wie unter a, in Verbindung mit dem kreisförmigen, wie unter d angegeben, z. B. beim Fräsen von spiralen Zähnen, Nuten und Riefen.
g) Den geraden Schaltweg unter a in Verbindung mit dem kreisförmigen unter c, z. B. beim Fräsen von Kurven und Schneckenrädern.
h) Den geraden Schaltweg wie unter b in Verbindung mit dem kreisförmigen c, z. B. beim Fräsen von Kurven.
i) Den geraden Schaltweg in Verbindung mit dem kreisförmigen Wege wie unter d und f, z. B. beim zwangsläufigen Fräsen von Schneckenrädern.

Hiermit sind natürlich noch nicht alle Möglichkeiten erschöpft, doch dürfte schon daraus hervorgehen, in wievielfacher Weise der Fräser angewendet werden kann.

Die Leistungsfähigkeit,[1]) verbunden mit der einfachsten Bedienung, ergibt sich aus den schon erwähnten günstigen Eigenschaften des Fräsers, durch die er eben sehr viel höheren Anforderungen gerecht werden kann. Außerdem gestattet die einfachere Bedienung ein gleichzeitiges Arbeiten an zwei und mehreren Fräsmaschinen.

Nachstehend sei an einigen Beispielen die Arbeitsdauer der Fräsmaschine mit anderen Werkzeugmaschinen verglichen.

1. Vergleich zwischen Hobelmaschine und Fräsmaschine.

Es sollen eine größere Anzahl schmiedeeiserne Platten bearbeitet werden. Die Dimensionen sind: 1000 mm Länge, 100 mm Breite und 30 mm Dicke. Für die Hobelmaschine sollen folgende Mittelwerte angenommen werden. Die Schnittgeschwindigkeit betrage 100 mm in der Sekunde, der Rücklauf der Maschine das Doppelte und das Schalten 0,5 mm. Bei einer Länge von 1000 mm brauchte demnach die Hobelmaschine 10 Sekunden für den Vorlauf und 5 Sekunden für den Rücklauf des Tisches. Zugunsten der Hobelmaschine sei angenommen, daß sie für das Darüberlaufen an beiden Enden des Werkstückes und für das Umsteuern beim Vor- uud Rücklauf nur 2 Sekunden brauche. Ein Arbeitsgang würde demnach 17 Sekunden beanspruchen. Rechnet man noch 5 Arbeitsgänge für das richtige Einstellen des Stahles hinzu, so stellt sich die Zahl der Arbeitsgänge für einen Schnitt bezw. einmal Überhobeln der Platte auf 205. Die hierfür nötige Arbeitszeit ist demnach 17 Sekunden $\times$ 205 = 3485 Sekunden = 58 Minuten und 5 Sekunden.

Der Fräser würde dazu beim minutlichen Schalten von nur 30 mm 1000 : 30 = 33 Minuten 20 Sekunden brauchen. Rechnet man für das Anstellen des Fräsers noch 120 Sekunden hinzu, so ergibt sich eine Dauer von etwa 36 Minuten.

---

[1]) Vergl. auch Zeitschrift für Werkzeugmaschinen und Werkzeuge Bd. III, S. 320.

Es steht somit für diese einfache Arbeit eine Überlegenheit der Fräserarbeit von 22 Minuten der der Hobelarbeit gegenüber.

Die Leistung des Fräsers ist noch günstiger, sobald es sich darum handelt, die Platten nochmals zu überschlichten. Alsdann kann über die oben angenommene minutliche Schaltgeschwindigkeit weit hinaus gegangen werden. Die Schrupp- und Schlichtarbeit wird dabei mit demselben Fräser verrichtet. Dagegen wird der Hobelstahl ausgewechselt werden müssen und sein ebenfalls vergrößertes Schalten kann an das des Fräsers nicht heranreichen.

Das angeführte Beispiel läßt sich nun noch erweitern, wenn wir annehmen, daß außer der oberen Fläche auch die beiden Seitenflächen von 30 mm Dicke gehobelt werden sollen. In diesem Falle käme zu der bereits festgestellten Arbeitsdauer der oberen Fläche noch die der beiden Seitenflächen hinzu, die bei den oben gegebenen Verhältnissen eine Zeit von 34 Minuten beanspruchen würde, wozu noch für das zweimalige Umspannen des Stahles 1 Minute käme.

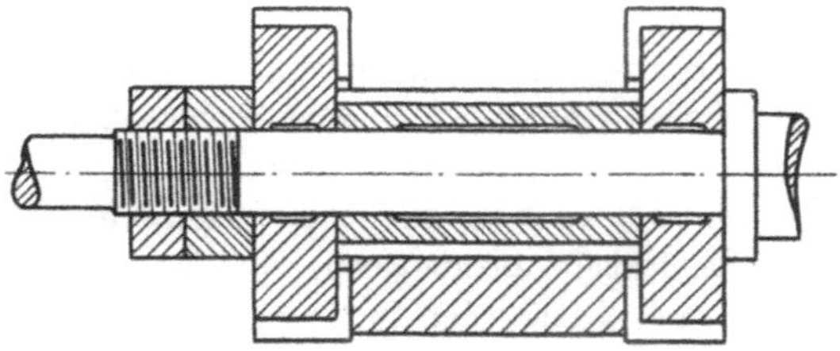

Fig. 6. Das Fräsen einer Platte.

Der Fräser kann nun auf mehrere Arten diese Arbeit verrichten. Am vorteilhaftesten wäre es, wenn an dem Fräser, der die obere Fläche bearbeitet hat, links und rechts noch ein größerer Fräser steckte, wie Fig. 6 zeigt. Dieser zusammengesetzte Fräser kann auch diese gesteigerte Arbeitsleistung in 36 Minuten herstellen und erreicht dadurch einen weiteren Vorsprung von 35 Minuten, die der Hobelstahl mehr braucht.

Zu alledem kommt noch, daß der eingestellte Fräser fast gar keiner Bedienung bedarf und infolgedessen bei den Planfräsarbeiten ein Arbeiter 3—4 solcher Maschinen bedienen kann, wohingegen ein Hobler bei diesen und ähnlichen Arbeiten nicht mehr wie 2 Hobelmaschinen bedienen kann. Denn während auf einer Maschine die obere Fläche bearbeitet wird, hat der Hobler seine volle Aufmerksamkeit auf das Bearbeiten der Seitenflächen auf der zweiten Maschine zu richten.

Summieren wir nun die Vergleichsergebnisse auf die Kernpunkte jeder technischer Neuerung hin, die Fabrikation möglichst zu vermehren und zu verbilligen, wobei die dafür zu zahlenden Arbeitslöhne eine sehr große Rolle spielen, so ergibt sich folgendes: Bei einer zehnstündigen Arbeitszeit wird der Hobler an 2 Maschinen höchstens 12 Platten fertigstellen, dagegen der Arbeiter an 2 Fräsmaschinen mindestens 24 Platten.

Dieser Vergleich behandelte gerade Flächen, also solche, die sich noch am günstigsten für die Hobelarbeiten stellen. Weniger günstig stellen sich diese Vergleiche, sobald es sich um Werkstücke handelt, die Schweifungen oder Radien enthalten. Fig. 7 zeigt eine Schwalbung, welche bisher von Hand ausgehobelt wurde. Daß hierbei der Fräser noch erheblich bessere Resultate beim Vergleiche erzielen würde, bedarf wohl keiner Beweisführung.

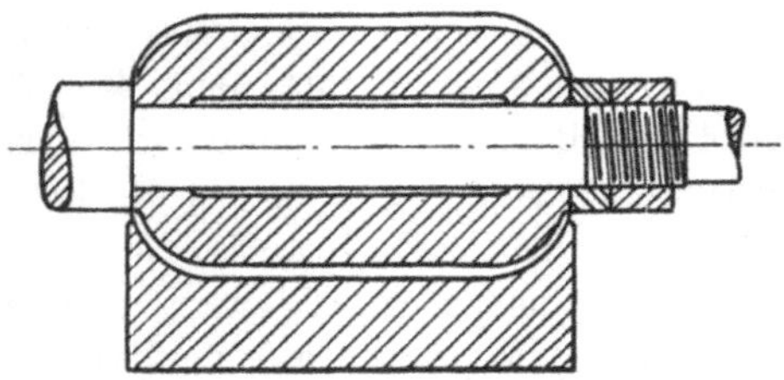

Fig. 7. Das Fräsen einer Schwalbung.

2. Vergleich zwischen Stoßmaschine und Fräsmaschine.

Als Beispiel sei das Bearbeiten der Kurbel einer Dampfmaschine gewählt. Die Mitten der Kurbelwelle und des Kurbelzapfens haben eine Entfernung von 600 mm und die ganze zu bearbeitende Bahn beträgt 2100 mm. Das Bearbeiten geschieht bei zweimaligem Aufspannen; das eine Mal an der großen Rundung *a* und den beiden Längsflächen *c* und das andre Mal an der kleinen Rundung *b* (Fig. 8).

Das Bestoßen würde unter ähnlichen Schnitt- und Schaltgeschwindigkeiten wie bei dem Hobeln anzunehmen sein, so daß ein Arbeitsgang bei 200 mm Hubhöhe rund 4 Sekunden in Anspruch nimmt. Bei Abnahme von 2 Schnitten dauert demnach das Stoßen über 9 Stunden. Hierzu käme die Zeit für zweimaliges Aufspannen und Ausrichten, die wir mit 1 Stunde annehmen wollen, und zwar sowohl für die Stoßmaschine, als auch für die Fräsmaschine.

Zum Fräsen dieser Kurbel brauchen wir bei Abnahme von 2 Schnitten und einem minutlichen Schalten von 20 mm, $3^1/_2$ Stunden. Also mit dem Aufspannen eine Gesamtarbeitsdauer von $4^1/_2$ Stunden.

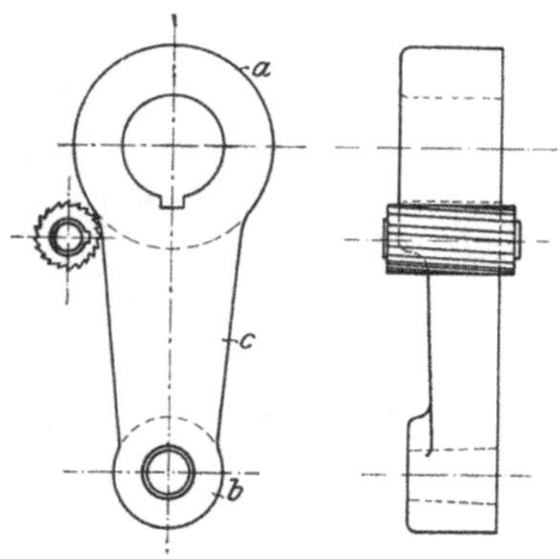

Fig. 8. Das Fräsen einer Kurbel.

3. Vergleiche zwischen Drehbank und Fräsmaschine.

Obwohl das von der Hobel- und Stoßarbeit Gesagte nicht im gleichen Maße von dem ununterbrochenen Drehen gilt, so muß doch festgestellt werden, um wieviel vorteilhafter sich das Fräsen gegenüber dem Drehen bei den dazu sich eignenden Werkstücken stellt.

Für das Bearbeiten des in Fig. 9 dargestellten Triebes an den Flächen *a b c* braucht die Drehbank 45—50 Minuten, während auf der

Rundfräsmaschine das Bearbeiten höchstens 30 Minuten dauert. Das Bearbeiten des Handrades, Fig. 10, dauert auf der Drehbank 60—70 Minuten und auf der Fräsmaschine nur 35—38 Minuten. Das Schneiden der in Fig. 11 dargestellten viergängigen Schnecke[1]) dauert auf der Drehbank 7—8 Stunden und auf einer Schneckenfräsmaschine nur 2 Stunden.

Im großen Maßstabe hat die Massenfabrikation das Rundfräsen von Werkstücken anstatt des Drehens aufgenommen und damit bedeutende Erfolge erzielt. Sie beruhen dort weniger auf der Arbeitsdauer selbst, als vielmehr in der großen Genauigkeit, die die mit sogen. Profilfräsern her-

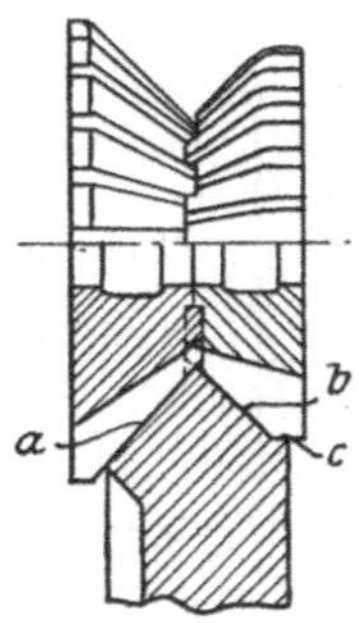

Fig. 9.
Das Rundfräsen eines Kegelrades.

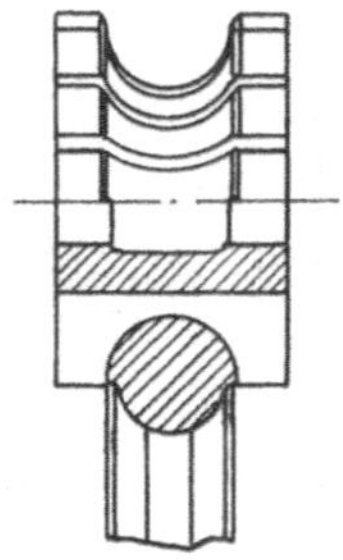

Fig. 10.
Das Rundfräsen eines Handrades.

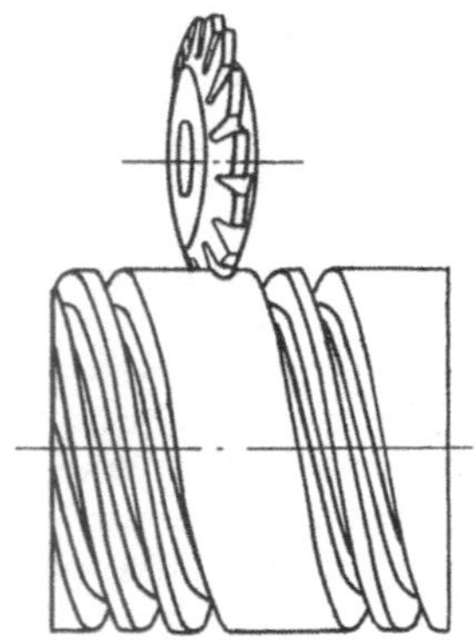

Fig. 11.
Das Fräsen einer Schnecke.

gestellten Teile besitzen. Ferner sind dazu keine geschulten Dreher erforderlich, da die Fräsmaschine, einmal auf den richtigen Durchmesser des Werkstückes eingestellt, nur noch des Auswechselns der fertigen Teile bedarf.

Der geringe Kraftverbrauch der Fräser findet seine Erklärung in dem geringen Trennungwiderstand der kleinen Spänchen. Dadurch wird zugleich der so schädlichen Wärmeentwicklung der Boden entzogen.

Ausführliche Untersuchungen über Kraftverbrauch legt W. v. Knabbe in seinem Werke: „Der Fräser"[2]) nieder, aus dem auch zwei nachstehende Vergleichsergebnisse zwischen Fräsmaschinen und anderen Werkzeugmaschinen entnommen sind. Danach stellen sich die einzelnen Zahlen wie folgt:

---

[1]) Vergl. Zeitschrift für Werkzeugmaschinen und Werkzeuge Jahrg. VI: „Vorrichtung zum Fräsen kleiner Schneckenspindeln".

[2]) Der Fräser und seine Rolle bei dem derzeitigen Stande des Maschinenbaues. W. v. Knabbe. II. Aufl., Berlin 1896.

	I. Bearbeiten der Lokomotivrahmen		II. Bearbeiten der Schwungradrinnen	
	Stoß-maschine	Fräs-maschine	Dreh-bank	Fräs-maschine
Der größte Wert der für die Maschine erforderlichen Bewegungskraft in Pferdestärken	1,26	1,37	4,72	6,3
Die (theoretische) Zeitdauer der Bearbeitung in Stunden	104	46	6,5	3,25
Der volle Verbrauch an Betriebskraft pro Stunde in Pferdestärken . . .	94,23	63	18,61	14,4
Das volle Gewicht des abgenommenen Spanes in Kilogramm	485	485	511	511
Das von einer Pferdekraft pro Stunde abgenommene Spangewicht in Kilogramm	5,15	7,7	27,4	35,4
Die Anzahl der Pferdestärken, welche zur Abnahme eines Kilogrammes Späne pro Stunde erforderlich ist (den Arbeitsverbrauch der Maschine bei dem Lehrgange inbegriffen) . .	0,19	0,13	0,04	0,03

Die Wohlfeilheit der Fräser ist hauptsächlich in der geringen Abnutzung, deren leichten Nachschärfen und in der langen Arbeitsdauer zu suchen. Von ihr sowie von der Leistungsfähigkeit der Fräser geben nachstehende Beispiele deutliche Beweise. Die beiden ersten Fräser wurden in der Werkzeugfabrik von J. E. Reinecker, Chemnitz, hergestellt und befinden sich in dem Museum dieser Firma.

Ein Zahnradfräser Modul 2,5 fräste für 185 Drehbänke je ein Rad mit

$$\left.\begin{array}{r} 120 \\ 110 \\ 94 \\ 80 \end{array}\right\} \text{Zähne}$$

zusammen 404 und fräste somit 404 × 185 = 74740 Zähne, d. i. bei einer Zahnbreite von 28 mm eine Fräslänge von 74740 × 28 = 2092720 mm = 2,09 Kilometer.

Der zweite Fräser fräste 200000 Stück Gewehrabzüge aus besonders hartem Material. Bei einer Stärke von 6 mm ergibt dies eine gesamte Fräslänge von 200000 × 6 mm = 1,2 Kilometer.

Ein dritter Fräser (Walzenfräser) aus Böhler-Rapid-Stahl für hohe Schnittgeschwindigkeit bearbeitete, ohne daß er geschärft wurde, 68 m Zahnstangen aus Bessemerstahl 40 mm breit, beim Schalten von 60 mm in der Minute. Die Spanstärke schwankte zwischen 3 und 5,5 mm. Der Fräser zeigte nach dieser Arbeit eine kaum merkliche Abnutzung.

Leider kommen die eingangs genannten Vorzüge des Fräsers nicht überall zur Geltung, da die Natur des Fräsers genaues Einhalten der durch die Arbeitsweise gegebenen Bedingungen erfordert. In erster Linie muß der Fräser genau rundlaufen. Ist dies nicht der Fall, so wird die für eine Umdrehung des Fräsers bestimmte Arbeit von nur ein bis zwei Schneidzähnen verrichtet werden müssen, was zur Folge hat, daß die Arbeit nicht sauber wird und die Fräsmaschine unter der stoßweisen Beanspruchung leidet.

Als weitere Bedingung muß das Scharfhalten des Fräsers genannt werden, auf welches ganz besonders zu achten ist. Lassen sich schon mit einem nicht ganz scharfen, breiteren Fasson- oder Schlichtstahl nur ungenügende Resultate erzielen, so läßt sich letzteres von einem nicht geschärften Fräser noch im bedeutend weiteren Maße behaupten. „Zur richtigen Zeit schärfen" ist deshalb eine ernste Mahnung, die jeder beherzigen soll, der mit Fräsern zu arbeiten hat. Veranlaßt durch diese Erfahrung, versehen darum auch die meisten Firmen der Werkzeugbranche ihre Fräser mit dem Stempel „Oft schärfen".

b) Die Fräser für hohe Schnittgeschwindigkeiten.

Eine Folgeerscheinung der bekannten Drehstähle aus Schnellaufstahl sind die Fräser für hohe Schnittgeschwindigkeiten. Sie bearbeiten weiches Flußeisen und Gußeisen mit sekundlichen Schnittgeschwindigkeiten bis zu 750 mm. Auch die dabei in Betracht kommenden Schaltgeschwindigkeiten übersteigen weit das bisher übliche Maß. Die Ursachen dieser hohen Leistungsfähigkeit dieser Schnellaufstähle liegen sowohl in ihrer besonderen Zusammensetzung als auch in dem eigentümlichen Temperverfahren, dem sie unterworfen werden und wodurch sie die besondere Fähigkeit erhalten, erst bei einer viel höheren Temperatur auszuglühen als gewöhnliche Stahlsorten. Nach übereinstimmenden Berichten bewirkt eine Erhitzung von selbst 400° noch keine Verluste der Härte. Das erklärt auch, warum solche Fräser, ohne Schaden zu leiden, selbst dann noch weiter arbeiten können, wenn die abgenommenen Späne durch die Trennungswärme blau angelaufen sind. Es würde zu weit führen, auf die Entwickelung dieser Stahlarten näher einzugehen, es sei deshalb mit der Anführung der betreffenden literarischen Quellen[1]) Genüge getan.

Über die Wirtschaftlichkeit dieser Fräser sind heute die Meinungen geklärt. Manche überschwengliche Hoffnung, die beim ersten Auftauchen der Schnellaufstahlfräser an einen gewaltigen Umsturz der ganzen Frästechnik glaubte, ist zwar unerfüllt geblieben, aber als bleibende Werte sind doch große unverkennbare Fortschritte zu verzeichnen.

---

[1]) Thallner, Werkzeugstahl. 2. Aufl. Freiberg 1904. — Dr.-Ing. Otto A. Böhler, Wolfram- und Rapidstahl. Wien 1904.

Die Erfahrung hat uns gelehrt, daß diese hochwertigen Fräser auch auf gewöhnlichen Fräsmaschinen eine wesentlich größere Leistung erzielen und daß sie den Schnitt die vier- und fünffache Zeit eines gewöhnlichen Fräsers aushalten. Der Mehrpreis des Fräsermaterials zehrt somit nur einen kleinen Teil des erzielten wirtschaftlichen Gewinnes auf.

Die volle Ausnutzung dieser Fräser kann natürlich nur auf besonders kräftig gebauten Fräsmaschinen erfolgen. Hier sind die anfangs gemachten Versprechungen noch übertroffen worden. Der Werkzeugmaschinenbau hat durch sie wohl den stärksten Impuls für die heutige, auf höchster Stufe stehende Fräsmaschine erhalten.

Aber noch auf einem anderen Gebiete möchten wir heute den Schnellaufstahlfräser nicht mehr missen, und zwar für das Bearbeiten der hochwertigen Chromnickelstahle, die vorzugsweise der Automobilbau im großen Umfange verwendet. Freilich kommt es hierbei nicht auf die hohe Schnittgeschwindigkeit, sondern auf die überaus große Härte und Widerstandsfähigkeit der Schneidzähne an.

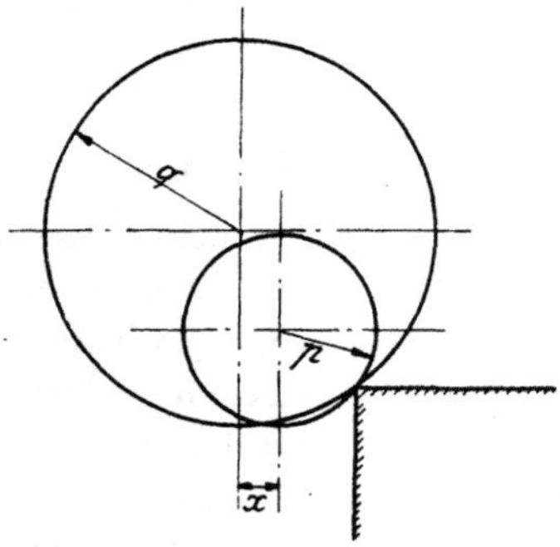

Fig. 12. Der Fräseranschnitt.

Auch in einer anderen Richtung haben diese neuen Fräser nützlich gewirkt. Bekanntlich verwendet man mit Vorliebe Fräser größeren Durchmessers, weil sich diese nicht so leicht erwärmen und infolgedessen eine längere Schneiddauer besitzen. Diesen Vorteil mußte man aber sehr teuer erkaufen. Denn erstens braucht ein größerer Fräser bedeutend mehr Kraft — was leicht aus den verschieden großen Hebelarmen q, p der Fig. 12 ersichtlich ist — erfordert also eine kräftigere Fräsmaschine mit starkem Antriebe, und zweitens ist die zu bearbeitende Strecke bei einem größeren Fräser eine um den Betrag x längere. Bei den Fräsern für hohe Schnittgeschwindigkeiten kann man nun bedeutend kleinere Durchmesser verwenden, da auch deren Schneiddauer eine bedeutend längere als die der gewöhnlichen Fräser mit großen Durchmessern ist. Dadurch werden außer den eben bezeichneten Vorteilen: geringerer Kraftverbrauch und kürzere Arbeitsstrecke, auch die Mehrkosten dieses Stahles zum großen Teile ausgeglichen.

Die obigen Vorteile sind mehr und mehr erkannt worden, so daß heute der Schnellaufstahlfräser in keinem Betriebe mehr fehlt; ja viele große Werke verwenden ihn ausschließlich mit bestem Erfolge.

Zum Schluß seien von einigen der bekanntesten dieser Stahlsorten die chemischen Analysen angegeben:

	Kohlenstoff (*C*)	Chrom (*Cr*)	Wolfram (*Wo*)	Molybdän
B.	0,6—7	7	21	—
P.	0,6	7	10	—
K.	0,7	3	9	—
T.	0,7	3	9	—
S.	0,6	3	3	4

2. Die Einteilung der Fräser.

a) Die Entwicklung der Fräser.

Die Fräser lassen sich nach der Form ihrer Schneidzähne in zwei große Gruppen scheiden: in Fräser mit genuteten oder gerieften Schneidzähnen und in Fräser mit hinterdrehten Schneidzähnen, deren lange Rücken gleichmäßig sinkende Profile darstellen.

Die erste Gruppe mit gerieften Schneidzähnen stellen die Fig. 13 und 14 dar, während die Fig. 15 einen Fräser der zweiten Gruppe zeigt.

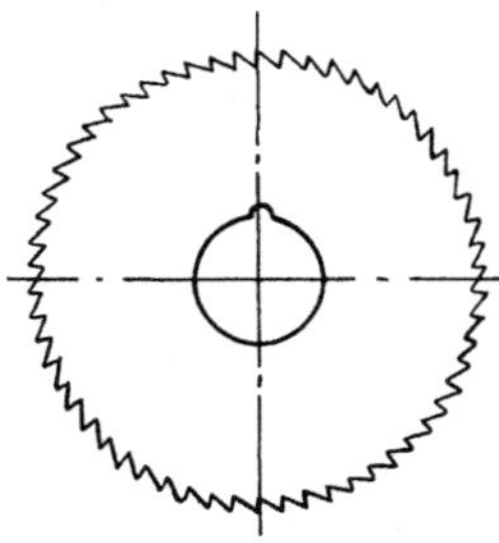

Fig. 13. Der Urfräser.

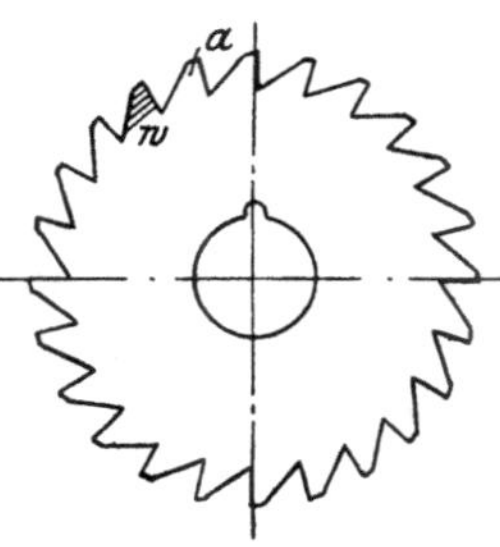

Fig. 14. Der geriefte Fräser.

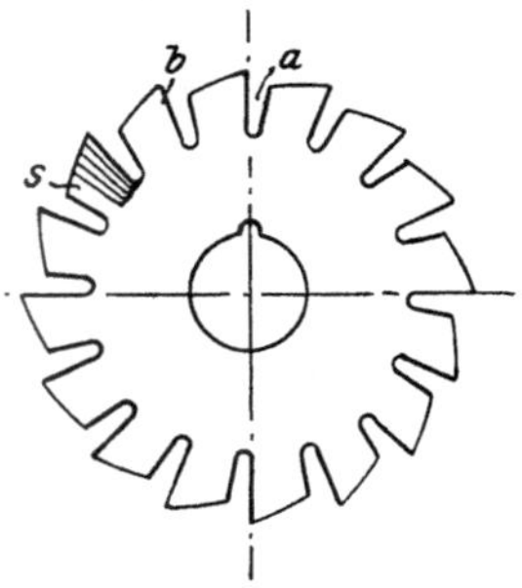

Fig. 15. Der hinterdrehte Fräser.

Der Urfräser, Fig. 13, konnte infolge der schwächlichen Form seiner Schneidzähne nur eine dem Schaben ähnliche Arbeit leisten. Erst nach und nach ist der einer kreisenden Feile ähnliche Fräser mit solchen Schneidzähnen versehen worden, wie sie heute überall gebräuchlich sind.

Trotzdem der geriefte Fräser mehrfache Verbesserungen erfahren hat, ist er doch nicht imstande gewesen, das siegreiche Vordringen des von der Natur begünstigten hinterdrehten Fräsers aufzuhalten. Vorübergehend schien es sogar, als sollte der geriefte Fräser ganz verdrängt werden.

Der Schneidzahn des gerieften Fräsers, Fig. 14, stellt nämlich ein unregelmäßiges Viereck dar und wird beim Nachschärfen der Schneidfase nach und nach der schraffierten Form *w* zugedrängt. Einer Form, die eine sehr ungünstige Schnittwirkung ausüben muß und zwischen den Zähnen keinen Raum für die abgenommenen Späne frei läßt.

Beim hinterdrehten Fräser, Fig. 15, stellt zwar der Schneidzahn ebenfalls ein Viereck dar, jedoch ist seine Form bedeutend widerstandsfähiger und sie läßt einen höheren Härtegrad zu. Zudem wird durch das Nachschärfen an der Brustkante die Zahnlücke ständig breiter, so daß der Schneidzahn letzten Endes die schraffierte Form *s* erreicht. Schließlich lag ein nicht zu unterschätzender Vorteil darin, daß beim Schärfen die obere, beste Härteschicht dem Schneidzahn erhalten blieb.

Diese außerordentlichen Vorteile des hinterdrehten Fräsers sind in letzter Zeit durch Verstärken der Zähne am gerieften Fräser eingeholt worden, so daß wir heute den wegen seines bequemen Schärfens beliebten gerieften Fräser wieder vorzugsweise dort in Anwendung finden, wo es sich nicht um Erhaltung der Profile handelt.

Nur auf dem Gebiete des Profilfräsens ist der geriefte von dem hinterdrehten Fräser vollständig verdrängt worden. Denn hier kommt es hauptsächlich darauf an, mit dem Fräser während seiner ganzen Arbeitsdauer ein gleichmäßiges Profil auf den Werkstücken zu erzeugen. Es dürfen also durch das Nachschärfen keine Profilverzerrungen entstehen, wie solche beim Schärfen der gerieften Profilfräser vorkommen.

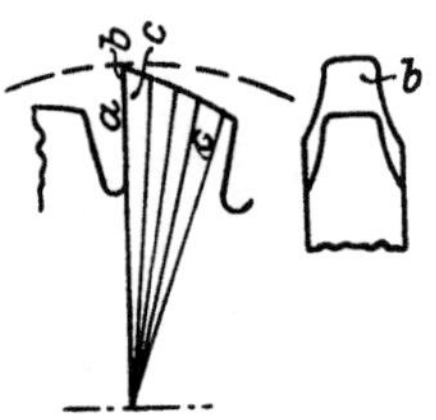

Fig. 16. Die hinterdrehte Zahnform.

Zum Nachschärfen der gerieften Profilfräser sind zwar die sinnreichsten Schärfmaschinen gebaut worden, aber ohne das zu erreichen, was eigentlich in der Natur des hinterdrehten Fräsers selbst liegt. Der Zahnrücken des hinterdrehten Fräsers steht nämlich in allen Punkten zum Radius in einem gleichen Winkel. Man kann sich nun einen Zahn (Fig. 16) aus lauter aneinandergereihten Scheiben denken, welche ein und dasselbe Profil haben. Wird also beim Nachschärfen eine solche gedachte Profilscheibe *c* weggeschliffen, so kommt die dahinterliegende zur Geltung. Es bleibt also bis zum letzten Teil des Schneidzahnes das ursprüngliche Profil gewahrt und das Nachschärfen, selbst der schwierigsten Profile, besteht nur im einfachen Schleifen der Brustkante *b*.

An dieser Stelle sei kurz der Geschichte des Fräsers und besonders der des Profilfräsers gedacht, weil gerade dieser die schärfste Anregung dazu gab, daß sich weite Kreise mit den Verbesserungen der Fräser befaßten.

Zwar erscheint es auf den ersten Augenblick, als ob der einfache Fräser seiner Verbesserung zuerst entgegengegangen wäre, doch ist dem nicht so. Es leuchtet auch ein, wenn man die Sache vom Stande der damaligen Werkstattechnik betrachtet.

Das Bearbeiten der ebenen Flächen besorgten die Hobelmaschinen. Man war weit entfernt, daran zu denken, den Fräser als besseren Ersatz dafür zu verwenden, denn seine großen Mängel waren zu bekannt. Der Fräser hatte zu enge, kleine Zähne, mit denen natürlich keine Leistungen erzielt werden konnten. Zudem kannte man die künstlichen Schleifsteine, die Schmirgelräder noch nicht. Ein Schärfen nach dem Härten war also unmöglich, und sobald der Fräser stumpf war, mußte er von neuem aufgearbeitet werden, worunter erklärlicherweise besonders die Qualität des Stahles litt und was nicht selten infolge wiederholten Härtens zum Bruche führte.

Nur wenn es sich um eine größere Anzahl profilierter Teile handelte, die untereinander gleich sein sollten, sah man ein, daß man mit der Hobelarbeit von Hand bei weitem nicht die Qualität und Menge herstellen konnte als mit dem, mit vielen Mängeln behafteten Fräser.

Besonders unangenehm war das Verziehen der Fräser. Da man diesen Übelstand nicht abhelfen konnte, kamen immer nur einige Zähne beim Arbeiten zur Geltung. Waren diese abgenutzt, so beeinträchtigten sie natürlich in hohem Maße die Sauberkeit der Arbeit.

Die Amerikaner bedienten sich zuerst der Fräser mit weiten Zähnen und führten für das Nachschärfen ihrer Schneidzähne die künstlichen Schmirgelräder ein. Nach diesem ging die Frädertechnik Schritt für Schritt vorwärts, wobei besonders die gewaltigen Anforderungen der Massenfabrikation einen entscheidenden Einfluß auf die Weiterentwicklung und Verbesserung des Fräsers gewannen.

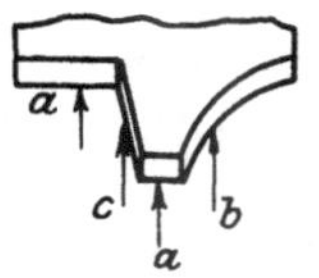

Fig. 17. Der geradehinterdrehte Fräser.

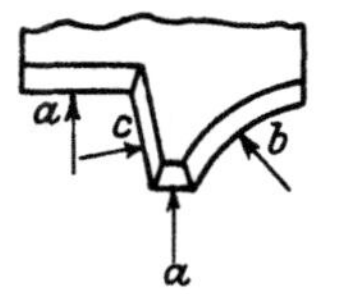

Fig. 18. Der schräghinterdrehte Fräser.

So führte die Firma J. E. Reinecker in Chemnitz das Schärfen der Schneidzähne durch die sogen. Topfschalen ein. Bis dahin geschah dies mit kleinen Schmirgelrädchen. Dadurch entstanden jedoch Rundungen bezw. Hohlkehlen in den Schneidfasen der Zähne, wodurch sie weniger widerstandsfähig wurden.

Der nunmehr von Amerika herübergekommene hinterdrehte Fräser begann eine erst langsame, dann aber stetig zunehmende Umwälzung der gesamten Frästechnik einzuleiten. Namentlich das große Gebiet der Profilarbeiten wurde mit dieser Erfindung erst der Fräserei erschlossen.

Die wesentlichste Vervollkommnung, welche die Profilfräser noch erfuhren, war die des Schräghinterdrehens (D. R.-P. Nr. 52042). Eine Erfindung, die wiederum von J. E. Reinecker ausging.

Erhebliche Zeit kannte man nur die hinterdrehten Fräser mit dem zur Mittelachse senkrecht liegenden, sinkenden Profil. Solange es sich nicht um seitlich steil abfallende Schneidflächen handelt, erzielt man auch mit ihnen sehr günstige Schnittwinkel. Anders ist es jedoch, wenn sich diese Schneidflächen mehr den Seitenflächen nähern, so daß sie nicht mehr parallel zur Mittelachse liegen, sondern beinahe senkrecht auf sie fallen. Zu leichterem Vergleiche stellt die Fig. 17 einen Fräser nur von vorn (also senkrecht zur Achse) hinterdreht, und die Fig. 18 einen Fräser mit schräghinterdrehten Seitenflächen dar.

Die geraden Mantelflächen sind in beiden Figuren gleich. Die Schneidzähne der geschweiften Fläche erhalten aber schon weniger Hinterdrehung, und die schräge Fläche bekommt nur eine verschwindend kleine Hinterdrehung.

Fig. 18 zeigt dagegen, daß dem schräghinterdrehten Fräser dieser Übelstand nicht anhaftet, weil seine Seitenflächen im entsprechenden Winkel zur Mittelachse hinterdreht werden, und mithin alle Schneidflächen eine bessere Hinterdrehung erhalten.

Der Arbeitsdruck gegen den einzelnen Schneidzahn des Fräsers, hervorgerufen durch den Widerstand des abzunehmenden Spanes, wächst proportional der Schnittbreite. Obwohl er durch Verringerung der Spandicke oder durch Vermehrung der Zähnezahl vermindert werden könnte, bliebe trotzdem ein wechselweises Belasten und Entlasten des Fräsers bestehen. Durch das Schräglegen der Mantelschneidzähne kann dieser Übelstand behoben werden, weil alsdann, während der erste Schneidzahn noch im Eingriff steht, schon der zweite seine Tätigkeit beginnt und somit ein ununterbrochenes, gleichmäßiges Arbeiten stattfindet.

Bewegt sich ein Punkt auf einem Zylindermantel in der Richtung der Achse, während sich der Zylinder in Drehung befindet, so entsteht die spiralgewundene Linie. Denkt man sich als Punkt den einen Schneidzahn erzeugenden Fräser, so können wir uns die Erzeugung des spiralgewundenen Fräsers vorstellen.

Die Vorteile des Spiralzahnfräsers, wie er kurz genannt wird, sind sehr schnell bekannt geworden, so daß man heute alle Fräser über 15 mm Breite mit spiralgewundenen Schneidzähnen versieht. Nur über den Winkel, den die Schneidzähne zur Fräserachse bilden, sind die Meinungen zu verschiedenen Zeiten auch immer verschiedene gewesen. Französische Firmen führten sehr früh stark gewundene Spiralzahnfräser ein. In Deutschland hat man sich meist darauf beschränkt, das Arbeiten von nur einem Zahn zu verhindern. Gegenwärtig wird aber allgemein die stärkere Spiralsteigung für zweckmäßiger gehalten.[1])

Obwohl der Spiralzahnfräser schon den sonst sehr breiten Span zu teilen vermag, hat man ihn noch für das Schruppen mit besonderen Einrichtungen ausgestattet. Die Schneidzähne sind hierbei von kleinen Nuten unterbrochen (Fig. 40), die senkrecht zu den spiralgewundenen Schneidzähnen und der Drehbank eingeschnitten werden. Geringerer Kraftverbrauch oder stärkere Schnittiefen werden diesen spanteilenden Fräsern nachgerühmt.

---

[1]) Durch D. R.-P. Nr. 146933 wurde ein Fräser geschützt, dessen Spiralsteigung ein Gewinde darstellt, so daß seine Schneidzähne fast rechtwinklig zur Achse stehen. Die Arbeitsweise eines derartigen Fräsers ist dann ähnlich der einer Transportschnecke, da der Span fortlaufend achsial hobelartig abgenommen wird.

Die weitere Fortführung dieser Absicht führte dann zu den Fräserkörpern, auf deren Mantelflächen drehstahlartige Schneidspitzen eingesetzt wurden.

Die vollkommenste Spanteilung dürfte jedoch der der Firma Fr. Krupp in Essen patentierte Fräser erreichen, der auf seinem Mantel zunächst ein grobes Spitzgewinde erhält und danach, wie ein gewöhnlicher Walzenfräser, mit spiralgewundenen Schneidzähnen versehen wird. Der einen großen Gasgewindebohrer ähnliche Fräser eignet sich zum Abarbeiten großer Spanmengen, wobei auf saubere Schnittflächen kein Wert gelegt zu werden braucht.

Der Wunsch, den Fräser zu verbilligen, sei es an Material oder Lohn, führte zu den auswechselbaren Schneidmesssern (s. Fig. 38).

Sie gelangten anfangs ausschließlich am Stirnfräser zur Anwendung, wurden aber auch sehr bald für schmale Walzenfräser verwendet. Namentlich in Amerika setzte man sie gern zu Satzfräsern zum Bearbeiten von Drehbankbetten usw. zusammen. Ihrer Verwendung stand lange das Unvermögen, die Arbeitswärme rasch weiterzuleiten, hindernd im Wege. Erst nach Einführung der Schnellaufstahle gingen sie einer ausgedehnten Verbreitung entgegen.

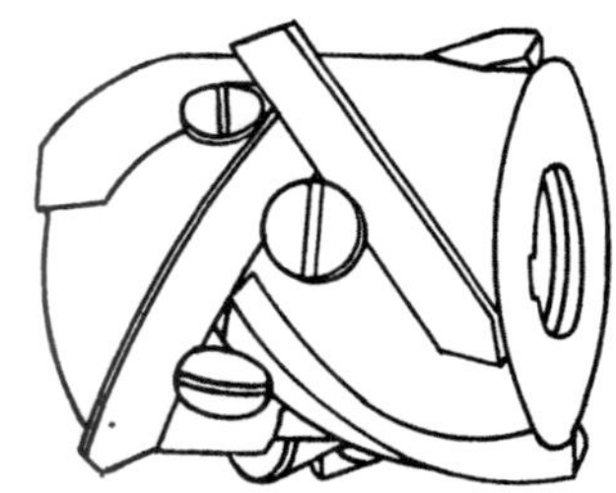
Fig. 19. Der Hochleistungsfräser „Patent Koch".

Sehr billige Fräser lassen sich auch aus weichen Bessemerstahl herstellen.[1]) Nur ist ihre Verwendung auf eine kleine Zahl besonderer Fälle beschränkt. Z. B. bei profilierten Werkstücken, zu denen, obwohl nur kleine Mengen herzustellen sind, mit Rücksicht auf die Austauschbarkeit der Teile, besondere Fräser angefertigt werden müssen. Man will nicht in ein wenig gebrauchtes Werkzeug erhebliche Materialkosten brach legen. Dazu kommt noch beim Härten die Gefahr des Zerspringens, was bei Bessemer oder Simens-Martinstahl ausgeschlossen ist, da er einen weichen Kern behält. Auch auf der Gußkruste wird ein solcher Fräser einem aus teuren Werkzeugstahl hergestellten Fräser nicht nachstehen.

Eine bedeutende Veränderung der Frästechnik brachte alsdann die Einführung der Schnellaufstahle. Die daraus hergestellten Fräser verlangten nicht nur andere Schneidzahn-Konstruktionen, sondern auch eine von der bisherigen Art abweichende Herstellung, auf die an späteren Stellen noch ausführlicher eingegangen wird.

Erwähnt seien an dieser Stelle bereits die sogen. Hochleistungsfräser. Der nach Patent Koch hergestellte Hochleistungsfräser der Firma Alfred H. Schütte in Köln, Fig. 19, hat auf der Mantelfläche stark spiral-

[1]) Siehe unter „Härten der Fräser" Ausführlicheres.

gewundene, eingesetzte Schneidzähne, die von beiden Seiten ∧förmig zusammenstoßen.[1])

Die Versuche zwischen einem Hochleistungs- und einem gewöhnlichen Schnellaufstahlfräser mit 16 Zähnen ergaben folgende Resultate.

Beim gewöhnlichen Schnellaufstahlfräser wurden die großen Spanmengen mit herumgerissen und klemmten sich zwischen dem Werkstück und den Schneidzähnen fest, so daß bei weiterer Steigerung des Vorschubes die Maschine stehen blieb. Die bearbeitete Fläche wies deutlich die Spuren der eingedrückten Späne auf und zeigte tiefe Risse. Der neue Fräser schob dagegen die abgenommenen Spanmengen sofort seitlich vom Werkstück hinunter, so daß die Schneidzähne frei blieben. Die bearbeitete Fläche war bei starkem Vorschub von 100—347 mm in der Minute sauberer als die des gewöhnlichen Fräsers. Bei einem Vorschub von 80 mm in der Minute waren die bearbeiteten Flächen beider Fräser von gleichem Aussehen.

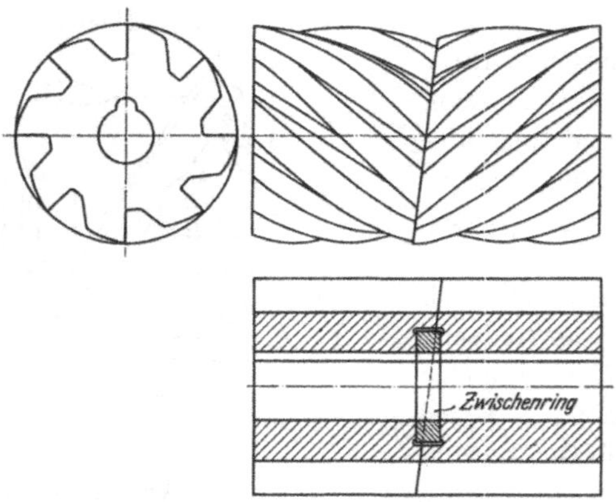

Fig. 20. Der Pfeilzahnfräser.

Eine andere Lösung zeigt die in Fig. 20 dargestellte Anordnung von J. A. Kühn, Frankfurt a. M.[2]) Es werden hier zwei grobgezahnte, mit gegensätzlicher Spiralsteigung versehene Walzenfräser zusammengespannt. Um die Stoßstelle zu überdecken, werden die zusammenstoßenden Stirnenden etwas schräg zur Achse ausgeführt. In die rechtwinklig zur Achse liegenden Aussparungen ist ein Zwischenring so eingepaßt, daß zwischen den Schrägflächen einige Zehntel-Millimeter Spiel bleibt. Es wird dadurch das Krummziehen des Dornes vermieden. Die Abschrägung beträgt 2—3 mm, je nach Größe des Fräsers; in der Fig. 20 ist die Schräge der Deutlichkeit halber übertrieben dargestellt. Beim Schärfen wird ein entsprechend breiterer Zwischenring verwendet, so daß das Schmirgelrädchen frei auslaufen kann.

b) Die Fräserarten.

Die Fräser werden nicht nur nach ihrer Arbeitsweise und Verwendungsart, sondern auch nach ihrer äußeren Form benannt. Es ist

---

[1]) In neuerer Zeit wird dieser Fräser nicht mehr mit eingesetzten Messern, sondern mit aus dem Vollen gefrästen Zähnen hergestellt.

[2]) D. R.-G. angemeldet.

dabei gleichgültig, welcher der beiden Hauptgruppen: geriefter oder hinterdrehter Schneidzahnart, der Fräser angehört.

Der Fräser kann einzeln oder mit mehreren zusammengesetzt verwendet werden. Im letzteren Falle spricht man von Satzfräsern.

Es lassen sich mit ihnen, entsprechend den Schneidflächen, gerade Flächen abplanen oder Profile erzeugen. Die Fräser für erstere Arbeiten nennt man Planfräser, die für letztere Profilfräser.

Je nach der Örtlichkeit der Verzahnung unterscheiden wir: Mantelfräser, Stirnfräser und Innen- oder Hohlfräser, wobei zu berücksichtigen ist, daß in den meisten Fällen ein Mantelfräser auch noch an der Stirnseite verzahnt ist, ein Stirnfräser auch noch auf der Mantelfläche Zähne trägt und ein Hohlfräser überhaupt an der Stirnseite Zähne haben muß.

Am leichtesten lassen sich die Fräser nach ihren hauptsächlichsten Anwendungsgebieten gliedern, diese sind:

1. das Ausarbeiten von Nuten, Schlitzen, Kurvenbahnen, Vertiefungen und Rändern,
2. das Abplanen von Flächen mit Stirn- oder Mantelschneidzähnen,
3. das Fräsen und Schneiden von profilierten Flächen mit Einzelfräsern oder Satzfräsern,
4. das Anfräsen von Einsenkungen und Aussparungen mit Hohlfräsern.

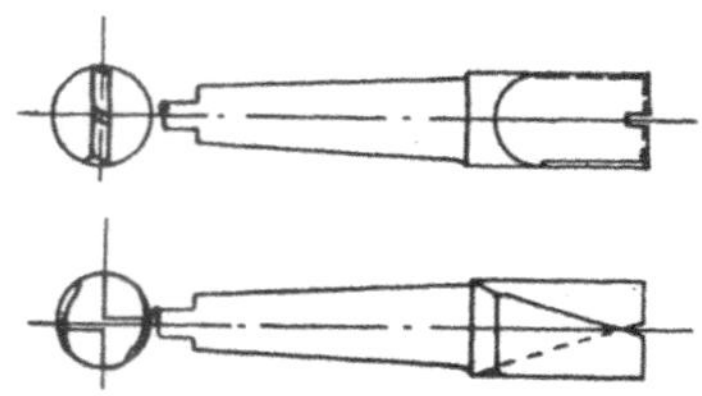

Fig. 21 und 22.
Die zweischneidigen Nutenfräser.

Der älteste und einfachste Fräser dürfte der bekannte zweischneidige Langlochbohrer (Fig. 21) sein, der lange Zeit das einzigste Werkzeug zum Ausarbeiten (Langlochbohren) von Nuten in Wellen usw. war.

Einen neueren Nutenfräser, D. R.-P. Nr. 127574, stellt die Fig. 22 dar. Seine Zahnlücken sind bis über die Mitte eingeschnitten, so daß sie ebenfalls schneidend wirken und deshalb zum Bohren von Löchern zu verwenden sind. Der in der Mitte des Loches stehenbleibende kegelförmige Kern wird dann beim Seitlichschalten, zwecks Erreichung der Nute, von den schneidenden Innenkanten weggeschnitten.

Für den gleichen Zweck eignet sich auch sehr gut der in Fig. 23 abgebildete vierschneidige Nutenfräser.

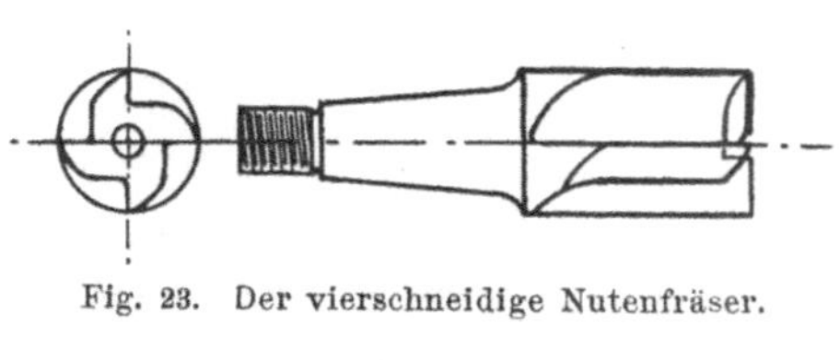

Fig. 23. Der vierschneidige Nutenfräser.

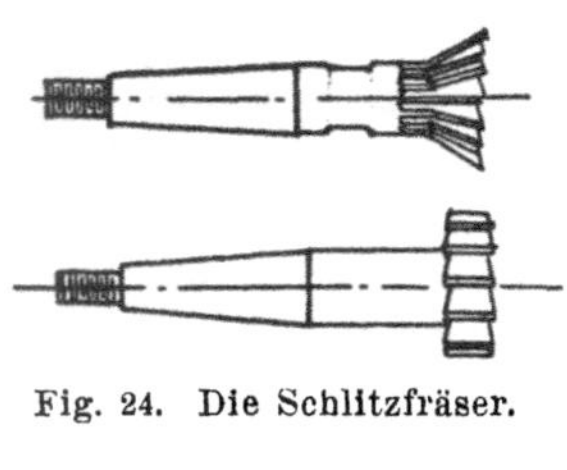

Fig. 24. Die Schlitzfräser.

Die in der Fig. 24 wiedergegebenen Schlitzfräser für konische und T förmige Schlitze sind ähnlich ausgebildet.

Der in Fig. 25 dargestellte Fingerfräser ist der kleinste der Mantelfräser-Gattung. Da er vielfach zum Fräsen von breiteren Schlitzen, Vertiefungen und Flächen benutzt wird, erhält seine Mantelfläche spiralgewundene Schneidzähne.

Fig. 25. Der Fingerfräser.

Eine wesentliche Verbilligung der Ersatzkosten erreicht man durch das Aufschrauben des eigentlichen Fräserteiles auf den Schaft, was die Fig. 26 und 27 darstellen. Der Fräser wird nach dem Härten fest aufgeschraubt und mit dem Schaft bis zur nächsten Aufarbeitung oder bis zum Unbrauchbarwerden als ein Stück betrachtet, also zum Schleifen und Schärfen nicht abgeschraubt. Obwohl sie in der Haltbarkeit zweifellos

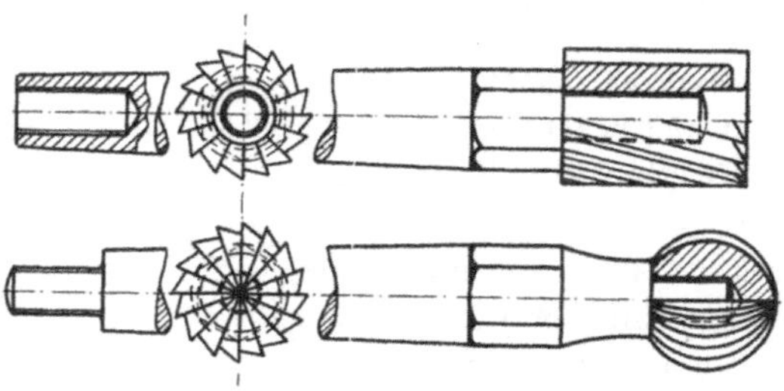

Fig. 26 und 27. Die aufgesetzten Nutenfräser.

einen vollen Fräser nachstehen, kann man doch mit ihnen recht ansehnliche Leistungen erzielen. Namentlich in Anbetracht des Umstandes, daß sehr oft das Werkstück keine starken Schnitte aushält oder daß die erforderliche Genauigkeit darin Grenzen zieht. Obige Fräser haben sich besonders beim Ausarbeiten von Kurvenbahnen bewährt.

Sollten die mit solchen Fräsern hergestellten Kurven austauschbar sein, ergab sich ein überaus großer Fräserverschleiß, da wenige Hundertstel

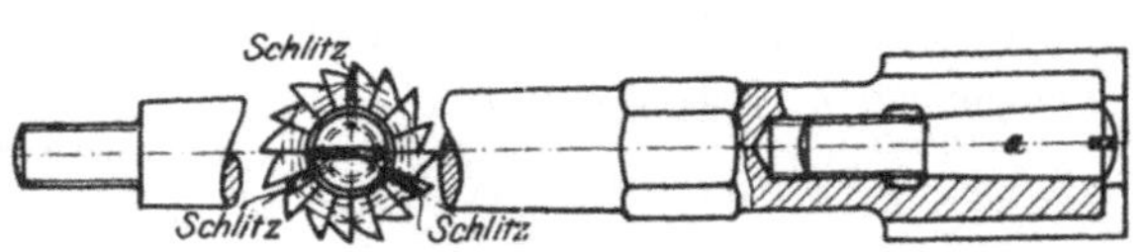

Fig. 28. Der nachstellbare Nuten-Schlichtfräser.

Millimeter Abnutzung die Weiterverwendung des Fräsers ausschlossen. Der nachstellbare Schlichtfräser (Fig. 28) erwies sich daher als sehr sparsam. Vor jedesmaligem Schärfen wird durch den Konus der Schraube *a* der Fräser aufgespreizt und alsdann auf das richtige Maß überschliffen und geschärft.

Die Fig. 29 zeigt einen größeren Schaftfräser, wie er noch vielfach an den Vertikalfräsmaschinen für allgemeine Planarbeiten angewendet wird.

Sobald diese Fräser größere Durchmesser erhalten, wird auch hier die Trennung von Schaft und Fräser vorgenommen. Die Fig. 30 stellt einen solchen Aufsteck-Schaftfräser dar, der im Gegensatz zu Fig. 26 beim Schärfen vom Dorn genommen werden kann, um durch einen geschärften Fräser ersetzt zu werden; sicherer ist auch hier, den Fräser auf seinen Schaft zu schärfen.

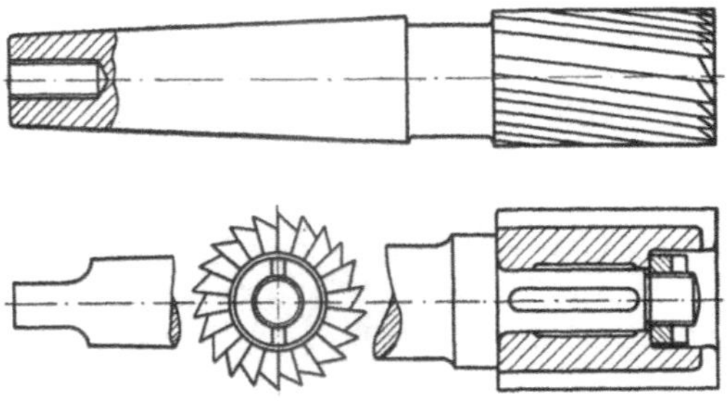

Fig. 29 und 30. Die Schaftfräser.

Ist der in Fig. 29 dargestellte Fräser etwas kürzer gehalten, so wird man ihn allgemein als Stirnfräser oder Kopffräser bezeichnen.

Solche Fräser zeigen auch die Fig. 31 und 32, nur mit anderen Befestigungsarten. Während der Fräser in Fig. 31 keine einwandfreie Befestigung aufweist, da man bekanntlich die Gewinde nicht rundlaufend bekommt, gibt Fig. 32 eine sehr gute Befestigungsart wieder. Die Fräser nach Fig. 31 aufgeschraubt, müßte man deshalb stets auf ihren Schäften schärfen.

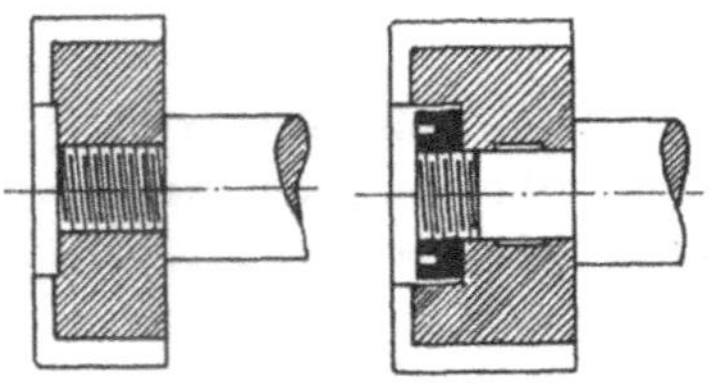

Fig. 31. Fig. 32.
Die Stirnfräser.

Einen Stirnfräser, der nur ausschließlich zum Arbeiten mit der Stirnseite bestimmt ist, zeigt die Fig. 33. Er wird von Pekrun in Coswig in Sachsen unter dem Namen Glockenfräser in Handel gebracht. Die Zahnbrüste dieses Fräsers laufen nicht nach der Frässermitte, sondern zeigen tangential gerichtet an ihr vorbei, um einen besseren und leichteren Schnitt zu erhalten.

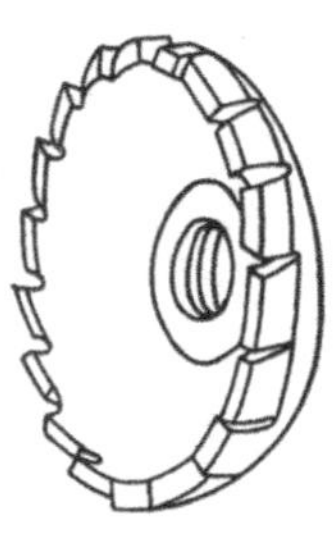

Fig. 33.
Der Glockenfräser.

In den Fig. 34—37 ist ein Ringfräser von Droop & Rein in Bielefeld dargestellt. Seine Schneidzähne sind in einen gebogenen Gußstahlring *a* eingeschnitten und hinterdreht. Der Stahlkörper *b* und die Mutter *c* umschließen und klemmen den Fräser fest. Der eigentliche Fräser erfährt dadurch eine erhebliche Verbilligung.

Ein ähnlicher, billiger Fräskopf ist der in Fig. 38 abgebildete. In den gußeisernen Körper werden die Fräsmesser *a* eingeklemmt und gemeinsam überdreht und alsdann an zwei Seiten auf Schnitt gearbeitet. Die Messer werden am zweckmäßigsten aus Schnellaufstahl hergestellt.

Fig. 34. Fig. 35.

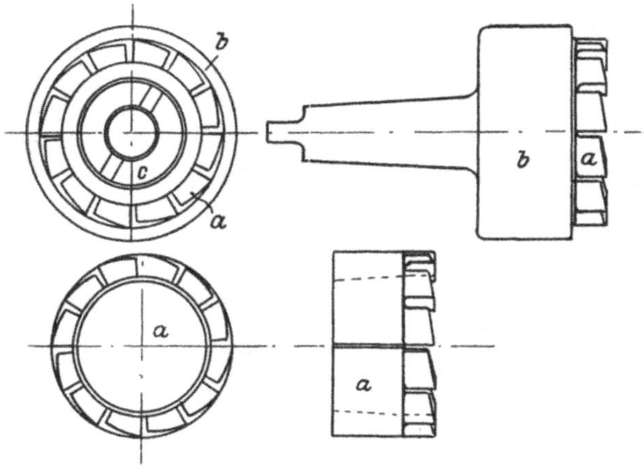

Fig. 36. Fig. 37.
Der Ringfräser von **Droop** und **Rein**.

Die Figur läßt drei der gebräuchlichsten Befestigungsarten dieser Messer erkennen. Das Messer a_1 wird vermittelst einer konischen Büchse b durch Schraube c festgeklemmt. (Ausführungsart von Löwe & Co., Berlin.) Die Messer a_2 und a_3 werden dadurch befestigt, daß zwischen ihnen ein Schlitz eingeschnitten ist, der durch einen schwach konischen Stift d auseinandergetrieben wird. Ähnlich werden die Messer a_4 und a_5 befestigt, nur daß hier ein konisches Klemmstück e durch Schraube f zwischen zwei Messer gezogen wird. Der Gußkörper wird entweder an einem Ring befestigt oder seine Bohrung wird zum Aufschrauben auf die Frässpindel mit Gewinde versehen.

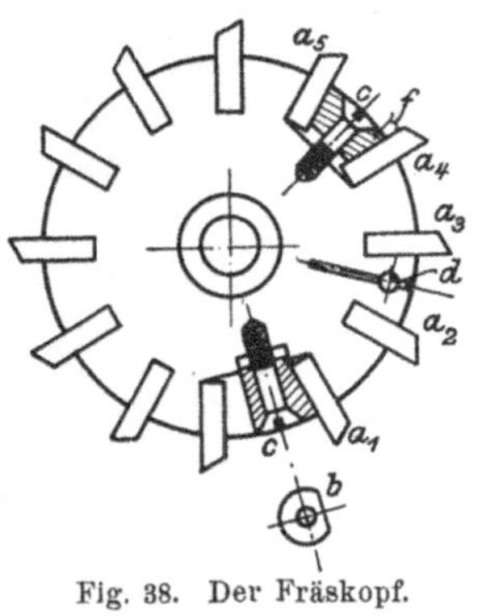

Fig. 38. Der Fräskopf.

Wir haben bisher nur solche Fräser kennen gelernt, die bei ihrer Arbeit die vordere Stirnseite frei haben mußten. Im folgenden soll nun auf diejenigen Fräser übergegangen werden, die vorzugsweise mit ihren Mantelschneidzähnen arbeiten, daher auf durchgehenden Fräserdornen sitzen, und auf beiden Seiten eine Lagerung zur Aufnahme der Arbeitsdrücke zulassen. Mit den nachstehenden Fräsern lassen sich deshalb auch alle die wichtigen Zusammenstellungen zu Fräsersätzen ausführen, die heute als ein überaus wichtiges Arbeitsmittel zur Herstellung schwieriger Profile die größte Beachtung verdienen.

Der Plan- oder Walzenfräser, den Fig. 39 zeigt, hat seine Namen einmal von der Planbearbeitung der Werkstücke, zum anderen von seiner walzenähnlichen Form. Ihm fällt für die allgemeinen Arbeiten in der Fräserei eine Hauptrolle zu. Seine Schneidzähne haben zwecks ruhigen Arbeitens eine Spirale,[1]) dieselbe ist entweder so gestaltet, wie

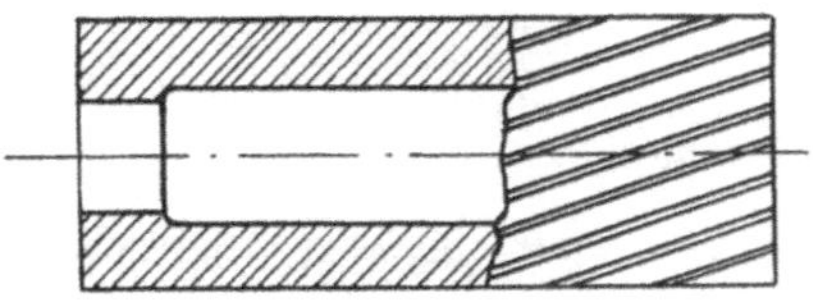

Fig. 39.

Fig. 40.

Der gewöhnliche und der spanteilende Walzenfräser.

sie die Fig. 39 aufweist, oder durch gewindeförmige Nuten, wie in Fig. 40, durchbrochen. Die Durchbrechungen heben einerseits beim Härten die schädliche Spannung auf, andererseits dienen sie zur Spanteilung.

Für die Bohrungen der Walzenfräser[2]) dürften sich folgende Werte am günstigsten stellen:

Durchmesser in mm:	35—40	50—60	70—90	100—200
Bohrung in mm:	16	22	32	40.

Der Scheibenfräser (Fig. 41) wird so genannt, weil seine Höhe gegenüber dem Durchmesser verhältnismäßig gering ist und er mehr einer Scheibe gleicht. Seine Stirnseiten sind fast immer mit Schneidzähnen versehen, die den Zweck haben, das Freischneiden des sehr oft im Satz verwendeten Fräsers zu bewirken.

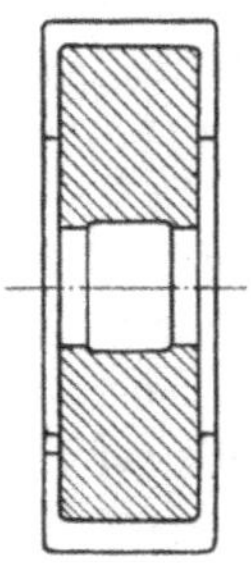

Fig. 41. Der Scheibenfräser.

Der Nutenfräser (Fig. 42 und 43) dient, wie schon sein Name sagt, zum Einfräsen der Nuten in den verschiedenen Werkstücken. Er ist vielfach nur auf der Mantelfläche mit Schneidzähnen versehen; seine Seiten werden dann zum Zwecke des leichteren Freischneidens etwas hohl gedreht. Das Freischneiden wird natürlich bedeutend verbessert, wenn die Seiten, wie Fig. 43 zeigt, ebenfalls Zähne haben. Leider haftet beiden Ausführungen der Fehler an, daß die Fräser beim Abnutzen der Seiten bezw. beim späteren Nachschärfen an ihrer Breite verlieren.

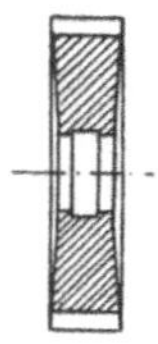

Fig. 42.

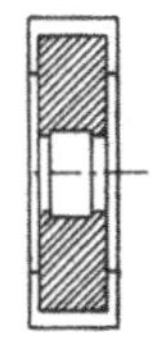

Fig. 43.

Die Nutenfräser.

Von der englischen Firma Addi wurde ein Fräser eingeführt, dem dieser Übelstand nicht anhaftet. Wie aus Fig. 44 ersichtlich, besteht der Fräser aus zwei Teilen, deren aneinander liegende Flächen nicht senk-

[1]) Siehe S. 36, Fräser mit spiralförmigen Schneidzähnen.

[2]) Zeitschrift für Werkzeugmaschinen und Werkzeuge Jahrg. 1, S. 203.

recht, sondern schräg zur Achse liegen. Erreicht wird dadurch, daß bis zur Breite der Fräserabweichung zwischen die beiden Fräserteile Blech

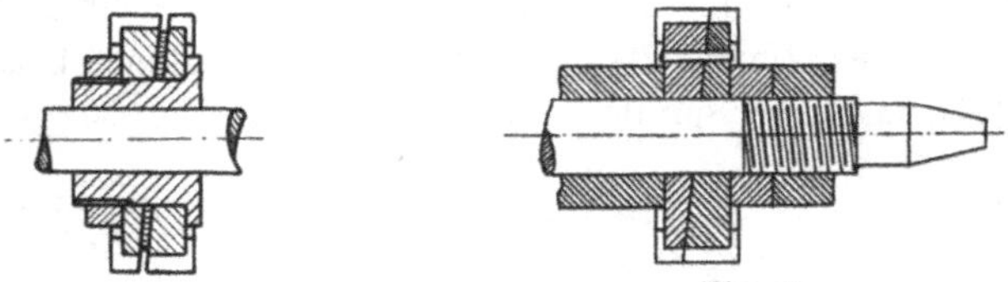

Fig. 44. Fig. 45.
Die schräggeteilten Nutenfräser.

oder Papier gelegt werden kann, um ihre Breite im Verhältnis des Verlustes beim Nachschärfen auszugleichen. Eine Büchse mit Mutter und Keil sichert die richtige Lage der Fräserteile, welche auf diese Art, solange nur noch einige Zähne über die Zwischenlagen reichen, eine vollkommen saubere Arbeit liefern.

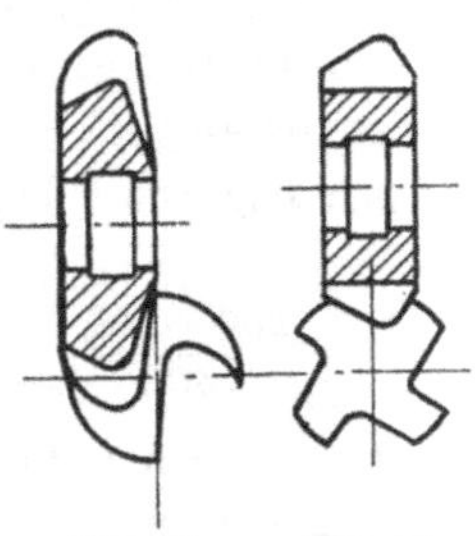

Fig. 46. Fig. 47.
Die Profilfräser.

Eine Abart des obengenannten Fräsers ist der in Fig. 45 dargestellte, welcher in vielen Werkstätten angewendet wird. Bei diesem fällt Büchse und Mutter weg. Zwei Stifte arretieren die Stellung, während das Zusammenhalten hierbei von der Mutter am Fräserdorn erfolgt.

Das überaus große Gebiet der Profilfräserei weist wohl die mannigfaltigsten Fräserformen auf. Eine Anzahl der bekanntesten mögen hier angeführt werden. So der Spiralbohrerfräser (Fig. 46) und der Gewindebohrerfräser (Fig. 47).

Die Flanken der Zahnradfräser (Fig. 48—50) sind teils nach der Evolvente (Fig. 48), teils nach der Zykloide (Fig. 49) konstruiert. Der Zahnstangenfräser (Fig. 50), der fast immer nach der Evolvente konstruiert wird, erhält in diesem Falle an den Flanken keine Kurven. Je nach dem Eingriffswinkel des Zahntriebes umschließen seine Flanken 15 bis 20°.

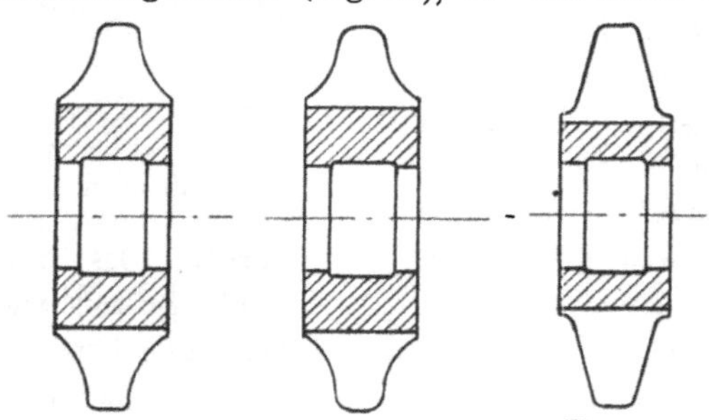

Fig. 48. Fig. 49. Fig. 50.
Die Zahnradfräser.

Der Schneckenradfräser (Fig. 51) stellt eine besondere Gruppe von Fräsern dar. Er hat die Eigentümlichkeit, daß seine Schneidzähne nicht mit der Drehungsrichtung in einer Ebene laufen, sondern entsprechend der Schneckensteigung gangartig angeordnet sind. Beim Arbeiten muß sich daher auch das Werkstück (Schneckenrad) langsam mitdrehen. Obiger Fräser ist deshalb mit einer gehärteten Stahlschnecke, deren Gänge als Schneidzähne ausgebildet sind, zu vergleichen.

Der neuere Schneckenradfräser, der in Fig. 52 und 53 dargestellt ist, arbeitet in derselben Weise wie der vorige, nur tritt hier

Fig. 51. Fig. 52. Fig. 53.
Der ältere und die neueren Schneckenradfräser.

noch hinzu, daß er ähnlich einem Gewindebohrer in das Werkstück geschaltet wird, zu welchem Zweck er an dem vorderen Ende stark verjüngt ist.

Fig. 54. Der Abwälzfräser.

Der Abwälzfräser (Fig. 54) ist im Grunde genommen der eingängige Schneckenradfräser mit vergrößertem Durchmesser, wodurch er einen recht geringen Steigungswinkel erhält. Er dient ausschließlich dazu, Zahnräder mit geraden oder spiralgewundenen Zähnen zu versehen.

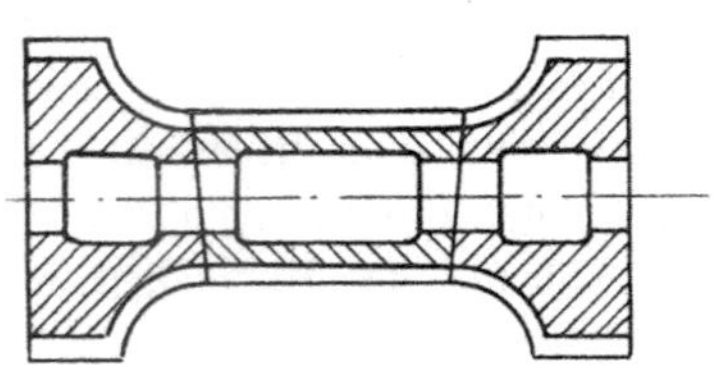

Fig. 55. Der schräggeteilte Profilfräser.

Erfordert das Profil eines Fräsers sehr große Durchmesserunterschiede oder eine zu große Breite, so teilt man den Fräser und setzt ihn mit schrägen Trennfugen (Fig. 55) oder Klauenüberdeckungen (Fig. 9) aneinander, was den Schnitt an den Teilstellen deckt. Diese zusammengesetzten Fräser haben sich wirtschaftlich sehr gut bewährt. Die Mehrkosten des Arbeitslohnes werden durch die Materialersparnis — weil jetzt verschiedene starke Rohstahlscheiben zu verwenden sind —, durch die größere Sicherheit beim Härten und durch den billigeren Ersatz — weil beim Bruch nur ein Teil verloren ist — wettgemacht. Außerdem lassen sich durch Zwischenlegen von Blech oder Papier die Breiten der Profile in beschränkten Grenzen ändern.

Eine Fortsetzung dieser zusammengesetzten Fräser bilden die im Satz vereinigten (Fig. 4 und 6). Mit ihnen lassen sich durch Zwischenlegen von Ringen und Scheiben die verschiedensten Profile herstellen. Auch kann in den Profilhöhen durch Auswechseln verschiedener Fräserdurchmesser eine große Verschiedenheit erzielt werden.

Beim Arbeiten mit zusammengesetzten Fräsern (vergl. Fig. 4 und 6) ergeben sich in den einzelnen Weiten und Zwischenabständen geringe Maßunterschiede, die der bedienende Arbeiter durch Zwischenlegen von Papier- und Blechscheiben im zeitraubenden Ausprobieren beseitigen muß. Ein geeignetes Hilfsmittel sind die in nebenstehender Tabelle zusammengestellten Zwischenringe. Ergibt sich beim Anfräsen die Notwendigkeit, zwei Fräser um mehrere Zehntel Millimeter zusammen- oder auseinanderzurücken, so kann man mit einem solchen Satz sofort den sich ergebenden Unterschied ausgleichen.

Sowohl die verschiedenen Verwendungsweisen der Fräser, als auch ihre Form und Größe bedingen zwei verschiedene Aufspann- oder Befestigungsarten: freifliegend oder zwischen zwei Lagern. Sie seien im nachfolgenden kurz beschrieben. Jede Art muß dem Fräser ein absolutes Rundlaufen gewährleisten, da nur in solchen Fällen sehr günstige Leistungsresultate erzielt werden können, wo alle Schneidzähne des Fräsers gleichmäßig arbeiten, letzterer also genau rund läuft.

Die gebräuchlichste Befestigung der Schaft- und Fingerfräser und sehr vieler Fräserdorne ist die in Fig. 30 angegebene. Der konische Schaft wird in eine gleiche Hülse gesteckt, wobei die abgeflachten Enden des Schaftes eine Drehung verhindern. Durch mäßige Schläge vermittelst eines Holzhammers wird sodann der Fräser festgezogen. Auch bei stärkster Beanspruchung wird der Fräser nicht locker werden, wenn er gut zentriert ist. Leider ist dies selten der Fall. Schon vom Anfang an wird meist unterlassen, den Konus samt den Schneidzähnen rund zu schleifen. Noch schlimmer sieht es sodann beim Nachschärfen aus. Die Körnerlöcher des Fräsers sind sehr oft durch die Stirnschneidzähne verdorben, sodaß außer den Schneidzähnen auch der Konus etwas schlägt. Obwohl durch das Nachschärfen das Unrundgehen der Zähne beseitigt wird, so kann doch der Fräser nicht rundlaufen, weil er ja mit dem nicht rundlaufenden Konus in der Hülse befestigt ist. Die Folge ist, daß durch die einseitige Beanspruchung bezw. die wechselnden Arbeitsspannungen zwischen Arbeitsstück und Fräser der Fräserkonus sich lockert. Ein vollkommen zentrisches Nachschärfen des Fräsers kann nur dadurch ermöglicht werden,

Tabelle für Fräserringe.

Vorhandene Ringe: 1, 1,1, 1,2, 1,25, 1,3, 1,4, 1,5, 1,75, 2, 2,5, 3,25, 5, 6, 7,5, 8, 10, 20, 30, 40 und 50 mm.

Gesuchte Millimeter	Zu verwendende Ringe	Gesuchte Millimeter	Zu verwendende Ringe	Gesuchte Millimeter	Zu verwendende Ringe
1	1	3,7	1,3 + 1,25 + 1	5,4	2,5 + 1,5 + 1,3
1,1	1,1	3,55	2,5 + 1,1	5,45	3,25 + 1,2 + 1
1,2	1,2	3,6	2,5 + 1,2	5,5	3 + 2,5
1,25	1,25	3,8	2,5 + 1,3	5,55	3,25 + 1,3
1,3	1,3	3,9	2,5 + 1,4	5,6	2,5 + 2 + 1,1
1,4	1,4	4	2,5 + 1,5	5,65	3,25 + 1,4 + 1
1,5	1,5	4,05	1,75 + 1 + 1,3	5,7	2,5 + 2 + 1,2
1,75	1,75	4,1	3 + 1,1	5,75	3,25 + 2,5
2	2	4,15	1,75 + 1 + 1,4	5,8	2,5 + 2 + 1,3
2,1	1,1 + 1	4,2	3 + 1,2	5,85	1,75 + 3 + 1,1
2,2	1,2 + 1	4,25	2,5 + 1,75	5,9	2,5 + 2 + 1,4
2,25	1,25 + 1	4,3	3 + 1,3	5,95	1,75 + 3 + 1,2
2,3	1,3 + 1	4,35	3,25 + 1,1	6	6
2,4	1,4 + 1	4,4	3 + 1,4	6,05	1,75 + 3 + 1,3
2,5	2,5	4,45	3,25 + 1,2	6,1	5 + 1,1
2,6	1,5 + 1	4,5	3 + 1,5	6,15	1,75 + 3 + 1,4
2,7	1,5 + 1	4,55	3,25 + 1,3	6,2	5 + 1,2
2,75	1,75 + 1	4,6	2,5 + 1 + 1,1	6,25	3,25 + 3
2,8	1,5 + 1,3	4,65	3,25 + 1,4	6,3	5 + 1,3
2,85	1,75 + 1,1	4,7	2,5 + 1 + 1,2	6,35	3,25 + 2 + 1,1
2,9	1,5 + 1,4	4,75	3 + 1,75	6,4	5 + 1,4
2,95	1,75 + 1,2	4,8	2,5 + 1 + 1,3	6,45	3,25 + 2 + 1,2
3	3	4,85	1,75 + 1,1 + 2	6,5	5 + 1,5
3,05	1,75 + 1,3	4,9	2,5 + 1 + 1,4	6,55	3,25 + 2 + 1,3
3,1	2 + 1,1	4,95	1,75 + 1,2 + 2	6,6	3 + 2,5 + 1,1
3,15	1,75 + 1,4	5	5	6,65	3,25 + 2 + 1,4
3,2	2 + 1,2	5,05	1,75 + 1,3 + 2	6,7	3 + 2,5 + 1,2
3,25	3,25	5,1	2,5 + 1,5 + 1,1	6,75	3,25 + 2 + 1,5
3,3	2 + 1,3	5,15	1,75 + 1,4 + 2	6,8	3 + 2,5 + 1,3
3,35	1,25 + 1,1 + 1	5,2	2,5 + 1,5 + 1,2	6,85	1,75 + 1,1 + 2,5 + 1,5
3,4	2 + 1,4	5,25	3,25 + 2	6,9	2,5 + 3 + 1,4
3,45	1,25 + 1,2 + 1	5,3	2,5 + 1,5 + 1,3	6,95	1,75 + 1,2 + 2,5 + 1,5
3,5	2 + 1,5	5,35	3,25 + 1 + 1,1	7	5 + 2

Zum Beispiel: 58,9 = 3,9 + 5 + 50; 3,9 ist laut Tabelle 2,5 + 1,4, folglich ist 58,9 = 2,5 + 1,4 + 5 + 50.

daß man den konischen Schaft in eine passende Hülse futtert und ihn so freifliegend, wie er in der Fräsmaschine sitzt, Zahn für Zahn schärft.

In der Fig. 56 sind weitere Befestigungsarten veranschaulicht. Der steile Konus *a* bekommt seinen Halt von dem Gewinde *b*. Um während

Fig. 56. Im Konus befestigte Fräser.

des Arbeitens einem Losdrehen des Fräsers vorzubeugen, muß das Gewinde *b* eine Gangrichtung haben, mit der sich der Fräser festziehen kann. Das sichere Rundgehen hängt natürlich auch hier von dem Rundschleifen des Konus und der Zähne ab.

Für zylindrische Schäfte stellt die Fig. 57 eine gute Konstruktion dar. In der konischen Bohrung der Fräsmaschinenspindel findet

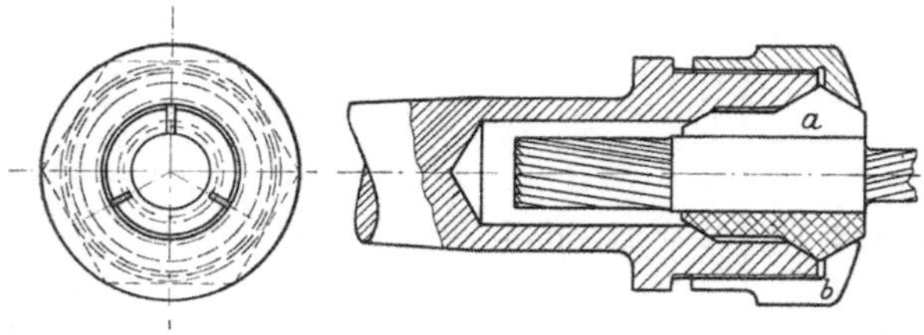

Fig. 57. Das Klemmfutter für zylindrische Fräserschäfte.

der Schaft des Aufnahmefutters Platz, in dessen, mit konischen Ansätzen versehener Bohrung, die geschlitzte Klemmhülse *a* sitzt, deren zylindrische Bohrung den geraden Schaft des Fräsers aufnimmt. Durch Anziehen der Überwurfmutter *b* wird die Klemmhülse *a* fest in das Futter gepreßt und zusammengezogen. In wirtschaftlicher Hinsicht kann diese Art der Befestigung nur bestens empfohlen werden.

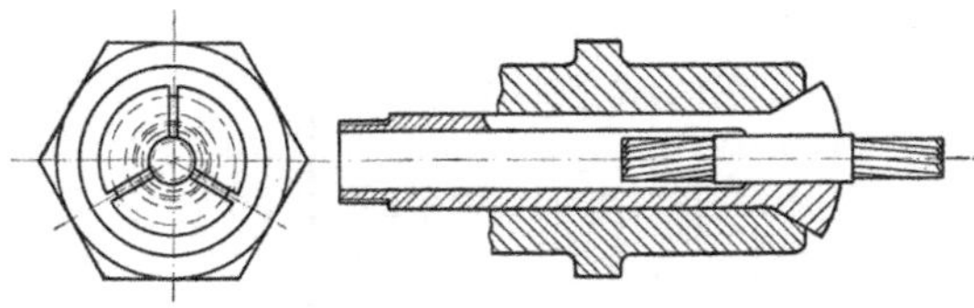

Fig. 58. Das Zangenfutter für kleine Fräser.

In der Feinmechanik finden wir fast an allen Werkzeugmaschinen das bekannte Zangen-Einspannen. Ein Satz gleicher Zangen mit den verschiedensten Lochweiten ermöglicht das Einspannen sämtlicher Fräsergrößen, die schnell und sicher durch den Konus der fast bis hinten geschlitzten Zange festgeklemmt werden. Die leicht verständliche Anordnung des ganzen finden wir in der Fig. 58 wiedergegeben.

Für die Befestigungskonen sind verschiedene Normalien in Anwendung. Die gebräuchlichsten sind die aus Amerika stammenden Morse-Konen, ferner die vom Verein dentscher Werkzeugmaschinenfabriken angenommenen metrischen Konen und der Reinecker-Konus. Es wäre sowohl im Interesse der Werkzeugfabrikanten als auch der Konsumenten, wenn der

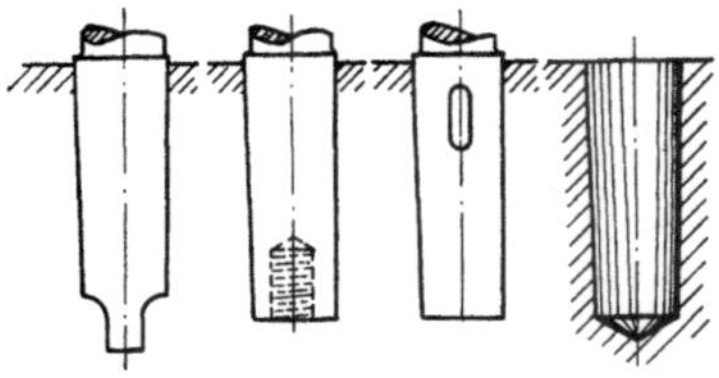

Fig. 59. Die Befestigungsarten für die Konen-Tabelle.

metrische Konus allgemein eingeführt würde, zumal er in den Nummern 1 bis 4 mit dem sehr verbreiteten Morse-Konus übereinstimmt. Nachstehend sind die Abmessungen für die obengenannten 3 Konusarten tabellarisch zusammengestellt. Alle Maße sind Millimeter.

1. Maßtabelle der metrischen Konen.

D = Durchmesser am starken Ende, zugleich größte Lochweite der Hülse,
d = Durchmesser am schwachen Ende, Länge einschl. des abgeflachten Zapfens.
d_1 = Durchmesser am schwachen Ende bei Konen ohne Zapfen.
d_2 = Kleinste Lochweite der Hülse.
a = Länge des abgeflachten Zapfens.
b = Dicke des abgeflachten Zapfens.
L = Länge des Konus in der Hülse, einschl. der Zapfenlänge a.
L_1 = Länge des Konus ohne Zapfen.
L_2 = Länge bezw. Tiefe der Bohrung in der Hülse.
l = Länge des aus der Hülse stehenden Endes.

Nr.	1	2	3	4	5	6	7	8	9	10	11
D	12	18	24	32	40	50	60	70	80	90	100
d	9	14	19	26	33	42	51	60	69	78	87
d_1	—	—	19,6	26,7	33,8	42,9	52	61,1	70,2	79,3	88,4
d_2	9,3	14,4	19,5	26,6	33,7	42,775	51,85	60,925	70	79,075	88,15
a	8	10	12	14	16	18	20	22	24	26	28
b	5	6,5	8	11	14	17	20	23	26	29	32
L	60	80	100	120	140	160	180	200	220	240	260
L_1	—	—	88	106	124	142	160	178	196	214	232
L_2	54	72	90	108	126	144,5	163	181,5	200	218,5	237
l	4	4	4	4	4	5	6	7	8	9	10

2. Maßtabelle der Morse-Konen.

Konus Nr.	1	2	3	4	5	6
Durchmesser am starken Ende $D =$	12,065	17,780	23,825	31,267	44,399	63,547
Durchmesser am schwachen Ende . . . . . . $d =$	9,042	14,123	19,278	25,324	36,728	52,755
Länge in der Bohrung (mit Zapfen a) . . . . $L =$	60,324	73,024	90,486	114,297	146,047	203,196
Dicke des abgeflachten Zapfens, zugleich Keillochbreite $a =$	5,159	6,350	7,937	11,906	15,875	19,050
Länge der Abflachung . $b =$	7,937	9,525	11,112	12,700	15,875	22,225
Radius für den Auslauf der Abflachung . . . . $r =$	4,762	6,350	7,144	7,937	9,525	12,700
Durchmesserzunahme auf 10 mm Länge . . . . . =	0,500	0,5016	0,5016	0,5101	0,5250	0,5216

3. Maßtabelle der Reinecker-Konen.

Nummer des Konus = Durchmesser in Zentimeter am starken Ende.
Länge des Konus = 4 × Durchmesser am starken Ende.
Konizität 1 : 20.

Konus Nr.	2	$2^1/_2$	3	$3^1/_2$	4	5	6	7	8	9	10
Durchmesser am starken Ende $D =$	20	25	30	35	40	50	60	70	80	90	100
Durchmesser am schwachen Ende . . . . . . $d =$	16	20	24	28	32	40	48	56	64	72	80
Länge . . . . . . $L =$	80	100	120	140	160	200	240	280	320	360	400

Die Befestigung der Stirn- oder Kopffräser auf Dorne ist in den Fig. 31 und 32 dargestellt. Die Bohrung wird entweder mit Muttergewinde versehen oder sie wird vorn zur Aufnahme einer Mutter ausgespart, wobei eine Nase im Dorne eine Verdrehung des Fräsers verhindert. In derselben Weise werden auch die meisten mit einer Bohrung versehenen Schlitzfräser befestigt.

Eine andere Art des Einspannens der Fräser ist die auf einem doppelt gelagerten Dorn, Fig. 60. Der Fräserdorn wird durch eine Differentialschraube mit seinem schlanken Konus in die hohle Hauptspindel der Fräsmaschine gezogen, oder er wird durch eine Differential- oder durch eine Überwurfmutter, die ihren Gegenhalt im Außengewinde der Hauptspindel hat, festgezogen. Durch Beilegeringe werden die Fräser auf dem Dorne in die gewünschte Stellung gebracht und durch einen Keil und eine Mutter vor Verdrehung gesichert. Der Fräserdorn endet in einem kleinen Konus, der in einem Gegenlager läuft oder in einer Körnerspitze.

Auf vorgenanntem Fräserdorn werden alle mit Bohrung vorgesehenen Fräser, sofern es die Verhältnisse gestatten, aufgespannt. Er gestattet auch, daß man auf ihm mehrere Fräser zum Satz vereinigen kann, mit denen, je nach der Zusammenstellung der Fräser, die verschiedensten Formen hergestellt werden können.

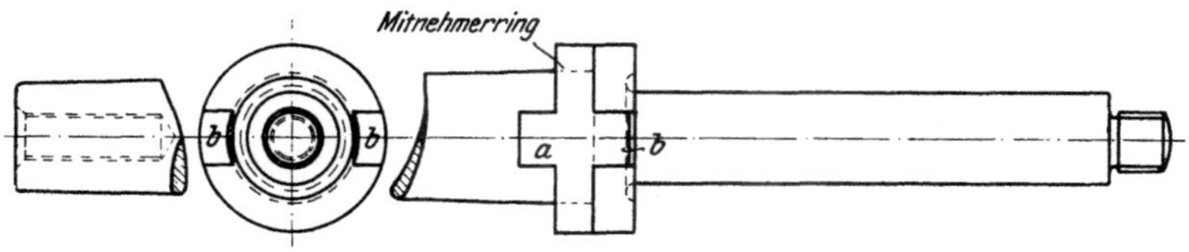

Fig. 60. Der Fräserdorn mit eingelegtem Mitnehmerring.

Infolge der überaus starken Beanspruchungen auf Verdrehung, die nach Einführung der Schnellaufstahle eintraten, hat man die Übertragung der Kräfte nicht mehr dem Konus allein überlassen können. So übertragen J. E. Reinecker (siehe a, b der Fig. 60), L. Löwe & Co., Wanderer u. a. die Umdrehung durch eine besondere Mitnehmerkonstruktion am Frässpindelkopf auf den dafür vorgesehenen Bund des Fräserdornes. Es ist augenscheinlich, daß dadurch nicht nur eine wesentliche Entlastung der Fräsmaschinenspindel erfolgt, sondern auch die Kräfteübertragung eine sehr viel bessere und sichere wird.

3. Die Konstruktion der Fräser und deren Schnitt- und Schaltgeschwindigkeiten.

a) Die Form und Teilung der Schneidzähne.

Obwohl der Zweck und die Verwendungsart des Fräsers maßgebend für dessen Konstruktion ist, so muß doch in erster Linie der richtigen Gestaltung der Schneidzähne eine besondere Beachtung geschenkt werden. Manche Änderung im Durchmesser oder der Zusammensetzung findet im ersten Gesetz für die Anfertigung des Fräsers, schnittfähige Zähne zu schaffen, seine Erklärung.

In älterer Zeit, wo die Fräser fast ausschließlich zu Profilarbeiten verwendet wurden und in den Durchmessern nicht sehr verschieden voneinander waren, nahm man meist eine konstante Zähnezahl von 30 bis 35 Zähnen an. Da aber später Fräser der verschiedensten Größen in Gebrauch kamen, mußte die Frage von besonderer Wichtigkeit werden, in welcher Weise man die Teilung der Zähne vorzunehmen habe. Daß dieselbe in einem bestimmten Verhältnis zum Durchmesser stattzufinden hat, ist leicht anzunehmen, aber welches Verhältnis dies sei, darüber gingen lange die Ansichten auseinander.

Bezeichnet D den Durchmesser, t die Zahnteilung und z die Anzahl der Zähne, so ergibt sich für die Zähnezahl die allgemeine Formel:

$$z = \frac{D\pi}{t}$$

oder, wenn die Zähnezahl bekannt ist, für die Zahnteilung:

$$t = \frac{D\pi}{z}.$$

Knabbe[1]) gelangt nun für die Teilung des Fräsers auf Grund seiner Erfahrungen zu der Formel:

$$t = 0{,}78\sqrt{D},$$

während Pregél,[2]) welcher für feingezahnte Mantelfräser eine beständige Riefenzahl (Zähnezahl), z. B. 25, für grobgezahnte Fräser mit hinterdrehten Zähnen die Zahl 10, 11 oder 12 anzunehmen empfiehlt, für z die Formel

$$z = 7 + 0{,}2\ (D - 20)$$

angibt, woraus sich, da $t = \frac{D\pi}{z}$ ist, für die Zahnteilung

$$t = \frac{D\pi}{7 + 0{,}2\ (D - 20)} \text{ ergibt.}$$

Bei einem Fingerfräser von 20 mm Durchmesser würde also nach Knabbe die Teilung

$$t = 0{,}78\sqrt{20} = 3{,}5 \text{ mm}$$

und die Zähnezahl

$$z = \frac{20\,.\,3{,}1415}{3{,}5} = 18 \text{ betragen.}$$

Nach der von Pregél angeführten Formel dagegen ist

$$t = \frac{20\,.\,3{,}1415}{7 + 0{,}2\,.\,0} = 9 \text{ mm}$$

und

$$z = 7 + 0{,}2\,.\,0 = 7.$$

Der Unterschied beträgt demnach, wenn man die beiden Resultate vergleicht, in der Zähnezahl 11 Zähne und in der Teilung 5,5 mm, ein Umstand, bei dem die fraglichen beiden Fräser ein wesentlich verschiedenes Aussehen gewinnen würden. Nach unseren eigenen Erfahrungen dürfte sich für die Praxis weder die eine noch die andere Konstruktion

[1]) Vergl. Knabbe, „Der Fräser usw." S. 193.

[2]) Vergl. Pregél, „Fräse- und Schleifmaschinen" S. 4, Stuttgart 1892.

für kleinere Fräser empfehlen, da sie nur für mittlere Fräserdurchmesser brauchbare Werte ergeben.

Von großer Wichtigkeit sind für die richtige Teilung der Zähne deren Höhe, h, und die sich aus Teilung und Höhe ergebenden Winkel an den Zähnen.

Da die Zähne eines Fräsers mit einem Winkelfräser eingeschnitten werden, müssen alle Winkel der Zähne (Fig. 61) von den Winkeln des einschneidenden Fräsers, sowie von dem Durchmesser und der Zähnezahl des zu bearbeitenden Fräsers abhängen. Die mathematischen Berechnungen dieser Winkel und ihre engeren Beziehungen zueinander hier klar zu legen, würde zu weit führen, und dürfte es genügen, das hauptsächlichste des näheren zu besprechen.

Zahlreiche Versuche und Vergleiche mit Fräsern verschiedener Herkunft, sowie langjährige Erfahrungen in großen Fräsereibetrieben ergaben, daß sich Fräser von 57° Winkeleinschließung am besten zum Einschneiden der Fräserzähne eignen.

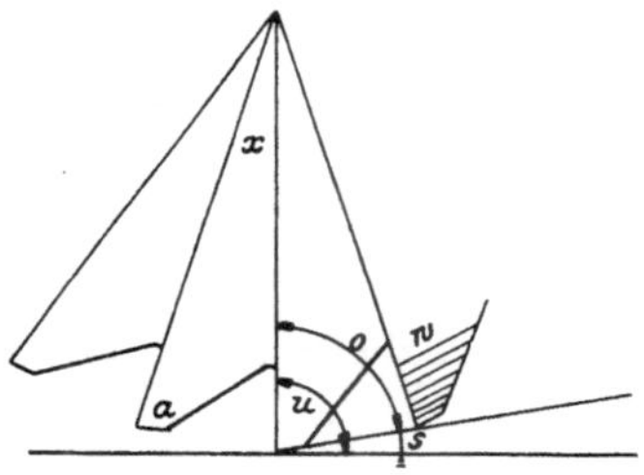

Fig. 61.

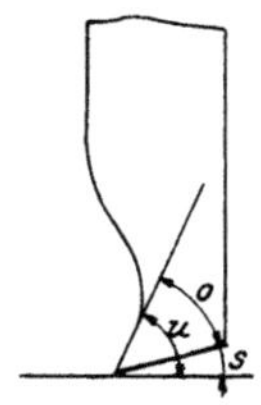

Fig. 62.

Die Winkel beim Späneabheben.

Von den in Betracht kommenden Winkeln (Fig. 61) ergibt sich der mit x bezeichnete ohne weiteres aus der Zähnezahl des Fräsers. Der runde Fräser hat 360°, und es entfällt auf den Winkel x der sovielte Teil von 360, als der Fräser Zähne bekommt, also ist

$$x = \frac{360}{z} \text{ Grad.}$$

Für die richtige Zahnform kommen nur die nachstehenden Winkel in Betracht:

1. der Schneidwinkel u,
2. der Zuschärfungswinkel o,
3. der Anstellwinkel s.

Betrachten wir dieselben näher, so finden wir, daß der Schneidwinkel u, der die Winkel o und s einschließt, von der Zahnbrust und der Oberkante des Werkstückes gebildet wird, und daß die Schneidefase des Zahnes die Winkel o und s bildet. Was die Größe dieser Winkel betrifft, so gilt für u derjenige Wert, der jedem metallschneidenden Werkzeuge zugrunde liegt, d. h. er darf nicht größer als 90° sein; das ist für $o = 78$ bis 87° und für $s = 3$ bis 12°. Eigentlich sollte der Anstellungswinkel s bei jedem Material seinen besonderen Wert haben, man begnügt sich jedoch, um nicht eine zu große Anzahl Fräser zu bekommen, mit der

Unterscheidung von weichem und hartem Material. Bei ersterem (weichem Material) macht man $s = 7$ bis 12^0, bei letzterem 3 bis 6^0.

Wie bereits angegeben ist, liegt die Maximalgrenze des Schneidwinkels u bei 90^0, wodurch eine genau radiale Zahnbrust entsteht. Es empfiehlt sich jedoch, den Schneidwinkel des Fräsers etwas kleiner zu machen, wie man ihn an den Drehstählen, namentlich an solchen für weichen Stahl und Schmiedeeisen, gewöhnt ist, siehe Fig. 62.

Untersuchen wir nun die Schneidzähne, die mit einem Winkelfräser von 57^0 erzeugt werden, so finden wir vor allem einen recht kräftigen Zahnrücken und eine genügend tiefe Zahnlücke, sofern wir für die verschiedenen Frasergrößen D die richtige Teilung t wählten.

Als besonders günstig hat sich die Formel

$$t = 1{,}2\sqrt{D}$$

erwiesen. Ihre Werte seien in den beiden nachstehenden Tabellen zusammengestellt.

Tabelle für Fräserteilungen.

Maße in Millimetern.

D Durchmesser	t Teilung	h Höhe der Schneidzähne
bis 12	4,2	3,5
„ 15	4,6	4
„ 18	5	4,5
„ 21	5,5	5
„ 25	6	5,5
„ 30	6,5	6
„ 35	7	6,25
„ 40	7,5	6,5
„ 45	8	6.75
„ 52	8,5	7
„ 60	9	7,25
„ 68	10	7,6
„ 75	10,5	8
„ 83	11	8,5
„ 90	11,5	9
„ 105	12,5	9,5
„ 126	13,5	10
„ 135	14	10,5
„ 150	14,5	11

Tabelle für die Zähnezahl.

D = Durchmesser in mm	Z = Zähnezahl	D = Durchmesser in mm	Z = Zähnezahl
10	8	90	25
15	10	95	26
20	11	100	26
25	13	110	28
30	14	120	30
35	15	130	32
40	16	140	34
45	18	150	36
50	19	160	37
55	19	170	38
60	20	180	40
65	21	190	42
70	21	200	45
75	23	225	50
80	24	250	56
85	24		

Bei den hinterdrehten Fräsern muß die Teilung und die Zähnezahl entsprechend seiner Form von verschiedenen Gesichtspunkten aus bestimmt werden. Bei Profilfräsern muß hauptsächlich darauf Rücksicht genommen werden, daß der Zahnfuß keine Schwächung erleidet. Bekanntlich werden die Zahnlücken aller Profilfräser nur gerade durchgefräst (siehe Fig. 45, 50, 51 u. a.). Es bekommen dieserhalb erhabene Stellen des Profiles eine sehr hohe Zahnform mit breitem Zahnrücken und schmalem Zahnfuß. Hier ist es nötig, durch größere Teilung die schwächeren Zahnfüße zu verstärken. Teilungen von 25—40 mm sind dabei keine Seltenheiten. Die Walzen-Schaft- und Fingerfräser können nun eher einer einheitlichen Zahnformung unterliegen. Jedoch findet man auch hier sehr große Verschiedenheiten, da sich die Werkzeugfabriken nach eigenen Erfahrungen ein Prinzip gebildet haben, mit dem sie gute Resultate zu erzielen glauben.

Obwohl nun nach eben Gesagtem die Teilung sehr verschieden sein kann, wollen wir doch im folgenden einige Punkte festlegen, die bei der Konstruktion der Zahnformen nützlich sein werden. Bezüglich der Zahnlücken- oder Nutentiefe herrscht vielfach die Ansicht, daß sie recht tief sein müsse, was sich in keiner Weise begründen läßt, da Platz für die Späne vorhanden ist, wenn die Nutentiefe $^2/_3$ der beabsichtigten Teilung ist; bei größerer Teilung genügt sogar $^1/_2$ derselben. Die tiefen Nuten erschweren nur das Nachschärfen, da die Fläche der Zahnbrust größer ist und folglich die Arbeit länger dauert; auch wird dadurch das Ausglühen des Zahnes begünstigt.

Die Breite der Nuten wird ebenfalls zumeist auf Kosten der Lebensdauer der Schneidzähne unnötig vergrößert. Sie braucht durchaus nicht

$^1/_3$ der Teilung zu sein, sondern ist möglichst gering zu wählen, da sie durch das Nachschärfen von selbst erweitert wird.

Eine sehr bewährte Formel für die Ermittelung der Zähnezahl Z sei nachstehend für die hinterdrehten Fräser angegeben.

Danach ist
$$Z = 8 + \left(\frac{D - 20}{7}\right),$$
woraus man mit der bekannten Formel
$$t = \frac{D\,\pi}{Z}$$
die Teilung ermitteln kann.

Zum Beispiel bei einem Fräserdurchmesser von 125 mm wäre
$$z = 8 + \left(\frac{125 - 20}{7}\right) = 8 + \frac{105}{7} = 8 + 15 = 23,$$
demnach
$$t = \frac{125 \,.\, 3{,}14}{23} = 17,$$
woraus sich die Zahnhöhe (h) mit $^2/_3\, t$ finden läßt.

Es ist dann
$$h = \frac{2}{3}\, t\,,$$
und auf obiges Beispiel angewandt:
$$h = \frac{2}{3}\, t = \frac{2 \,.\, 17}{3} = 11{,}3 \text{ mm.}$$

In der folgenden Tabelle seien wiederum die Werte der Formel zusammengestellt.

Tabelle für hinterdrehte, geradlinige Fräser.

Fräserdurchmesser $= D$ in mm	Zähnezahl $= Z$	Teilung des Fräsers $= t$ in mm	Höhe des Zahnes $= h$ in mm
20	8	7,85	5,24
25	9	8,72	5,82
30	9	10,44	6,96
35	10	10,99	7,32
40	11	11,42	7,62
50	12	13,08	8,72
60	14	13,07	9,14
70	15	14,66	9,78
80	17	14,77	9,86
90	18	15,70	10,38
100	19	16,53	11,02
120	22	17,13	11,42
140	25	17,56	11,70
150	27	17,44	11,62
175	30	18,32	12,22
200	34	18,47	12,32

Außer den vorgenannten Formeln sind namentlich durch die Fräser aus Schnellaufstahl noch andere bekannt geworden. Sie fußen darauf, daß der vermehrten Leistung ein kräftigerer Schneidzahn und eine vergrößerte Zahnlücke gegenüberstehen müßte.

Für die hinterdrehte Zahnform haben die Verfasser die Formel

$$Z = 7 + \left(\frac{D - 20}{9}\right),$$

wobei D in Millimeter eingesetzt ist, aufgestellt und mit ihr gute Erfolge erzielt.

Für die geriefte Zahnform empfehlen die Cincinati-Comp. folgende Zähnezahlen:

D in mm . . .	25	38	44	50	57	63	70	75	83	89	95	100	125	150
D in engl. Zoll	1	$1^1/_2$	$1^3/_4$	2	$2^1/_4$	$2^1/_2$	$2^3/_4$	3	$3^1/_4$	$3^1/_2$	$3^3/_4$	4	5	6
Z	8	10	11	12	13	14	15	16	17	18	19	20	24	28

Ein Winkelfräser von 80° sollte dabei zum Verzahnen der Fräser benutzt werden.

Den angegebenen Werten liegt etwa die Formel

$$Z = 4 + \frac{D}{6},$$

wobei D in Millimeter einzusetzen ist, zugrunde. Danach sind etwa zu suchende Zwischenwerte leicht zu finden.

Nachstehend sind tabellarisch die Resultate eines Versuches über den Kraftverbrauch von zwei gleich großen, aber mit verschiedener Zahn-

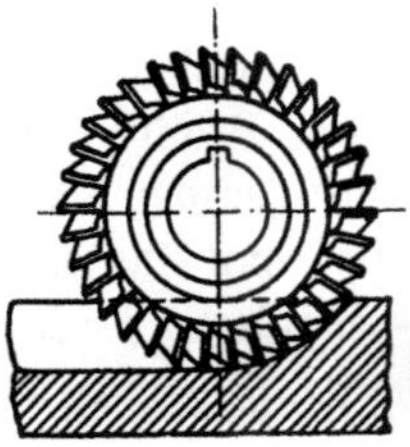

Fig. 63.

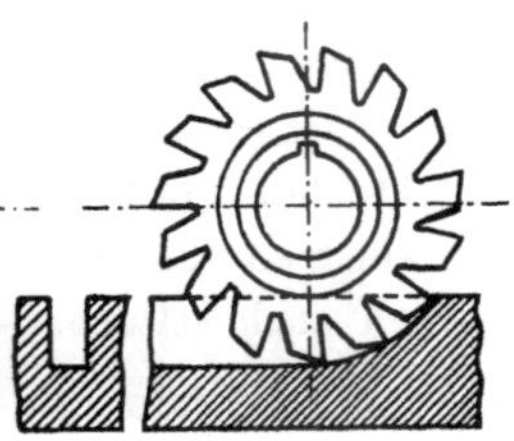

Fig. 64.

teilung versehenen Fräsern zusammengestellt.[1]) Die Versuche wurden auf einer elektrisch angetriebenen Cincinnati-Fräsmaschine Nr. 3 mit positivem Vorschub vorgenommen. Zur genauen Bestimmung des Kraftverbrauches waren Volt- und Amperemeter dem Motor vorgeschaltet.

Wie aus der Tabelle ersichtlich, nahm der Motor bei gleichbleibender Spannung bei dem feingezahnten Fräser (30 Zähne) 13,5 Ampere auf, während er bei gleicher Arbeit bei dem grobgezahnten Fräser (15 Zähne) nur 10,5 Ampere verbrauchte. Das macht eine Ersparnis an Kraft von

[1]) Milling Machine Kinks New York 1908.

annähernd 20 %. Es erklärt sich dies daraus, daß, wie die Fig. 63 zeigt, bei dem 30zähnigen Fräser konstant 5 Zähne im Eingriff stehen, während bei dem 15zähnigen, Fig. 64, höchstens 3 Zähne gleichzeitig greifen. Daraus ergibt sich, daß der Fräser um so mehr Kraft verbraucht, je mehr er einzelne Späne nimmt, und daß es ohne Einfluß ist, wenn der grobgezahnte Fräser wesentlich stärkere Späne als der feingezahnte zu nehmen hat.

Gefräst wurde eine Nute 14,3 mm breit und 22 mm tief. Material: Gußeisen.

	Feingezahnter Fräser	Grobgezahnter Fräser
Durchmesser des Fräsers . . .	100 mm,	100 mm,
Zähnezahl „ „ . . .	30	15
Dicke „ „ . . .	14,3 „	14,3 „
Frästiefe	22 „	22 „
Umdrehungen des Fräsers . . .	40 pro Min.	40 pro Min.
Vorschub des Tisches pro Fräserumdrehung	3,4 mm,	3,4 mm,
Spandicke pro Zahn	0,11 „	0,22 „
Spannung.	110 Volt,	110 Volt,
Stromverbrauch.	13,5 Ampere.	10,5 Ampere.

b) Die spiralgewundenen Schneidzähne.

Da die spiralgewundenen Schneidzähne die Sauberkeit der Arbeit und die Schnittfähigkeit des Fräsers wesentlich erhöhen, so sollten eigentlich alle Fräser mit Spiralschneidzähne versehen werden. Kaum überwindbare Schwierigkeiten beim Nachschärfen längerer Profilfräser haben es jedoch zur Bedingung gemacht, daß nur Fräser mit geraden Schneidflächen spiralgewundene Zähne bekommen; demnach also nur Mantel-, Finger-, Schaft-, Scheiben- und — wenn auch seltener — konische Fräser.

Die Steigungen der Spiralen sind hauptsächlich vom Fräserdurchmesser abhängig, obwohl sie auch von der Eingriffsbreite des Fräsers beeinflußt werden. Namentlich wird bei schmalen Fräsern die Steigung davon abhängen, daß mindestens ein Zahn ununterbrochen im Eingriff steht. Der Steigungswinkel variiert in der Regel zwischen 20 und 30°; die Länge der Spirale ist dann gleich dem 7—9fachen Fräserdurchmesser.

In der folgenden Tabelle sind von vier verschiedenen Steigungswinkeln die Länge der Spirale in Millimeter und englischen Zollen angegeben, und wird man danach leicht die nötigen Wechselräder zur Erzeugung der Spiralen bestimmen können. Zu bemerken ist noch, daß man die größere Steigung, bezw. den kleineren Steigungswinkel, auch dann anwendet, wenn Stirnzähne an den Fräser angeordnet sind, und zwar deshalb, damit die Stirnzähne nicht zu kleine Schneidwinkel bekommen.

Längentabelle der Fräserspiralen bei gegebenen Winkeln.

Durchmesser der Fräser in mm	Steigungswinkel von 15° Länge der Spirale		Steigungswinkel von 20° Länge der Spirale		Steigungswinkel von 25° Länge der Spirale		Steigungswinkel von 30° Länge der Spirale	
	mm	engl. Zoll	mm	engl. Zoll	mm	engl. Zoll	mm	engl. Zoll
20	234	$9^{1}/_{4}$	172	$6^{3}/_{4}$	134	$5^{1}/_{4}$	108	$4^{1}/_{4}$
25	293	$11^{1}/_{2}$	215	$8^{1}/_{2}$	168	$6^{1}/_{2}$	136	$5^{1}/_{3}$
30	351	14	258	$9^{3}/_{4}$	201	8	163	$6^{1}/_{2}$
35	410	$16^{1}/_{4}$	301	$11^{3}/_{4}$	235	$9^{1}/_{4}$	190	$7^{1}/_{2}$
40	469	$18^{1}/_{2}$	344	$13^{1}/_{2}$	269	$10^{1}/_{2}$	217	$8^{1}/_{2}$
45	527	$20^{3}/_{4}$	387	$15^{1}/_{4}$	303	12	244	$9^{1}/_{2}$
50	586	23	430	17	336	$13^{1}/_{4}$	272	$10^{2}/_{3}$
55	644	$24^{1}/_{3}$	473	18	370	$14^{1}/_{2}$	299	$11^{3}/_{4}$
60	703	$27^{2}/_{3}$	516	$20^{1}/_{3}$	403	16	326	13
65	761	30	559	22	437	$17^{1}/_{4}$	353	14
70	820	$32^{1}/_{4}$	602	$23^{3}/_{4}$	470	$18^{1}/_{2}$	380	15
75	879	$34^{3}/_{4}$	646	$25^{1}/_{2}$	503	20	408	$16^{1}/_{6}$
80	937	37	689	27	539	21	435	17
90	1055	$41^{1}/_{2}$	774	$30^{1}/_{2}$	603	24	488	19
100	1172	$46^{1}/_{8}$	860	34	672	$26^{1}/_{2}$	544	$21^{1}/_{3}$
110	1288	$50^{3}/_{4}$	946	36	740	29	598	$23^{1}/_{2}$
120	1406	$55^{1}/_{3}$	1032	$40^{2}/_{3}$	806	32	652	26
130	1522	60	1118	44	874	$34^{1}/_{2}$	706	28
140	1640	$64^{1}/_{2}$	1204	$47^{1}/_{2}$	940	37	760	30
150	1758	$69^{1}/_{2}$	1292	49	1006	40	816	$32^{1}/_{4}$
160	1874	74	1378	54	1078	42	870	34
180	2110	83	1548	61	1206	48	976	38
200	2344	$92^{1}/_{4}$	1720	68	1344	53	1088	$42^{2}/_{3}$
240	2812	$110^{1}/_{4}$	2064	$81^{1}/_{3}$	1612	64	1304	52

Die Zollangaben vorstehender Tabelle sind abgerundet, und zwar auf den zunächstliegenden größeren Bruchteil eines Zolles, da man bei der Wechselräderbestimmung nicht mit Dezimalbrüchen rechnen kann.

Eine noch wenig erörterte Frage ist die, welche Steigungsrichtung der Spirale zu geben ist. Bei Beantwortung dieser Frage ist besonders die Arbeitsart des Fräsers wichtig. Hat der Fräser einen tiefen Schlitz oder eine nicht durchgehende Nute auszuarbeiten, so wird es nötig sein, weil die Späne nicht ungehindert wegfallen können, der Spirale eine Richtung zu erteilen, durch welche die Späne ähnlich wie bei den Spiralbohrern herausgebracht werden.

Bei diesen Ausführungen macht sich jedoch ein großer Übelstand dadurch bemerkbar, daß der durch die Spirale hervorgerufene seitliche

Druck, der stets von der starken Hauptspindel der Fräsmaschine aufgenommen werden muß, gerade nach der entgegengesetzten Seite geleitet wird.

Es seien im folgenden die Resultate einiger Versuche, die zur Aufklärung obiger Frage angestellt wurden, wiedergegeben, in der Hoffnung, daß sie zu weiteren anregen möchten.

1. Ein Walzenfräser, nur durch eine Nute auf dem Fräserdorne gehalten — also ohne seitlichen Halt durch Ringe oder Muttern —, war in sehr kurzer Zeit gänzlich von dem Arbeitsstück, eine Flacheisenschiene, 20 × 15 mm heruntergelaufen, weil seine Zähne bei rechtslaufender Spirale, also nach der Gegenspitze zu, eingriffen und so von rechts nach links arbeiteten. Der Fräser mußte natürlich diesem Drucke ausweichen, was nach der Gegenspitze zu geschah.
2. Ein Walzenfräser mit linksgewundener Spirale ergab unter denselben Verhältnissen genau das gleiche Resultat, nur daß der Fräser jetzt nach links, nach der Hauptspindel gewandert war. Es zog sich in diesem Falle, wie es richtig ist, der Druck nach der Hauptspindel hin.
3. Beide Fräser arbeiten nacheinander, festgespannt — also ohne seitliches Spiel — eine Spandicke von 6 mm ab, wobei sich bemerkbar machte, daß der im ersten Versuch genannte Fräser erheblich zitterte und unsauber arbeitete, während der Fräser des zweiten Versuches, dessen Druck von der Hauptspindel aufgenommen wurde, ruhig arbeitete.
4. Bei einer älteren, mit Morsekonus versehenen Vertikalfräsmaschine lockerten sich stets die Schaftfräser; erst bei einem Versuche mit linker Spirale blieben sie fest.

Es lassen sich also die Vorteile einer zur Umlaufsrichtung des Fräsers entgegengesetzten Spirale dahin summieren, daß erstens der Fräser eine saubere Arbeit leistet, weil der seitliche Druck nicht nach dem Gegenlager, sondern nach der kräftigeren Hauptspindel geleitet wird, um hier von den Lagern und den Kugelringen aufgenommen zu werden und daß zweitens der Fräser stets bestrebt ist, sich fester in die Hauptspindel hineinzusetzen, was bei Schaft- und Fingerfräsern mit Konen ein nicht zu unterschätzender Vorteil ist.

Es wäre wirklich an der Zeit, auch einmal im obigen Wandel zu schaffen, denn allenthalben sieht man Fräser, namentlich solche mit konischem Schaft, die vom Spiral-Enddruck sozusagen herausgedrückt werden. Man kann zur Entschuldigung nur annehmen, daß man mit der seither gebräuchlichen Spiralrichtung das Hervorbringen der Späne erreichen wollte, ähnlich wie bei den Spiralbohrern.

Auch der zweite Grund betreffs der Stirnzähne ist nicht stichhaltig, da, wie schon einmal angedeutet, ihnen nicht viel Arbeit zukommt, weil nur ihre äußeren Kanten schneiden und sie sich nur freizuschaben brauchen. Arbeitet dagegen ein mit Stirnzähnen versehener Fräser achsial, so muß, weil sodann alle Schneidzähne auf ihrer ganzen Fläche gleichmäßig beansprucht werden, auch die Teilung und Höhe der Zähne entsprechend stark angeordnet sein.

Es wurde schon darauf hingewiesen, daß man in letzter Zeit die stark gewundenen Spiralschneidzähne bevorzugt. Ihre Nachteile, den seitlichen Druck auf die Lager, sucht man auf verschiedene Wege zu beseitigen. Bei den zusammengesetzten Fräsern wird man den seitlichen Druck dadurch aufheben, daß man die einzelnen Fräser mit rechten und linken Spiralwindungen ausstattet. Dasselbe Verfahren wird man an den breiten, geteilten Walzenfräsern anwenden. Daraus werden sich allerdings einige Schwierigkeiten beim Schärfen ergeben. Doch sind diese nicht schwer zu überwinden. Man wird schießlich dieselben Wege einschlagen müssen, die heute beim Verzahnen der sogen. Pfeilräder üblich sind.

c) Die Schnitt- und Schaltgeschwindigkeiten der Fräser.

Die Arbeit des Fräsers erfordert zwei verschiedene Bewegungen:

1. das Umdrehen des Fräsers oder des Werkstückes,[1]) bei welchem die Fräserzähne die ihnen zugeteilte Menge Material wegschneiden,
2. das Vorrücken des Werkstückes gegen den Fräser oder des Fräsers gegen das Werkstück, bei welchem dem Fräser stetig neues Material zugeteilt wird.

Die erstere Bewegung wird mit Schnittgeschwindigkeit und die letztere mit Schalt- oder Vorschubgeschwindigkeit bezeichnet. Die Schnittgeschwindigkeit c wird auf Sekunden, die Schaltgeschwindigkeit p auf Minuten bezogen. Die dadurch entstehenden Vorgänge nennt man Schneiden und Schalten.

Die Größen der Geschwindigkeiten c und p unterliegen nun großen Schwankungen, je nach der Härte des zu bearbeitenden Werkstückes und der Frässergüte. Infolgedessen können auch die nachfolgenden Ausführungen nicht überall zugrunde gelegt werden. Immerhin werden sie aber als Richtschnur dienen können, da sie die Mittelwerte der in Betracht kommenden Normen sind.

Einige besonders deutschen Verhältnissen gerecht werdende Formeln zum Ermitteln der genannten Geschwindigkeiten hat die bekannte Fräserfirma Reinecker angegeben.

Danach ist die Umdrehungsanzahl n des Fräsers in der Minute — wobei der Durchmesser D des Fräsers stets in Millimetern einzusetzen ist —:

für Gußstahl und Gußeisen

$$n = \frac{5000}{D},$$

[1]) Letzteres kommt nur ganz vereinzelt vor, z. B. an Revolverbänken und Bohrwerken.

für Schmiedeeisen und Martinstahl

$$n = \frac{6000}{D},$$

für Messing, Rotguß, Bronze und Kupfer

$$n = \frac{8000-10000}{D}.$$

Setzt man nun den Wert n in die bekannte Formel für die sekundliche Geschwindigkeit

$$c = \frac{n \,.\, D \,.\, \pi}{60}$$

oder, da $n \,.\, D =$ einer der Konstanten der obigen Formeln (5000, 6000 und 8000 bis 10000) ist,

$$c = \frac{\pi \,.\, \text{Konstante}}{60},$$

so erhält man

für Gußstahl und Gußeisen

$$c = \frac{n \,.\, D \,.\, \pi}{60} = \frac{\pi \,.\, 5000}{60} = 261 \text{ mm in der Sekunde,}$$

für Schmiedeeisen und Martinstahl

$$c = \frac{n \,.\, D \,.\, \pi}{60} = \frac{\pi \,.\, 6000}{60} = 314 \text{ mm in der Sekunde,}$$

für Messing und weichere Metalle

$$c = \frac{n \,.\, D \,.\, \pi}{60} = \frac{\pi \,.\, 8000-10000}{60} = 419 \text{ bis } 523 \text{ mm in der Sekunde.}$$

Diese Schnittgeschwindigkeiten werden wohl bisweilen noch überschritten, in den meisten Fällen bleibt man jedoch hinter ihnen zurück. Namentlich wird man bei unserem deutschen Gußeisen gar oft bis zu 180 mm in der Sekunde heruntergehen müssen, um ein dem Fräser schädliches Erhitzen zu vermeiden. In zweifelhaften Fällen versuche man es immer erst mit dem angegebenen Werte von c, der sodann bei zu starker Erhitzung vermindert werden muß. Diese Angaben beziehen sich auf Fräser aus gutem Werkzeugstahl. Bei Verwendung von Schnellaufstahl kann die Schnittgeschwindigkeit um 50—100% erhöht werden. Vergl. S. 42. Wird mit Kühlwasser[1]) gearbeitet, also bei Stahl und Schmiedeeisen, so muß durch reichlichere Zufuhr des ersteren das Erhitzen des Fräsers zu verringern versucht werden.

Bei den Bestimmungen der minutlichen Schaltgeschwindigkeit p müssen drei Punkte berücksichtigt werden:

---

[1]) Das Kühlwasser leistet nicht nur beim Schmiedeeisen und Stahl vorzügliche Dienste, sondern auch beim Gußeisen, hier eben nur zur Kühlung des Fräsers dienend.

1. die Schneidfähigkeit des Fräsers, die Tiefe und Breite seines Eingriffes (im Werkstück) und seine Arbeitsdauer,
2. die Güte der Fräsmaschine, namentlich die der Supportteile
3. die Festigkeit des Werkstückes.

Es wird z. B. — gleiche Maschinen vorausgesetzt — ein Fräser, der unter 5 mm Eingriffstiefe (d. h. es wird vom Werkstück ein Span von 5 mm abgenommen) und 140 mm Eingriffsbreite (d. h. die bearbeitende Fläche am Werkstück ist 140 mm breit) arbeitet, eine kleinere Schaltgeschwindigkeit erfordern, als ein Fräser, der unter 3 mm Eingriffstiefe und 40 mm Breite wirkt.

Nach Reinecker beträgt der minutliche Vorschub p 15—30 mm bei Gußstahl, Gußeisen und Schmiedeeisen, wobei auf zackigen Profilen der langsamere, auf geraden und mäßig geschweiften der schnellere Vorschub anzuwenden ist. Für weichere Metalle kann derselbe jedoch 50 mm und auch mehr betragen. Es haben auch hier diese Werte nur Gültigkeit für Fräser aus Werkzeugstahl; bei Verwendung von Schnellaufstahl kann auch die Schaltgeschwindigkeit bis 100 % und darüber erhöht werden.

Ebenso kann nach Abnahme des ersten Spanes, bei welchem der Fräser die harte Schmiede- oder Gußkruste weggearbeitet hat, bei weiteren Spänen der Vorschub erheblich vergrößert werden.

Es bedarf wohl kaum der Erwähnung, daß man zu einer Schaltgeschwindigkeit verschiedene Schnittgeschwindigkeiten und mehrere Schaltgeschwindigkeiten zu einer Schnittgeschwindigkeit nehmen kann. Im allgemeinen gilt die Regel, beim Schruppen geringere Schnittgeschwindigkeit und größeren Vorschub und beim Schlichten höhere Schnittgeschwindigkeit und kleinen Vorschub zu nehmen.

Vorteilhaft ist es, unter Berücksichtigung der Leistungsfähigkeit der Fräsmaschine, für jede Gattung der Fräsarbeiten eine Schaltgeschwindigkeit festzusetzen, zu welcher man die Schnittgeschwindigkeit aus den obigen Formeln ermittelt. Erhitzt sich der Fräser zu sehr, so verringert man seine Umdrehungen; man untersuche aber vorerst, ob nicht etwa mangelhafte Schärfung und Unrundgehen des Fräsers die Ursache der Erhitzung waren, was sehr oft der Fall ist und natürlich sofortige Abhilfe dieses Fehlers notwendig macht.

Bildet nun Schnitt- und Schaltgeschwindigkeit die Arbeitsleistung des Fräsers, so darf nicht unberücksichtigt bleiben, welche Einflüsse die verschiedenen Schaltungsarten und die Stellungen des Werkstückes zum Fräser ausüben, wobei namentlich in Frage kommt, ob die Lage des Werkstückes gestattet, daß die abgenommenen, durch den Schneidprozeß erwärmten Späne herabfallen können, oder ob dieselben an der Arbeitsstelle verbleiben. Im ersteren Falle hat der Fräserzahn, da die Späne sofort wegfallen, reichlich Zeit, sich abzukühlen und sein Anschnitt erfolgt auf einer reinen Fläche. Dagegen werden im letzteren Falle die warmen

Späne vom Fräser teilweise mit herum genommen, was zur Folge hat, daß kleine Spanteilchen beim Anschneiden schleifend auf die Zähne wirken, die dadurch stumpf werden. Versuche, die sich auf obiges bezogen, ergaben, daß die Arbeitsleistung im ersteren Falle $^1/_3$ höher als im zweiten ist.

Die in nachstehender Tabelle angegebenen Schnitt- und Schaltgeschwindigkeiten können daher nur Mittelwerte sein, die keineswegs als absolute Norm betrachtet werden können.

Tabelle für Schnitt- und Schaltgeschwindigkeiten.

s = Schnittgeschwindigkeit pro Sekunde, *v* = Vorschub pro Minute.
a für Schruppen, *b* für Schlichten.

Art des Fräsers und der Arbeit	Schnitttiefe *t*	Schnittbreite *b*	Material: Mittelhartes Gußeisen *s*	*v*	Weicher Masch.-Stahl bis 65 kg Festigkeit *s*	*v*	Messing, Bronze usw. *s*	*v*
Fingerfräser 30 mm Durchmesser . . . *a*	2	30	225	30	250	30	450	60
b	1		275	35	300	35	550	70
Walzenfräser 100 mm Durchmesser . . . *a*	5	100	200	30	250	30	450	60
b	1		250	35	300	35	550	70
Stirnfräser bis 120 mm Durchmesser . . . *a*	5	80	200	30	250	28	450	60
b	1		250	35	300	33	550	70
Messerköpfe (Fräsköpfe) 400 mm Durchmesser *a*	8	200	300	70	300	60	600	120
b	1		350	80	350	70	700	150
Zahnradfräser:								
Modul 3	—	—	280	60	280	40	600	70
„ 5	—	—	280	50	280	35	500	60
„ 8	—	—	280	40	280	30	400	50
Kleine Metallkreissägen .	—	—	300	12	350	14	600	30
Kaltsägen über 300 mm Durchmesser	—	—	300	20	350	16	600	40

Die angeführten Zahlen sind gute Mittelwerte und gelten für guten Werkzeugstahl. Für Schnellarbeitsstahl kann, mit Ausnahme der Zahnradfräser, die Schnittgeschwindigkeit um 50—75 % erhöht werden; die Schaltgeschwindigkeit, je nachdem es Werkstück, Fräsdorn und Maschine zuläßt, um 50—300 %. Im allgemeinen ist zu bemerken, daß jeder Fräser viel eher durch zu hohe Schnittgeschwindigkeit verdorben werden kann als durch zu großen Vorschub. Es ist daher immer zweckmäßig, für die Schnittgeschwindigkeit einen guten Mittelwert zu nehmen und den Vorschub so weit zu steigern, als es Maschine und Werkstück zuläßt. Im Vergleich zu Dreh- und Hobelstählen entfällt selbst bei größtem Vorschub auf den einzelnen Fräserzahn eine sehr geringe Leistung.

Um dem Fräsarbeiter das rasche Einstellen auf die richtige Schnittgeschwindigkeit zu ermöglichen, ist es zweckmäßig, ihm eine Tabelle an die Hand zu geben, aus der er für jeden Fräserdurchmesser die der gegebenen Schnittgeschwindigkeit entsprechende Tourenzahl entnehmen kann.

Auf Seite 44 und 45 ist die Anordnung einer solchen Tabelle, die sich in der Praxis gut bewährt hat, wiedergegeben. In der ersten senkrechten Reihe sind die Fräserdurchmesser aufgeführt. Geht man von einem bestimmten Fräserdurchmesser in der wagerechten Reihe bis zu der angenommenen Schnittgeschwindigkeit, so findet sich darüber in der obersten wagerechten Reihe die dazu erforderliche Umdrehungszahl.

Es sind nun in den letzten Jahren eine Anzahl Versuche über Schnitt- und Schaltgeschwindigkeiten bekannt geworden, die davon Zeugnis ablegen, wie große Fortschritte nach dieser Richtung gemacht wurden. Wenn man auch einwenden mag, daß sie zum Teil Grenzwerte darstellen, so muß schon die reine Tatsache ihrer Ermöglichung zur Bewunderung zwingen.

Von großem Interesse sind die Versuche von De Leeuv an den Cincinnati-Fräsmaschinen,[1]) deren Ergebnis man wie folgt zusammenfassen kann:

1. Eine Schnittiefe von 5 mm ergab die größte Spanmenge für die PS/Min. Eine Schnittiefe von 3 mm ergab 15—20 %, eine solche von 15 mm 40—50 % weniger.
2. Die Spanmenge pro PS/Min. wuchs mit zunehmender Schaltgeschwindigkeit. Sie fand bei 200—250 mm pro Minute ihren Höchstwert.
3. Die Spanmenge pro PS/Min. fiel bei zunehmender Schnittgeschwindigkeit. Bei 350 mm pro Sekunde betrug die Abnahme bereits 25—30 %, darüber hinaus fällt sie stärker.

Zu den Versuchen wurde ein Schnellaufstahlfräser von 90 mm Durchmesser und 150 mm Breite verwendet, der auf Schmiedeeisenblöcke von 37 kg/qmm Festigkeit und 30 kg/qmm Elastizitätsgrenze zu arbeiten hatte.

J. Reindl[2]) gelangt nun bei den Vergleichen zwischen einem Walzenfräser mit eingesetzten Messerklingen (Patent Koch) und einem gewöhnlichen Walzenfräser aus Schnellaufstahl zu ähnlichen Folgerungen, die aber für die Spanmenge pro PS/Min. noch etwa 25—36 % höhere Werte ergeben. Die Zusammenstellung der Resultate sei hier wiedergegeben.

---

[1]) Vergleiche: „Die De Leeuvschen Versuche an Cincinnati-Hochleistungsfräsmaschinen", Blätter für den Betrieb St. 2, Jahrg. 1910.

[2]) Siehe „Vergleichende Fräsversuche mit Walzenfräsern" von J. Reindl, Blätter für den Betrieb St. 1, Jahrg. 1911.

Schnittgeschwindigkeits-Tabelle.

1. Für Fräser aus Werkzeugstahl.

	Schnittgeschwindigkeit Schruppen	Schnittgeschwindigkeit Schlichten	Mittlerer Vorschub
Gußeisen . . .	100— 170 mm/Sek.	150— 270 mm/Sek.	30 mm/Min.
Stahlguß . . .	100— 150 „	150— 250 „	30 mm/Min.
Maschinenstahl .	130— 230 „	200— 330 „	30 mm/Min.
Messing . . .	500—1170 „	500—1170 „	60 „

Durchmesser des Fräsers	Spindelumdrehungen pro Minute																						
	4	6	8	10	12	14	16	18	20	24	28	32	36	40	44	48	52	56	60	65	70	75	80
8	—	—	—	—	—	—	—	—	—	—	—	—	—	—	—	—	—	—	—	—	—	—	—
12	—	—	—	—	—	—	—	—	—	—	—	—	—	—	—	—	—	—	—	—	—	—	—
16	—	—	—	—	—	—	—	—	—	—	—	—	—	—	—	—	—	—	—	—	—	—	—
20	—	—	—	—	—	—	—	—	—	—	—	—	—	—	—	—	—	—	—	—	—	—	—
25	—	—	—	—	—	—	—	—	—	—	—	—	—	—	—	—	—	—	—	85	92	98	105
30	—	—	—	—	—	—	—	—	—	—	—	—	—	—	—	—	—	88	94	102	110	118	126
35	—	—	—	—	—	—	—	—	—	—	—	—	—	—	—	88	95	103	110	119	128	137	147
40	—	—	—	—	—	—	—	—	—	—	—	—	—	84	92	100	109	117	126	136	147	157	167
45	—	—	—	—	—	—	—	—	—	—	—	—	85	94	104	113	122	132	141	153	165	177	188
50	—	—	—	—	—	—	—	—	—	—	—	84	94	105	115	126	136	147	157	170	183	196	209
55	—	—	—	—	—	—	—	—	—	—	81	92	104	115	127	138	150	161	173	187	201	216	230
60	—	—	—	—	—	—	—	—	—	—	88	100	113	126	138	151	163	176	188	204	220	236	251
65	—	—	—	—	—	—	—	—	—	82	95	109	122	136	150	163	177	191	204	221	238	255	272
70	—	—	—	—	—	—	—	—	—	88	103	117	132	147	161	176	190	205	220	238	256	275	293
75	—	—	—	—	—	—	—	—	79	94	110	126	141	157	173	188	204	220	236	255	275	294	314
80	—	—	—	—	—	—	—	—	84	100	117	134	151	167	184	201	218	234	251	272	293	314	335
90	—	—	—	—	—	—	—	85	94	113	132	151	170	188	207	226	245	264	283	306	330	353	377
100	—	—	—	—	—	—	84	94	105	126	147	167	188	209	230	251	272	293	314	340	366	392	419
110	—	—	—	—	—	81	92	104	115	138	161	184	207	230	253	276	299	322	345	374	403	432	461
120	—	—	—	—	—	88	100	113	126	151	176	201	226	251	276	301	327	351	377	408	440	471	502
130	—	—	—	—	82	95	109	122	136	163	190	218	245	272	299	327	354	381	408	442	476	510	544
140	—	—	—	—	88	103	117	132	147	176	205	234	264	293	322	352	381	410	440	476	513	550	586
150	—	—	—	79	94	110	126	141	157	189	220	251	283	314	345	377	408	440	471	510	550	589	628
160	—	—	—	84	101	117	134	151	168	201	235	268	302	335	369	404	436	468	505	545	586	628	670
180	—	—	75	94	113	132	151	170	188	226	264	301	339	377	414	452	490	528	565	612	659	707	754
200	—	—	84	105	126	147	167	188	209	251	293	335	377	419	461	502	544	586	628	680	733	785	837
220	—	69	92	115	138	161	184	207	230	276	322	368	414	461	507	553	599	645	691	748	806	863	921
240	—	75	101	126	151	176	201	226	251	302	352	403	453	503	553	603	653	703	754	816	879	942	1005
260	—	82	109	136	163	190	218	244	272	326	381	435	489	544	598	653	707	762	816	884	953	1020	1089
280	—	88	117	147	176	205	234	264	294	352	410	468	528	586	645	704	762	820	880	953	1026	1100	1173
300	63	94	126	157	188	220	251	283	314	377	440	502	565	628	691	754	816	879	942	1021	1099	1178	1256
325	68	102	136	170	204	238	272	306	340	408	476	544	612	680	748	816	884	952	1020	1105	1191	1276	1361
350	73	110	147	183	220	256	293	330	366	439	512	586	658	732	805	878	952	1025	1099	1190	1282	1374	—
375	79	118	157	196	236	274	314	353	392	471	549	627	706	785	863	942	1020	1098	1178	1275	1373	—	—
400	84	126	167	209	251	293	335	377	419	502	586	670	754	837	921	1005	1089	1172	1256	1361	1465	—	—
450	94	141	188	236	282	329	376	423	471	564	658	752	846	942	1033	1128	1222	1316	1413	—	—	—	—
500	105	157	209	262	314	366	418	471	523	628	732	836	942	1046	1151	1256	1360	—	—	—	—	—	—

Vorschub und Schnittiefe beim Fräsen richten sich sehr nach dem zu bearbeitenden zulässigen Vorschubes ist der Fräser mit der vorgeschriebenen Schnittgeschwindigkeit laufen Maschine nicht weiter gestatten.

Schnittgeschwindigkeits-Tabelle.

2. Für Fräser aus Schnellaufstahl.

	Schnittgeschwindigkeit Schruppen	Schnittgeschwindigkeit Schlichten	Mittlerer Vorschub
Gußeisen . . .	170— 330 mm/Sek.	250— 500 mm/Sek.	60 mm/Min.
Stahlguß . . .	130— 300 „	200— 420 „	60 mm/Min.
Maschinenstahl .	200— 420 „	300— 550 „	60 mm/Min.
Messing . . .	500—1330 „	500—1330 „	120 „

Spindelumdrehungen pro Minute

85	90	100	110	120	130	140	150	160	170	180	190	200	220	240	260	280	300	325	350	375	400	450	500
—	—	—	—	—	—	—	—	—	—	—	—	84	92	100	109	117	126	136	147	157	167	188	209
—	—	—	—	—	—	88	94	100	107	113	119	126	138	151	163	176	188	204	220	236	251	283	314
—	—	84	92	100	109	117	126	134	142	151	159	167	184	201	218	234	251	272	293	314	335	377	419
89	94	105	115	126	136	147	157	167	178	188	199	209	230	251	272	293	314	340	366	393	419	471	523
111	118	131	144	157	170	183	196	209	222	235	249	262	288	314	340	366	392	325	458	491	523	589	654
133	141	157	173	188	204	220	236	251	267	283	298	314	345	377	408	440	471	510	550	589	628	707	785
156	165	183	201	220	238	256	275	293	311	330	348	366	403	440	476	513	550	595	641	687	733	824	916
178	188	209	230	251	272	293	314	335	356	377	398	419	461	502	544	586	628	680	733	785	837	942	1047
200	212	236	259	283	306	330	353	377	400	424	447	471	518	565	612	659	707	765	824	883	942	1060	1178
222	236	262	288	314	340	366	393	419	445	471	497	523	576	628	680	733	785	850	916	981	1047	1178	1308
245	259	288	317	345	374	403	432	461	489	518	547	576	634	691	748	806	863	935	1007	1079	1151	1295	1439
267	283	314	345	377	408	440	471	502	534	565	597	628	691	754	816	879	942	1021	1099	1178	1256	1413	—
289	306	340	374	408	442	477	510	544	578	612	646	680	748	816	884	953	1020	1105	1190	1275	1361	—	—
311	330	366	403	440	476	513	549	586	623	659	696	733	806	879	952	1026	1099	1191	1282	1374	—	—	—
334	353	393	432	471	510	550	589	628	667	.707	746	785	864	942	1020	1099	1178	1276	1374	—	—	—	—
356	377	419	461	502	544	586	628	670	712	754	795	837	921	1005	1089	1172	1256	1361	—	—	—	—	—
400	424	471	518	565	612	659	707	754	801	848	895	942	1036	1130	1225	1319	1413	—	—	—	—	—	—
445	471	523	576	628	680	733	785	837	890	942	994	1047	1151	1256	1361	1465	—	—	—	—	—	—	—
489	518	576	633	691	748	806	864	921	979	1036	1094	1151	1266	1382	—	—	—	—	—	—	—	—	—
534	565	628	691	754	816	879	942	1005	1068	1130	1193	1256	1382	—	—	—	—	—	—	—	—	—	—
578	612	680	748	816	884	952	1020	1089	1157	1225	1293	1361	—	—	—	—	—	—	—	—	—	—	—
623	659	733	806	879	952	1026	1099	1172	1246	1319	1392	—	—	—	—	—	—	—	—	—	—	—	—
667	706	785	863	942	1020	1100	1178	1257	1335	—	—	—	—	—	—	—	—	—	—	—	—	—	—
712	754	837	922	1005	1089	1172	1257	1340	—	—	—	—	—	—	—	—	—	—	—	—	—	—	—
801	848	942	1036	1130	1225	1319	1413	—	—	—	—	—	—	—	—	—	—	—	—	—	—	—	—
890	942	1047	1151	1256	1361	—	—	—	—	—	—	—	—	—	—	—	—	—	—	—	—	—	—
979	1036	1151	1266	1382	—	—	—	—	—	—	—	—	—	—	—	—	—	—	—	—	—	—	—
1068	1130	1256	1382	—	—	—	—	—	—	—	—	—	—	—	—	—	—	—	—	—	—	—	—
1157	1225	1361	—	—	—	—	—	—	—	—	—	—	—	—	—	—	—	—	—	—	—	—	—
1246	1319	1465	—	—	—	—	—	—	—	—	—	—	—	—	—	—	—	—	—	—	—	—	—
1335	—	—	—	—	—	—	—	—	—	—	—	—	—	—	—	—	—	—	—	—	—	—	—
—	—	—	—	—	—	—																—	—
—	—	—	—	—	—	—	Schnittgeschwindigkeit in Millimeter pro Sekunde															—	—
—	—	—	—	—	—	—																—	—
—	—	—	—	—	—	—	—	—	—	—	—	—	—	—	—	—	—	—	—	—	—	—	—
—	—	—	—	—	—	—	—	—	—	—	—	—	—	—	—	—	—	—	—	—	—	—	—
—	—	—	—	—	—	—	—	—	—	—	—	—	—	—	—	—	—	—	—	—	—	—	—

Material und nach der Art und Größe der Arbeitsstücke. Zur Bestimmung des größten zu lassen. Der Vorschub wird dann allmählich erhöht, bis es Arbeitsstück, Werkzeug oder

a) Versuche bei wechselnder Geschwindigkeit und gleichbleibendem Vorschub.

76 Drehungen des Fräsers = 17 m/minutl. Schnittgeschwindigkeit.
Vorschub bei Gußeisen 197 mm/minutl., 6 mm Schnitttiefe, 70 mm Schnittbreite.
Vorschub bei Maschinenstahl 94 mm/minutl., 6 mm Schnittiefe, 70 mm Schnittbreite.
Abgenommene Spanmenge bei Gußeisen = 83 ccm/minutl.
Abgenommene Spanmenge bei Maschinenstahl = 39,5 ccm/minutl.

Material:		Gußeisen				Maschinenstahl 50—60 qmm/kg Festigkeit			
		Patentfräser		Gewöhnlicher Fräser		Patentfräser		Gewöhnlicher Fräser	
Fräser-Drehg. in der Minute	Schnitt-geschw. minutl. m	Kraft-ver-brauch PS	Gang	Kraft-ver-brauch PS	Gang	Kraft-ver-brauch PS	Gang	Kraft-ver-brauch PS	Gang
41	9	4,5	ruhig	4,7	hörbar	3,3	ruhig	4,2	hörbar
62	14	4,4	„	4,9	„	3,2	„	4,2	„
76	17	4,3	„	4,9	„	3,2	„	4,2	Zittern
94	21	4,5	„	5,2	Zittern	3,3	„	4,9	starkes Zittern
115	26	4,6	„	5,5	starkes Zittern	3,3	„	5,1	Rattern
145	32	4,9	„	6,4	Rattern	3,9	„	6,2	starkes Rattern
180	40	5,2	„	untunlich		3,9	hörbar	untunlich	

b) Versuche bei gleichbleibender Geschwindigkeit und wechselndem Vorschub.

Material: Gußeisen.

76 Drehungen des Fräsers = 17 m/minutliche Schnittgeschwindigkeit.
Schnittiefe 6 mm, Schnittbreite 70 mm.

Vorschub	Patentfräser			Gewöhnlicher Fräser		
mm/minutl.	Kraft-verbrauch PS	Gang	Ab-gehobene Span-menge f. je 1 PS ccm/minutl.	Kraft-verbrauch PS	Gang	Ab-gehobene Span-menge f. je 1 PS ccm/minutl.
121	3	ruhig	16,9	3,9	ruhig	13
154	3,4	„	19	4,4	hörbar	14,7
197	4,3	„	19,3	4,9	Zittern	16,9
248	5,4	„	19,3	6,2	Rattern [1])	16,8
318	6,9	„	19,3	8	st. Rattern [1])	16,7

[1]) Ein dauerndes Arbeiten wäre hierbei ausgeschlossen.

Material: Gußeisen.
76 Drehungen des Fräsers = 17 m/minutl. Schnittgeschwindigkeit, Schnittiefe 12 mm, Schnittbreite 70 mm.

Vorschub	Patentfräser			Gewöhnlicher Fräser		
	Kraftverbrauch	Gang	Abgehobene Spanmenge f. je 1 PS	Kraftverbrauch	Gang	Abgehobene Spanmenge f. je 1 PS
mm/minutl.	PS		ccm/minutl.	PS		ccm/minutl.
121	5,4	ruhig	18,8	7,6	s. st. Rattern[1]	13,4
154	6,8	hörbar	19	9,6	„	17,9
197	9	„	18,4	fällt Riemen		

Material: Maschinenstahl von 50—60 kg/qmm Festigkeit.
76 Drehungen des Fräsers, 17 m/minutl. Schnittgeschwindigkeit, Schnittiefe 6 mm, Schnittbreite 70 mm.

94	3,3	ruhig	11	4,2	hörbar	9,4
121	4,3	„	11,8	5,2	Zittern	9,8
154	5,2	„	12,4	6,4	Rattern[1]	10,01
197	6,5	hörbar	12,7	7,6	st. Rattern[1]	10,9

Die Praxis verhält sich nun diesen hohen Leistungen gegenüber noch recht kühl, denn erstens sind es nur vereinzelte Fälle, wo es sich um Abnahme großer Spanmengen handelt, zweitens setzt der geringe Widerstand eines sperrigen Werkstückes oder das Verziehen von längeren Werkstücken enge Grenzen und drittens befürchtet man den Fräser zu verderben, sobald harte Stellen im Material zum Vorschein kommen.

Stärkeres Vertrauen würden wahrscheinlich diejenigen Versuche erwecken, die sich auf Dauerleistungen bezögen. Denn in den meisten Fällen ist es wichtiger, zu wissen, welche höchste Vorschub- und Schnittgeschwindigkeit die wirtschaftlichste in bezug auf Haltbarkeit des Fräsers ist. Bei einer gegebenen Stückzahl irgend eines Werkstückes wäre dann einfach zu überlegen, ob es vorzuziehen sei, die Teile ohne Zwischenschärfen des Fräsers — was ja bekanntlich eine geraume Zeit beansprucht — fertigzustellen oder mehrmaliges Schärfen des Fräsers vorzunehmen. Bei großen Stückzahlen würde dann noch die Frage eines zweiten Fräsers zu erörtern sein, um die Maschine im Gange zu erhalten.

Die bis jetzt bekannt gewordenen Versuche ergeben zusammengefaßt: für die Schnittgeschwindigkeit die alten Reineckerschen Regeln (siehe S. 39) und für die Vorschübe starke Vergrößerung bei den Schnellaufstahlfräsern, wobei mittlere Schnittiefen von 3—8 mm sich am günstigsten für den Kraftverbrauch stellen.

[1]) Ein dauerndes Arbeiten wäre hierbei ausgeschlossen.

4. Die mechanische Bearbeitung der Fräser.

a) Allgemeines.

Die Fräserfabrikation hat sich in den letzten Jahren zur höchsten Vollkommenheit entwickelt. Die Güte und Preiswürdigkeit der Fräser hat eine Stufe erreicht, die die Selbstherstellung nur bei besonders gut eingerichteten Werkzeugabteilungen lohnend macht. Mit ungenügenden Einrichtungen heute die Fräser selbst herzustellen, heißt Material und Arbeitslohn verschwenden.

Die Herstellung der Fräser für Zahnräder und Schneckenräder oder Abwälzfräser usw. verbietet sich auch in den bestausgestattesten Werkzeugabteilungen, wenn auf ein ruhiges und korrektes Laufen der Räder Wert gelegt wird. Die für solche Fräser erforderlichen Erfahrungen und Sondereinrichtungen haben nur einige große Werkzeugfabriken zur Verfügung und man sollte im Interesse einer allgemeinen Hebung unseres Maschinenbaues solche wichtigen Maschinenteile nur mit den erstklassigsten Werkzeugen verzahnen.

Ebenso wichtig wie die richtige Herstellung, ist aber auch die Wahl des geeigneten Materials, weil der Fräser erst durch die Feuerbehandlung zum brauchbaren Werkzeug gemacht wird. Einige allgemeine Winke dürften bezüglich der Materialwahl deshalb wohl am Platze sein.

Zur Herstellung der Fräser eignet sich nur eine Stahlart, die frei von schädlichen Beimischungen ist (wie Schwefel, Phosphor, Kupfer, Arsen u. dergl.) und einen mittleren Kohlenstoffgehalt von $1-1^1/_2\,^0/_0$ besitzt.

Da nun ganz besonderer Wert auf die Schneidhaltigkeit der Fräser gelegt wird, werden dem Stahle Wolfram, Chrom, Mangan u. dergl. beigegeben. Diese Beimischungen steigern wesentlich die Güte und Brauchbarkeit des Stahles. Besonders haben sich Fräser aus dem sogen. Wolframstahle sehr gut bewährt; sie stehen bezüglich Härte und Schneidhaltigkeit obenan.

In neuerer Zeit werden vorzugsweise die Fräser aus Werkzeugstahl für hohe Schnittgeschwindigkeiten hergestellt. Sie entstanden aus den Schnelldrehstahlen[1]) und haben infolge ihrer vorzüglichen Eigenschaften schnell Eingang gefunden. Nach O. Thallner enthalten sie Beimischungen von Wolfram, Chrom, Mangan und Vanadin, die dem Stahle eine Widerstandsfähigkeit geben, die eine Erwärmung bis zu 400^0 aushält, ohne ihn zum Schneiden unbrauchbar zu machen.[2])

b) Die Bearbeitung der Fräser auf den Werkzeugmaschinen.

Das Drehen der Fräser sollte eigentlich nicht mehr sein als das gewöhnliches Drehen nach Zeichnung irgend eines anderen Werkstückes. Da aber erfahrungsgemäß gerade für die Anfertigung der Werkzeuge

---

[1]) Siehe S. 9.

[2]) Vergl. chemische Analyse S. 11.

leider noch die unvollkommensten Zeichnungen vorhanden sind, ja sehr oft nicht einmal richtige Skizzen, so dürfte es nicht unangebracht sein, wenn im folgenden etwas ausführlicher diejenigen Punkte erörtert werden, die zur Fertigstellung eines brauchbaren Werkzeuges in Betracht gezogen werden müssen. Die Erfahrungen eines tüchtigen Werkzeugdrehers wiegen eben sehr oft die des Konstrukteurs auf und dort, wo beide sich ergänzen, also Hand in Hand arbeiten, kann erst das Ganze richtig gelingen.

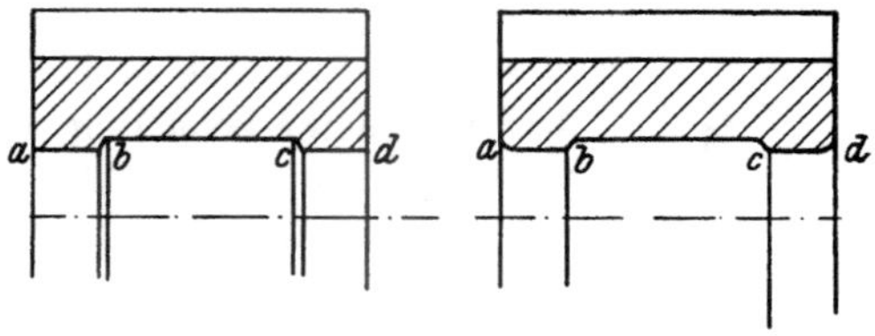

Fig. 65. Fig. 66.
Falsch gedrehter und richtig gedrehter Fräser.

Beim ersten Span soll der Dreher beobachten, ob er wohl auch das richtige Material erhalten hat und ob nicht durch Schmieden oder ungenügendes Glühen verschieden harte Stellen entstanden sind. Wenn dies der Fall ist, kann noch durch erneutes Glühen der Fräser gerettet werden.

Als erster Grundsatz gilt beim Drehen: Vermeidung scharfer Kanten und Ecken, wenn es nicht die Fasson des Fräsers gebietet. Darunter fallen aber auch schon die Drehriefen, die durch nicht abgerundeten Schneidkanten an den Drehstählen entstehen.

Eine Fräserbohrung nach Fig. 65 auszuführen wäre falsch, weil bei *a*—*d* scharfe Kanten sind, die durch weiche Abrundungen (Fig. 66) für das Härten weniger gefährlich gestaltet werden können. Außerdem darf die Aussparung der Bohrung nur so viel betragen, daß sich das nachfolgende Schleifen nur auf die beiden Endpartien erstreckt. In Fig. 66 ist eine richtig ausgeführte Fräserbohrung dargestellt. Wenn wir für das Ausschleifen 0,2 bis 0,3 rechnen, so genügt für die Aussparung eine Zugabe von 0,5—1 mm.

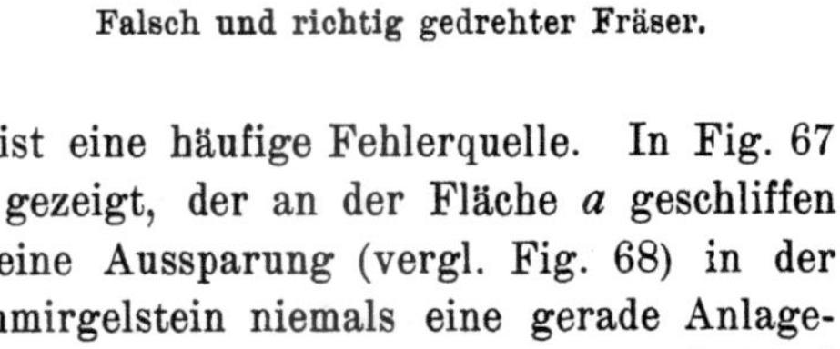

Fig. 67. Fig. 68.
Falsch und richtig gedrehter Fräser.

Die seitlichen Anlageflächen der Fräser erfordern nicht weniger Aufmerksamkeit. Ihre mangelhafte Beschaffenheit ist eine häufige Fehlerquelle. In Fig. 67 ist ein Fräser mit Stirnzähnen gezeigt, der an der Fläche *a* geschliffen werden soll. Erhält er nun keine Aussparung (vergl. Fig. 68) in der Ecke *b*, so kann der kleine Schmirgelstein niemals eine gerade Anlagefläche herstellen und die Folgen würden ein Quetschen in der Ecke *b* und ein Schiefdrücken des Fräsers sein.

Namentlich wenn vier und noch mehr solche Fräser im Satz vereinigt werden sollen, ist auf die seitlichen Anlageflächen der allergrößte

Wert zu legen. Der lange Satzfräser wird sonst seinen Dorn krumm ziehen und an ein ruhiges und rasches Arbeiten ist nicht mehr zu denken.

Bei kleineren Fräserdurchmessern lassen sich nicht immer die Gewinde umgehen. Man sollte ihre Gänge soviel wie möglich abrunden und für eine gute Anlage der hinteren Fläche sorgen.

Fig. 69. Unterstochener Profilfräser.

Die Formgebung der Profilfräser erfolgt bei den schmäleren durch den zum Hinterdrehen erforderlichen Fassonstahl, in den das gewünschte Profil hineingearbeitet wurde und bei den breiteren durch einen gewöhnlichen Drehstahl unter Benutzung von Blechschablonen oder eines Schablonensupportes. Alle Profilpartien, die senkrecht verlaufen und nicht seitlich hinterdreht bezw. auf Schnitt verzahnt werden können — siehe Fig. 69 —, müssen unterstochen werden, wie es die gestrichelte Einzeichnung übertrieben darstellt.

Das Einstoßen der Nute in die Fräserbohrung soll ebenfalls unter Vermeidung scharfer Kanten vor sich gehen. Am besten würde sich dafür die halbrunde Nute eignen; jedoch hat die Erfahrung gezeigt, daß sie andrer Unzuträglichkeiten wegen nur für kleine Arbeitsleistungen zu empfehlen ist.

Auf der Fräsmaschine werden nun verschiedene Arbeiten an dem Fräser vorgenommen. Erstens erhalten hier die gerieften Fräser ihre Schneidzähne, zweitens die hinterdrehten Fräser ihre Nuten oder Zahnlücken und drittens werden auf ihr alle sonstigen Einfräsungen, wie solche bei übereinandergreifenden Fräserteilen und Schaftfräsern erforderlich sind, vorgenommen.

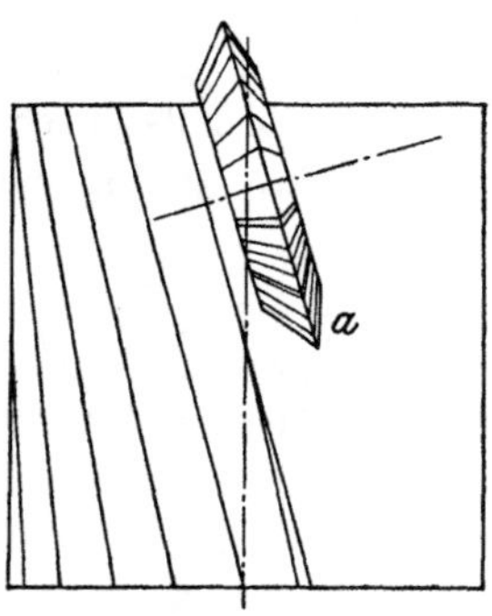

Fig. 70. Das Fräsen spiralgewundener, geriefter Fräser.

Das Fräsen der geraden Schneidzähne ist wohl die einfachste Arbeit, die auch in Ermangelung eines Teilapparates ausgeführt werden kann, sofern vorher die Teilung an dem Fräser von Hand vorgezeichnet wurde. Das Fräsen der spiralgewundenen Schneidzähne (Fig. 70) kann dagegen nur auf einer Universal-Fräsmaschine erfolgen. Es muß dazu bekannt sein:

1. die Länge der Spirale, um die dazu nötigen Wechselräder bestimmen zu können,
2. die dazu gehörigen Winkel, um den Rundsupport des Arbeitstisches verstellen zu können.

Letzteres ist nötig, um die Umdrehungsebene des schneidenden Fräsers in die Richtung der Spirale zu bringen, da sonst, je nach dem Winkel der Spirale, eine größere oder kleinere Profilverzerrung des Zahnes entstehen würde, weil der Fräser gleichsam, etwas quer gestellt, den Zahn ausarbeitete. Dieses Einstellen erfolgt bei den meisten Fräsmaschinen durch den Rundsupport, der um die Gradanzahl des Steigungswinkels der Spirale schräggestellt wird. Bei einigen Maschinen wird anstatt des Rundsupportes

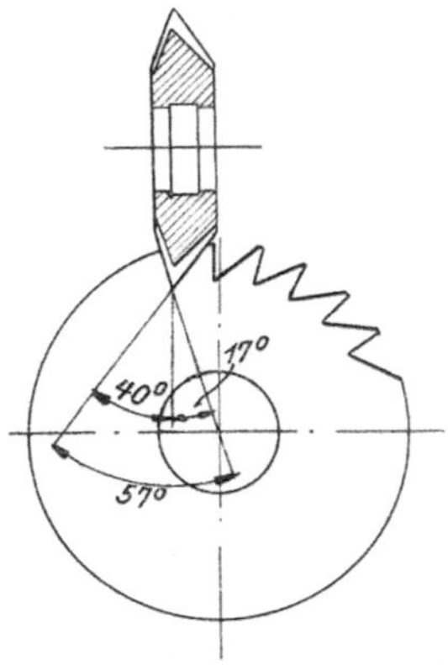

Fig. 71.

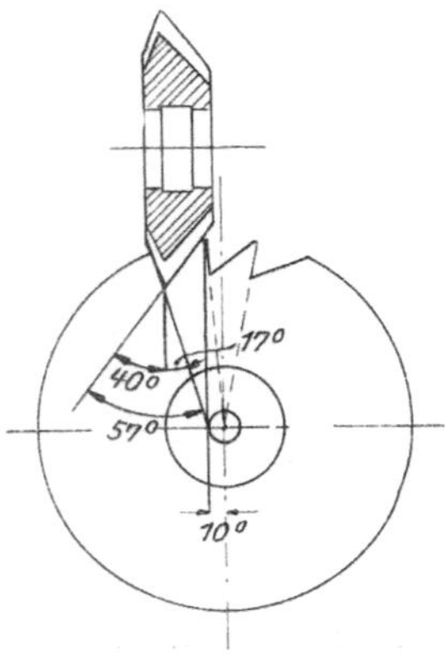

Fig. 72.

Die Stellung des Fräsers
bei radial laufender Zahnbrust. bei unterschnittener Zahnbrust.

der arbeitende Fräser schräg gestellt, z. B. bei den Fräsmaschinen mit Universalkopf von Reinecker in Chemnitz und der Schablonenfräsmaschine von Oerlikon in Zürich.

Einer näheren Erörterung bedarf nun die Form der Winkelfräser zum Einschneiden der gerieften Fräserschneidzähne. Wie schon früher gesagt, beträgt der Winkel 57°, an der einen Schneidfläche 17° und an der anderen 40° (Fig. 71). Die Teilung des Winkels hat hauptsächlich den Zweck, eine gerade, nach der Fräsermitte gehende Zahnbrust zu ermöglichen. Zugleich wird dadurch die Arbeit des Fräsers auf beide Schneidflächen verteilt. Zum Einschneiden der Stirnzähne verwendet man dagegen Fräser nach Fig. 73.

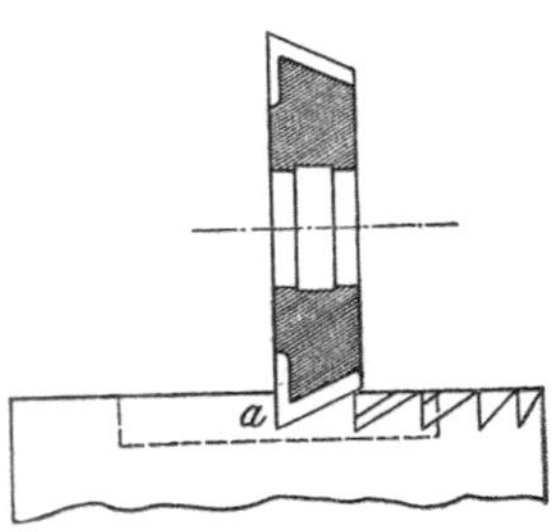

Fig. 73. Das Fräsen der gerieften Stirnzähne.

In ähnlicher Weise verfährt man bei den hinterdrehten Fräsern. Fig. 74 stellt einen Winkelfräser zum Einschneiden von spiralgewundenen Zahnlücken dar. Fig. 75 zeigt einen solchen zum Einschneiden der Zahnlücken an den Stirnseiten der Fräser.

Das Einstellen des schneidenden Fräsers ist nun derart vorzunehmen, daß seine Schneidfläche *a* (Fig. 70—75) genau nach dem Mittelpunkte des zu bearbeitenden Fräsers zeigt oder — wenn ein kleinerer Schneidwinkel von weniger als 90° beabsichtigt ist — um etwa 10° neben Mittelpunkt zeigt (siehe Fig. 72). Je nachdem die Schneidfläche *a* auf der einen oder anderen Seite steht, erhält man einen rechts- oder linksschneidenden Fräser; es muß deshalb hierauf besonders geachtet werden.

Die Profilfräser werden im allgemeinen mit der hinterdrehten Zahnform versehen. Wo man sich ausnahmsweise zu der ge-

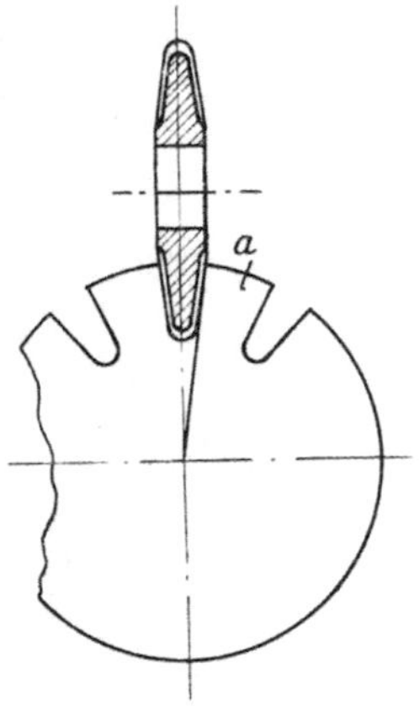

Fig. 74. Das Fräsen der Nuten für hinterdrehte Fräser.

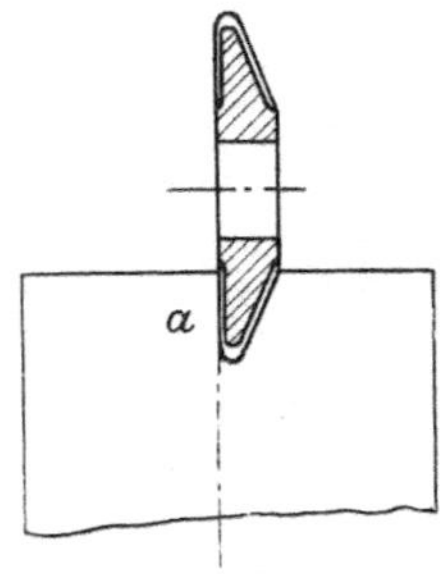

Fig. 75. Das Fräsen der Nuten für hinterdrehte Stirnzähne.

rieften Zahnform entschließt, benötigt man besondere Fräserschneidmaschinen oder Einrichtungen, mit denen man die Profilform nach der besonders angefertigten Schablone nachkopiert.

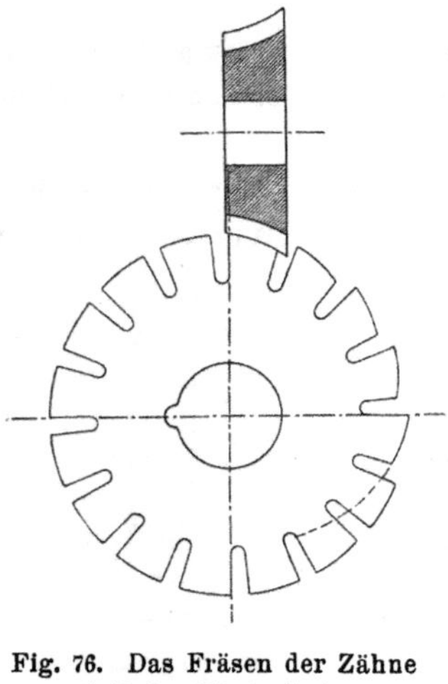

Fig. 76. Das Fräsen der Zähne anstatt des Hinterdrehens.

Das Hinterfräsen der Schneidzähne an Fräsern mit geraden Schneidflächen auf der Fräsmaschine, ein billigerer Ersatz für das Hinterdrehen, stellt die Fig. 76 dar. Durch mehr oder weniger geneigte Stellung des Schneidzahnrückens zu dem erzeugenden Fräser läßt sich in sehr einfacher Weise (Drehung am Teilapparat einerseits und seitlicher Verschiebung des zu bearbeitenden Fräsers andererseits) der jeweilig für den Zweck des Fräsers erforderliche günstigste Schneidwinkel herstellen.

c) Das Hinterdrehen der Fräser.

Wenn zwischen der Achse eines zu überdrehenden Werkstückes und dem schneidenden Drehstahl eine einmalige Veränderung bei jeder Umdrehung eintritt, so entsteht der bekannte Exzenter. Wiederholt sich dieses Nähern und Entfernen oder Vor- und Rückwärtsschwingen zwischen Werkstück und Drehstahl bei einer Umdrehung mehrmals, so kann ein unrundgedrehtes Werkstück, wie in Fig. 77 dargestellt, entstehen.

Das Hinterdrehen geschieht ebenfalls durch Vor- und Rückwärtsschwingen des Drehstahles gegen den sich drehenden Fräser oder durch Vor- und Rückwärtsschwingen des gleichzeitig sich drehenden Fräsers gegen den feststehenden Drehstahl.

Diese Vor- und Rückwärtsschwingungen oder Bewegungen kehren nun bei jeder Umdrehung des zu hinterdrehenden Fräsers soviel mal wieder, als er Schneidzähne bekommen soll.

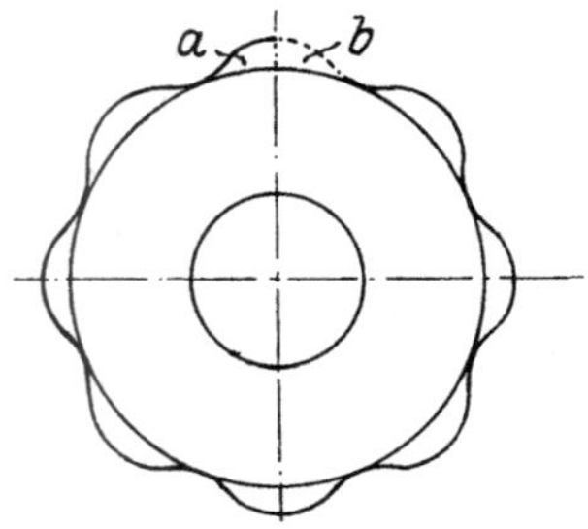

Fig. 77. Urform der Hinterdrehung.

Bei diesen Bewegungen war, als das Hinterdrehen eingeführt wurde, die Vor- und Rückwärtsbewegung eine gleichmäßige. Dem damit erzeugten Fräser (Fig. 77) mußte man, um ihn mit schneidfähigen Zähnen zu versehen, die halbe Teilung (siehe *b*) abnehmen. Man war deshalb in der Weiterentwicklung des Hinterdrehens bestrebt, den Zahn *a* auf Kosten der Zahnlücke *b* immer mehr zu vergrößern, und erreichte dieses, indem man die Vorwärtsbewegung des Stahles verlangsamte und die Rückwärtsbewegung beschleunigte, und zwar so weit beschleunigte, daß sie jetzt nur noch ein Zurückschnappen ist.

In Fig. 78 ist nun die vom Stahl zu beschreibende, schnelle Rückwärtsbewegung punktiert angegeben. Daraus ist aber auch zu ersehen, daß sie ein für den Stahl schädliches aus dem Spane-Reißen war. Man umging diesen Übelstand, indem vor dem Hinterdrehen der Zahnlückenteil *b* entfernt wurde, d. h. man fräste vorher die nötige Anzahl Zahnlücken in den Fräser ein. Beim Hinterdrehen wurden sodann die Bewegungen des Stahles so eingestellt, daß die schnelle Rückwärtsbewegung auf die Zahnlücke *b* fiel.

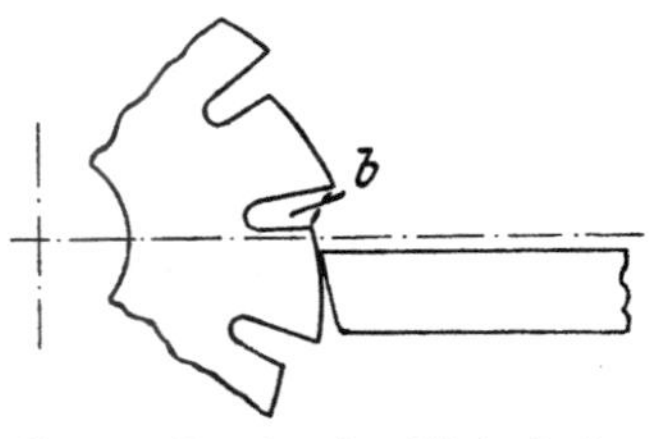

Fig. 78. Das heutige Hinterdrehen mit angestelltem Drehstahl.

Gleichzeitig läßt Fig. 78 die notwendige Stellung des Drehstahles erkennen, die sich im Gegensatz zum gewöhnlichen Drehen etwas unter der Mitte befinden muß.

Die Vor- und Rückwärtsbewegungen des Supports werden durch Hub-, Kurbel- oder Exzenterscheiben betätigt. Der Antrieb erfolgt von einer Welle, die durch Wechselräder mit der Hauptspindel verbunden ist

Hinterdrehte Fräser mit spiralgewundenen Nuten oder Zahnlücken werden dadurch erzeugt, daß man den Hinterdrehbewegungen — Vor- und Rückwärtsbewegung — des Supports, je nach der beabsichtigten Gangrichtung der Spirale, entweder eine gleichmäßige Beschleunigung oder Verzögerung erteilt. Und zwar muß auf eine volle Umdrehung der Spirale

— also auf die sogen. Spirallänge — die vorgenannte Beschleunigung oder Verzögerung einmal herum sein.

Diese Beschleunigungen oder Verzögerungen werden nun entweder durch Differenzialgetriebe oder durch Leithülsen hervorgebracht. Beide Anordnungen werden durch die Umdrehungen der Leitspindel bezw. durch den Vorschub des Supportschlittens betätigt.

Die hinterdrehten Schneckenradfräser mit spiralgewundenen Zahnlücken werden ähnlich hergestellt, nur muß hierbei die Leitspindel, um die Steigungen der Gänge hervorbringen zu können, schneller angetrieben werden. Man kann diesen Vorgang am besten mit dem Gewindeschneiden der Schnecke vergleichen, nur tritt hier noch das Hinterdrehen dazu.

Obwohl das Hinterdrehen der Fräser mit geraden Schneidflächen keine besonderen Ansprüche an die Geschicklichkeit des Drehers stellt, so erfordert doch das Hinterdrehen der Profilfräser mit kreisförmigen Bogen einen tüchtigen und gewandten Arbeiter. Die Schwierigkeiten dabei bestehen hauptsächlich darin, daß der Dreher, da der Fräser nur langsam rotiert und infolge der Vor- und Rückwärtsbewegungen des Supports alle anderen Supporte sehr fest gehen müssen, jegliches Gefühl an den Kurbeln verliert. Man ist deshalb mehr und mehr bestrebt, Einrichtungen zu treffen, die es ermöglichen, unabhängig von der Geschicklichkeit des Drehers zu sein.

In erster Linie sind hier die Schablonensupporte zu nennen, bei denen der durch Druckfedern gespannte Support bezw. dessen Führungsstift an einer Schablone gleitet, die dem Profile des zu hinterdrehenden Fräsers gleich ist und auf diese Weise die genaue Form der Schablone kopiert.

Die schmalen Fräser, wie Figur 46 und 47 zeigen, werden mit sogen. Profilstählen hinterdreht, die man nach genau passenden Blechschablonen anfertigt.

Obwohl das Hinterdrehen im allgemeinen auf besonderen Drehbänken, den sogen. Hinterdrehbänken, vorgenommen wird und dementsprechend das Hinterdrehen der Fräser an einer der bestbekanntesten Hinterdrehbänke anschließend erläutert werden wird, so muß doch hervorgehoben werden, daß sich seit Jahren sehr gute Hinterdreh-Apparate als Zusätze für die gewöhnlichen Drehbänke im Handel befinden.[1]) Namentlich zur Herstellung schmaler Profilfräser haben sie sich als sehr gut verwendbar erwiesen. In Betrieben, in denen der Bedarf an hinterdrehten Fräsern nur gering ist, wird ein solcher Apparat gute Dienste tun.

Am zweckmäßigsten wird natürlich immer eine gute Hinterdrehbank sein, und dort, wo sie nicht voll mit Hinterdreharbeiten zu beschäftigen ist, sollte man eine solche wählen, auf der auch gewöhnliche Dreharbeiten verrichtet werden können.

[1]) Siehe Werkstattstechnik Jahrgang 1910, S. 657 und 714.

Die Universal-Hinterdrehbank von J. E. Reinecker in Chemnitz.

Die weitere Einführung geschehe unter Bezugnahme auf eine der vollkommensten Maschinen dieses Gebietes, der Universal-Hinterdrehbank

Fig 79.

von J. E. *Reinecker*, deren Gesamtansicht die Fig. 79 zeigt. Sie dient nicht nur zum Hinterdrehen, sondern auch zum Drehen aller vorkommenden Arbeiten.

Auf einem als Werkzeugschrank ausgebildeten Ständer ruht das kräftige Bett, dessen Prismaführungen die Ansicht Fig. 80 wiedergibt. Diese Form ist für die Schlittenführung deshalb gewählt worden, weil sie nicht so leicht von den herunterfallenden Spänen und dem ansetzenden Schmutz beschädigt wird und weil bei erfolgter Abnutzung der Gleitbahnen die Genauigkeit der Arbeiten nicht so erheblich vermindert wird als bei den breiten Schlittenführungen.

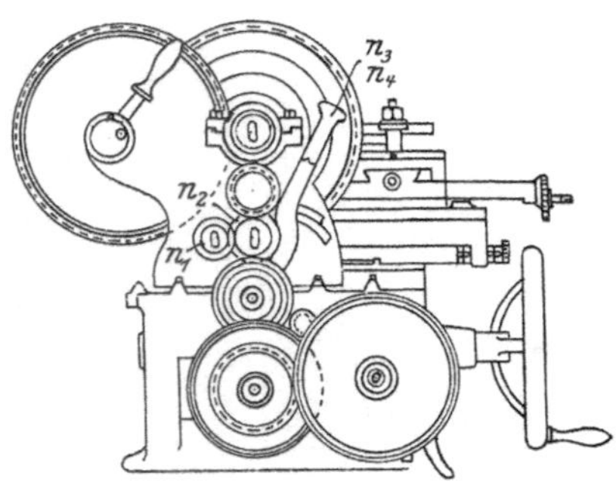

Fig. 80. Seitenansicht.

Der Spindelstock bietet durch die reichliche Bemessung seiner Lager der Hauptspindel vorzüglichen Halt. Das vordere Lager ist konisch, das

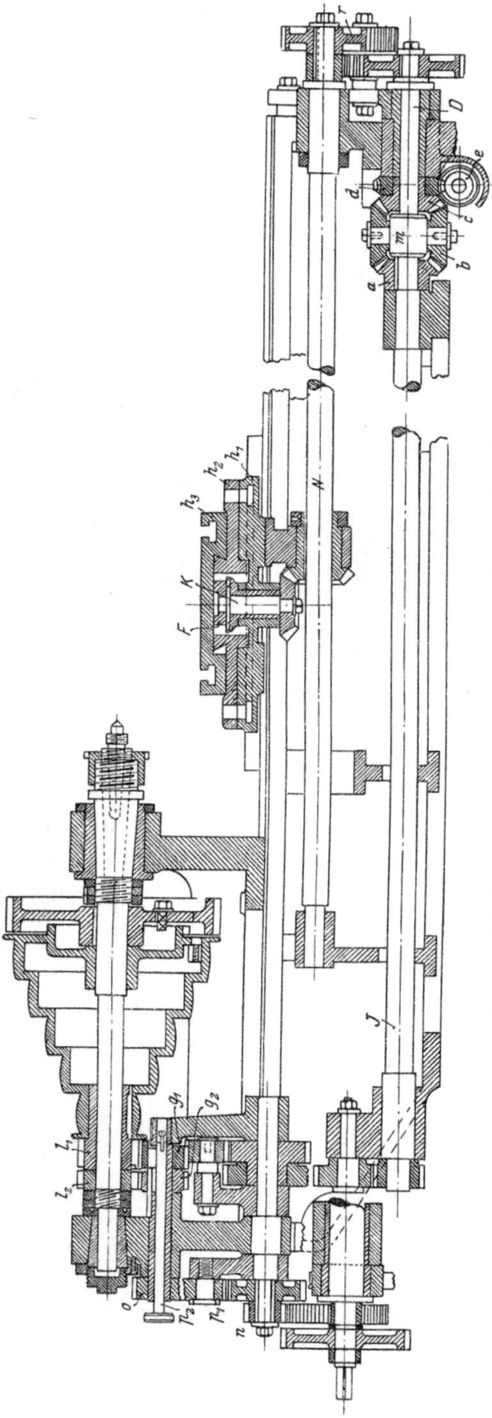

Fig. 81. Schnitt durch die Hinterdrehbank von J. E. Reinecker.

hintere zylindrisch nachstellbar angeordnet. Außerdem ist zum Auffangen des Enddruckes der Spindel ein Kugellager vorgesehen, siehe Fig. 81.

Die Hauptspindel ist aus Gußstahl angefertigt und an den Lagerstellen gehärtet und geschliffen. Zur besseren Befestigung der Fräserdorne ist sie mit einer konischen Bohrung ausgestattet. Das vorn befindliche Gewinde der Spindel dient sowohl zum Aufschrauben von Planscheibe, Mitnehmerscheibe und Futter, als auch zur Aufnahme einer Überwurfmutter, mit der die Fräsdorne in dem Konus festgezogen werden.

Wie aus Fig. 81 ersichtlich, sitzen auf der Hauptspindel neben der Stufenscheibe das treibende Rad l_1 für das Vorgelege und das Rad l_2. Beide treiben zwei darunter befindliche Triebe g_1 und g_2, die auf einer hohlen Welle p_2 sitzen. Es kann nun durch den Steckkeil p_1 das eine oder andere Rad mit der hohlen Welle p_2 fest verbunden werden. Folglich kann Welle p_2 langsam und schnell angetrieben werden. Da sich nun außerhalb des Spindelstockes auf der Welle p_2 auch das Antriebsrädchen o für die Herzräder n_1 und n_2 (Fig. 80) befindet, so folgt daraus, daß man einmal die Wechselräder, wie an jeder anderen Drehbank, von der Hauptspindel antreiben kann, vermittelst l_2, g_2 und o, und zum anderen, wenn bei großen Steigungen mit Vorgelege geschnitten wird, die Wechselräder direkt von der Stufenscheibe antreiben kann, und zwar nach Verschiebung des Keiles p_1 durch die Räder l_1, g_1 und o, wodurch man eine 16fach größere Steigung als beim ersteren Antriebe erhält.

Fig. 80 zeigt ferner 2 Handhebel n_3 und n_4. Der äußere n_3 dient zum Ausschalten und Umdrehungwechseln der Leitspindel, welche durch die beiden Herzräder n_1 und n_2 und die jeweilig bedingten Wechselräder angetrieben wird.

Die Leitspindel hat besonders starken Durchmesser, und auf ihre Lagernaben sitzen an beiden Enden Wechselräderscheren.

Der zweite Handhebel n_4, dessen Herzräder ihre Bewegung von g_1 erhalten, dient zum Ausschalten und Umdrehungswechseln der Antriebswelle J für das Differenzialgetriebe.

Letzteres besteht aus der auf dem rechten Ende von J befindlichen konischen Triebe a, den beiden konischen Trieben b, dem a gegenüber befindlichen Trieb c, dem Schneckenrade d und der Schnecke e (Fig. 81).

Die Differenzialwelle D, die Fortsetzung von J, empfängt nun durch das vorgenannte Differentialgetriebe ihre Umdrehung. Sie trägt zu diesem Zwecke an ihrem linken Ende den mit zwei Zapfen versehenen Kopf m, auf dessen Zapfen sich lose drehend die Triebe b befinden, die mit a und c im Eingriffe stehen. Der Trieb c steht — außer beim Hinterdrehen von spiralgewundenen Zähnen — still und wird von der Schnecke e gehalten.

Die Übertragung der Bewegung von J auf D vollzieht sich also in folgender Weise. Kegelrad a treibt die Triebe b an. Die letzteren können sich nicht nur um ihre Achse drehen, sondern müssen sich, weil sie mit dem stillstehenden Triebe c im Eingriffe stehen, auf c abrollen und dabei den Kopf m mitnehmen bezw. der Welle D Bewegung erteilen. Die Welle D erhält dabei die halbe Geschwindigkeit von J, folglich ist die Geschwindigkeit von J und D wie 2 : 1.

Erhält nun das Schneckenrad d, mithin auch Trieb c, durch die Schnecke e eine Drehung in derselben Richtung, wie sich der Trieb a dreht, so wird die Umdrehungsgeschwindigkeit der Triebe b und infolgedessen auch von D um den gleichen Betrag schneller werden. Treibt nun Schnecke e Rad d und Trieb c gegensätzlich an, so werden die Triebe b sowie D um den Betrag dieser Geschwindigkeit sich verlangsamen. Es ist dies die schon eingangs dieses Abschnittes erwähnte Beschleunigung oder Verzögerung bei Herstellung von spiralgewundenen Schneidzähnen.

Die Steigungen der Spiralen lassen sich nun durch die Wechselräder i in den weitesten Grenzen ändern (Fig. 82). Der Antrieb der Wechselräder erfolgt von der Leitspindel und es wird beim Einschalten des unbedingt nötigen eines Zwischenrades eine linke und beim Einschalten zweier Zwischenräder eine rechte Spiralsteigung erzeugt. Die Wechselräder *i* treiben hierbei vermittelst der konischen Triebe *z* die schon bekannte Schnecke *e* an.

Die Welle *D* läuft also entweder mit der halben Bewegung von *J* bei geraden Nuten oder mit etwas Beschleunigung oder Verzögerung der letzteren bei spiralgewundenen Nuten und treibt vermittelst der Wechselräder *r* die darüber befindliche Nutenwelle *N* an. Die Wechselräder *r* dienen für die verschiedenen Zähnezahlen der Fräser.

Die Antriebsmechanismen der Hinterdrehbewegung liegen in den unteren Supportteilen. Fig. 80 und 81 lassen ersehen, daß die Welle *N* durch ein konisches Räderpaar, das von einem Arme des Supportschlittens h_1 gehalten wird, den senkrechten Bolzen *K* treibt. Dieser läuft in einer Bronzebüchse, welche in ihrem oberen Teile als Ölschale ausgebildet ist. Von letzterer eingeschlossen, sitzt mit *K* fest verbunden die eigentliche Antriebsrolle der Vor- und Rückwärtsbewegung die Hubscheibe *F*. Fig. 83 zeigt, welcher verschwindend kleine Teil für das Zurückgehen des Supports vorgesehen ist, um einen möglichst langen Zahnrücken zu erhalten. Bemerkt sei noch, daß der Mittelpunkt der Hubscheibe *F* zugleich auch der des Drehteiles ist, wodurch in allen Stellungen des Drehteiles der Antrieb der Hinterdrehbewegung aufrecht erhalten bleibt und das Seitlichhinterdrehen ermöglicht wird.

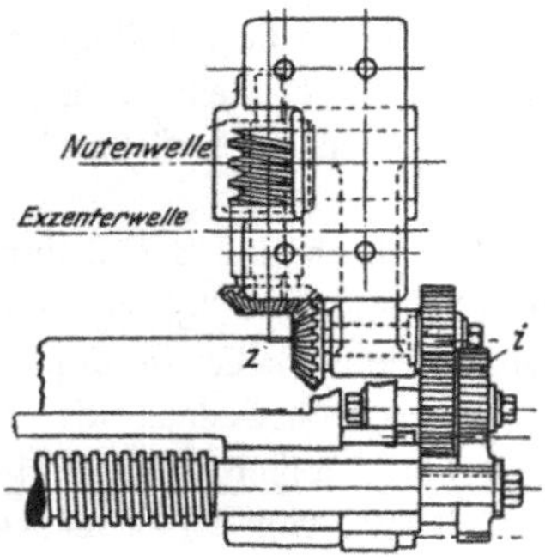

Fig. 82. Der Antrieb für die Spiralen-Erzeugung.

Am Supporte ist noch eine kurze Schraubenspindel zu erwähnen, welche die Supportteile h_2 und h_3 fest verbindet, sobald die Maschine zu allgemeinen Dreharbeiten verwendet wird. In diesem Falle kann die am Supportschieber h_3 angebrachte Rolle *L* nicht mehr an die Hubscheibe *F* gelangen, es können daher die Vor- und Rückwärtsbewegungen des Supports nicht mehr erfolgen, siehe Fig. 83.

Das Einschalten der Hinterdreh-Mechanismen.

Dasselbe beginnt mit der Herausnahme der kleinen Spindel an dem Supportschieber h_3. Des weiteren kann nach Entfernung der nach oben herausnehmbaren Rolle *L*, h_3 so weit zurückgezogen werden, daß das Auswechseln der Hubscheiben *F* stattfinden kann.

Sodann wird das Anstecken der Wechselräder für die Anzahl der Nuten erfolgen, deren Berechnung fast die gleiche wie die der Gewindewechselräder ist. Da bei einer Umdrehung der Hauptspindel die Differenzialwelle *D* 10 Umdrehungen macht, so wird die Zähnezahl eines jeden

Fräsers und die ebengenannte Zahl 10 immer das Verhältnis darstellen, nach dem man die Wechselräder zu wählen hat. Also wird man z. B. bei einer Nuten- bezw. Zähnezahl von 8, wo das Verhältnis $10 : 8 = 5 : 4 = 50 : 40$ ist, letztere Zahlen als Räder nehmen, wobei zu beachten ist, daß das Rad, das sich von der Nutenzahl des zu bearbeitenden Fräsers herleiten läßt, stets als treibendes Rad auf die Welle D zu sitzen kommt.

Bezeichnet man mit a und c die treibenden, mit b und d die getriebenen Räder, so ist:

$$z = \frac{\text{Anzahl der Nuten}}{10} = \frac{a \cdot c}{b \cdot d}.$$

Kommt man mit einfacher Räderübersetzung aus, d. h. sind die passenden Wechselräder vorhanden, so läßt man $\frac{c}{d}$ weg, z. B. $\frac{8}{10} = \frac{40}{50}$. Dagegen muß $\frac{14}{10}$ zerlegt werden, und zwar ist $\frac{14}{10} = \frac{2 \cdot 7}{2{,}5 \cdot 4} = \frac{a \cdot c}{b \cdot d} = \frac{20 \cdot 70}{25 \cdot 40}$.

Bei spiralgewundenen Schneidzähnen müssen die Wechselräder i für die Beschleunigung oder Verzögerung angesteckt werden, für deren richtige Bestimmung man die Länge der Spirale wissen muß. Die Berechnung für diese Wechselräder dürfte am ehesten an einem Beispiele verständlich werden. Erwähnt mag dabei werden, daß hierbei die Zähnezahl des Fräsers ganz außer Betracht bleiben kann, weil die Verzögerung oder Beschleunigung schon auf Welle D einwirkt, welche zur Hauptspindel im Verhältnis $10 : 1$ steht.

Gesetzt, es soll eine Spirale von 10″ hergestellt werden, so wird die Leitspindel, welche $^1/_4$″ Steigung hat, auf diese Länge $10 \cdot 4 = 40$ Umdrehungen gemacht haben. Die Welle D muß nun auf die Länge von 10″ eine gleichmäßige Beschleunigung erhalten. Und zwar muß sie auf die angenommene Länge genau einmal um den Fräser herum sein. Da sich die Welle D 10 mal schneller umdreht als die Hauptspindel mit dem Fräser, so folgt daraus, daß Welle D eine Beschleunigung von 10 Umdrehungen erhalten muß.

Da nun Welle D von dem Triebe c und dem Schneckenrade d ihre Beschleunigung erhält, so folgt ferner, daß die letzteren (d und c) treibende Schnecke e sovielmal 10 Umdrehungen macht, als das Schneckenrad d Zähne hat. Da $d = 32$ Zähne hat, gehören demnach zu einer Beschleunigung oder Verzögerung, die einmal um den ganzen Fräser herum geht, $32 \cdot 10 = 320$ Umdrehungen der Schnecke e. Es ist also hier gleichgültig, was für eine Länge die Spirale hat, nur 320 Umdrehungen müssen erreicht werden.

Anders ist es bei der Bestimmung der die Schnecke antreibenden Wechselräder i, welche im Verhältnis zur Länge der Spirale wie folgt stehen:

$$\frac{320 \text{ (Umdrehungszahl der Schnecke)}}{4 \text{ (Gangzahl der Leitspindel)} \times \text{Länge der Spirale}},$$

$$\text{gekürzt} = \frac{80}{\text{Länge der Spirale}}.$$

Obiges Beispiel würde also ergeben:

$$\frac{320}{4 \,.\, 10} = \frac{80}{10} = \frac{8}{1} = \frac{4 \,.\, 2}{1 \,.\, 1},$$

man müßte also für das Verhältnis 4 . 1 ein Räderpaar suchen (96 und 24) und für 2 . 1 ein solches (64 : 32).

Daraus ergibt sich die Formel:

$$\frac{\overbrace{a \; c}^{\text{(treibende Räder)}}}{\underbrace{b \; d}_{\text{(getriebene Räder)}}} = \frac{80}{\text{Länge der Spirale}}.$$

Es seien nun im folgenden noch einige Beispiele angeführt, um die eben erklärte Rechnung verständlicher zu machen, im übrigen sei auf die darauf bezügliche Wechselrädertabelle verwiesen.

1. Ein Walzenfräser soll eine Steigung von 16″ engl. bekommen. Das Verhältnis ist demnach 320 : 16 . 4 oder gekürzt 80 : 16. Das Verhältnis zerlegt gibt 80 : 16 = 10 : 2 = 5 . 2 und 2 . 1, man hat auf diese Weise die Verhältnisse 5 : 2 und 2 : 1 bekommen, woraus man die Räder $\frac{\text{80 und 56 (treibende)}}{\text{32 und 28 (getriebene)}}$ folgern kann. Wie ersichtlich, sind die Räder, welche von der Zahl 80 abgeleitet werden, die treibenden, und die von der Spirallänge abgeleiteten die getriebenen.

2. Die erforderliche Spirallänge ist 36 Zoll, das Verhältnis für die Wechselräder also 80 : 36, gekürzt 20 : 9, zerlegt 10 . 2 : 3 . 3, welches die Verhältnisse $\frac{10}{3}$ und $\frac{2}{3}$ ergibt. Daraus lassen sich durch Multiplikation der beiden Verhältnisse, und zwar des ersten mit 8 und des zweiten mit 24, die Wechselräder $\frac{80}{24}$ und $\frac{48}{72}$ finden. Davon sind 80 und 48 als treibende und 24 und 72 als getriebene Räder anzustecken.

Beim Hinterdrehen der spiralgewundenen Zähne werden nach durchlaufenem Schnitt die Wechselräder zum Antrieb der Leitspindel gelöst und der Supportschlitten mit einer Kurbel durch die Leitspindel zurückgedreht, zu welchem Zwecke diese mit Vierkant versehen ist. Man darf also nie das Mutterschloß der letzteren lösen, wenn man nicht wieder von vorn mit dem Einstellen an dem Hebel n_4 beginnen will.

Längere Profilfräser werden am besten mit dem für diese Bank konstruierten selbsttätigen Schablonensupport ausgeführt, der in Anordnung und Wirkungsweise den später beschriebenen Schablonenapparaten gleicht.

Beim Seitlichhinterdrehen von Fräsern wird das Drehteil h_2 des Untersupports so weit herumgedreht, als für die Erzielung des günstigsten

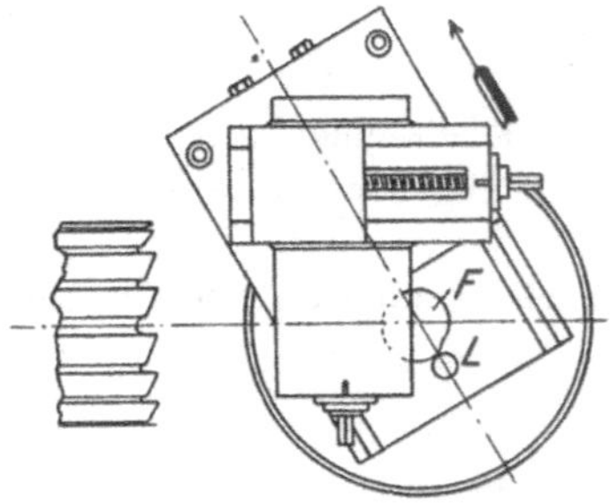

Fig. 83. Supportstellung für linksschneidende Stirnfräser.

Schnittwinkels erforderlich ist. Der obere Kreuzsupport wird dann durch sein Drehteil wieder so weit zurückgestellt, daß eine seiner Supportbewegungen parallel zu der zu bearbeitenden Schneidfläche des Fräsers liegt.

Linksschneidende Fräser von Gestalt und Form wie Fig. 83 läßt man links herum laufen, dreht h_2 und h_3 um 180 Grad herum und stellt den Handhebel n_4 in die andere Stellung.

Innenschneidende Fräser, Gewindebacken usw. werden je nach ihrer Umlaufsrichtung wie folgt hinterdreht:

Bei den rechtswirkenden Innenfräsern, Gewindebacken usw. werden die Supportteile h_2 und h_3 um 180 Grad verdreht, worauf ein Stahl in die Lage der das Ganze darstellenden Fig. 84 gebracht wird.

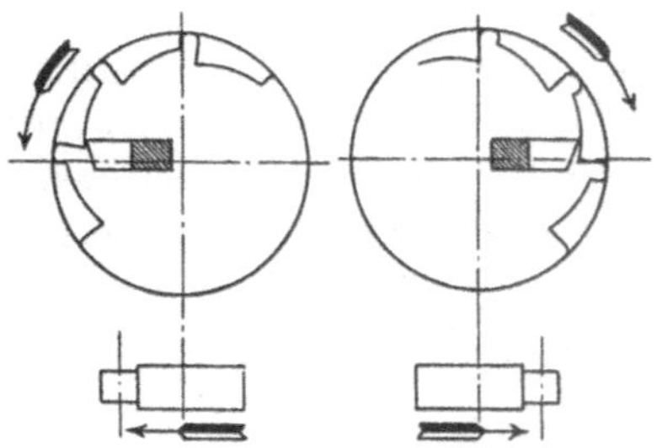

Fig. 84. Fig. 85.
Stellung des Drehstahles und der Druckrolle bei rechts- und linksschneidenden Innenfräsern.

Bei den linkswirkenden Innenfräsern usw. läßt man die Maschine links laufen, der Handhebel n_4 wird in die andere Stellung gelegt und der Stahl nimmt die Stellung von Fig. 85 ein.

Es sei noch des Schneckenradfräsers an Hand eines Beispiels gedacht. Der Fräser soll eine rechte Steigung von $^2/_5$" engl. und 8 Schneidzähnen erhalten; die Spirale der Zahnlücken hat eine Länge von 32" engl. Es würden also anzustecken sein:

1. die Wechselräder der Leitspindel für eine Steigung von $^2/_5$" engl.,
2. die Räder für die Nutenzahl 8 (40 und 50),
3. die Räder für die Spirale am rechten Leitspindelende (80 und 32).

Bemerkt sei noch, daß die Steigung des Schneckenganges eine rechte ist, wenn die der Zahnlücken eine linke ist, und wiederum linke Gangsteigung eine rechte Steigung der Lücke erfordert.

Wechselräder-Tabelle für Nuten.

$$\frac{a\,c}{b\,d} = \frac{\text{Anzahl der Nuten} = (z)}{10}.$$

z	*a*	*b*	*c*	*d*	*z*	*a*	*b*	*c*	*d*
2	20	60	30	50	14	70	25	20	40
3	20	40	30	50	16	40	—	—	25
4	20	—	—	50	18	60	25	30	40
5	25	—	—	50	20	60	—	—	30
6	30	—	—	50	24	60	—	—	25
7	70	50	20	40	28	40	50	70	20
8	40	—	—	50	32	60	30	40	25
9	40	60	30	50	36	60	20	30	25
10	40	20	30	60	40	60	25	50	30
12	30	—	—	25	50	60	30	50	20

Wie aus Fig. 81 hervorgeht, wird die Welle *J* von der Stufenscheibe angetrieben, weil man fast bei allen Fräsern mit Vorgelege arbeiten muß, da sich für die Vor- und Rückwärtsbewegungen zu große Geschwindigkeiten ergeben; dennoch wird bei kleineren Fräsern mit wenigen Zähnen auch ohne Vorgelege gearbeitet werden und gilt für deren Zähnezahlen (*z*) die Formel:

$$\frac{a\,c}{b\,d} = \frac{8 \,.\, z\ (\text{Anzahl der Zähne oder Nuten})}{5}$$

oder nachfolgende Tabelle:

z	*a*	*b*	*c*	*d*	*z*	*a*	*b*	*c*	*d*
2	60	30	40	25	5	50	25	80	20
3	40	20	60	25	6	60	25	80	20
4	40	25	80	20	7	70	25	80	20

Wechselräder-Tabelle für spiralgewundene Zähne.

$$\frac{a\,c}{b\,d} = \frac{80}{\text{Länge der Spirale in engl. Zoll} = (l)}.$$

l	*a*	*b*	*c*	*d*	*l*	*a*	*b*	*c*	*d*
6	96	24	80	24	80	80	40	32	64
6,66	96	24	72	24	90	64	—	—	72
7	96	28	80	24	96	40	—	—	48
8	96	32	80	24	100	40	—	—	50
9	80	24	64	24	112	40	—	—	56
10	96	24	64	32	120	48	—	—	72
12	80	24	64	32	128	40	—	—	64
14	80	28	64	32	140	32	—	—	56
16	80	32	56	28	144	40	—	—	72
18	64	48	88	24	150	32	80	40	48
20	96	—	—	24	160	32	—	—	64
24	80	—	—	24	180	32	—	—	72
28	80	—	—	28	192	30	—	—	72
30	64	—	—	24	200	32	—	—	80
32	80	—	—	32	224	32	64	40	56
36	80	24	48	72	240	24	—	—	72
40	80	—	—	40	255	30	—	—	96
48	80		—	48	280	40	56	32	30
50	64	—	—	40	288	32	64	40	72
56	80	—	—	56	300	48	60	24	72
60	64	—	—	48	320	24	—	—	96
64	80	—	—	64	360	40	72	32	80
70	64	—	—	56	384	40	72	30	80
72	80	—	—	72	400	28	56	32	80

5. Die Feuerbehandlung der Fräser.

a) Das Erwärmen des Stahles zum Schmieden und Glühen.

Obwohl man in der Regel für die Fräser vorgeschmiedete Stahlscheiben bezieht, läßt es sich doch nicht vermeiden, daß die Fräser von der Stange abgeschlagen werden müssen. Auch das Ausstrecken auf kleinere Durchmesser wird mitunter nötig und ist auch für die Güte des zukünftigen Fräsers vielfach sehr nützlich. Zu verwerfen ist jedoch das Stauchen auf größere Durchmesser.

Das Erwärmen zum Schmieden wird nun oft in einer für die Güte des Stahles schädlichen Weise vollzogen. Es soll so rasch erfolgen, als es möglich ist, den Stahl in allen Teilen gleichmäßig in eine Hitztemperatur zu bringen, die für das Schmieden eben hoch genug ist.

Bekanntlich wird der den Stahl gleichsam als Netz durchziehende Kohlenstoff bei der Erhitzung des Stahles gelöst und von ihm aufgenommen. Gelangt bei diesem Prozeß viel Sauerstoff an den Stahl, so entzieht dieser einen Teil des aufgelösten Kohlenstoffes, wodurch an den Kanten und Ecken die Härte wesentlich verringert wird.

Dieses tritt namentlich dann ein, wenn das Erwärmen des Stahles im offenen Schmiedefeuer unter Gebläsewind stattfindet. Kommt hierbei die allgemein als Schmiedegries bekannte Steinkohle als Feuerungsmaterial zur Verwendung, so wird durch ihren hohen Schwefelgehalt die Güte des Stahles bedeutend verringert, denn der durch die Hitze gelöste Schwefel verbindet sich stellenweise mit dem Stahle und nimmt dort beim später erfolgten Härten keine Härte an. Der Stahl wird weichfleckig. Man soll daher nur in zwingenden Fällen zur Steinkohle greifen und dann den Stahl nicht früher ins Feuer legen, als bis der Kohle ihr Schwefelgehalt entzogen ist. Um das zu erreichen, läßt man die Kohle gut durchbrennen, etwa so lange, bis sie keine sichtbaren Gase mehr entwickelt, also zu Koks verglüht ist.

Am besten eignen sich zum Erwärmen des Stahles Öfen, in denen der Stahl gänzlich vor dem Hinzutritt kalter Gebläseluft geschützt ist. Muß man jedoch, weil ein solcher Ofen fehlt, den Stahl im offenen Schmiedefeuer erwärmen, so verwende man als Feuerungsmaterial Holzkohle, die sich noch am besten bewährt hat.

Sobald beim Schmieden einzelne Teile des Stahles kräftiger bearbeitet oder bei dem zum Schmieden notwendigen Erwärmen mehr erhitzt wurden, entstehen Spannungen, welche nur durch erneutes Erwärmen, das Glühen, auszugleichen sind.

Das Glühen des Stahles hat außerdem den Zweck, das mechanische Bearbeiten zu erleichtern. Das Erwärmen dazu soll gleichmäßig, etwa bis zur Kirschröte, erfolgen. Der Stahl darf jedoch nur so lange in dieser Hitze bleiben, bis alle inneren Teile durchglüht sind, worauf man den Stahl langsam in der Kohlenlösche erkalten läßt. Ist das Glühen im Ofen erfolgt, so läßt man den Stahl allmählich darin auskühlen, was eine Zeitdauer bis 24 Stunden beansprucht.

Über den Wert des Glühens und des danach erfolgenden langsamen Erkaltens bestehen vielfach irrige Ansichten, denen zufolge das Glühen des Stahles zwecks Aufhebung der Schmiedespannungen unnötig wäre, weil sich bei dem später erfolgenden Erwärmen für das Härten die Spannungen sowieso ausglichen. Das ist aber nicht der Fall, denn das durch das Erwärmen vergrößerte Volumen des Stahles kann sich nur, ohne daß schädliche Spannungen zurückbleiben, beim langsamen Erkalten in den früheren gleichmäßigen Zustand zurückbilden; anderenfalls kommt zu der Schmiedespannung noch die Härtespannung, wodurch dann unbedingt Risse entstehen müssen. Es ist auch erklärlich, daß sich ein Stahlstück, das mit Spannungen behaftet ist, das aber mechanisch fertiggestellt wurde, beim Erwärmen zum Härten verziehen und werfen muß, weil seine Gefüge-Struktur eine verschiedenartige ist. Aus diesem Grunde würde sich das Ausglühen schon allein lohnen.

Unumgänglich nötig ist das Glühen beim Wiederaufarbeiten bereits gehärteter Fräser. Man kann hierfür treffend das Wort Ausglühen gebrauchen. Dieses Ausglühen sollte nun eigentlich immer mit einem Aufbessern — Regenerieren — des Fräsers verbunden sein, denn die Fräserzähne werden fast immer bis an die Grenze der Brauchbarkeit erhitzt und verlieren dabei einen Teil ihres Kohlenstoffgehaltes. Beim Aufarbeiten werden aber die alten Schneidzähne nur wenig abgedreht, und somit wird beim nachfolgenden Härten das anfangs vorhandene Übel noch verschlimmert. Dazu kommt noch die grobe Fahrlässigkeit, mit der die aufzuarbeitenden Fräser überhaupt ausgeglüht werden. Unverpackt wandern sie oft ins frischeste Steinkohlenfeuer. Der Arbeiter glaubt alles getan zu haben, wenn er den Fräser im kirschroten Zustande aus dem Feuer nimmt. Von jetzt ab vergißt er nichts mehr, denn er weiß, daß sich der Fräser nicht bearbeiten läßt, wenn er nicht langsam in der Lösche erkalten kann, und so vermeidet er, daß man seine leichtfertige Arbeit ermittelt. Daß derartig ausgeglühte Fräser dabei auch noch oft überhitzt werden, braucht kaum noch erwähnt zu werden.

Für das Ausglühen der Fräser zwecks Aufarbeitung muß deshalb die Forderung erhoben werden, sie nur in kohlenstoffhaltiger Umpackung dem Feuer auszusetzen. Es kann dazu Holzkohle oder auch schon einmal gebrauchte Lederkohle oder ein anderes Einsatzmittel verwendet werden.

Zeigt ein Fräser beim Abbrechen seiner Schneidzähne unverkennbar die Spuren starker Überhitzung durch grobkristallinisches Gefüge und man möchte die Schneidzähne nicht drehen und neu aufarbeiten, so ist eine Besserung im Gefüge durch folgendes zu erreichen. Der Fräser wird mehrmals dunkelrot erwärmt und in einer Paste, aus Wasser und Schmierseife bestehend, abgekühlt, nochmals dunkelrot gemacht und langsam erkalten gelassen, worauf er vorsichtig gehärtet wird. Die für solche Zwecke angepriesenen, teueren Geheimmittel erreichen ebenfalls nicht mehr und können getrost entbehrt werden.

b) Das Härten der Fräser.

Unter dem Härten verstehen wir im allgemeinen den Prozeß, Stahl in einen bedeutend widerstandsfähigeren Zustand zu bringen und im besonderen beim Werkzeuggußstahl ihn in einen nicht mehr durch Stahlwerkzeuge zu bearbeitenden Zustand zu bringen. Der Härteprozeß besteht darin, daß die auf Rotglut erhitzten Teile plötzlich abgekühlt werden, wobei der zur Härtekohle (Karbid) verwandelte Kohlenstoff, der das Stahlgefüge netzartig durchzieht, gebunden wird.

Zu diesem inneren, wissenschaftlich festgestellten Vorgang tritt noch die Veränderung der Form als äußerer hinzu. Die Wärme dehnt die

Körper aus. Jedoch beim plötzlichen Abkühlen gewinnen die Gefügeteile nicht die Zeit, sich in ihren ursprünglichen Zustand zurückzubilden. Die Form des gehärteten Gegenstandes ist eine andere geworden, und zwar hat sie in der Dicke zugenommen und in der Länge abgenommen.

Da das plötzliche Abkühlen immerhin nur allmählich von außen nach innen schreitet, so entsteht für die inneren Materialschichten ein kleiner Zeitgewinn, in dem sie sich mehr oder weniger in ihren ehemaligen Zustand zurückbilden könnten, wenn sie nicht von den äußeren — bereits erkalteten — Materialschichten gehindert würden. Aus dieser Verschiedenheit der äußeren und inneren Materialschichten entstehen die Härtespannungen, die zu Rissen und Sprüngen führen, wenn die äußeren Schichten dem Zusammenziehen der inneren nicht genügenden Widerstand entgegenbringen können oder sobald die inneren Schichten nicht nachgiebig und zäh genug sind, um sich den äußeren durch entsprechende Dehnung anzupassen. Nicht selten reißt oder springt der gehärtete Teil erst nach einigen Tagen oder bei der ersten Ingebrauchnahme.

Außer diesem Reißen von innen heraus begegnen wir noch dem Abspringen einzelner äußerer Partien. Es tritt hauptsächlich dann auf, wenn beim Abkühlen ungleich erhitzte Stellen vorhanden sind oder wenn vorspringende Kanten durch ihren Querschnitt eine verschiedene rasche Abkühlung und ungleiche Härte herbeiführten. Dort, wo sich die Zonen zweier Abkühlungsgrade begegnen, tritt alsdann meist bogenförmig die Gefügetrennung ein.

Diese die ganze Arbeit gefährdende Erscheinung ist von jeher mit allen zu Gebote stehenden Mitteln bekämpft worden. Leider meist mit recht wenig Erfolg; denn hier kann nur die Erfahrung zum Erfolge führen, und sie ist eine gute, wenn auch teuere Lehrmeisterin. Die im nachstehenden angeführten Bedingungen für das gute Gelingen des Härtens können zwar nicht die notwendige Erfahrung ersetzen, wohl aber können sie als Ausgangspunkte in das interessante Gebiet des Härtens betrachtet werden.

Vor allem ist wichtig, zu wissen, aus welcher Temperatur der Stahl zu härten ist. In der Regel wird guter Werkzeuggußstahl für Fräser auf 700—750^0 erwärmt; jedoch kommen noch durch die hochwertigeren Stahle — Chrom-, Wolfram- und Schnellaufstahle — sehr verschiedene Temperaturen in Frage. Das Erkennen dieser Temperatur ist leider fast überall dem Auge des Härters überlassen. Es wird noch dadurch erschwert, daß die Beleuchtung des Härteraumes wechselt, bald hellem Sonnenschein, bald trüber Witterung ausgesetzt ist. Da nun ein glühender Stahl im hellen Tageslicht bedeutend weniger erhitzt scheint, so erhellt daraus schon, welche große Erfahrung das Erkennen der richtigen Temperatur bei wechselnder Beleuchtung an die Härter stellt. Das Härten sollte eigentlich in einem Raume geschehen, dessen Beleuchtung durch Vorhänge auf einer gewissen Gleichmäßigkeit erhalten werden kann.

Die gleichmäßige Hitze beim Abkühlen könnten wir als weitere Bedingung anführen. Sie wird erreicht, wenn man vor dem Abkühlen mit dem zu härtenden Stück einige Sekunden an der Luft verweilt, und zwar so lange, bis sich die vorstehenden Ecken und Kanten etwas abgekühlt haben. Zur Erzielung einer guten, gleichmäßigen Härte sollte der Stahl immer in abfallender Temperatur abgeschreckt werden.

Sodann ist die Beschränkung des Härtegrades ein wertvolles Hilfsmittel gegen das Springen der Teile. Es ist das Nachlassen oder Anlassen des Härtegrades und bezweckt den Ausgleich der bereits besprochenen Härtespannungen.

Schließlich kann vom Konstrukteur durch zweckentsprechende Formengebung schon der Grund für gute Haltbarkeit beim Härten gelegt werden. Gleichmäßige Wandstärken und abgerundete Ecken sind dabei erste Erfordernisse.

Nach dem obengesagten haben wir beim Härten drei Handlungen zu unterscheiden:

1. das Erwärmen,
2. das Abkühlen,
3. das Anlassen.

Bei der nun folgenden Beschreibung können natürlich nur solche Einrichtungen angeführt werden, die hauptsächlich zum Fräserhärten Verwendung finden.

Das Erwärmen der Fräser muß erstens möglichst schnell und gleichmäßig erfolgen, was jedoch, da die vorstehenden Fräserzähne leichter glühend werden, oft erhebliche Schwierigkeiten bereitet, und zweitens in einer Weise geschehen, die verhindert, daß dem Stahl durch Hinzutreten von Sauerstoff sein Kohlenstoffgehalt geschmälert wird.

Am ungeeignetsten zum Erwärmen der Fräser sind die offenen Schmiedeherde, namentlich dann, wenn die schon erwähnte Schmiedekohle als Heizmaterial dient. Ist man gezwungen, die Fräser darin zu erwärmen, so verfahre man folgenderweise: Nachdem die Kohle vollständig durchglüht — also schwefelfrei geworden — ist, lege man ein Stück Blech ins Feuer, auf das der Fräser zu liegen kommt. Er ist auf diese Weise wenigstens von unten vor den schädlichen Einwirkungen der kalten Gebläseluft geschützt. Der Fräser ist nun noch von allen Seiten gut mit durchbrannter Kohle zu bedecken, damit auch die äußere Luft nicht hinzutreten kann. Durch öfteres Drehen und Wenden des Fräsers muß ein möglichst gleichmäßiges Erwärmen versucht werden. Wird anstatt Kohle oder Koks, Holzkohle verwendet, so ist das gleichmäßige Erwärmen leichter möglich; auch die Gefahr betreffs der Kohlenstoffentziehung ist geringer, da die Holzkohle nur wenig Gebläsewind benötigt.

Das letztere Übel läßt sich gänzlich beseitigen, wenn die Fräser zum Erwärmen in sogen. Muffeln gesteckt werden; das sind Rohre aus feuerfestem Stein oder Gußeisen, die seitlich verschlossen sind. Der

Raum zwischen Fräser und Muffelwand wird mit tierischer (Leder-)Kohle, gestoßener Holzkohle oder anderen Einsatzmitteln ausgefüllt. Das gleichmäßige Erwärmen muß auch hier durch öfteres Drehen und Wenden der Muffel erzielt werden. Anstatt in eine Muffel werden die Fräser auch oft in rechteckige Kasten eingesetzt, die sich jedoch schwer wenden lassen, sodaß die Fräser sehr leicht ungleichmäßig warm werden.

Abgesehen von dieser vereinzelnd vorkommenden unvollkommenen Einrichtung finden wir zum Fräsererwärmen allgemein den Härteofen eingeführt.

Dem **Härteofen** fällt infolgedessen bei der Herstellung der Fräser eine nicht unwichtige Rolle zu. Seine Bedeutung erklärt sich schon aus der übergroßen Zahl seiner Arten, die sich nicht nur auf die Verschiedenheit der erforderlichen Heizmaterialien beziehen, sondern auch die Veredelungen des Stahlmaterials bezwecken.

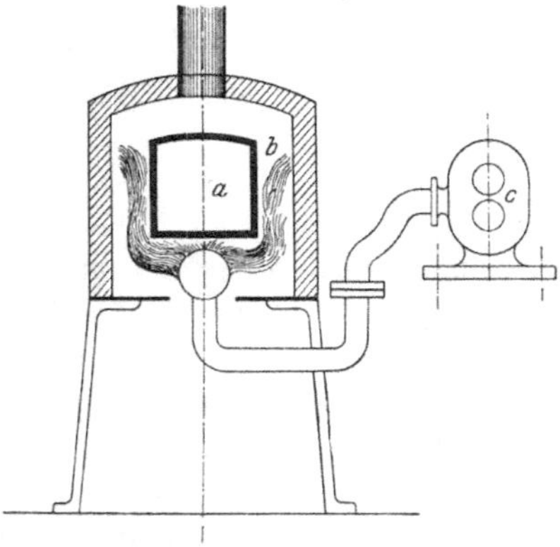

Fig. 86. Der Gasmuffelofen.

Der Härteofen soll beim Erwärmen den Hinzutritt des Sauerstoffes verhindern. Es wird einmal dadurch erreicht, daß das Verbrennen, wobei ja stets Sauerstoff erforderlich ist, in besondere Räume verlegt wird (vergl. Muffelofen), und zum andern, daß der zu erwärmende Fräser gegen den Sauerstoff abgeschlossen wird (vergl. Einsatzofen und Blei- und Salzbäderofen).

Bezüglich des zu verwendenden Heizmaterials sprechen wir von Kohlen-, Koks-, Gas- und elektrischen Öfen.

Der hauptsächlichste Vertreter der Muffelöfen ist der in Fig. 86 im Schnitt wiedergegebene Gasmuffelofen. Seine Muffel *a* wird von den Gasen im Brennraume *b* gleichmäßig erwärmt. Das kleine Gebläse *c* führt dem Ofen die nötige Luft zu. Diese Ofenart hat jahrelang durch die nicht richtige Mischung von Gas und Luft im üblen Sinne von sich reden gemacht. Doch heute darf man behaupten, daß er den gestellten Anforderungen bestens gerecht wird.

Seit Einführung der hohen Härtetemperaturen von 1000—1300° C., wie sie für den Schnellaufstahl gebraucht werden, ist ein guter Gasmuffelofen geradezu unentbehrlich geworden.

Mittelgroße und große Muffelöfen führt man im allgemeinen mit Koksfeuerung aus. Der Ofen muß sehr zweckmäßig in seinen Zügen angelegt sein, sonst ist weder eine gleichmäßige Erwärmung der Muffel noch die Erreichung der erforderlichen Ofentemperatur möglich. Die Mehrzahl der Öfen bedarf künstlichen Windes, einzelne Öfen arbeiten auch mit freiem Essen-Zug, wozu aber ein großer, gutziehender Schornstein gehört. Zu verwerfen sind die dünnen, mäßig hohen Blech-Schornsteine, denn sie lassen bei schlechten Windverhältnissen nur 600 bis 700° den Ofen erwärmen.

Der Einsatz-Härteofen ist der für allgemeine Härtezwecke verbreitetste. Will man in ihm Fräser härten, so müssen sie, in Kästen oder Büchsen verpackt, vor dem Hinzutritt des Sauerstoffes geschützt sein. Denn die heißen Gase durchstreichen hier den Einsatzraum. Bei unvollkommenen Öfen ist Verbrennungs- und Einsatzraum eins, und der ununverpackte Fräser müßte, auf dem Heizmaterial liegend,

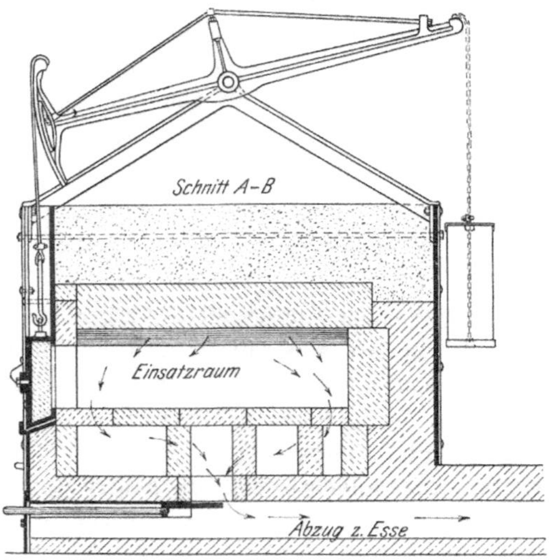

Fig. 87.

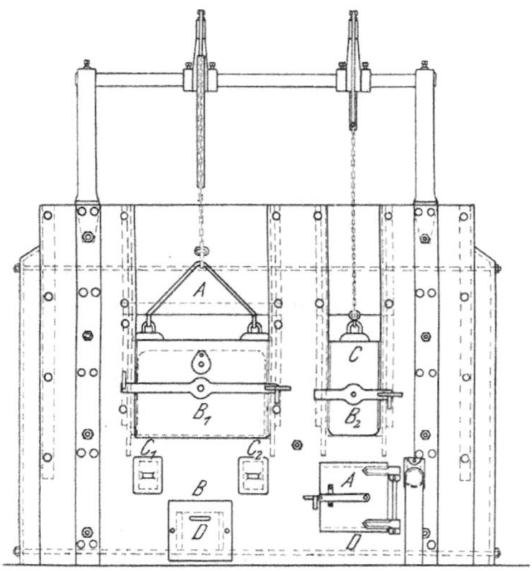

Fig. 88.

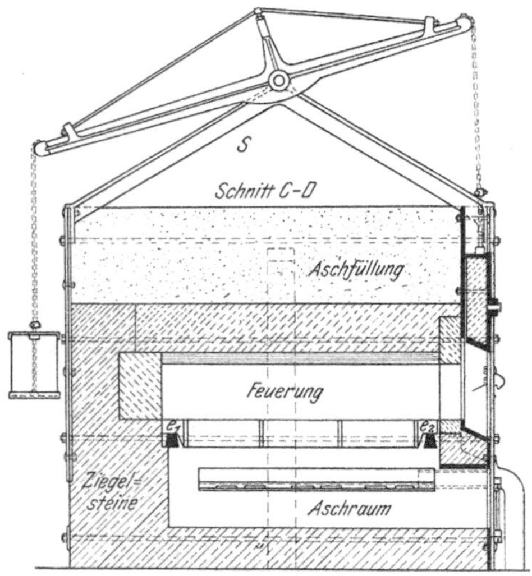

Fig. 89.

Fig. 88—89. Einsatzofen der Wanderer-Werke.

erwärmt werden, was ein gleichmäßiges Erwärmen geradezu ausschlösse.

In den Fig. 87—89 ist der Einsatz-Härteofen der Wandererwerke in Chemnitz-Schönau dargestellt, der sich einer großen Beliebtheit erfreut. Die Anordnungen des Rostes, der Brücke und der Züge lassen erkennen, daß es dem Erbauer gelungen ist, die heißen Gase mehrfach durch den großen

Einsatzraum ziehen zu lassen und daß die frische Luft, die sich an den Brücken erhitzt hat, vorteilhaft für die letzte Ausnutzung der noch nicht entzündeten Gase verwandt wird.

Es wurde schon darauf hingewiesen, daß unter besonderen Umständen auch Fräser aus gewöhnlichem Schmiedeeisen oder Bessemerstahl mit geringem Kohlenstoffgehalt mit Erfolg zu verwenden sind. Aus diesem Grunde soll im nachstehenden das Einsatzhärten dieser Fräser beschrieben werden.

Den schmiedeeisernen Fräsern muß durch das Einsatzhärten der erforderliche Kohlenstoffgehalt zugeführt werden. Aus diesem Grunde werden sie einzeln oder mit mehreren vereint in Guß- oder Blechkasten mit einem Einsatzmittel verpackt. Zwischen den Fräsern oder dem Fräser und der Kastenwand soll ein Abstand von 2—3 cm sein. Der Deckel des Kastens wird mit Lehm luftdicht verschlossen und das Ganze in einem Einsatz-Härteofen 6—10 Stunden einer Temperatur von 800—850° C. ausgesetzt. In dieser Zeit erhalten die eingesetzten Fräser eine kohlenstoffhaltige äußere Schicht von $1—1^1/_2$ mm Dicke, je nach der Stärke des Fräsers. Nach dem Einsetzen muß der Kasten langsam erkalten. Zum eigentlichen Härten soll der Fräser in einem Muffelofen nochmals erwärmt und aus dieser Hitze abgekühlt werden. Es ist falsch, aus der Einsatzhitze den Fräser[1]) abzukühlen, weil dadurch die Struktur seines Gefüges nicht feinkörnig wird und leicht zum Bruche neigt.

Um Anhaltspunkte für die Einsatztiefe zu gewinnen, empfiehlt es sich, in dem Deckel des Kastens einige Löcher von 8—10 mm zu bohren und darin einige kurze Stäbchen aus Rundeisen zu stecken, deren unterer Teil im Kasten ebenfalls eine Einsatzschicht erhält. Man kann nach mehreren Stunden Probestäbe herausziehen, abkühlen und beim Zerschlagen feststellen, wie tief der Kohlenstoff eingedrungen ist.[2])

Die Einsatzmittel sind nun sehr oft der Gegenstand unliebsamer Erörterungen gewesen, da, abgesehen von einer Anzahl reeller und preiswürdiger Einsatzmittel, oft deren Preis in keinem Verhältnis zu ihrem Werte steht. Unter allen möglichen Namen werden diese, als Verstählungsmittel bezeichneten Geheimmittel angepriesen und bis zu 1,50 M. pro Kilogramm bezahlt. Bei der großen Reklame, die manche Lieferanten dafür in die Wege leiten, ist es kein Wunder, wenn sie trotz dieser Schwindelpreise immmer noch Abnehmer für ihre Ware finden.

Die Verfasser konnten eingehende Versuche mit einer großen Anzahl dieser Mittel vornehmen, und zwar wurden dabei immer gleichgroße Fräser für gleiche Zwecke gehärtet. Dabei stellte sich heraus, daß die Fräser, die mit guter Lederkohle eingesetzt wurden, am besten den Schnitt hielten.

---

[1]) Diese Regel gilt überhaupt für alle Einsatz-Härtearbeiten.

[2]) Vergl. auch: Giesen, Der Einsatzofen und das Einsatzhärten. Werkstattstechnik Jahrg. 1908, S. 354.

Neben der bereits erwähnten, gut gebrannten Lederkohle hat sich Knochen- und Klauenmehl, gestoßene Knochen- und Holzkohle vorzüglich als Einsatzmittel bewährt und können daher bestens empfohlen werden.

Sehr gut haben sich folgende Mischungen bewährt:

a) 4 Teile gestoßene Knochen, 4 Teile Lederkohle, 1 Teil blausaures Kali und 1 Teil gestoßene Holzkohle;

b) 4 Teile gestoßene Holzkohle, 2 Teile Lederkohle, 2 Teile Ruß und 2 Teile gewöhnliches Salz.

Das Salz wird zu dem Zweck beigemischt, die zu härtenden Fräser mit einem dünnen Fluß zu überziehen, der einmal den Hinzutritt der Luft hindert und zum andern eine metallisch reine Oberfläche begünstigt.

Der Preis dieser Einsatzmittel wird sich auf 20—30 Pf. pro kg stellen. Höhere Preise dürfen auf keinen Fall angelegt werden, weil sonst der am Material gesparte Betrag durch das teuere Härtemittel ausgeglichen wird und letzten Endes die Selbstkosten eines solchen Fräsers denen aus Werkzeuggußstahl gleichkämen. Die Verkehrtheit eines solchen Sparprinzipes bedarf wohl keiner weiteren Beleuchtung.

An dieser Stelle sei noch eines anderen Einsatz- oder Temperverfahrens Erwähnung getan, das in den letzten Jahren viel von sich reden machte und womit man in Amerika vorzügliche Resultate erzielt hat. Es ist das Tempern unter starker Gasberäucherung in besonders dafür gebauten Öfen (D. R.-P. 191394). Allgemein bekannt sind ja wohl die guten Erfahrungen, die man beim Erwärmen über starkrußenden Gas-, Öl- oder Petroleumflammen gesammelt hat.

Ein anderes Gebiet ist das Fräsererwärmen in flüssigen Metallen und Salzen, welche in Koks-, Gas- und Ölöfen oder in dazu besonders konstruierten elektrischen Öfen geschmolzen werden.

Beim Erwärmen im Metallbade benutzt man in der Regel reines Blei. Da hier die Gefahr nahe liegt, daß darin Schwefel enthalten sein könnte, der die Fräser weichfleckig macht, so muß es vorher gut durchgeschmolzen werden. Die Schmelztemperatur des Bleies ist bekanntlich 334° C., also niedriger als die Härtetemperatur des Stahles. Um diesen Unterschied muß daher die Bleischmelzung stärker erhitzt werden. Um dabei das Verdampfen des Bleies möglichst zu vermindern, empfiehlt es sich, die Oberfläche des Bleibades mit einer 2—3 cm starken Schicht Holzkohle zu bedecken. Das Erhitzen des Schmelztiegels kann sowohl im besonderen Härteofen als auch im offenen Schmiedefeuer erfolgen. In beiden Fällen muß für genügenden Abzug der giftigen Bleidämpfe gesorgt sein. Naturgemäß werden die unteren Schichten des Bleies sehr leicht eine höhere Temperatur annehmen, weshalb man die Fräser nicht in das Bleibad legt, sondern an Drähten hineinhängt, damit sie nicht in die unteren Schichten zu liegen kommen.

Die Fräser in geschmolzenen Salzen zu erwärmen, wird in neuerer Zeit viel empfohlen. Die Vorteile dieser Art bestehen darin, daß erstens die Schmelztemperatur des Salzes bei 750° liegt — also in gleicher Höhe der Härtetemperatur — und daß zweitens die Fräser gänzlich vom Hinzutritt des Sauerstoffes abgeschlossen sind. Zum Schmelzen des Salzes sind die gleichen Einrichtungen nötig, wie zu dem des Bleies. Der Tiegel wird am Boden mit einer dünnen Schicht Soda belegt und alsdann mit Kochsalz gefüllt. Nachdem die Schmelzung, die von der leichter schmelzenden Soda eingeleitet wird, im Gange ist, wird noch Salz nachgegeben, falls die Schmelzmasse zu gering ist. Um die Mischung zu verbessern, gibt man ihr noch etwas Kalisalpeter und chromsaures Kali zu. Der Schmelzpunkt des Salzes ist, wie schon erwähnt, ein sehr wichtiger Anhalt; namentlich deshalb, weil ein größeres Überhitzen sofort durch stärkeres Wallen der Schmelzmasse erkennbar ist. Natürlich werden auch hier die unteren Schichten eine etwas höhere Temperatur haben, weshalb man vorzieht, die Fräser an Drähten in die Schmelzmasse zu hängen. Die Fräser müssen ferner gänzlich von Öl und Schmutz befreit sein. Es empfiehlt sich, die Fräser vorher etwas anzuwärmen, damit nicht etwa Wasser an ihnen hängt, was ein explosionsartiges Auswerfen der Schmelzmasse zur Folge haben könnte.

Abweichend von der obigen Mischung kann die Schmelzmasse auch aus anderen Salzen zusammengesetzt sein, die auf den Fräser günstig einwirken sollen; beispielsweise soll eine kleine Menge gelbes Blutlaugensalz die Zähigkeit des Fräsers erhöhen.

Beim Härten von Schnellaufstahlen, wo Temperaturen bis 1200° C. und darüber notwendig sind, wird anstatt des Kochsalzes chemisch reines Chlorbarium verwendet.

Besondere Härteöfen zum Schmelzen der Salze werden namentlich in der letzten Zeit vielfach auf den Markt gebracht. Einmal sind es die mittelst Elektrizität betriebenen, von denen der bekannteste der der Allgemeinen Elektrizitäts-Gesellschaft in Berlin[1]) sein dürfte, und zum andern die mittelst Gas arbeitenden, von denen der der Rheinischen Apparatebau-Gesellschaft in Düsseldorf als sehr gute Öfen bezeichnet werden.

Einen Salzbadeofen mit Ölheizung[2]) von Gebrüder Boje in Berlin stellen die Fig. 90—92 dar. Als Heizmaterial werden die im Handel erhältlichen Öle, wie Ergin, Masut, Rohpetroleum, Kreosotöl u. a. m. verwendet, womit ein recht billiger Betrieb geschaffen wird. Bei einem Einheitspreis von 0,10 M. für das Kilogramm Heizöl stellen sich nämlich bei Ölheizung 10000 Wärmeeinheiten auf 0,10 M. und bei der Gasheizung

[1]) Verbandsmitteilungen des Dresdner Bezirksvereins Deutscher Ingenieure und des Dresdner Elektrotechnischen Vereins.

[2]) Die folgenden Ausführungen nebst den Figuren sind aus: „Werkstatt und Bureau“, Werkstattstechnik S. 430, Jahrg. 1910, entnommen.

dagegen auf 0,26 M., wenn für letztere das Kubikmeter Gas mit 5000 Wärmeeinheiten zu 0,13 M. angenommen wird.

Der Salzbadeofen besteht aus einem mit Schamotte ausgefütterten Zylinder *a*, in dem auf einem Untersatz *b* ein Graphittiegel *c* steht, der mit einem Deckel *d* verschlossen

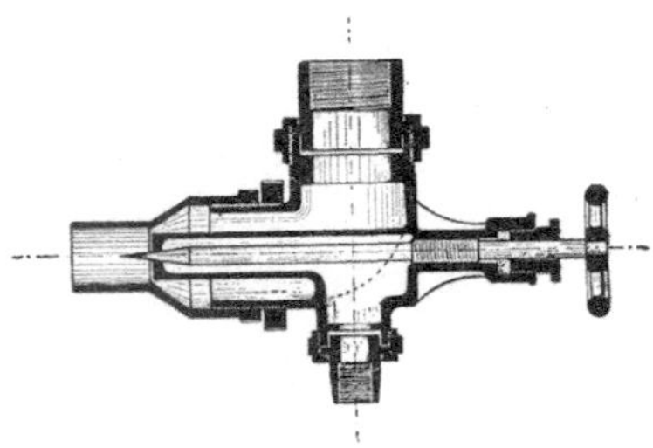

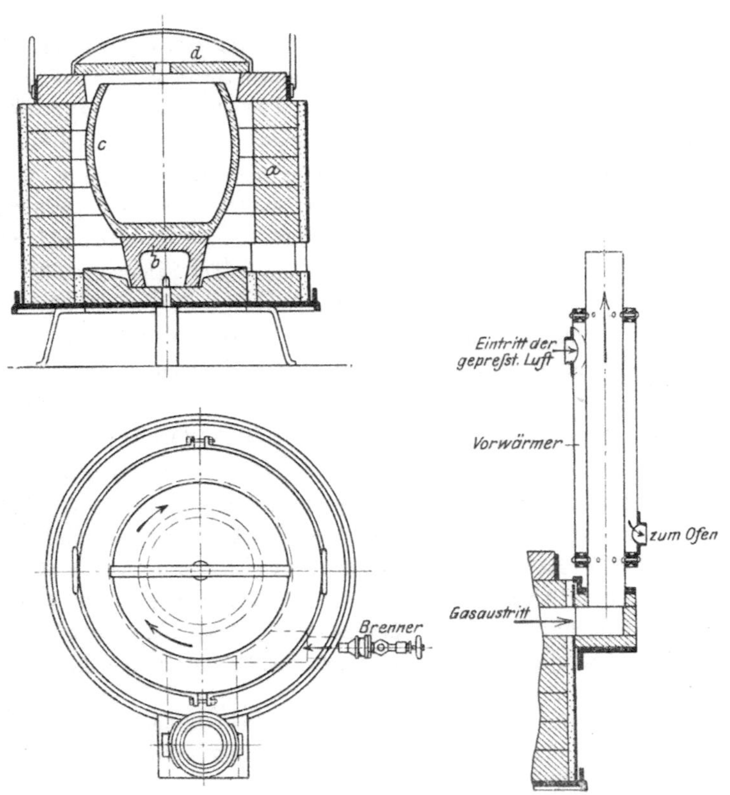

Fig. 90—92. Salzbadeofen von Brüder Boye, Berlin.

wird. Damit die Salzdämpfe nicht in den Verbrennungsraum dringen, wird die obere Steinschicht mit Schamotte gegen den Tiegel abgedichtet. Der Verbrenner, Fig. 91, besitzt eine Mischkammer, in welcher sich das Öl und die dazu erforderliche Preßluft vermischt. Da die letztere in einem Vorwärmer wesentlich erhitzt wird, so wird das Öl beim Austreten aus der Düse vergast und gelangt als stark heizbares Gas im Verbrennungsraum des Ofens zur Entzündung. Die Fig. 92 zeigt, daß die abziehenden heißen Gase noch zur Erwärmung der eintretenden Luft benutzt werden.

Sehr schwierig ist beim Fräsererwärmen das Erkennen der richtigen Temperatur. Schon eingangs wurde darauf hingewiesen, wie leicht darin das Auge, namentlich bei wechselnder Beleuchtung, irren kann. Erfreulicherweise macht die Bestrebung, durch mechanische oder elektrische Einrichtungen die Höhe der Temperatur bestimmen zu lassen, gute Fortschritte.

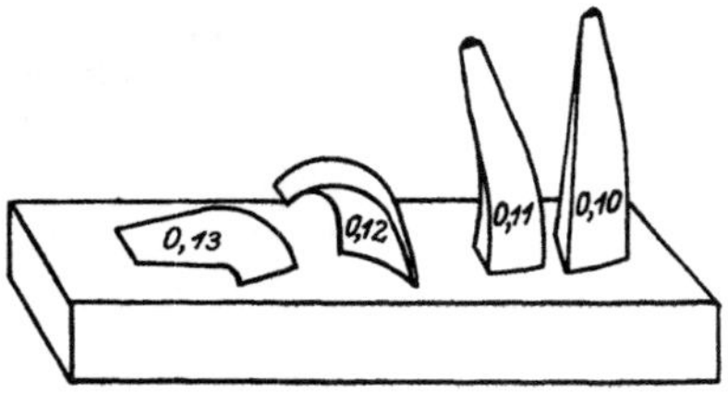

Fig. 93. Gebrauchte Segerkegel.

Am besten eignen sich dazu die Pyrometer, die an die Härteöfen angeschlossen werden und das Ablesen weniger Gradunterschiede gestatten. Sie können auch mit selbstregistrierenden Apparaten verbunden werden. Die Apparate von Hartmann & Braun in Frankfurt a. M. dürften allgemein bekannt sein.

Einen billigen Behelf zur Ermittlung von Temperaturen bilden die bekannten Segerkegel[1]), die von 30 zu 30° steigend erhältlich sind. Sie werden zu 3—4 Stück, z. B. für 750, 780, 810 und 840° passend, mit den zu erwärmenden Fräsern auf einem Schamotteplättchen in den Härteofen geschoben. Sobald nun derjenige Kegel zerschmolzen ist, aus dessen Temperatur der Stahl zu härten ist, werden die Fräser herausgenommen und abgekühlt. An den noch stehenden oder auch schon umsinkenden Kegeln ersieht man, daß keine höhere Temperatur im Ofen war. Die Fig. 93 zeigt eine gebrauchte Serie dieser Segerkegel.

Ehe ausführlicher auf das Abkühlen der Fräser eingegangen werde, sei noch einer Zwischenhandlung gedacht: dem Überführen in das Härtebad. Hierbei werden sehr oft grobe Fehler gemacht, aus denen Härterisse und weichstellige Fräser hervorgehen. So wird der erhitzte Fräser oftmals mit der völlig kalten oder wohl gar nassen Zange erfaßt und dadurch an den Berührungsstellen abgeschreckt, also eine Ursache der Härterisse hervorgerufen, ehe er überhaupt ins Härtebad überführt wird.

[1]) Sie sind eine Mischung von Kaoline mit verschiedenen Mengen von Feldspat, Marmor und Quarz, die je nach ihrer Zusammensetzung leichter oder schwerer schmelzen.

Das Abkühlen eines derartig angefaßten Fräsers kann aber zweitens an den von der Zange bedeckten Stellen nicht schnell genug vor sich gehen, infolgedessen auch weiche Stellen entstehen können. Um diesem vorzubeugen, empfiehlt es sich, die Fräser nur mit angewärmten Zangen oder Haken zu fassen oder auch an Drähte zu hängen.

Das Abkühlen der Fräser muß möglichst in der Nähe des Härteofens stattfinden, da unnötiges Verweilen an der Luft dem erwärmten Fräser schadet.

Als hauptsächlichste Abkühlflüssigkeit kommt für die Fräser das reine Wasser in Betracht; es soll ein guter Wärmeleiter, also sehr weich sein und eine Temperatur von 15—22° C. aufweisen. Am geeignetsten ist das Schnee- und Regenwasser, nach welchen fließendes und weiches Quellenwasser kommt. Die Wärmeleitungsfähigkeit kann noch durch kleine Mengen Salz, Salmiak oder Säuren erhöht werden. Die Wassermenge muß so groß sein, daß ihre Temperatur durch das Abkühlen nicht wesentlich verändert wird. Das Aufbewahren und Anwenden des sogen. alten Wassers ist deshalb so geschätzt, weil darin alle dem Härten schädlichen Stoffe zu Boden geschlagen sind oder an den Fräsern sich ansetzten, infolgedessen die Vorbedingungen vorzüglichen Härtens erfüllt sind. Solches Wasser muß aber sorgfältig vor Verunreinigungen geschützt werden, denn sonst überwiegen die Nachteile bei weitem die eben genannten Vorzüge.

Soll die Zähigkeit der Fräser auf Kosten ihrer Härte gesteigert werden, so gießt man auf die Oberfläche des Wassers eine dünne Schicht Öl. Beim Eintauchen durch das Öl überziehen sich die Fräser mit einer von der Hitze angebrannten Haut, die beim Abkühlen im Wasser mildernd wirkt.

Sobald der Fräser dem Bade zugeführt ist, muß derselbe stetig hin und her bewegt werden, denn der eingetauchte Fräser entwickelt fortwährend Dampfblasen, die ihn gleichsam einhüllen und dadurch das Abkühlen zum Schaden der Härte verzögern. Gänzlich falsch ist es, den Fräser einfach in das Härtebad zu werfen, denn an der Berührungsstelle zwischen dem Fräser und dem Härtegefäß wird er eine weiche Stelle erhalten.

Die Fräser aus Schnellaufstahl erfordern dagegen wesentlich andere Abkühlungsarten. Bei ihnen würde das grelle Abkühlen im Wasser sofort zum Bruche führen. Anfangs kannte man nur das Abkühlen im Luftstrome; der erhitzte Fräser wurde kalt geblasen. Neuerdings lassen sich die meisten Schnellaufstahlarten aber auch in Petroleum, Öl oder Fett vorteilhaft abkühlen. Sie erhalten dadurch einen besseren Schnitt. Am meisten angewendet wird das Abkühlen in Talg.

Obwohl man in neuester Zeit das Anlassen seltener vornimmt, seien im folgenden einige der gebräuchlichsten Verfahren dafür angeführt, die namentlich bei den gerieften Fräsern vielfach zur Anwendung gelangen. Die beste Art des Anlassens, die aber die meiste Erfahrung erfordert, ist das unterbrochene Härten. Hier vollzieht sich das Anlassen in einer Zeit, in welcher noch nicht die stärksten Spannungen zwischen den inneren und äußeren Schichten des Fräsers eingetreten sind. Der Fräser muß deshalb in einem Zeitpunkt aus dem Bade herausgenommen werden, wo er noch eben so viel Wärme hat, daß der gewünschte Ausgleich der Spannungen eintreten kann.

Bei allen anderen Arten müssen die Fräser erst gänzlich abgekühlt werden, ehe das Anlassen an ihnen vorgenommen werden kann. Bei dem dazu notwendigen Erwärmen muß besondere Beachtung auf die Fräserzähne gelegt werden, die sehr leicht zu weich werden. Das Erwärmen erfolgt entweder über dem Holzkohlenfeuer oder in rotglühenden Büchsen und auf Dornen. Bessere Resultate, d. h. ein gleichmäßigeres Nachlassen der Härte und Spannungen erreicht man im heißen Sande und im Metallbade, auch das Anlassen im siedenden Wasser wird besonders hochgeschätzt. Nachdem der Fräser die gewünschte Anlaßfarbe[1]) erhalten hat, wird er in Öl oder in Wasser völlig abgekühlt.

Auch Salzbäder werden neuerdings vielfach zum Anlassen verwendet. Das Bad wird dazu aus Salzen zusammengesetzt, deren Schmelzpunkt unter 200° liegt. Da die den Anlauffarben von Hellgelb bis Hellblau entsprechenden Temperaturen zwischen 200 und 320° liegen, kann man die der entsprechenden Anlauffarbe entsprechende Temperatur genau mittelst Thermometer feststellen. Zum Anlassen fertigt man sich zweckmäßig einen entsprechenden Blechkasten an, der durch eine Gasflamme geheizt wird. Ist das Salz geschmolzen, so kann man es durch Regulierung der Gasflamme leicht auf annähernd gleicher Temperatur erhalten.

6. Das Schleifen und Schärfen der Fräser.

a) Die Wirkungsweise und Leistungsfähigkeit der Schleifarbeit.

Die bis in das Altertum zurückreichende Anwendung des Schleifens beschränkte sich anfangs darauf, Unebenheiten an dem zu schleifenden Gegenstande zu beseitigen, um ihm dadurch ein besseres Aussehen zu geben. Ebenso ist das heutige Werkzeugschleifen der Erkenntnis unserer Altvorderen entsprungen, abgestumpfte Spitzen oder Angriffsflächen — der für den täglichen Gebrauch bestimmten Gegenstände — ebenfalls wie Unebenheiten an Schmuckgegenständen wegzuschleifen.

[1]) Nach Thallner gilt nachstehende Tabelle für die Anlaßfarben:

Temperatur	Anlauffarbe	Temperatur	Anlauffarbe
200 °C.	Keine	275 °C.	Purpurrot
220 „	Hellgelb	285 „	Violett
230 „	Reingelb	295 „	Kornblumblau
245 „	Dunkelgelb	310 „	Hellgelb
255 „	Braungelb	325 „	Meergrün
265 „	Rotbraun	über 330 „	Keine.

Ist auch, entsprechend der fortschreitenden Entwicklung, die Art und Weise des allgemeinen Schleifens, sowie der dazu verwendeten Materialien eine wesentlich bessere geworden, so sind doch die Grundzüge des Schleifens,

das Entfernen von Unebenheiten,
das Verfeinern des Aussehens und
das Schärfen von Schneidflächen

die gleichen geblieben.

Vor nicht allzulanger Zeit — auch heute noch hier und da — galt als das zum Schleifen geeignetste Material der bekannte Quarzsandstein. Mannigfaltige Fehler des letzteren, von welchen nur das schwierige Verarbeiten der Steinblöcke zu verwendbaren Schleifrädern, die rasche Abnutzung und die Unmöglichkeit, für immer neue Schleifzwecke in passende Formen gebracht zu werden, erwähnt seien.

Diese Mängel riefen den Wunsch hervor, die natürlichen Schleifsteine durch künstliche zu ersetzen. Als das dazu geeignetste Material erwies sich der in der Härte nur noch vom Diamant übertroffene Schmirgel, der in großen Mengen in Sachsen, Spanien, Dalmatien, Kleinasien und auf den Kykladen, besonders auf der Insel Naxos, vorkommt. Letztere Insel liefert den berühmten Naxosschmirgel, der in Härte und Schneidfähigkeit von keinem anderen übertroffen wird.

Neben dem Schmirgel finden wir noch eine ganze Anzahl natürlicher und künstlicher Schleifmaterialien, die zur Schleifräderfabrikation herangezogen werden. So ergibt der reine Korund (Schmirgel ist ein unreiner, mit Magneteisen und Eisenglanz verwachsener Korund) vorzügliche, griffige Schleifräder. Auch Granat und Flintstein wird zu Schleifrädern verwendet. Der weiße, scharfe Quarzsand ist ein beliebtes Beimischungsmittel für Schmirgelräder, namentlich für Räder zum Schärfen von Sägen und feineren Werkzeugen.

An künstlichen Schleifmaterialien steht Siliziumkarbid, Karborundum genannt, an erster Stelle. Ihm folgt das als Korundum und Alundum bekannte Aluminiumoxyd. Diese im elektrischen Ofen gewonnenen Materialien zeichnen sich durch ganz außergewöhnliche Härte (sie liegt zwischen Korund und Diamant) und Griffigkeit aus. Die Schleifleistungen der daraus hergestellten Schleifräder sind demzufolge, sowohl bezüglich der abgenommenen Spanmenge, als auch der Schliffeinheit hervorragend und werden infolgedessen für die selbsttätigen Schleifmaschinen den Rädern aus gewöhnlichem Schmirgel vorgezogen.

Nach Karmasch wurden in England etwa um das Jahr 1840 die ersten künstlichen Schleifsteine, nach dem dazu verwendeten Schmirgel Schmirgelsteine oder Schmirgelräder genannt, hergestellt. Sie führten sich jedoch nur langsam ein, wahrscheinlich infolge des hohen Preises, den die komplizierte Fabrikation und der sich anfangs ergebende Ausschuß bedingte.

Amerika brachte dieser Neuerung größeres Interesse entgegen. Die Schmirgelräder wurden dort sehr bald hergestellt und ihre Verwendung fand allmählich Eingang in den einschlägigen Betrieben.

Auch in Deutschland reichen die Anfänge der Schmirgelräderfabrikation bis in die 60er Jahre des vorigen Jahrhunderts zurück. Doch kann man von einer allgemeinen Verwendung der Schmirgelräder erst in den 80er Jahren sprechen.

Obwohl für das allgemeine Schleifen der Sandstein noch immer als erfolgreicher Konkurrent auftrat, der von den, am Alten hängenden Arbeitern aus mehrfachen, wenn auch nicht stichhaltigen Gründen dem Schmirgelrade vorgezogen wurde, so erschloß sich durch das jetzt mögliche Schärfen der feineren Werkzeuge mit einem Schlage dem Schmirgelrade ein großes Arbeitsfeld.

Mit der Entwicklung der Schleiftechnik hängt die der Frästechnik eng zusammen. Denn erst dadurch, daß man durch geeignete Schleifräder die Zähne des Fräsers schärfen konnte, ohne ihn auszuglühen und nachzuarbeiten, wurde seine allgemeine Einführung möglich.

Hiermit sei der kurze Rückblick auf die Entwicklung der zum Schleifen verwendbaren Materialien beendet.

Das Fabrikationsprinzip der Schmirgelräder ist: aus dem zerkleinerten Schmirgelgestein und den verschiedenen Bindemitteln, die unter hohem Druck vereinigt werden, ein bestimmten Zwecken dienendes Schleifrad von geeigneter Form herzustellen, wobei der Schleifzweck und die beabsichtigte Feinheit des Schliffes die Korngröße des Schmirgels, und die Art und Beschaffenheit des zu schleifenden Materials, die Härte des Schmirgelrades bestimmen. Die Härte ist wiederum vom Verhältnis der Schmirgelmenge zum Bindemittel, und ferner von dem, die beiden vereinigenden Preßdruck abhängig.

Es gibt demnach grob- und feinkörnige, harte und weiche Schmirgelräder, wobei im allgemeinen ein grobkörniges hart und ein feinkörniges weich ist. Da naturgemäß mit feinem Schmirgel ein dichteres Rad als mit grobem erzielt wird, hält man oft irrtümlich das feinkörnige Rad für das härtere.

Die Güte der Schmirgelräder ist sowohl von der Fabrikationsweise als auch von der Art des dazu verwendeten Rohmateriales und des Bindemittels abhängig. Als die älteste und wohl von allen Fabriken angewendete Bindung dürfte die Magnesitbindung bezeichnet werden, die aber, da diese Räder Feuchtigkeit anziehen — wodurch ein Zerspringen eintreten könnte —, nur für Räder zum Trockenschleifen verwendet werden darf. Weitere Bindemittel sind Schellack, Leim, Schwefel, Gummiharze, Gelatine und Pflanzenöle. Die drei letzteren liefern bei richtiger Herstellung sehr vorzügliche Schmirgelräder, sowohl für Naß- als auch für Trockenschliff.

Unter dem Namen Norton wurde aus Amerika ein Schleifrad eingeführt, dessen mineralische Bindung mit dem Schleifmittel unter Weißglut im Hochfeuer verschmolzen ist. Deutsche Firmen haben seit langem ebenfalls erfolgreich die Herstellung dieser Schleifräder aufgenommen. Der Hauptvorteil der Schleifräder mit dieser Bindung liegt in der großen Porösität, durch die eine größere Schneid- und Leistungsfähigkeit erreicht wird. Außerdem kann mit diesen Rädern sowohl trocken als auch naß geschliffen werden.

Um nun die Eigenschaften bestimmen zu können, die ein brauchbares Schleifrad besitzen muß, ist es notwendig, den Vorgang des Schleifprozesses zu kennen.

Der Schliff entsteht durch den Angriff aller zur Berührungs-, d. h. Schleiffläche gelangenden scharfkantigen Schmirgelkörnchen, die so lange eine befriedigende Schleifleistung geben, als sie nicht stumpf geworden sind. Damit nun die Schleifleistung des Schmirgelrades gleich bleibt, muß seine Körnung und Härte dem zu schleifenden Materiale entsprechend so gewählt werden, daß sich durch den Schleifdruck im richtigen Verhältnis die stumpfgewordenen Körnchen lösen, so daß wieder neue scharfkantige und schneidfähige Angriffspunkte entstehen.

Aus obigem dürfte zur Genüge hervorgehen, wie falsch es ist, bei ungenügenden Schleifleistungen das Schmirgelrad als nicht gut zu bezeichnen, da es in der Regel nur zu hart oder zu weich ist. Im ersteren Falle können sich die stumpfgewordenen Schmirgelkörnchen nicht lösen und im zweiten Falle lösen sich zu viele, und zwar ehe sie richtig angegriffen haben. Zweifellos spielt bezüglich der Leistungsfähigkeit der Schmirgelräder die Güte des Schmirgels und des Bindemittels eine große Rolle, doch kann deren Fehler unmöglich der Laie feststellen, wenn sich nicht augenscheinlichere Fehler, wie Risse, Abbröckeln oder ungleiche Härte u. dergl., zeigen, die aber fast immer durch nicht sorgfältige Fabrikation verursacht werden. Als wirksamer Schutz dagegen kann nicht genug anempfohlen werden, die Schmirgelräder nur von anerkannt guten Firmen zu beziehen. Auch die richtige Umfangsgeschwindigkeit spielt dabei eine große Rolle und gilt als allgemeine Regel, daß ein hartes Rad langsamer und ein weiches Rad schneller laufen muß, und zwar um im ersten Falle das Lösen der stumpfen Körner zu ermöglichen, und im zweiten Falle einer zu großen Abnutzung vorzubeugen.

Da für die Herstellung und Erhaltung der Fräser eigentlich nur das Rundschleifen und das Schärfen der Schneidzähne in Betracht kommen, so sollen diese im folgenden einer näheren Besprechung unterliegen.

Das Rundschleifen der Fräser, sowie anderer aus gehärtetem Gußstahl bestehenden Werkzeuge, bezweckt zumeist die Beseitigung der durch das Härten hervorgerufenen veränderten Form. Es kann somit von einer erheblichen Schleifleistung keine Rede sein. Die Korngröße der Schmirgelräder wird eine mehr feinere sein müssen, deren

Härte so bemessen ist, daß gerade noch der schon geschilderte Schleifprozeß stattfinden kann. Man hat hier besonders die Genauigkeit des zu schleifenden Werkzeuges zu berücksichtigen, die durch ein zu weiches Schmirgelrad sehr gefährdet ist, da durch den großen Schmirgelverlust jeder Teil des Werkstückes von einem anderen, stets verminderten Raddurchmesser geschliffen würde.

Die Breite der zur Anwendung kommenden Räder richtet sich ebenfalls wieder nach dem zu schleifenden Werkstücke, hier besonders nach dessen Schleiflänge. Ist ein Werkstück bezw. dessen zu bearbeitende Fläche sehr lang, so wird sich, zwecks Vermeidung zu großer Abnutzung, ein breiteres Rad nötig machen, als bei kurzen Schleifflächen. Bei letzteren hat man zu beachten, daß nicht zu lange Zeit mit dem Überlaufen an den beiden Enden der kurzen Fläche verbraucht und daß nicht bei diesem Überlaufen um die Breite des Rades das Werkstück an beiden Enden konisch geschliffen wird.

Von besonderer Wichtigkeit ist beim Schleifen die Verhütung des Warmwerdens der Werkstücke, zu welchem Zwecke man der Schleifstelle reichlich Wasser zuführt, in einer Menge, die jede Erwärmung ausschließt. Um Rostbildung auf Werkstücken und Maschine zu verhindern, setzt man dem Wasser 2—3 % Soda zu.

Für die besonders starken Rundschleifmaschinen der Norton-Comp. prägte man vor einigen Jahren das Wort: „Schleifen ist billiger als Drehen“ und brachte bei geeigneten Werkstücken auch den Beweis dafür. Dies trifft jedoch nur bedingt zu, und zwar bei Berücksichtigung aller Umstände (Kraftverbrauch, Schleifrad und Diamantabnutzung) nur dort, wo es sich um Abnahme verhältnismäßig geringer Spanmengen handelt. Trotzdem ist der große Fortschritt im gesamten Rundschleifen, zu dem obiges Wort das Signal gab, aufs freudigste zu begrüßen.

Dabei ist selbstverständlich so mancher eingewurzelte Grundsatz des Schleifens umgestoßen worden. Größere Schleifleistungen, beim Schruppen, verlangten gröberes Korn und größere Geschwindigkeit des Schleifrades und beim Schlichten mußte, um einen feinen Schleifstrich zu erhalten, ein sehr feiner Vorschub mit vorher erfolgtem Überdrehen des Schleifrades mittelst Diamant angewendet werden. Das ehemalige Universal-Schleifrad, das bei weichem wie bei hartem Material die Arbeit verrichtete, mußte ebenfalls verschwinden, und an seine Stelle traten besondere Schleifräder nicht nur für verschieden harte Materialien, sondern auch für die verschiedenen Durchmesser. Ebenso muß sich die Umdrehungszahl des Schleifrades nicht nur dessen Durchmesser anpassen, sondern auch für die verschiedenen Zwecke im großen Umfange verändern lassen. Endlich hat noch die Veränderung der Umfangsgeschwindigkeit des zu schleifenden Werkstückes eine große Bedeutung erlangt, so daß heute eine auf Vollkommenheit anspruchmachende Rundschleifmaschine je nach Spitzenhöhe, 8—12 verschiedene Geschwindigkeiten ermöglichen lassen muß.

Es wurde schon erwähnt, daß die Leistungsfähigkeit eines Schleifrades vor allem von seiner Umfangsgeschwindigkeit, d. h. von seiner Umdrehungszahl abhängt. Da diese aber lange Zeit in vielen Staaten gesetzlich eingeschränkt waren, ist es einigermaßen erklärlich, wenn wir darin beim Schleifen nur geringem Fortschritt begegnen. Für die beteiligten Kreise galt es einen langen, harten Kampf gegen alten Überlieferungen zu bestehen. Doch die neueren, mit allen technischen Hilfsmitteln hergestellten Schleifräder haben ihre Feuerproben glänzend bestanden, sodaß wir heute auf ganz andere Werte für ihre Beurteilung gekommen sind.

Eingehende Versuche über die Festigkeit von Schleifrädern hat Prof. M. Grübler in Dresden im Auftrage des Vereines Deutscher Ingenieure angestellt.[1]) Die Schleifräder verschiedener Herkunft wurden dabei in so hohe Umdrehungszahlen gebracht, bis sie zersprangen. Die geringste Umfangsgeschwindigkeit war 64,72 m pro Sekunde, die höchste 114,21 m pro Sekunde. Auf Grund seiner umfangreichen Versuche empfiehlt Prof. M. Grübler bei einer sechsfachen Sicherheit folgende Geschwindigkeitsgrenzen:

Vegetabilische	Bindung	= 40,14—78,03	m/sek.
Mineralische	„	= 34,80—71,90	„
Keramische	„	= 30,70—64,72	„

Als unterste Grenzen der Umfangsgeschwindigkeit (c), mit welchen man noch gute Schleifleistung erzielen kann, sind anzunehmen:

$c = 18-20$	m/sek	für	Naßschliff und mineralische Bindung,
$c = 20-22$	„	„	Pflanzenöl- und Gelatinebindungen,
$c = 22-24$	„	„	keramische Bindung,
$c = 24-26$	„	„	Gummibindung.

Den Bemühungen des Vereins deutscher Ingenieure ist es auf Grund dieser und weiterer von Prof. G. Schlesinger, Berlin, angestellter Versuche gelungen, eine Änderung der ministeriellen Verfügung, nach welcher die Schleifräder nicht mehr als 16 m Umfangsgeschwindigkeit haben dürfen, zu bewirken, wonach die obere Grenze für Maschinenschleifräder auf 35 m pro Sekunde festgesetzt wurde. Für Schleifräder, an denen freihändig geschliffen wird, ist die Grenze auf 25 m festgelegt. Nachstehend sind die Änderungen der aufgestellten Grundsätze, betr. den Betrieb von Schmirgelscheiben, vom Jahre 1897 abgedruckt. Der die Änderungen betreffende Erlaß datiert vom 8. Oktober 1909.

Grundsätze, betr. den Betrieb von Schmirgelscheiben vom Jahre 1897, Änderungen lt. Erlaß vom 8. Oktober 1909.

VII. Die sekundliche Umlaufsgeschwindigkeit der Schmirgelscheiben richtet sich nach ihrer Herstellungsweise, insbesondere nach den dabei verwendeten Bindemitteln.

[1]) Versuche über die Festigkeit von Schmirgel- und Karborundumscheiben. Von Prof. M. Grübler in Dresden. Z. d. V. d. I. 1903, S. 195.

Es ist darauf hinzuwirken, daß die Fabrikanten von Schmirgelscheiben nur solche Scheiben in den Verkehr bringen, deren Widerstandsfähigkeit durch fortlaufende geeignete Proben geprüft ist und daß die vom Fabrikanten hiernach und nach Maßgabe seiner Erfahrungen als zulässig angesehene Umlaufszahl, die Art der Bindung des Steines (durch vegetabilische, keramische oder mineralische Bindemittel), die Abmessungen der Scheibe und die Firma des Fabrikanten oder dessen Schutzmarke in deutlicher und dauerhafter Weise auf jeder Scheibe bezeichnet sind.

Es ist ferner darauf hinzuwirken, daß die Schmirgelscheiben mit einer geringeren als der vom Fabrikanten als zulässig bezeichneten Umlaufszahl in Betrieb genommen werden, um Schwankungen in der Umlaufszahl der Betriebsmaschine Rechnung zu tragen.

Den Betriebsunternehmern ist anzuraten, im Betriebe die nachstehenden sekundlichen Umfangsgeschwindigkeiten nicht zu überschreiten:

bei Scheiben mit mineralischer Bindung . . . . . 15 m,
bei Scheiben mit vegetabilischer und keramischer Bindung und bei Zuführung des Arbeitsstückes mit Hand (Handschleifmaschine) . . . . . . 25 m,
bei Scheiben mit vegetabilischer und keramischer Bindung und bei mechanischer Zuführung des Arbeitsstückes (Supportschleifmaschine) . . . . 35 m.

Bei Nachweis eines entsprechend hohen Probelaufs und bei besonders starken Schutzvorrichtungen kann in Ausnahmefällen bei Supportschleifmaschinen bis zu 50 m/sek. Umfangsgeschwindigkeit gegangen werden. Fällen, in denen dies geschieht, haben jedoch die Gewerbeaufsichtsbeamten ihre besondere Aufmerksamkeit zuzuwenden und auch ihrerseits zu prüfen, ob die Voraussetzungen für die Zulassung einer solchen Umfangsgeschwindigkeit tatsächlich erfüllt sind.

Scheiben mit mineralischer Bindung dürfen nur zum Trockenschleifen Verwendung finden.

Scheiben, welche keine Bezeichnung seitens des Fabrikanten über Bindung und Umlaufszahl tragen, dürfen nur mit höchstens 15 m/sek. Umfangsgeschwindigkeit betrieben werden.

Elektrische Antriebsmaschinen sind so anzuordnen, daß ihre Umlaufszahl der Art der Schmirgelscheiben angepaßt werden kann.

Bei Schmirgelmaschinen und Stufenscheiben hat der Betriebsunternehmer durch Anschlag möglichst in der Nähe der Maschine die Arbeiter darüber aufzuklären, auf welche Scheiben der Riemen je nach der Größe der Schmirgelscheiben aufzulegen ist, bei elektrischen Arbeitsmaschinen, welche Schaltung der zulässigen Umfangsgeschwindigkeit entspricht.

X. Die vorstehenden Grundsätze sind auf alle künstlichen Schleifscheiben, welche aus künstlichen oder natürlichen Schleifmitteln (wie Karborundum, Korundum, Alundum, Korubin, Elektrorubin, Karbolisite u. a. m., mit Ausschluß der Sandsteine) mit Bindemitteln hergestellt sind, sinngemäß zur Anwendung zu bringen.

In nachstehender Tabelle sind für die vorkommenden Schleifraddurchmesser für bestimmte Umfangsgeschwindigkeiten die erforderlichen Tourenzahlen angegeben.

Tabelle für die Umdrehungszahlen der Schleifräder.

c — Umfangsgeschwindigkeit in m/sek.

Schleif-rad-∅	$c = 18$	$c = 20$	$c = 22$	$c = 24$	$c = 26$	$c = 28$	$c = 30$	$c = 32$	$c = 34$	$c = 36$
30	11 500	12 700	14 000	15 200	16 500	17 800	19 000	20 400	21 600	22 900
40	8 600	9 600	10 460	11 400	12 400	13 450	14 400	15 280	16 250	17 700
50	6 900	7 640	8 400	9 100	10 000	10 700	11 450	12 250	12 980	13 670
60	5 750	6 360	7 000	7 600	8 280	8 900	9 550	10 180	10 820	11 430
75	4 600	5 100	5 600	6 100	6 600	7 100	7 650	8 130	8 650	9 180
80	4 200	4 800	5 230	5 700	6 200	6 700	7 200	7 650	8 120	8 610
100	3 420	3 820	4 200	4 580	5 000	5 350	5 720	6 120	6 490	6 880
120	2 870	3 200	3 500	3 820	4 140	4 450	4 775	5 080	5 410	5 720
125	2 740	3 060	3 360	3 680	3 960	4 300	4 600	4 880	5 180	5 480
150	2 300	2 550	2 800	3 060	3 300	3 550	3 800	4 060	4 325	4 580
175	1 960	2 180	2 400	2 610	2 820	3 030	3 280	3 490	3 710	3 935
200	1 720	1 910	2 100	2 290	2 480	2 690	2 860	3 060	3 250	3 440
225	1 530	1 700	1 870	2 040	2 200	2 380	2 500	2 720	2 890	3 060
250	1 370	1 530	1 680	1 840	1 980	2 140	2 300	2 440	2 590	2 750
300	1 150	1 275	1 400	1 525	1 650	1 775	1 900	2 040	2 160	2 290
350	980	1 090	1 200	1 310	1 420	1 550	1 640	1 745	1 845	1 970
400	860	954	1 080	1 145	1 240	1 345	1 430	1 525	1 625	1 720
450	765	850	935	1 020	1 100	1 200	1 270	1 355	1 440	1 525
500	690	764	840	917	995	1 070	1 150	1 223	1 288	1 375
550	625	695	765	835	900	975	1 040	1 110	1 180	1 250
600	570	635	700	765	825	890	950	1 020	1 085	1 125
700	490	550	600	650	710	770	820	875	925	980
800	430	480	525	570	620	670	715	785	810	860
900	380	425	465	510	550	600	635	678	720	763
1000	340	380	420	460	495	535	572	612	648	683
1200	285	320	350	85	415	445	475	508	532	573
1800	230	255	280	300	330	360	380	408	435	458

b) Das Rundschleifen der Fräser und die dazu erforderlichen Schleifmaschinen.

Das Rundschleifen der Fräser bezweckt die Beseitigung der durch das Härten hervorgerufenen Ungenauigkeiten. Der Sitz und die Anlageflächen müssen genau passend geschliffen werden. Da es sich hierbei nur um die Abnahme sehr geringer Materialmengen handelt, wird man natürlich von anderen Voraussetzungen ausgehen müssen, als man es sonst bei den Schleifarbeiten gewöhnt ist. Genau Schleifen ohne den Fräser zu erwärmen, sind hier die Grundbedingungen.

Beim Ausschleifen der Fräserbohrungen ist hauptsächlich auf eine zweckmäßige Einspannvorrichtung Wert zu legen. Das meist gebräuchliche Dreibackenfutter stellt durchaus nicht das Ideal der gedachten Vorrichtung dar. Die Einfütterung am Fräserumfange durch Klemmhülsen usw. (Fig. 94

und 95) soll hier bestens empfohlen werden. Das zum Ausschleifen verwendete Schleifrädchen muß sehr weich und von mittlerer Korngröße sein. Ein Blick auf die Fig. 96 und 97 wird erklären, daß die sehr viel größere Berührungsstelle beim Innenschleifen eine andere Behandlung erfordert als beim Außenschleifen.

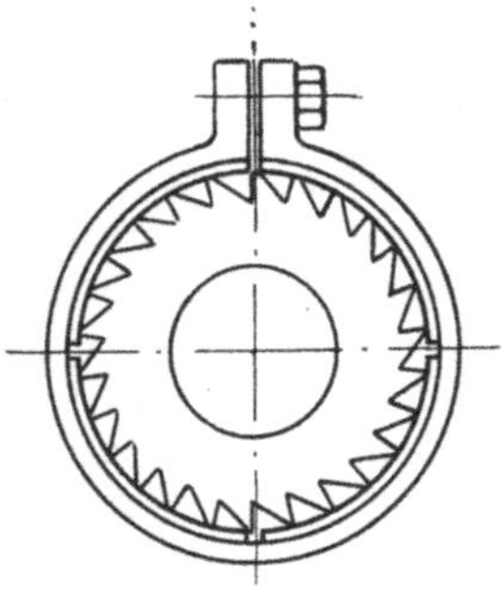

Fig. 94.
Klemmhülse zum Fräserschleifen.

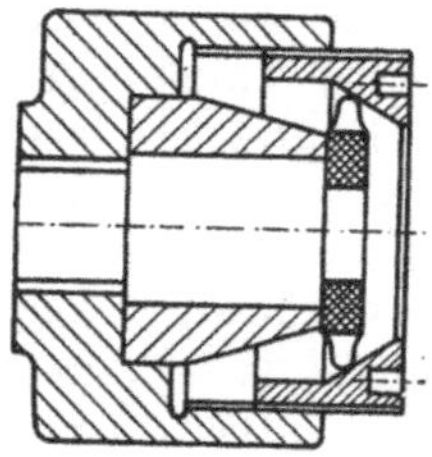

Fig. 95.
Klemmfutter zum Fräserschleifen.

Vielfach wird der Fehler gemacht, die Größe des Schleifrädchens nur um ein geringes kleiner zu wählen als die Fräserbohrung beträgt. Dies ist nicht nur aus dem schon genannten Grunde der zu großen Schleifstelle verwerflich, sondern auch wegen des Festbrennens des abgenommenen Materials nicht zulässig.

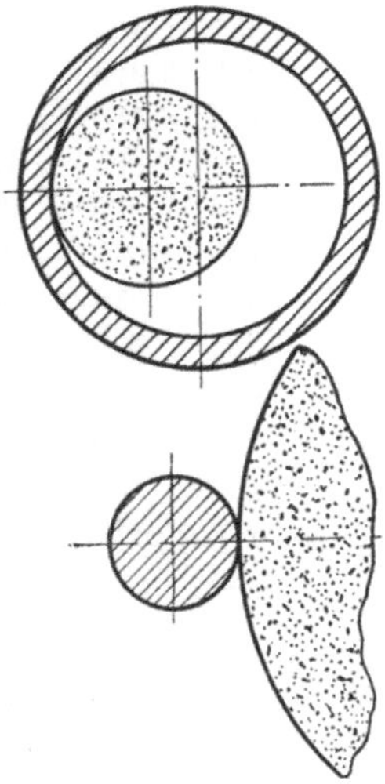

Fig. 96 und 97.
Der Innen- und Außenschliff.

Eine stetig größer werdende Bedeutung haben die selbsttätigen Rundschleifmaschinen erlangt. Nicht nur in der Werkzeugfabrikation, sondern auch in der Massenfabrikation, im allgemeinen und Werkzeug-Maschinenbau sind dieselben unentbehrlich geworden, um die verschiedentlichen Teile in einer auf der Drehbank nicht mehr zu erreichenden Genauigkeit und Schnelligkeit fertigzustellen. Während man früher die Rundschleifmaschine fast ausschließlich zur Fertigstellung gehärteter Maschinenteile und Werkzeuge benutzte, macht sie heute überall dort, wo es sich um die Abnahme verhältnismäßig geringer Spanmengen und um die Fertigbearbeitung roh vorgeschruppter Teile handelt, der Drehbank mit Erfolg den Rang streitig; dort hat das geflügelte Wort: „Schleifen ist billiger als Drehen“, seine volle Berechtigung. Den höher gestellten Anforderungen entsprechend, sind auch die neueren Maschinen wesentlich stärker und zweckmäßiger konstruiert.

Die eine Rundschleifmaschine charakterisierenden Bestandteile sind: 1. eine Einspannvorrichtung mit Antriebsvorrichtung für die Werkstücke; 2. eine Schleifradanordnung; 3. ein hin und her gleitender Schlitten, der entweder die Einspannvorrichtung für das zu schleifende Werkstück oder die Scheifradanordnung trägt; 4. eine Beistellvorrichtung des Schleifrades gegen das Werkstück.

Man unterscheidet noch Einfach- und Universal-Rundschleifmaschinen. Die Einfach-Rundschleifmaschine wird zweckmäßig immer dort Verwendung finden, wo es sich nur um die Bearbeitung zylindrischer oder schlankkonischer Teile handelt und wo es auf besonders hohe Spanleistungen ankommt. Zur Herstellung und Instandhaltung von Fräsern und anderen Werkzeugen ist die Universal-Rundschleifmaschine zweckmäßiger. Die Universalmaschinen sind durchweg mit Innenschleifvorrichtungen ausgerüstet. Durch die drehbare Anordnung des Werkstückspindelstockes und der Schleifradanordnung lassen sich alle Konen und auch ebene Flächen bearbeiten. Rundschleifmaschinen bis zu einer Schleiflänge von 1,500 m werden, der solideren Schleifradlagerung wegen, fast immer mit feststehendem Schleifspindelstock und hin und her gehendem Werkstückträger ausgeführt. Wo es der Raum zuläßt, ist dieser Anordnung noch bis zu einer Schleiflänge von 2,500 m der Vorzug zu geben. Größere Längen werden fast ausschließlich mit hin und her gehenden Schleifradschlitten ausgeführt, da die andere Anordnung infolge des großen Auslaufes einen wesentlich größeren Raum beansprucht und infolge des längeren Bettes und größeren Gewichtes auch bedeutend teurer wird.

Die Universal-Rundschleifmaschine der Naxos-Union, J. Pfungst in Frankfurt a. M.

Eine gut durchgebildete, allen Anforderungen einer modernen Werkzeugmacherei entsprechende Universal-Rundschleifmaschine ist in den Fig. 98—108 dargestellt. Der Werkstückspindelstock und der Reitstock sitzen verschiebbar auf dem, zum Konischschleifen, schwenkbar angeordneten Obertisch und sind an jeder Stelle festzuklemmen. Durch die schräge Anordnung der Klemmschrauben (siehe x, Fig. 102) legen sich die Stöcke stets dicht an die genau abgerichtete Kante y des Obertisches, wodurch in jeder Stellung genaueste Übereinstimmung der Spitzenmitten gewährleistet ist. Der Werkstückspindelstock kann auf einer Grundplatte zum Planschleifen von Scheibenfräsern usw. bis über 90^0 gedreht werden. Er ist mit einer, dem Durchmesser der Werkstücke entsprechenden, auswechselbaren Mitnehmerscheibe z_1 versehen, die auf einer Leerlaufscheibe läuft, wodurch ermöglicht wird, daß bei der Spitzenarbeit stets beide Spitzen fest stehen — das Schleifen zwischen toten Spitzen. Bei den Futterarbeiten läuft die Spindel mit, wobei der Antriebsriemen auf die hinten gelegene, feste Scheibe z_2 gebracht wird, vergl. Fig. 99.

Die Fig. 101 zeigt einen Schnitt durch die Schleifspindellagerung. Die gehärtete Schleifwelle läuft in Bronzelagerbüchsen, die zum Nachstellen außen konisch und geschlitzt sind. Die beiden Ölkammern o_1 o_2 für Ringschmierung sind durch einen Kanal verbunden.

Aus Fig. 101 und 102 ist die Übertragung der Beistellbewegung auf den Schleifradschlitten von Welle v_1 auf Schnecke v_2, Rad v_3, Ritzelwelle v_4 auf Zahnstange w des Schleifsupportes ersichtlich.

Außerdem zeigt dieser Querschnitt den systematisch durchgeführten Wasserschutz aller Gleitflächen (D. R.-P. Nr. 217604). Er besteht im wesentlichen darin, daß unterhalb aller Gleitflächen ein dünner Spalt mit darüberliegender Aussparung angeordnet ist. In diesem dünnen Spalt bleibt das irgendwie eintretende Wasser dauernd hängen und bildet so einen Wasserverschluß. Da die darüber liegende Aussparung die Kapillar-

Fig. 98. Die Naxos-Union-Universal-Rundschleifmaschine.

attraktion ausschließt, ist das Vordringen des Wassers bis zu den Gleitflächen absolut ausgeschlossen.

Für die Tischbewegung sind 12 Geschwindigkeiten vorgesehen. Der Antrieb erfolgt über die Kegelräder a_1 a_2, den Rädern b_1 b_2 b_3 des Wendegetriebes, der Schnecke c, dem Schneckenrade d, den Stirnrädern e e_1 e_2 oder e_3 e_4 auf das Zahnstangenritzel f, das Zahnstange g treibt, Fig. 103.

Zum raschen Umschalten von der langsamen Schruppgeschwindigkeit auf die höhere Schlichtgeschwindigkeit und umgekehrt dient der Schiebekeil h, der durch den Knopf i verschoben wird. Außerdem dient das Handrad k zum Verschieben des Tisches von Hand. Die Umschaltung vom Selbstgang auf das Handrad geschieht durch Winkelhebel l, Fig. 105.

Das Handrad wird während des Selbstganges entkuppelt, indem es nach außen gerückt wird. Beim Selbstgang des Tisches geschieht die

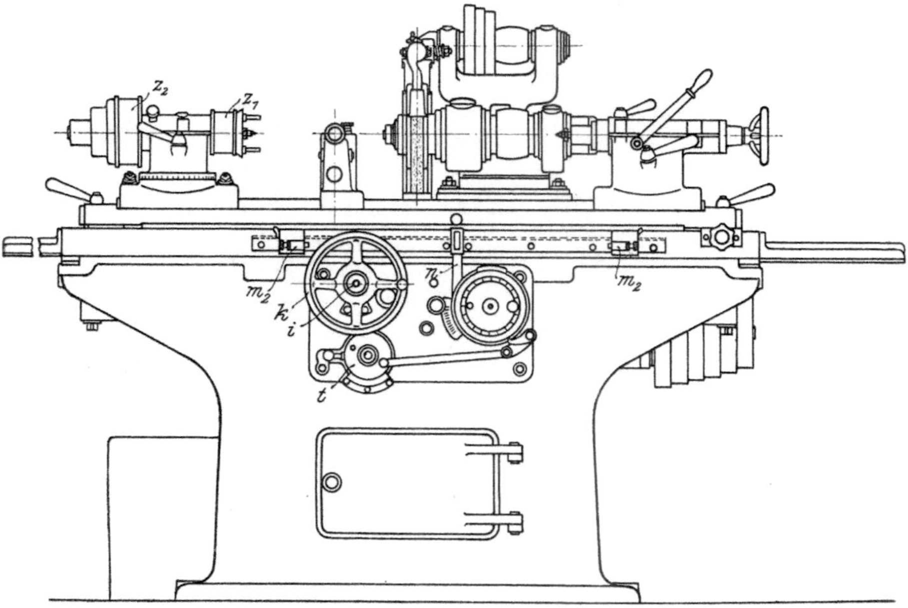

Fig. 99. Vorderansicht.

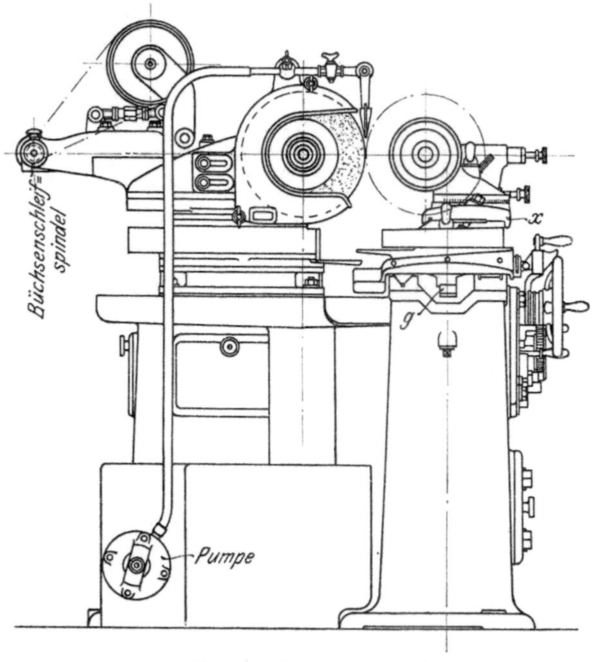

Fig. 100. Seitenansicht.

Hubbegrenzung und Umsteuerung durch Böckchen $m_1 m_2$, die den Umsteuerhebel n (Fig. 99) betätigen. Durch die in Fig. 104 dargestellte Sperr-

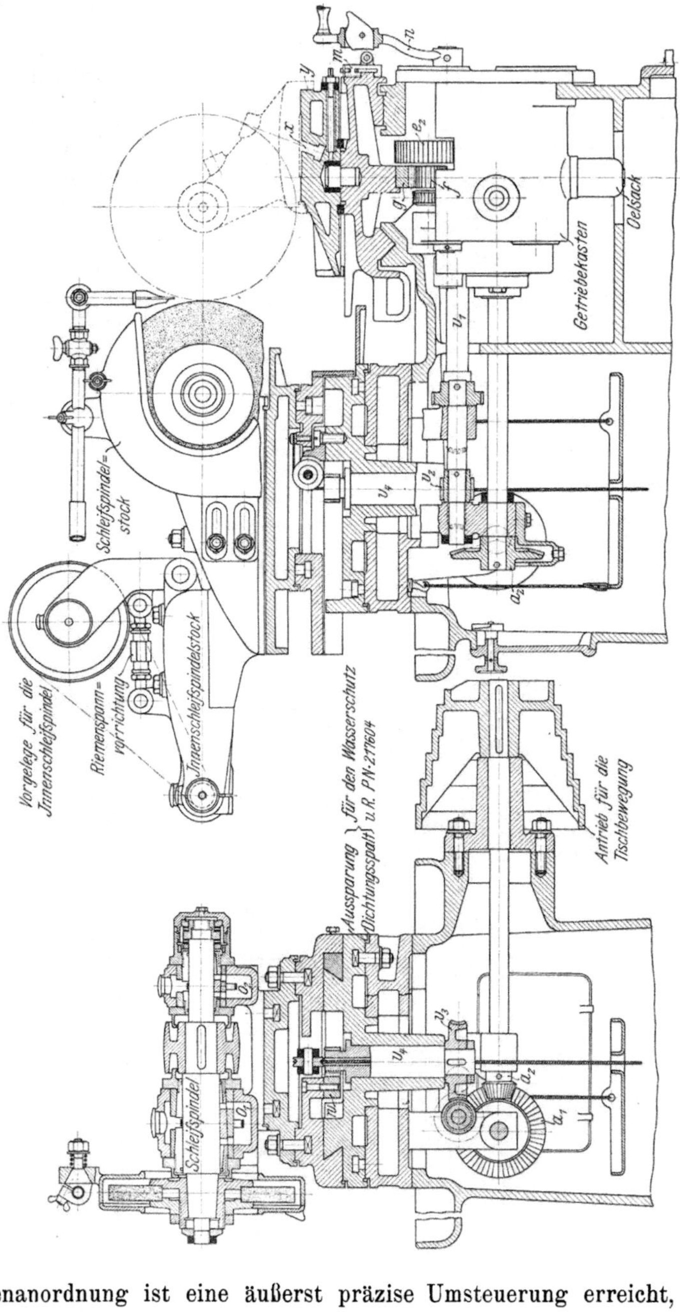

Fig. 101 und 102. Schnitt durch Schleifspindel, Supporte und Arbeitstisch.

klinkenanordnung ist eine äußerst präzise Umsteuerung erreicht, so daß dicht an Ansätze und Bunde herangeschliffen werden kann. Es wird dies dadurch erzielt, daß die Klinken $p_1 p_2$ durch die Anschlagschrauben $q_1 q_2$ erst ausgelöst werden, wenn die Feder in den jeweilig zum Anschlag kommenden Puffer $r_1 r_2$ vollständig gespannt ist. Um die plötzliche Umkehr des Getriebes nicht auf die Tischbewegung zu übertragen, haben die Zähne der zwischen d und c_1 liegenden Kuppelung s (vergl. Fig. 105 und 106) entsprechendes Spiel. Der Tisch setzt sich erst in Bewegung, wenn die Beistellung des Schleifrades erfolgt ist. Die Schleifradbeistellung wird unabhängig von den Umsteuermechanismen durch den bei jedem

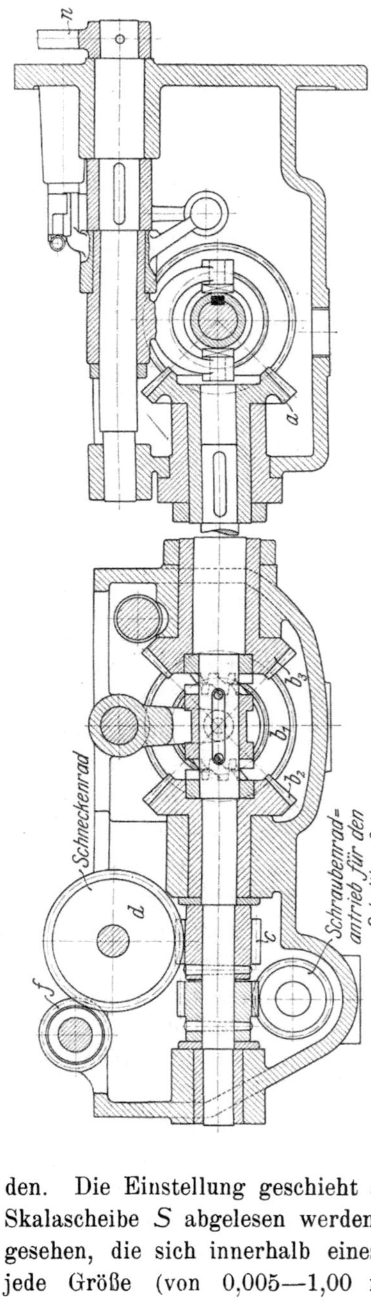

Fig. 103. Schnitt durch das Umkehrgetriebe.

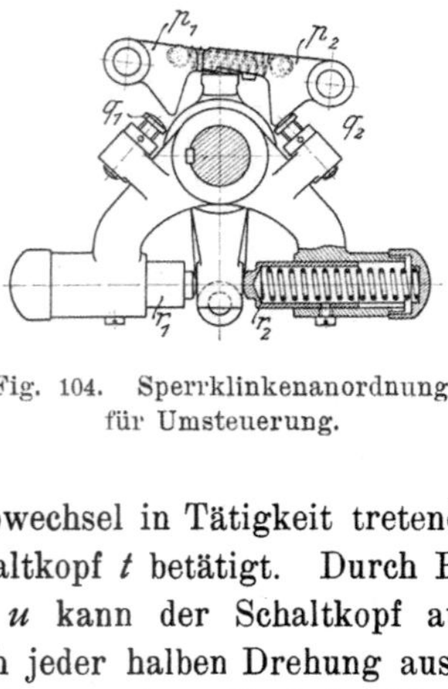

Fig. 104. Sperrklinkenanordnung für Umsteuerung.

Hubwechsel in Tätigkeit tretenden Schaltkopf t betätigt. Durch Riegel u kann der Schaltkopf auch nach jeder halben Drehung ausgeschaltet werden. Es läßt sich dadurch die Beistellung sowohl bei jedem Hubwechsel, als auch bei jedem zweiten, und zwar beliebig, rechts oder links erfolgend, einstellen. Durch die in Fig. 107 dargestellte patentierte Schaltwerksanordnung kann die jeweilige Beistellung in den Grenzen von 0,0025—0,1 mm eingestellt werden. Die Einstellung geschieht am Knopf K und kann die Größe an der Skalascheibe S abgelesen werden. Außerdem ist eine Endabstellung vorgesehen, die sich innerhalb eines Millimeters durch den Skalaring R auf jede Größe (von 0,005—1,00 mm) einstellen läßt. Durch Bajonettschieber *B* kann Skalaring *R* in der Nullstellung fixiert werden.

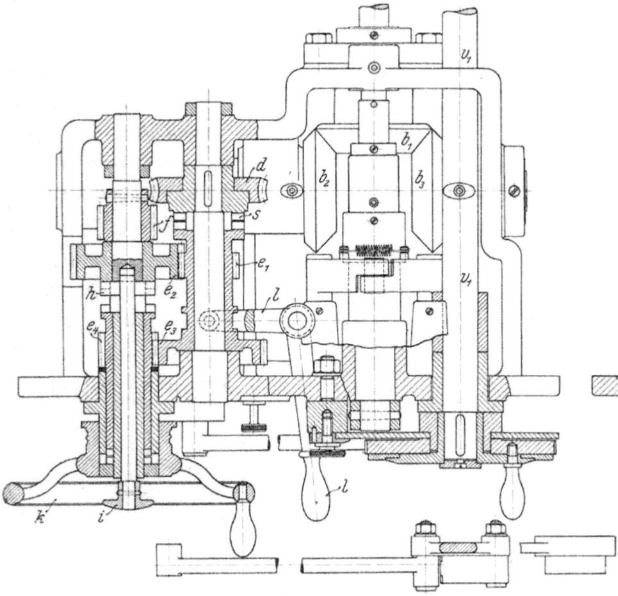

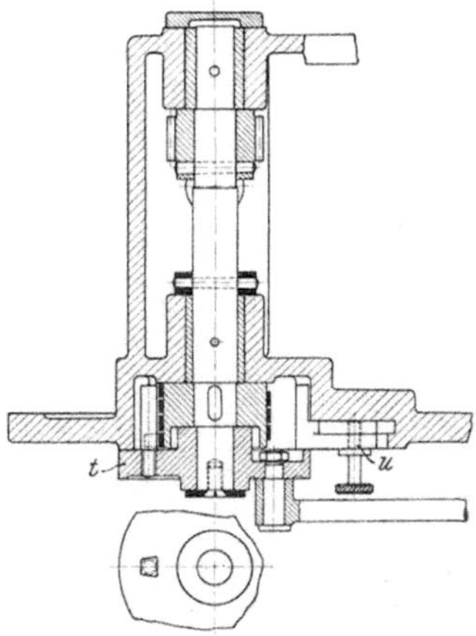

Fig. 105. Fig. 106.
Schnitte durch den Antriebsräderkasten.

Durch Niederdrücken des Fingerhebels *H* läßt sich dann eine präzise Feinbeistellung von 0,0025 mm von Hand ermöglichen.

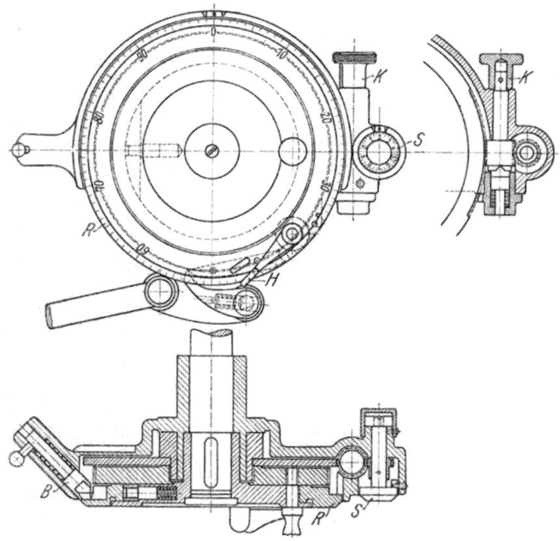

Fig. 107. Die Schaltwerksanordnung.

Die Fig. 108 zeigt die Lagerung für die Innenschleifspindel *a*, der durch das Vorgelege bis 14000 Umdrehungen minutlich erteilt werden können. Erwähnenswert ist nicht nur die vorzügliche Lagerung $b_1\,b_2\,b_3$, sondern auch die mit besonderer Sorgfalt ausgebildete Ölversorgung und Ölabdichtung. So ist auch die Anlaufscheibe *c*, die die Schleifspindel seitlich in ihrer Stellung hält, mit einer gut durchdachten Schmierung versehen.

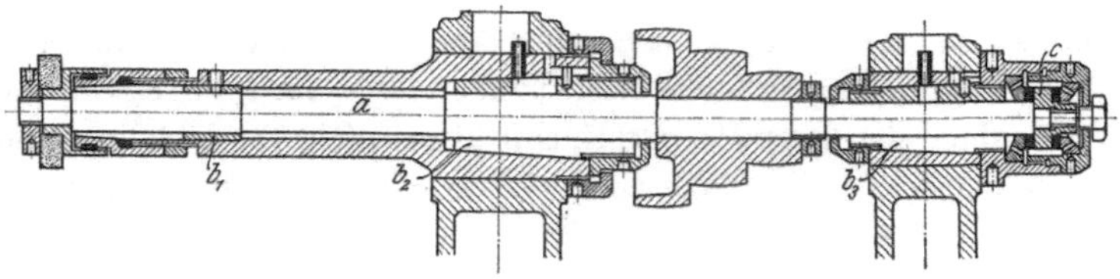

Fig. 108. Schnitt durch die Innenschleifspindel.

c) Das Schärfen der Fräser und die dazu erforderlichen Fräserschleifmaschinen.

Das Schärfen der Fräser geschieht ausschließlich auf den bekannten Fräserschleifmaschinen. Wenn schon bei einfachen Werkzeugen von der richtig geschliffenen Schneidspitze das Arbeitsvermögen abhängt, so gilt dieser Satz noch im verstärkterem Maße für das vielschneidige Fräserwerkzeug. „Oft schärfen" tragen deshalb die meisten Fräser als Stempelaufschlag, was eine ernste Mahnung für den Werkzeugmacher und Arbeiter sein soll. Auf wie verschiedenen Boden sie fällt, kann dem Fachmann, der Gelegenheit hat die Fräsereibetriebe kennen zu lernen, kaum verborgen geblieben sein, wenn er neben gut eingerichteten Werkzeugstuben, die erfreulicherweise immer mehr die Oberhand gewinnen, noch solche antrifft, in denen man noch nicht die einfachsten Einrichtungen richtig anzuwenden versteht. Nicht, daß es etwa an den Einrichtungen selbst mangelte. Nein! Ohne Fräserschleifmaschine wäre man ja ganz und gar rückständig; sie ist meist früher da als die erste Fräsmaschine. Nur kommt niemals ein gut geschliffener Fräser von ihr herunter.

Diesen Übelstand hat man auch seit langem erkannt und von verschiedenen Seiten die Lösung dieser Frage versucht. Wie so oft wird dabei am falschen Ende angefangen. Es ist ja auch eine sehr bequeme Entschuldigung, den mangelhaften Fräserschleifmaschinen die Mißerfolge zuzuschreiben. Und so sehen wir die Vervollkommnung der Maschinen kräftig weiter schreiten, sehen sie einen Handgriff nach dem andern dem Schleifarbeiter abnehmen und erhoffen von Stunde zu Stunde ein Besserwerden des Ganzen.

Dies muß ein frommer Wunsch bleiben, wenn nicht das Grundübel mit Fleiß und Geschick energisch ausgerottet wird. Wenn wir bei dieser Frage einen Rückschluß auf die Lehren großer Fräsereibetriebe ziehen wollten, kämen wir zu ganz interessanten Ergebnissen.

Der hochentwickelten Werkstattechnik Amerikas darf man wohl nachrühmen, sorgfältig abzuwägen, auf welchen Gebieten die automatische Werkzeugmaschine erfolgreich sein könnte. Darum ist es für uns recht lehrreich, beobachten zu müssen, daß gerade Amerika mit recht einfachen Fräserschärfmaschinen arbeitet und dabei so große Erfolge erntet. Das große Geheimnis ist dort nichts weiter als die Heranbildung einer geschulten Arbeiterschar für das Fräserschärfen, die Verständnis für die Wirkungsweise des Fräsers hat und dementsprechend in erster Linie bedacht ist, ihn mit allen seinen Schneidzähnen Arbeit verrichten zu lassen.

Hiermit haben wir den Kernpunkt der ganzen Frage getroffen: Daß wir ohne die manuelle Geschicklichkeit nicht auskommen und daß die vorzüglichsten und hochbezahltesten Arbeiter gerade gut genug sind, die teueren Fräser zu schärfen. Wir müssen ferner fordern, daß schon der Konstrukteur den Grund zum richtigen und schnellen Schärfen legt, indem er sich von der Erwägung leiten läßt, daß nicht die Anzahl der Zähne für die Teilung der abgenommenen Spanmengen in Frage kommt, sondern die Anzahl der schneidenden Zähne.

Bei den Profilfräsern oder auch den Fräsern mit verschieden großem Durchmesser, die sich im allgemeinen schwierig schärfen lassen, ist es zweckmäßiger, ihnen eine geringe Anzahl Zähne zu geben, die korrekt geschärft werden können, als etwa die doppelte Zähnezahl, von der man im voraus weiß, daß nur die Hälfte davon arbeiten wird.

Fragen wir uns, auf welche Weise wir es ermöglichen können, daß der Fräser mit allen Schneidzähnen arbeite, so läßt sich folgendes antworten. Zunächst für rundlaufende Fräserdorne und selbstverständlich ebensolche Schleifdorne sorgen. Dabei versteht es sich von selbst, daß die Supportführungen der Schärfmaschine in bester Ordnung sein müssen, da sonst ebenfalls alle Mühe vergebens wäre. Sodann ist das wichtigste, eine kräftige unverrückbare Zahnanlage zu schaffen, gegen die sich der zu schärfende Fräserzahn sicher legen kann. Die Zahnanlage oder den Stellfinger in einen Nachbarzahn einzulegen, — siehe punktierte Stellung in Fig. 109 — ist grundfalsch und wird stets einen unrundlaufenden Fräser ergeben.

Werden beim Schärfen diese Gesetze erfüllt, so wird sich bald beim Fräsen ihr Einfluß bemerkbar machen. Geringerer Kraftverbrauch, größere Leistung und sauberere Arbeit wird der aufgewendeten Mühe Preis sein.

Der Fräser muß rundlaufen und mit allen seinen Zähnen gleichmäßig schneiden. Daß diese Forderung auch auf den einfachsten Maschinen erfüllt werden kann, sei hiermit nochmals mit allem Nachdruck hervorgehoben. Damit soll aber keineswegs gegen die Vervollkommnung der Schärfmaschinen im allgemeinen gesprochen sein. Die Profilfräser, namentlich die Schneckenrad- und Abwälzfräser und die hinterdrehten Fräser, drängen danach hin, weil ihre korrekte Schärfung mit einfachen Zahnstützen unmöglich oder zum mindesten sehr beschwerlich und zeitraubend ist.[1])

[1]) Eine einfache Werkzeugschleifmaschine, die durch eine Reihe Zusatzapparate zum Schleifen und Schärfen aller Werkzeuge Verwendung finden kann, hat Hans Rohde in Crefeld konstruiert. Ihre erschöpfende Beschreibung ist nebst Abbildungen in der Zeitschrift für Werkzeugmaschinen und Werkzeuge, Jahrgang 1910, Heft 20, zu finden.

Ebenso wie die Zahnformen der gerieften und hinterdrehten Fräser wesentlich von einander abweichen, ist auch ihre Schärfung eine grundverschiedene. Man hat deshalb wohl zu unterscheiden:

das Schärfen der gerieften Fräser und
das Schärfen der hinterdrehten Fräser.

Das Schärfen der gerieften Fräser besteht in der Erzeugung einer schneidfähigen Facette an den Fräserzähnen und kann auf zwei Arten erfolgen:

1. nach Fig. 109 mit der Peripherie der Schmirgelrädchen,
2. nach Fig. 111 mit einer sogen. Topfschale.

Die erstere Art des Fräserschärfens hat den Nachteil, daß der Zahn *a*, (Fig. 110, in einen nach innen gekrümmten Kreisbogen ausläuft, wodurch er geschwächt wird. Es sei denn, man stellt das Schleifrädchen schräg zur Fräserachse.

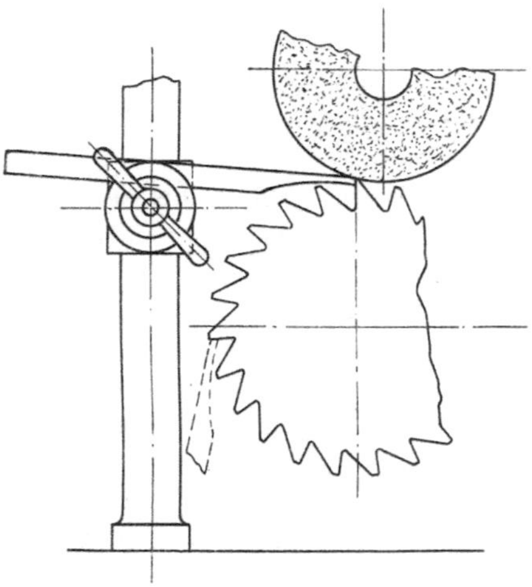

Fig. 109. Die richtige und falsche Stellfinger-Anordnung.

Fig. 110. Das Schärfen mit der Peripherie des Schmirgelrädchens.

Dagegen erhält der Fräser beim Schärfen mit der Topfschale, Fig. 111, eine widerstandsfähigere Schneidkante. Leider kann es nur beim Schärfen von Fräsern mit geraden Schneidflächen angewendet werden. Da jedoch gegenwärtig fast alle Profilfräser hinterdreht werden, kommt dieser Nachteil nicht in Frage. Beim Schärfen mit der Topfschale ist die Art des Schleifangriffes von großer Wichtigkeit, und zwar darf nur eine Seite der Topfschale schleifen, was erreicht wird, wenn die Schleifwellenachse nicht ganz senkrecht zu dem zu schleifenden Fräser liegt. Zugleich muß der Schliff von der schneidenden Kante des Zahnes nach dessen

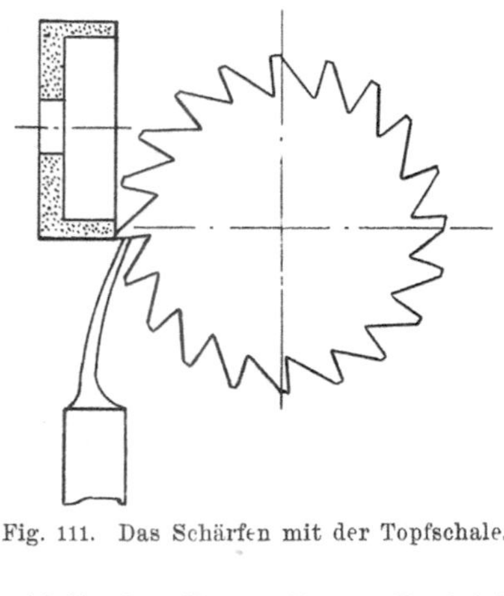

Fig. 111. Das Schärfen mit der Topfschale.

Rücken erfolgen. Es wird dadurch eine schnittfähige und scharfe Schneidkante erzielt und das Gratbilden vermieden.

Das Schärfen der hinterdrehten Fräser besteht nur im Nachschleifen der vorderen Zahnbrust, Fig. 112, und vollzieht sich infolgedessen höchst einfach. Zu beachten ist dabei, daß die Zahnbrust stets im radialen Sinne nachgeschliffen wird, damit nicht Zahnformen wie in Fig. 113 — siehe punktierte Lehre — entstehen. Um diesen Fehler zu vermeiden, muß man sich bei dem Schärfen der hinterdrehten Zähne einer Schleiflehre bedienen, deren Schenkel genau die radiale Linie angibt.

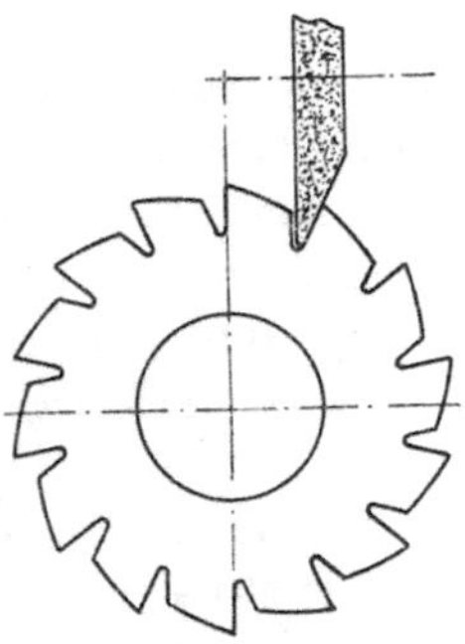

Fig. 112. Das Schleifen hinterdrehter Fräser an der Zahnbrust.

In Fig. 113 ist eine solche Lehre ersichtlich, deren punktierte Stellung an einem falsch geschliffenen Zahn anliegt. Eine neue Schleiflehre von Reinecker gibt die Fig. 114 wieder. Sie dient außer dem vorgenannten Zwecke auch zum genauen Nachmessen der Zähne und kann man mit ihr die gleichmäßige Höhe der letzteren nachprüfen. Die Anwendung der vorbeschriebenen Lehren setzt natürlich voraus, daß die Bohrungen der Fräser frei sind. Die Jurthesche Lehre, (Fig. 115), erfordert dagegen keine freie Bohrung, da sie an dem Dorne, auf welchem

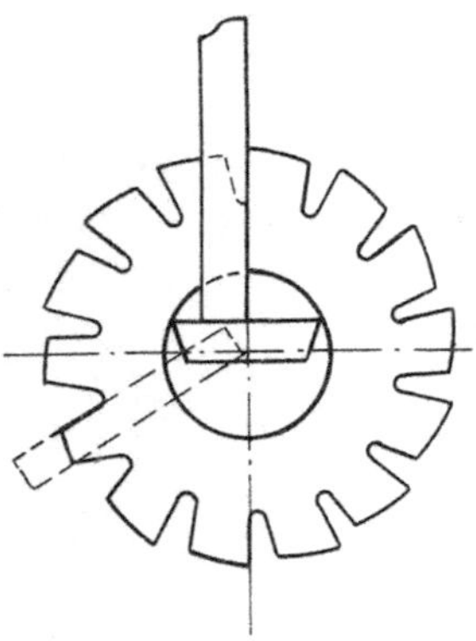

Fig. 113.
Die ältere Schleiflehre.

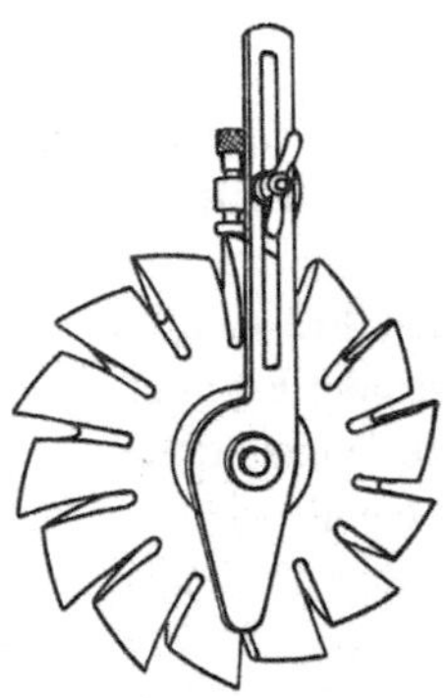

Fig. 114.

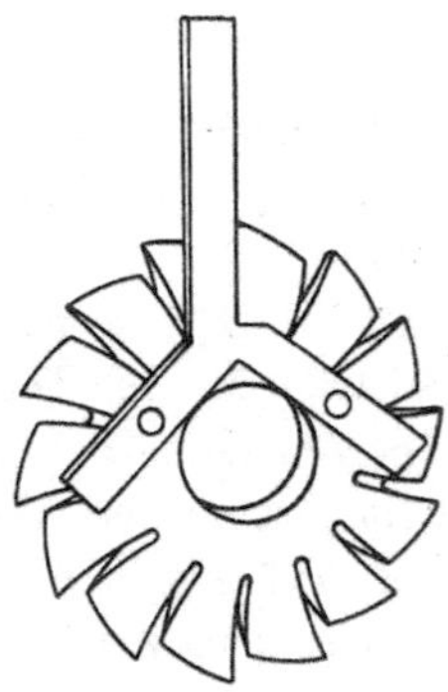

Fig. 115.

Die neueren Schleiflehren.

der Fräser sitzt, angeschlagen werden kann. Um auch das Ablehren von der Fräserbohrung vornehmen zu können, dienen zwei Ansätze; sie werden jedoch nur beim Schärfen von Hand und bei einer etwaigen Kontrolle in Betracht kommen.

Wie bereits oben erwähnt, ist beim Schärfen mit den Stellfingervorrichtungen auf ihre richtige Anwendung der größte Wert zu legen. Der zu schärfende Zahn muß sich fest und sicher anlegen können. Dieser Forderung kann aber nur beim gerieften Fräser entsprochen werden, infolgedessen dürfte der hinterdrehte Fräser eigentlich nur mittelst Teilapparate geschärft werden. Es wird dabei von folgenden Erwägungen ausgegangen:

Um den Fräser schnell zu schärfen, ohne einzelne seiner Schneidzähne der Gefahr des Ausglühens auszusetzen, ist es nötig, ihn nach jedem Durchschliff um einen Zahn weiterzuteilen, wobei die Schleifstärke — sichtbar an der Funkenbildung des Schleifrädchens — genau die gleiche sein muß. Da sich beim Härten immer einzelne Zähne verziehen werden, so wird ihre Teilung nicht mehr so genau sein, als daß beim Schärfen eines Zahnes die Anlage, d. h. die Fixierung von einem Nachbarzahn, erfolgen könnte. Ein auf diese Weise geschärfter Fräser wird erstens nicht rund sein, und zweitens wird das Schleifrädchen bei einem Zahn zu viel abschleifen, so daß er von der Schleifhitze ausglühte und beim andern zu wenig, so daß die Schneide stumpf bliebe.

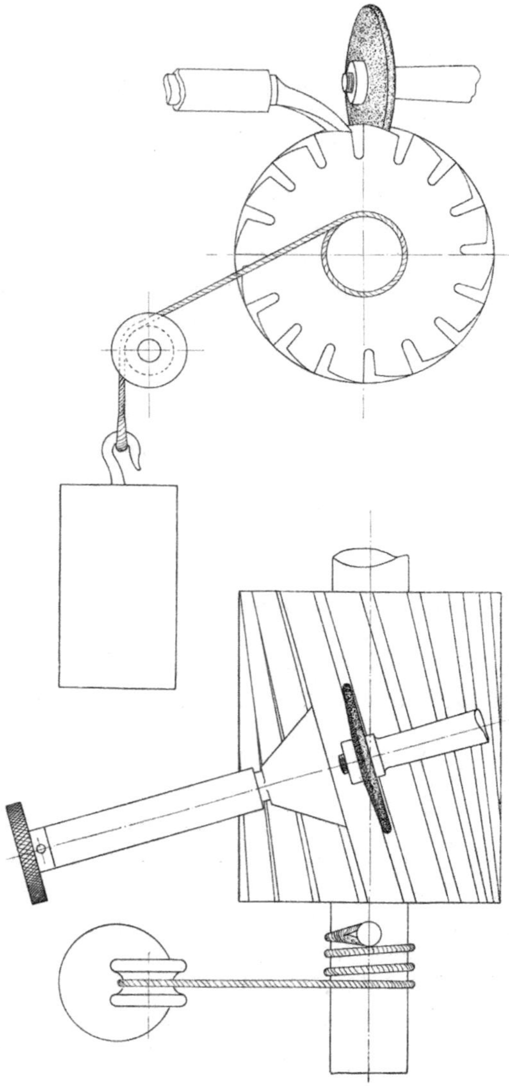

Fig. 116. Der durch Gewichte an den Stellfinger gezogene Fräser.

Der hinterdrehte Fräser hat nun einen nur wenig abfallenden Rücken, gegenüber einer Kreisbahn. Und ein verschieden starker Abschliff an zweien seiner Zähne wird einen so verschwindend kleinen Durchmesserunterschied ergeben, daß man praktisch kaum von einen mehr oder weniger vorstehenden Zahn reden könnte.

Dagegen fällt beim hinterdrehten Fräser die Schleifstärke ganz erheblich ins Gewicht. Bei der oftmals sehr hohen Zahnform ergeben sich große Schleifflächen, wodurch sehr leicht ein Ausglühen eintreten kann.

Es wurde schon angedeutet, daß wir zur Fixierung der Zahnstellung die Stellfingervorrichtungen bei einfachen und die Teilapparate bei vollkommeneren Schärfmaschinen vorfinden.

Da es sich bei den ersteren um ein loses Gleiten oder Anlegen am Fräserschneidzahn handelt, so sind noch die Mittel zum „Zahn andrücken" zu erwähnen. Am gebräuchlichsten ist das Andrücken von Hand, doch nur ganz geübte Arbeiter werden die erforderliche Gleichmäßigkeit im Gefühl haben, in der Regel werden damit ungleiche Zähne erzeugt.

Die Anordnung nach Fig. 116 überträgt das Andrücken einem gleichmäßigen Gewichtszug, was namentlich bei spiralgewundenen Fräsern von großem Vorteil ist. Diese einfache Anordnung sollte eigentlich an keiner Fräserschleifmaschine fehlen.

An Stelle eines Gewichtszuges kann auch eine Feder treten, die, im Mitnehmer eingebaut, mit gleichmäßigem Druck den Zahn gegen den Stellfinger drückt.

Bei den Teilapparaten erfolgt das Teilen durch die bekannten Teilscheiben, deren Einschnitte entweder mit der Fräserzähnezahl übereinstimmen oder durch ihre Lochkreise und Zeigerwinkel jede erforderliche Anzahl Teilungen gestatten. Die Teilapparate sind sehr oft mit den Einrichtungen zum Schärfen der Fräser mit spiralgewundenen Schneidzähnen versehen, zu welchem Zwecke die Tischvorschubspindel und Teilapparatspindel durch Wechselräder verbunden sind.

1. Die Fräserschärfmaschinen von J. E. Reinecker in Chemnitz.

Das Schaubild Fig. 117 zeigt eine der bekanntesten Fräserschärfmaschinen mit einem Teilapparat und der Einrichtung für spiralgewundene Schneidzähne. Die Maschine fällt recht angenehm durch ihre stabile und gedrungene Bauart auf. Ihre Durchführung, die sich für das Schärfen der hinterdrehten Fräser sehr leicht ermöglichen ließ, stieß zunächst auf erhebliche Hindernisse, weil das Schärfen der gerieften Fräser mit der Peripherie kleiner Schleifrädchen (Fig. 109) langausladende Schleifdorne erforderte. Erst das von Reinecker eingeführte Schärfen mit der Topfschale (Fig. 111) gestattete denn auch hier die Wahl der obigen Bauart.

In den Fig. 118 und 119 ist der zu diesen Maschinen gehörige Teilapparat wiedergegeben. Die Teilspindel *n* trägt an ihrem hinteren Ende den Hebel *o*, dessen Indexstift *p* in die Einschnitte der auswechselbaren Teilscheibe *q* einfällt und die Arretierung des Ganzen bewirkt. Da mit der Teilscheibe *q* das Schneckenrad *m* fest verbunden ist, so macht die Teilspindel *n* nebst Mitnehmer *r* und Fräser *s* jede Drehung von *m* aus mit. Die Schneckenspindel *i* nebst Schnecke *l* sind nun in der Mutter *k* verschiebbar gelagert, so daß eine Drehung an *k* auch eine Drehung von *m* zur Folge hat. Diese Einrichtung benutzt man zum Nachstellen des

Fig. 117. Die Reineckersche Fräserschärfmaschine mit Teilapparat.

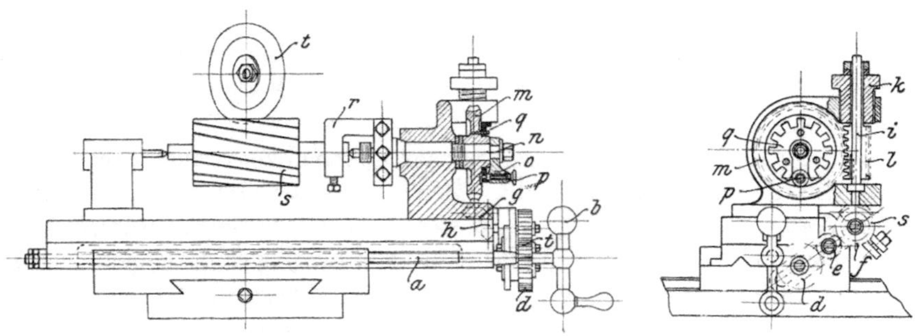

Fig. 118. Fig. 119.
Schnitte durch den Teilapparat.

Schnittes, der dadurch im radialen Sinne nachgestellt wird, wodurch die einmal eingestellten Winkel erhalten bleiben.

Der Antrieb für das Schärfen der Fräser mit spiralgewundenen Schneidzähnen erfolgt von der Supportspindel *a*, durch die Wechselräder *c*, *d*, *e*, *f*, Kegelräder *g*, *h*, Schneckenspindel *i*, Schnecke *l* auf das Schneckenrad *m*. Bei eingelegtem Indexstift *p* wird dann die langsame Drehung der Teilspindel *n* und dem Fräser *s* mitgeteilt.

Beim Schärfen ohne Teilapparat tritt an seine Stelle ein zweites Spitzenböckchen. Eine Stellfingereinrichtung übernimmt dann das Festhalten der Schneidzähne. Zum Schärfen von Stirn-, Kopf- und Schaftfräsern dient ein in jeden Winkel verstellbarer Universalkopf.

Eine selbsttätige Fräserschärfmaschine ist im Schaubild Fig. 120 ersichtlich. Der Tisch mit aufgespanntem Fräser läuft unter dem Schleifrad hin und her, wobei nach jedem Durchlauf der Fräser um einen Zahn

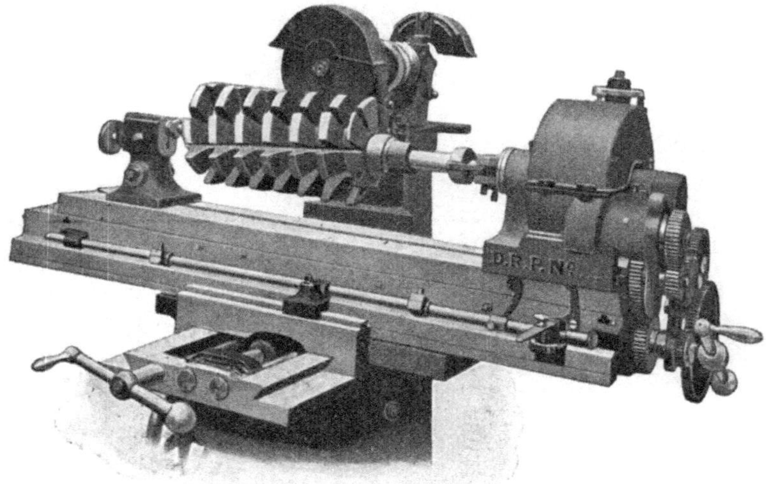

Fig. 120. Die Reineckersche Fräsermaschine mit automatischem Teilapparat.

weitergeteilt wird. Beim Schleifen von Schneckenrad- und Abwälzfräsern oder anderer langer Profilfräsern leistet diese Maschine ausgezeichnete Dienste.

In den Fig. 121—125 ist der sehr sinnreich konstruierte Teilapparat D. R.-P. übersichtlich dargestellt. Der Apparat arbeitet nach dem Prinzip des Wechselräder-Teilens, d. h. die verschiedenen Teilungen werden durch verschiedene Wechselräder erreicht, so daß der Indexscheibe jeweils eine volle Umdrehung erteilt werden kann. Sowohl die Teil- als auch die Spiralbewegung werden von der Tischspindel abgeleitet. Zur unabhängigen Übertragung beider Bewegungen dient, wie an allen Reineckerschen Universalteilapparaten, ein Differenzialgetriebe, das aus Stirnrädern zusammengesetzt und in sehr sinnreicher Weise in das zur Spiralbewegung dienende Schneckenrad *m* eingebaut ist.

Auf der Tischspindel *a* sitzen nun die Stirnräder *b* und *c*. Vom Rade *b*, das in das als Trommel ausgebildete Rad *d* greift, wird die Teil-

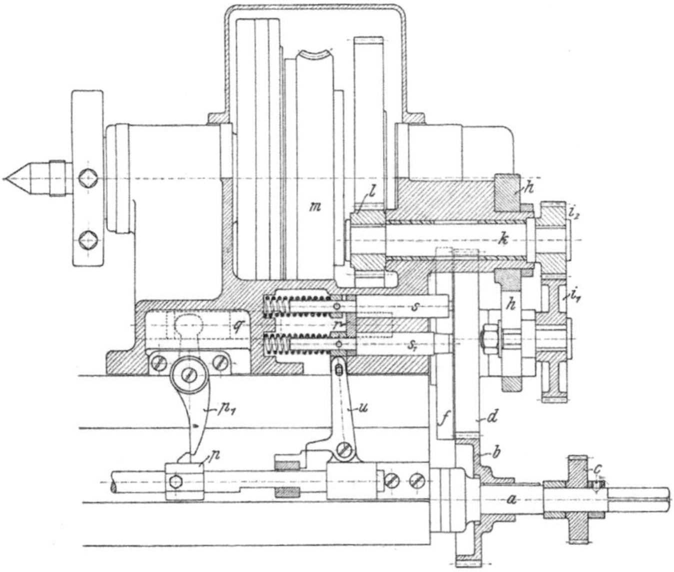

Fig. 121. Schnitt durch den automatischen Teilapparat.

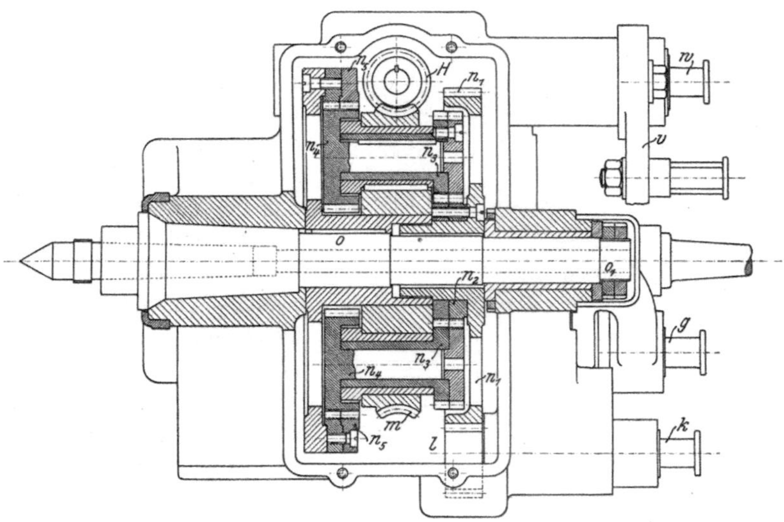

Fig. 122. Schnitt, von oben gesehen, durch den automatischen Teilapparat.

bewegung abgeleitet. Das Rad trägt innen die vierzähnige Sperrscheibe *e* und läuft lose auf der Nabe der Teilscheibe *f*, die fest auf den Bolzen *g* sitzt. Der letztere ist an seinem freien Ende zur Aufnahme eines Wechselrades eingerichtet und treibt durch das an der Wechselräderschere sitzende

Zwischenrad i_1 vermittelst des Rades i_2 den Bolzen k. Dieser trägt im Gehäuse das Rad l und treibt durch das im Schneckenrad sitzende Differenzialgetriebe n_1, n_2, n_3, n_4 und n_5 auf die Teilspindel o.

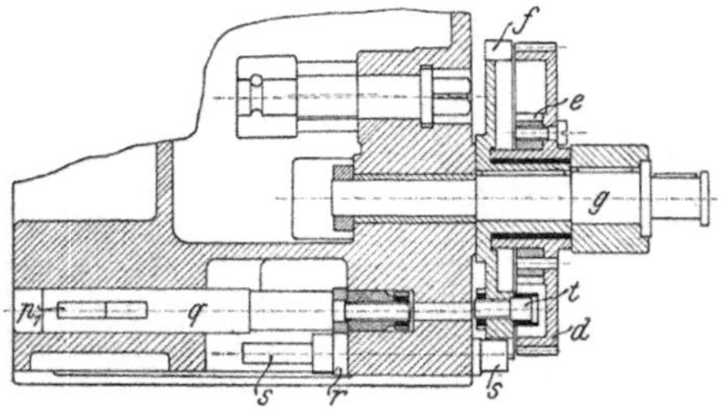

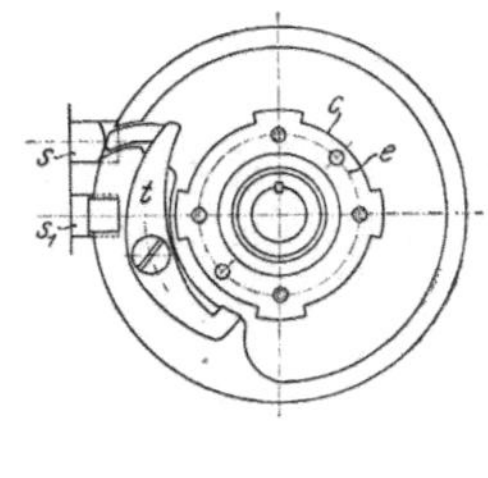

Fig. 123. Fig. 124.

Die Verriegelung der Teilscheibe.

Das Teilen wird durch den Anschlag p und Hebel p_1 eingeleitet. Der letztere greift mit einem Ende in einen Schlitz des Bolzens q, der durch ein Querstück r mit den Indexstiften s und s_1 in Verbindung steht. Von s wird die Sperrklinke betätigt, während s_1 die Teilscheibe f arretiert.

Das Teilen geht nun in folgender Weise vor sich: Der Index s_1 entriegelt die Teilscheibe und der Index s gibt die Sperrklinke frei. Letztere fällt in das Sperrad e und nimmt die Teilscheibe so lange mit, bis sie durch Index s wieder aufgehoben wird. Alsbald fällt auch Index s_1 wieder in die Teilscheibe ein, um sie zu arretieren. Der Hebel u dient als Sicherung der Teilscheibe (Fig. 121).

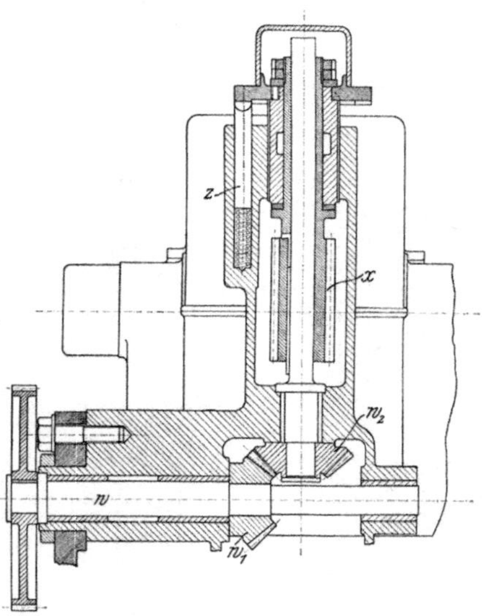

Fig. 125. Schnitt durch die Schneckenspindel.

Die Spiralbewegung wird, wie schon erwähnt, vom Rade e abgeleitet und über die Wechselräderschere v, an der die entsprechenden Wechselräder aufgesteckt werden, nach dem Bolzen w und von hier über die konischen Triebe w_1 und w_2 auf die Schnecke x übertragen. Die Schnecke x ist in einer Büchse axial verschiebbar aufgehängt. Da letztere ein feines Außengewinde besitzt und infolgedessen beim Drehen an der rändrierten Kappe — in Fig. 120 oben am Teilapparat deutlich sichtbar — sich hinein oder heraus schiebt, so kann Schnecke x während des Ganges axial verschoben werden. Durch diese Einrichtung erreicht man die bekannte radiale Feinbeistellung des Schneidzahnes zum Schleifrädchen.

2. Die Fräserschärfmaschinen der Naxos-Union, Jul. Pfungst in Frankfurt a. M.

In den Fig. 126—132 begegnen wir weiteren Fräserschärfmaschinen, die sich infolge ihrer vielen Verwendungsmöglichkeiten für die verschiedensten Schleifzwecke allgemeiner Beliebtheit erfreuen.

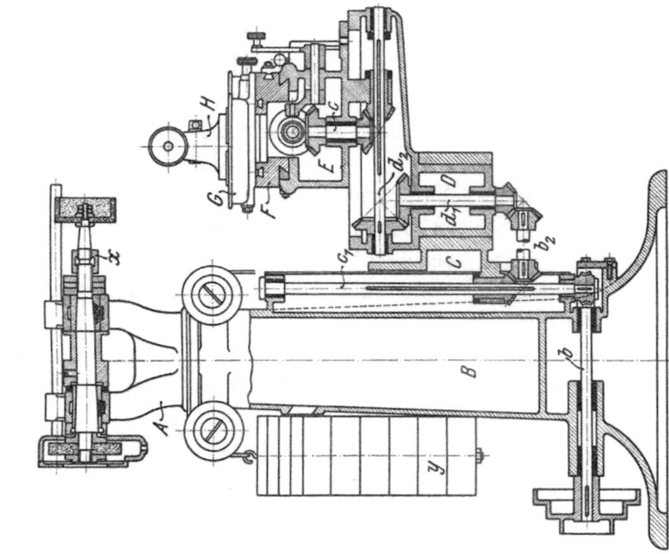

Fig. 127.

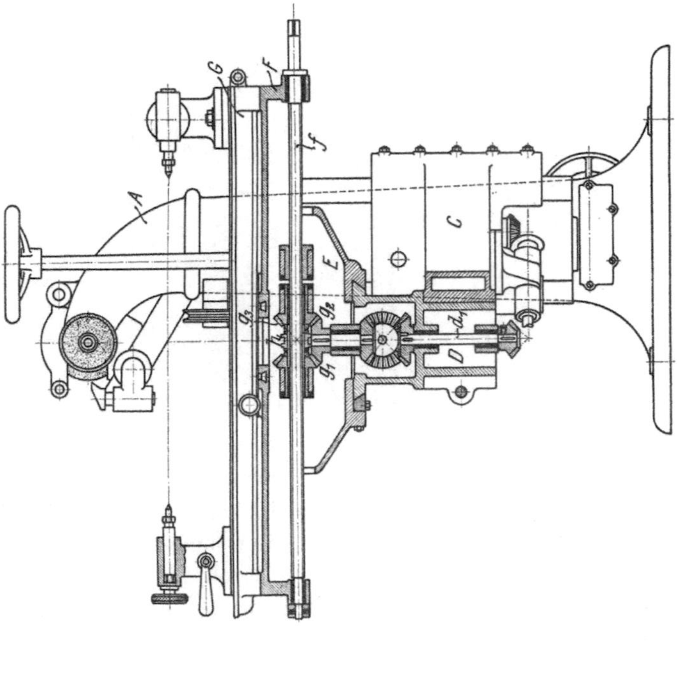

Fig. 126.

Die Fräserschärfmaschine der Naxos-Union mit selbsttätig hin und her gehendem Arbeitstisch.

Die Schleifspindel ist an der den Supporten zugekehrten Seite mit einer konischen Bohrung versehen, um verschiedene Schleifdorne aufnehmen zu können. Die Differenzialmutter x dient dabei zum Festziehen und zum Lösen der letzteren.

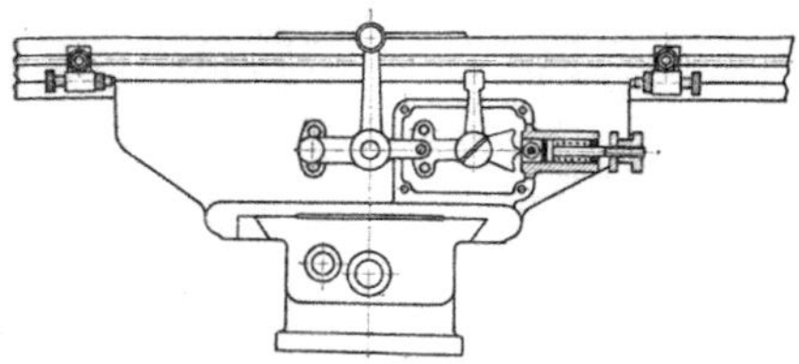

Fig. 128. Die Umschalt-Mechanismen.

Die Anordnung der Supporte ist eine etwas eigenartige, aber eine recht zweckentsprechende. Gestattet sie doch, daß durch das Drehteil D der Tisch in die verschiedensten Stellungen zum Schmirgelrädchen gebracht werden kann, ohne daß dadurch für die Anstellung zum Schliff eine Unbequemlichkeit entsteht. Selbst beim Rundschleifen ist durch den nach vorn gebauten Schleifspindelkopf eine sehr stabile Stellung ermöglicht.

Eine Fräserschärfmaschine mit selbsttätiger Längsbewegung des Tisches geben die Fig. 126 und 127 wieder.

Der Antrieb für die Tischbewegung wird vor der am Fuße der Ständersäule angeordneten Stufenscheibe und über Wellen b, Schnecke,

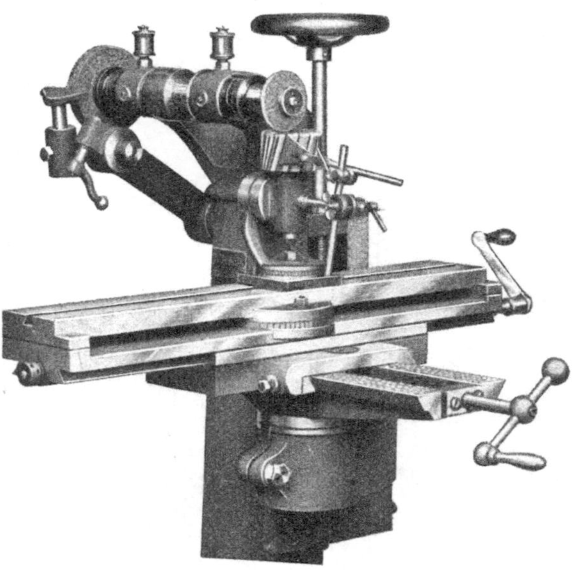

Fig. 129. Das Fräsen eines Stirnfräsers.

Schneckenrad und Kegelräderpaare zu dem Umkehrgetriebe $g_1 g_2$ geleitet. Die Klauenmuffe h, die durch ihre Nute die Tischspindel in dem einen oder anderen Sinne in Drehung versetzt, wird durch die Anschlagknaggen, Schalthebel und Druckstück einmal mit dem rechten und zum andern mit dem linken Kegelrad gekuppelt. Zur Unterstützung der Anschlagknaggen für das Umkehrgetriebe dient noch die Druckvorrichtung Fig. 128. Zum Ausrücken von Hand ist ein Hebel vorgesehen.

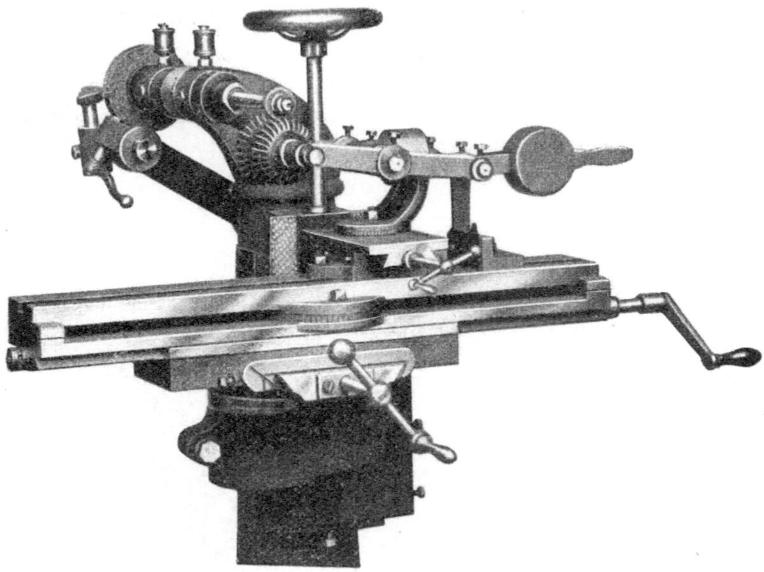

Fig. 130. Das Schärfen eines gerieften Profilfräsers mit Schablonensupport.

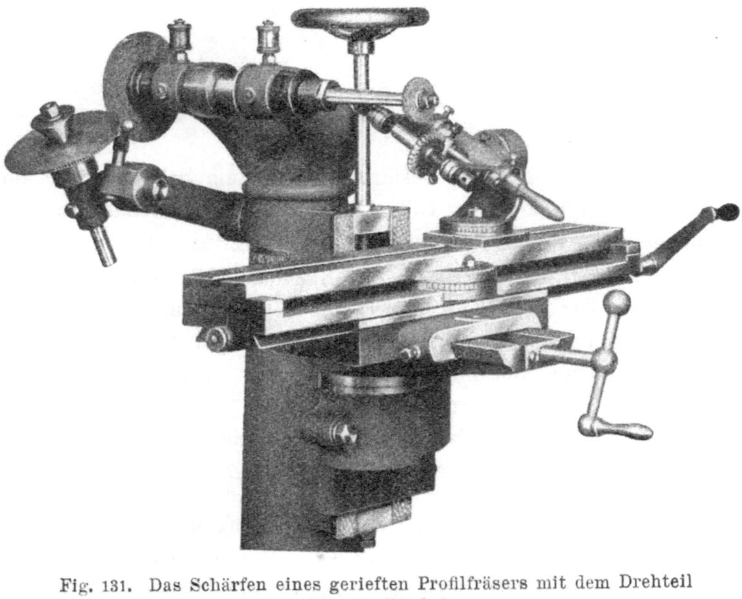

Fig. 131. Das Schärfen eines gerieften Profilfräsers mit dem Drehteil des Universalböckchens.

Die Ausrüstung dieser Maschine kann auch noch durch einen selbsttätigen Teilapparat vervollständigt werden. Die Teilbewegung wird dabei durch einen besonderen Schleppriemen betätigt.

Die Fig. 129—132 zeigen nun dieselbe Maschine ohne selbsttätige Tischbewegung. Zugleich sind aus ihnen die wichtigsten Anwendungsarten zu erkennen.

In Fig. 129 ist das Schärfen mit der Peripherie des Schmirgelrädchens an Stirnfräsern ersichtlich. Der Fräserschaft ist dabei in dem Universalböckchen eingefüttert.

Fig. 132. Das Schärfen eines hinterdrehten Walzenfräsers mit dem Teilapparat.

Die Anwendung eines Zusatzapparates zum Schärfen von gerieften Profilfräsern zeigt die Fig. 130. Die dazugehörige Schablone ist rechts an dem auf dem Tische aufgeschraubten Winkel ersichtlich.

Die Profilfräser, deren Schneidflächen Teile eines Kreises sind, werden durch Drehungen an dem Schleifrädchen entlang geführt, nachdem der Mittelpunkt des in Betracht kommenden Kreises mit dem des Böckchens in einer Achse zusammenfällt, was sich mit der Einrichtung der Fig. 131 leicht ausführen läßt.

Die Fig. 132 zeigt das Schärfen eines hinterdrehten Walzenfräsers mit einem Universalteilapparat für Teilscheiben.

3. Die Metallkreissäge-Schärfmaschine der Naxos-Union.

In Fig. 137 ist eine selbsttätige Metallkreissäge-Schärfmaschine wiedergegeben. Bei der überaus großen Verbreitung, die heute diese Werkzeuge gefunden haben, ist es nicht zu verwundern, wenn deren

Schärfung mehr Beachtung entgegengebracht wird. Leider ist man noch an sehr vielen Orten der Meinung, daß für die Ausbildung der Sägezähne andere Gesetze in Frage kommen könnten, als beim Fräserzahnschärfen. Das ist durchaus nicht der Fall. Auch jede neue Metallkreissäge wird die Zähne nach Fig. 133 geformt haben, die erst nach öfterem falschen Schärfen der Fig. 134 ähneln.

Diesem Übelstande kann nur durch eine regelrechte Zahnform nach Fig. 133 abgeholfen werden, und die man auf folgende Weise erzielt. Der eigentliche Schneidwinkel wird nach Fig. 135 mit einem Schmirgelrade 75—80° Abschrägung geschärft, während das Tieferschleifen des Zahnes mit einem Schmirgelrade von 50—53° zu erfolgen hat (Fig. 136). Bei dem Schärfen der Kaltsägen muß besonders beachtet werden, daß der

Fig. 133.

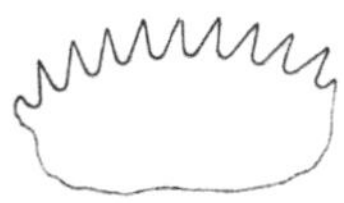

Fig. 134.

Fig. 135.

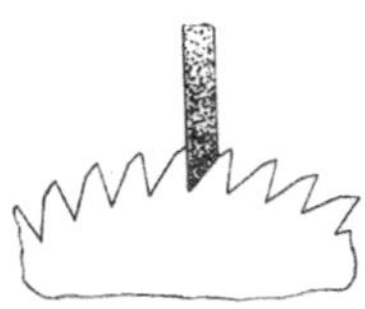

Fig. 136.

Richtig und falsch geschliffene Sägezähne.

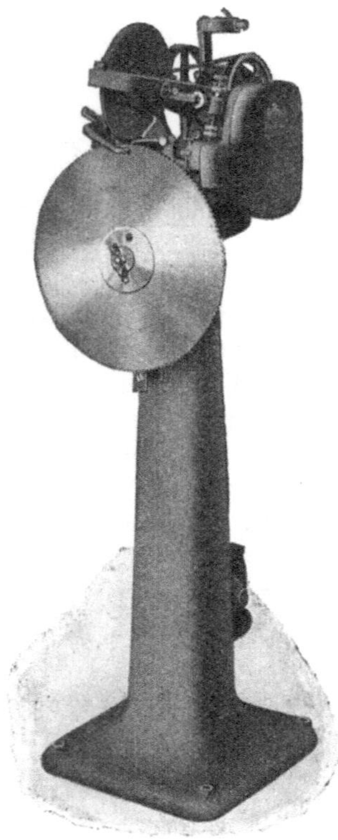

Fig. 137. Die Metallkreissäge-Schärfmaschine der Naxos-Union.

Andruck der Schmirgelscheibe ganz gering bleibt, da sonst als unvermeidliche Folge der Schleifwärme das Ausglühen der Zähne eintritt.

Es sei noch darauf aufmerksam gemacht, daß bei jeder selbsttätigen Schärfung die Schaltklinke so eingestellt werden muß, daß sie stets den zu schleifenden Zahn vorwärts schaltet. Geschieht dies nicht, so wird, falls sich nur eine ganz geringe Differenz in der Teilung der Schneidzähne befindet, nach und nach diese Differenz unter steter Vergrößerung auf andere Zähne übertragen und die Säge arbeitet schlechter, als bei der mangelhaften Schärfung von Hand.

II. Die Fräsmaschinen.

7. Die Entwicklung der Frästechnik.

Die Anfänge des Fräsens begannen, als die fortgeschrittene Verfeinerung der Fabrikation keine weitere Förderung mit den bekannten Bearbeitungsverfahren mehr erwarten ließ. Sei es bezüglich der Billigkeit oder der Gleichmäßigkeit der herzustellenden Teile. Der Wunsch: „austauschbare Teile" billig herzustellen, dieses sichere Kennzeichen entwickelter Werkstattechnik war somit der erste Anstoß zu dem neuen Bearbeitungsverfahren. Das Vorbild des Fräsers war die Feile. Gleich ihr, glaubte man, der kreisenden Feile lange Zeiten hindurch nur geringe Leistungen zumuten zu können. Erst verhältnismäßig spät sehen wir Fräser und Fräsmaschine die enge Werkstatt des Mechanikers verlassen und den Weg zum Maschinenbau einschlagen. Dort, in der Berührung mit anderen kreisenden Werkzeugen: Langlochbohrer und mehrschneidige Bohrstangen zum Ausbohren der Zylinder usw., mag wohl der Gedanke für die Mischung der viel- und mehrschneidigen kreisenden Werkzeuge entstanden sein, der nach mancherlei Wechselfällen und zahlreichen Verbesserungen — die wir bereits kennen — unsern heutigen Fräser zeitigte. Sein einstiger Beiname: kreisende Feile, ist jetzt vergessen, weil ihn seine Leistungsfähigkeit bezüglich Spanabnahme ja schon längst mit an die Spitze der spanabhebenden Werkzeuge stellte. Ja, ein wunderlicher Zufall will es, daß durch den Fräser auch die Handfeile neue Belebung erfährt, indem ihre feinen, aber recht ungleichmäßigen Zähne nicht mehr eingehauen werden, sondern in korrekter Weise in gleichmäßiger Verzahnung auf dafür konstruierten Fräsmaschinen erzeugt werden. So vollzieht sich auch hier ein Kreislauf, der in der Technik an Hunderten von ähnlichen Fällen seine Bestätigung findet. Der Entwicklung irgendeines Werkzeuges folgt, wie der eigene Schatten, immer die der dazugehörigen Maschinen. Vergleichen wir beispielsweise den Fortschritt der Eisenhobelmaschine, so können wir leicht die Feststellung machen, daß nach der Verbesserung der Werkzeugstahle die Hobelmaschinen zu immer stärkeren Leistungen gebaut wurden, welche Bewegung ihren vorläufigen Abschluß erst nach der Einführung der Schnellaufstahle fand. Daneben gingen aber auch die Verbesserungen zur Verringerung der toten Zeit beim Rücklauf dieser Maschinen, eine Bewegung, die heute noch lange nicht als abgeschlossen gilt. Vermehrung der Spanabnahme und Verdrängung der toten Zeit sind die Merkmale der Entwicklung aller Werkzeugmaschinen und nicht zum wenigsten die der überaus vielgestaltigen Fräsmaschinen.

Wenn in ihrer ersten Periode die Frästechnik der Ergänzung unserer Bearbeitungsverfahren diente, so müssen wir heute feststellen, daß sie sich neben diesem Arbeitsgebiet auch die Gleichberechtigung in der gesamten Metallbearbeitung erfolgreich erkämpft hat.

Das Fräsen von profilierten Werkstücken und das Arbeiten mit den Teilapparaten eröffneten zunächst der Frästechnik gänzlich neue Gebiete, die einmal in der Massenanfertigung der verschiedensten Teile und zum andern in der Einzelausführung besonderer Arbeiten bestanden. Nach zwei sehr verschiedenen Richtungen bewegte sich deshalb schon in ihren Anfangsstadien die Entwicklung der Fräsmaschine im Gegensatz zu der ihres Werkzeuges. Die Massenfabrikation brauchte einfache und billige Fräsmaschinen, die einzig eine kleine Anzahl gleicher Teile schnell und gut zu bearbeiten hatte. Der Fräser und die Aufspannvorrichtung des Teiles wurden nur andere; sonst arbeitete die Fräsmaschine einmal wie das andere Mal. Ganz andere Anforderungen stellte der allgemeine Maschinenbau an seine Fräsmaschinen. Er hatte nur selten wiederkehrende Teile, und daraus ergab sich von selbst, daß er dazu nicht jedesmal besondere Fräser anfertigen konnte. Hier galt es, mit einer kleinen Anzahl Fräser durch verschiedene Fräswege eine große Anzahl Aufgaben zu lösen.

Der einfachen Fräsmaschine der Massenfabrikation für besondere Zwecke und der Universalfräsmaschine des Maschinenbaues für allgemeine Arbeiten galt deshalb die erste Sorge aller Freunde dieser neuen Technik.

Zu diesem ureigenen Gebiet des Fräsens trat aber sehr bald das weite der gesamten Metallbearbeitung. Das Fräsen machte dem Stoßen, Hobeln und Drehen auch bei einfachen Arbeiten den Platz streitig. Unzählige kleine Teile, die früher auf der Hobel- oder Stoßmaschine auf einer Seite bearbeitet wurden, überfräste man jetzt und erzielte auf diese Weise manchen wirtschaftlichen Vorteil. Oftmals wurde jedoch der Erfolg ganz unverdienterweise dem Fräsen zugeschrieben, weil man den Vergleich zwischen Werkzeugmaschinen zog, die auf einer Seite eine für die damalige Zeit schon hoch entwickelte Fräsmaschine zeigte, während auf der andern Seite eine in der Entwicklung vernachlässigte Hobel- oder Stoßmaschine gegenüberstand. Diese ungerechte Behandlung kam wohl nirgends besser zum Ausdruck, als bei den Aufspannvorrichtungen der zu vergleichenden Maschinen. In Fig. 138 begegnen wir einer alten umständlichen Aufspannart für Hobelmaschinen, die noch benutzt wurde, als bei den Fräsmaschinen schon längst der bequeme Aufspannschraubstock eingeführt war.

Erst vor etwa 15 Jahren setzte dann eine nachhaltige Bewegung zur Vervollkommnung unserer Hobel- und Stoßmaschinen ein, und ihr Erfolg ist es, wenn heute der Gedanke einer gänzlichen Verdrängung der

Hobelmaschinen ins Reich der Fabel verwiesen ist. Daß Bohren, Drehen, Fräsen, Hobeln und Stoßen gleichwichtige Bearbeitungsverfahren darstellen, die je nach den Einrichtungen einer Werkstatt und je nach den Aufgaben, die sie zu lösen hat, in wechselweiser Beziehung stehen, ist immer und zu jeder Zeit von einem großen Kreis von Fachmännern betont worden und die heute erreichte gleichmäßige Entwicklung unserer gesamten Werkzeugmaschinen bestätigt dies.

Es würde zu weit führen, in diesem knappen Rahmen den ausführlichen Gang der Entwicklung der Fräsmaschine beschreiben zu wollen, den etwa die alte einfache Fräsmaschine bis zu ihrer heutigen Gestalt gegangen ist. Es wird genügen, wenn wir die wichtigsten Merkmale verschiedener Entwicklungsabschnitte kennen lernen.

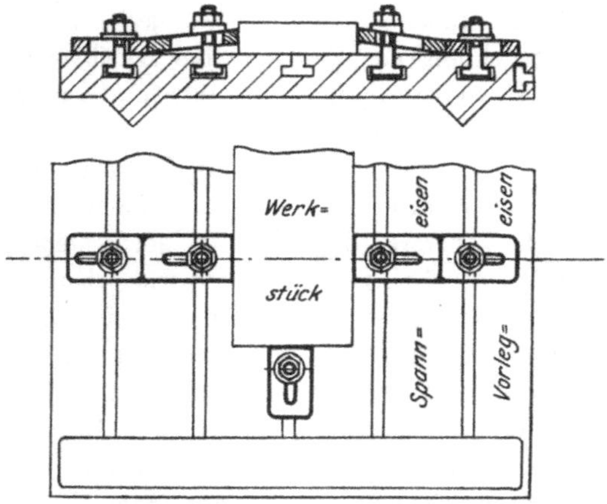

Fig. 138. Eine ältere Aufspannart für Hobelmaschinen.

Die alte Fräsmaschine, deren Vorbild die Hobelmaschine war, besaß weder selbsttätige Schaltung noch Ausrückeinrichtungen des Tisches. Obwohl ähnliche Einrichtungen an den Hobelmaschinen bestanden, glaubte man solche für die geringen Leistungen des enggezahnten Fräsers nicht am Platze. Erst später, als die Fräsdauer bei größeren Teilen länger wurde, finden wir ihre Übertragung auch auf die Fräsmaschine. Doch die Betätigung der Tischbewegung von Hand für kleinere Fräsarbeiten blieb; ja, man darf behaupten, daß diese Handfräsmaschinen neuerdings an Bedeutung gewinnen.

Es ist leicht erklärlich, daß sich die Maschinen zum Zähnefräsen, namentlich die dazu erforderlichen Teilapparate,[1]) ganz besonderer Fürsorge erfreuten, da bislang auf diesem Gebiete keine Konkurrenz bestand. Hier galt es ja, eine große Lücke der Werkstattechnik auszufüllen.

Sehr bald tauchten die Fräsmaschinen zur ausschließlichen Bearbeitung der Zahnräder auf. Zuerst noch solche mit Teilmechanismen, die das Weiterteilen eines Zahnes von Hand erforderten, sehr bald auch solche, die nicht nur den Arbeitstisch selbsttätig zurückbrachten, sondern auch das Weiterteilen ausführten.

Nun war also die Fräsmaschine geschaffen, die ein aufgespanntes Zahnrad selbsttätig vom ersten bis zum letzten Zahn bearbeitete. Sie

[1]) Ausführlicheres siehe später unter „Teilapparate".

besaß nur noch den einen Fehler, daß beim Versagen der Teilmechanismen, wenn das Weiterteilen nicht richtig erfolgte, das Zahnrad verdorben wurde.

Dieser Fehler wurde durch eine sinnreiche Vervollkommnung behoben, die darin bestand, daß die Wiedereinrückung des Arbeitsganges so lange gesperrt wurde, bis die Teilvorrichtung verriegelt war. Zog aus irgend einem Grunde der Schleppmechanismus die Teilscheibe nicht bis zur Einfallstelle durch, so konnte der Riegel nicht einfallen, der Arbeitsgang blieb ausgeschaltet. Die Maschine stand still, bis der bedienende Arbeiter die Störung beseitigte.

Es muß hervorgehoben werden, daß unsere heutigen Zahnräderfräsmaschinen und auch diejenigen Maschinen, deren selbsttätig teilende Apparate anderen Zwecken[1]) dienen, auf einer Stufe angelangt sind, die das Fehlteilen oder Versagen geradezu ausschließen.

Die Fräseinrichtungen für Innenverzahnung, die Schneckenräder- und die sich daraus entwickelnde Abwälzfräsmaschine zeichnen den weiteren Weg dieser Sondermaschinen, deren gesamte Entwicklung an anderer Stelle gebührende Berücksichtigung finden wird.

Die Einrichtung des drehbaren Supports der Drehbank, mit dem sich die steilen Konen usw. bequem herstellen ließen, wurde auch bald auf die Fräsmaschinen übertragen, und hier gestattete der durch ein Drehteil schräg verstellbare Arbeitstisch, eine Reihe neuer Arbeitsmöglichkeiten auszuführen. Da man mit dieser Fräsmaschine allen damaligen Aufgaben gerecht werden konnte, war vielleicht der ihr gegebene Name: Universalfräsmaschine nicht unberechtigt. Heute muß er als viel zu weitgehend bezeichnet werden. Höchstens daß wir ihn als bekannten Gattungsnamen weiterhin gebrauchen wollen.

Für die Verbesserung der Frässpindellagerung und der Ausbildung der Supporte und deren Antriebsorgane ist die Universalfräsmaschine viele Jahre der Ausgangspunkt gewesen. Die Bearbeitung der Werkzeuge und der Zahnräder, sowie anderer wichtiger Werkstücke verlangte für diese Fräsmaschinenart zuerst den Präzisionsgrad, den heute auch die anderen Arten erreicht haben.

Die in nachstellbaren und reichlich bemessenen Lagern laufende gehärtete Frässpindel trägt in ihrer Bohrung den Fräser und bewahrt ihn durch Einfräsungen vor Verdrehung. Der Antrieb der Supportbewegungen erfolgt von innen heraus, anstatt durch ausziehbare Kugelgelenkwellen. Bei größeren Maschinen ist ein selbsttätiger schneller Rücklauf vorgesehen. Der Arbeitsgang erfolgt nach beiden Richtungen. Die Supportführungen sind außergewöhnlich breit und hoch, so daß eine sichere Führung des Arbeitstisches und eine saubere Fräsarbeit gewährleistet wird. An den Kurbeln oder Handrädern lassen sich Einstellungen von $^1/_{100}$ mm ablesen.

---

[1]) Siehe Teilapparate zum Fräsen von Fräsern, Schalträdern, Muttern usw., sowie zum Schleifen von Fräsern und Zahnrädern.

Diese Merkmale lassen sich leicht an jeder unserer heutigen vollkommenen Fräsmaschine feststellen.

Dem aufmerksamen Beobachter wird aber auch die überreichliche Dimensionierung der gesamten Maschine nicht entgangen sein, die seit einigen Jahren eingesetzt hat. Eine Forderung, die die Fräser für hohe Schnittgeschwindigkeit erhoben.

Ihre Einführung hat sehr bald manche altüberlieferte Gewohnheit abgeschafft. Neue Gesichtspunkte mußten Platz greifen, um der veränderten Sachlage Rechnung zu tragen. Zwei, drei und mehr Fräsmaschinen bediente oft ein Arbeiter. Er hatte ja genügend Zeit, sie am Laufen zu halten. Das änderte sich jetzt. Der Schnitt war viel schneller beendet wie sonst, und wenn man diese Maschinen richtig ausnutzen wollte, so gehörte an jede einzelne ein Arbeiter.

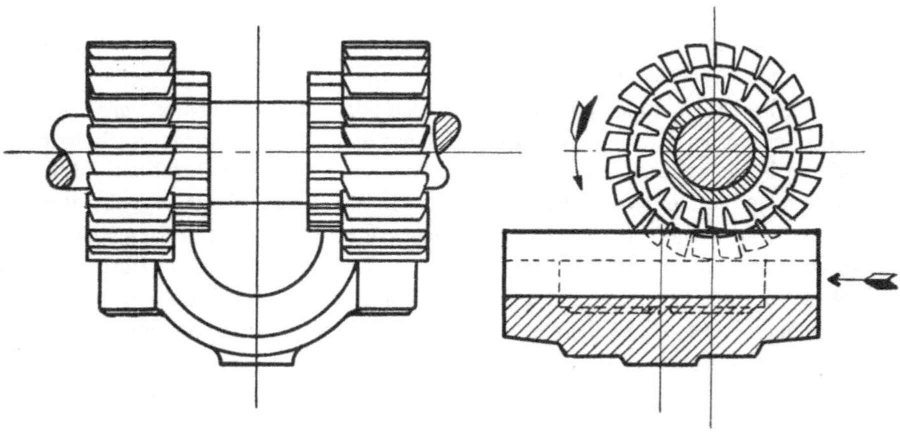

Fig. 139. Das Fräsen eines Lagerdeckels.

Daraus ergaben sich eine Anzahl wirtschaftlicher Fragen, deren Lösung große Schwierigkeiten barg. Denn obwohl jede Maschine annähernd das Doppelte fertigstellte, mußte dennoch ein höherer Lohn für das einzelne Werkstück gezahlt werden, als bei der Bedienung von drei Maschinen durch einen Arbeiter. Diese scheinbare Verteuerung hat zwar bei kurzsichtigen Werkstattleitern eine Zeitlang den Fortschritt gehemmt, doch werden sich auch die letzten bald auf die andere Seite, auf die des Fortschrittes, stellen müssen.

Ein Beispiel,[1]) das für eine einfache Fräsarbeit durchgeführt werden soll, dürfte vielleicht genügen, die Fehler des alten Verfahren darzulegen.

[1]) Vergl. Neuschäfer, Guckes und Jurthe, Rechenbuch für Metallarbeiterklassen (B. Auffahrt, Frankfurt a. M.), II. und III. Teil, dem die obige Figur und die Unterlagen der dazu gehörigen Kalkulation entnommen sind.

In einer mechanischen Werkstatt sind die Unkosten nicht auf die Stundenlöhne verteilt, sondern jede Werkzeugmaschine und jeder Arbeitsplatz hat in der Stunde einen bestimmten Betrag an Unkosten zu decken. Kleinere Fräsmaschinen, auf der die in Fig. 139 dargestellte Lagerdeckel bearbeitet werden, haben für jede Stunde 39 Pf. an besonderen und allgemeinen Unkosten aufzubringen. Nach denselben Grundlagen berechnet, würde eine Fräsmaschine für Schnellbetrieb derselben Größe 53 Pf. Unkosten für jede Stunde nötig haben.

Auf drei der älteren Fräsmaschinen werden obige Lager hergestellt, und zwar bedient sie ein Arbeiter, der für jedes Stück 5,5 Pf. erhält. Von jeder Maschine werden pro Tag in 10 Arbeitsstunden 35 Lager abgeliefert. Der Arbeiter verdient also

$$35 \,.\, 3 \,.\, 5{,}5 = 5{,}775 \sim 5{,}78 \text{ M. pro Tag.}$$

An Unkosten kämen nun noch hinzu

$$39 \,.\, 10 \,.\, 3 = 11{,}70 \text{ M.},$$

so daß Lohn und Unkosten sich auf

$$5{,}78 + 11{,}70 = 17{,}48 \text{ M.}$$

stellt.

Auf das einzelne Lager entfiele dann

$$17{,}48 : 105 = 16{,}65 \text{ Pf.}$$

Denken wir uns diese Arbeiten auf Fräsmaschinen für Schnellbetrieb ausgeführt und an jeder Maschine einen Arbeiter tätig. Jeder würde in 10 Stunden 70 Lager abliefern. Bei ungefähr gleichem Verdienste müßte 8,5 Pf. für das Lager gezahlt werden.

Dann würde der Lohn in 10 Stunden

$$70 \,.\, 8{,}5 = 5{,}95 \text{ M.}$$

betragen. Zu dem dann an Unkosten

$$53 \,.\, 10 = 5{,}30 \text{ M.}$$

hinzutreten, so daß sich Lohn und Unkosten auf

$$5{,}95 + 5{,}30 = 11{,}25 \text{ M.}$$

bezifferten. Auf das einzelne Lager berechnet, ergebe es

$$11{,}25 : 70 = 16{,}07 \text{ Pf.}$$

Eine Tagesleistung von je 3 Maschinen ergäbe: 105 auf den älteren und 210 Lager auf den neuen Fräsmaschinen.

Also das Ergebnis ist: 100 % Mehrleistung in der Fabrikation und eine kleine Selbstkostenverminderung von 2,5 %, trotz 55 % Lohnerhöhung; ein schöner Erfolg einer gerechten Unkostenverteilung, das anders aussieht, als wenn alles im Pausch und Bogen mit dem gleichen Unkostensatz berechnet wird.

Denn dann würde auch der Fall eintreten können, daß drei sehr große teuere Maschinen, die von einem Arbeiter bedient werden und deren jede bei gerechter Unkostenverteilung stündlich 1—1,50 M. aufzubringen hätte, nur mit einem lächerlich geringen Betrag belastet werden. Die Unkosten sollen z. B. 200 % des Arbeitslohnes betragen und der Arbeiter soll an jeder Maschine nur wenig mehr als 2 M. pro Tag verdienen. Ist dann 12000 M. der Anschaffungspreis der Maschine und 15 PS die benötigte Kraft, die wir mit 5 Pf. pro Pferdekraftstunde annehmen wollen, dann ergeben schon diese 2 Posten:

5 % Verzinsung von 12000 M. = 600 M. bei 300 Arbeitstagen	= 2,— M. pro Tag,
10 % Amortisation von 12000 M. und Instandhaltung der Maschine = 1200 M. bei 300 Arbeitstagen .	= 4,— „ „ „
15 PS . 5 Pf. = 75 Pf. pro Stunde, bei 10 Stunden .	= 7,50 „ „ „
	13,50 M.
Wenn dazu für Werkzeuge und Schmier- und Putzmateriel noch	—,50 M. pro Tag
hinzukommen, dann betragen die besonderen Unkosten	14,— M. pro Tag.
Die allgemeinen Unkosten dürften sich dann noch auf etwa	1,50 „ „ „
belaufen, so daß diese eine Maschine pro Tag etwa .	**15,50 M.**

an Unkosten aufzubringen hätte.

Da nur 4 M. Unkosten gedeckt werden, so bleiben noch 11,50 M., die von anderen Maschinen aufgebracht werden müssen. Ein Fehlbetrag, der das ganze Verfahren im richtigen Licht erscheinen läßt. Werden in so einem Betriebe Fabrikate hergestellt, deren Verkaufspreise nicht von der gesamten Marktlage abhängen, so kann dieses Verfahren der Grund seiner völligen Lahmlegung werden.

Der Gedanke, den Fräsarbeiter an einer Maschine ausreichend zu beschäftigen, hat noch manche wichtige Anregung gegeben, deren Verwirklichung schöne Früchte zeitigt.

Verfolgen wir zunächst die Vervollkommnung aller Maschinenorgane, die zur Verringerung der toten Zeit beitragen könnten, so müssen wir verschiedener Zwischenhandlungen gedenken, durch die der Fräsarbeiter aufgehalten wird. Solche sind das Umlegen des Hauptriemens von einer Stufenscheibe zur anderen und das Umlegen der verschiedenen Riemen für den Tischvorschub. Durch den Einzelscheibenantrieb der Frässpindel, der durch einen Räderkasten eine größere Anzahl von Frässpindel-Umdrehungen zuläßt als die Stufenscheibe, ist nun eine ganz erhebliche Zeitersparnis geschaffen. Ebenso beim zwangsläufigen Antrieb des Tischvorschubes durch eine ähnliche Einrichtung, durch den Wechselräderkasten.

Der Erfolg eines Fräsereibetriebes hing von jeher zum großen Teil von der richtigen Anwendung der Schnitt- und Schaltgeschwindigkeiten ab. Jedoch zogen gerade hier Unkenntnis und Bequemlichkeit recht enge Grenzen. Zwang das Zittern oder Warmwerden des Fräsers dazu, die

Schnittgeschwindigkeit herabzusetzen, so wurde nur selten versucht, durch schnelleren Vorschub die geringere Gesamtleistung zu heben. Anders, wenn durch einfache Handgriffe Schalt- und Schnittgeschwindigkeit den jeweiligen Verhältnissen angepaßt werden kann und der Werkmeister oder Betriebsleiter ohne Umstände selbst eine Nachprüfung vornehmen kann.

Der Einzelscheibenantrieb kann aber auch als Förderer des elektrischen Einzelantriebes angesprochen werden. Denn erst jetzt ist es möglich, den wirtschaftlich gut arbeitenden Elektromotor als Antriebsmittel wählen zu können.

Wenden wir uns jetzt einer anderen Frage, der Verkürzung der Aufspannzeit der Werkstücke zu, so können wir mehrere Ausgangspunkte für unsere Betrachtungen gewinnen.

Den ersten Ausgangspunkt bilden die Aufspanneinrichtungen selbst. Sie haben manche Verbesserung erfahren und sollen an anderer Stelle noch eine ausgiebigere Würdigung finden. Hier soll nur ihrer Vervollkommnung insoweit gedacht werden, als sie berufen ist, die Aufspannzeit zu verkürzen.

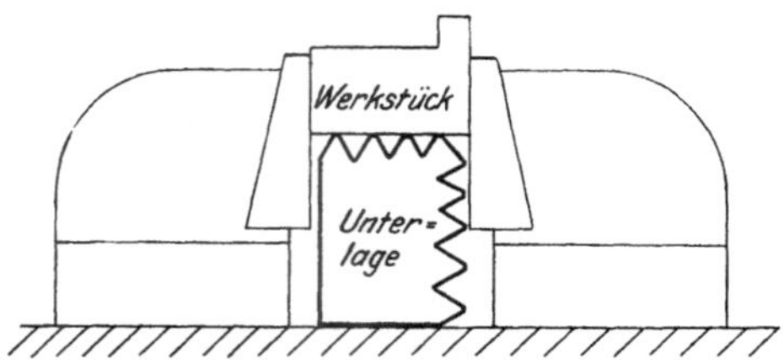

Fig. 140. Die genutete Schraubstock-Unterlage.

Dazu gehören bei den gewöhnlichen Aufspann-Schraubstöcken: leichte Befestigungsmöglichkeit des Schraubstockes selbst, Kurbeln bis über den Tisch geführt, winkelrechte Flächen zum Anschlagen von Winkeln und Reißnadeln, einige Löcher zum Anbringen von Anschlägen und an Stelle der flachen Unterlagen, die nach jedem Ausspannen von Spänen zu reinigen sind, solche mit Nuten, wie Fig. 140 zeigt, auf die man ohne weiteres Werkstücke legen kann, ohne befürchten zu müssen, daß sich Späne darunter festsetzen. Eine kleine Bewegung des aufgelegten Werkstückes befördert nämlich alle anhaftenden Späne in die dafür vorgesehenen Nuten.

Die Aufspannvorrichtungen sind Einrichtungen für Sonderzwecke, zumeist für Massenherstellung bestimmt. Für selten vorkommende Teile werden sie nur dann angewendet, wenn es auf höchste Genauigkeit und gleichmäßigste Ausführung ankommt. Ehedem war für ihre Konstruktion der Gedanke maßgebend, durch besondere Auflagen und Spannbacken eine genau gleichmäßige Stellung des Werkstückes gegenüber dem Werkzeug zu schaffen, wodurch die für die Austauschbarkeit erforderliche Genauigkeit erzielt wurde. Heute finden wir auch noch die sorgfältigste Durchbildung der für schnelles Aufspannen notwendigen Ergänzungen. So sind z. B. alle an Vorrichtungen vorhandene Spannschrauben mit Spiralfedern zu versehen, um die Spanneisen nach dem Lösen der Schraube in ihren Stellungen zu halten. Die Spannbacken der Vorrichtungen, die nur durch

Druckschrauben angepreßt werden, sind im ähnlichen Sinne federnd anzuhängen. Erinnern wollen wir ferner noch an die Durchbrüche zum freien Abgang der abgenommenen Späne.

Die Aufspannvorrichtungen sollten eigentlich alle zur Aufnahme von zwei Werkstücken ausgebildet sein, weil ihre Herstellung nur unwesentlich teuerer als für ein Werkstück ist. Diejenigen Vorrichtungen, die man für die Aufnahme von 4—10 Werkstücken einzurichten gedenkt, erfordern dagegen eine vorsichtige Prüfung hinsichtlich ihrer Wirtschaftlichkeit. Eine wesentliche Zeitersparnis beim gleichzeitigen Aufspannen der Werkstücke ist der eine große Vorteil dieser doppelten und vielfachen Vorrichtungen.

Fig. 141. Das Fräsen mit 3 gleichen Fräsersätzen.

Die Einführung der vielfachen Aufspannvorrichtungen bringt aber noch einen weiteren Fortschritt: die Verkürzung der Fräsdauer für das einzelne Werkstück. Geht man nämlich von der Erwägung aus, daß der Arbeitsweg des Fräsers nicht nur gleich der Länge des Werkstückes ist, sondern aus dieser + der Länge des Fräseranschnittes besteht, so erkennt man unschwer die Bedeutung für die Fräsdauer selbst.

Die volle Ausnützung der Fräsmaschine ist wiederum eine Forderung, die im Interesse der Wirtschaftlichkeit des Fräsereibetriebes gestellt werden muß. Dort, wo sperrige Werkstücke große Fräsmaschinen erheischen, müssen durch Nebeneinanderspannen die vorhandenen Kräfte benutzt werden. Sei es, wie in Fig. 141 gezeigt, beim Fräsen gleicher

Teile, wobei drei Sätze gleicher Fräser verwendet werden,[1]) oder, wie in Fig. 142 dargestellt, beim Fräsen verschiedener Seiten gleicher Teile mit zwei verschiedenen Frässätzen.[2]) Letztere Anordnung zeigt eine gute Lösung, auf welche einfache Weise vorhandene Mittel mit bestem Erfolg für die obige Frage angewendet werden können. Ob in einzelnen Fällen mit einem teueren Fräsersatz, wie es Fig. 143 zeigt, das richtige getroffen wird, muß selbstverständlich ebenfalls einer gewissenhaften Prüfung unterliegen; in der Regel wird wohl nur beim Massenbedarf einer solchen Lösung das Wort zu reden sein.

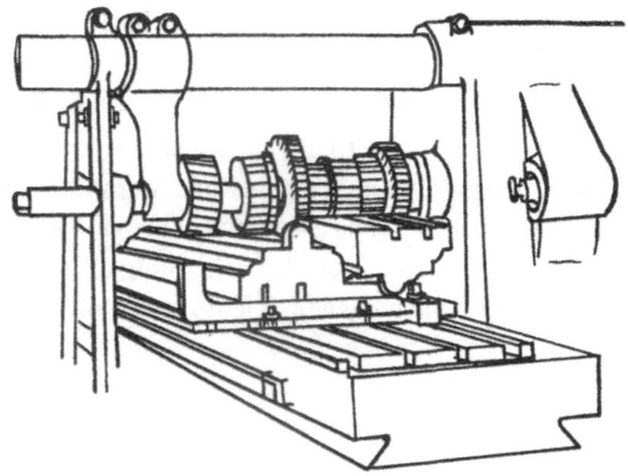

Fig. 142. Das Fräsen mit 2 verschiedenenen Fräsersätzen.

Wenn wir uns weiter mit der Frage der vollen Ausnutzung einer Fräsmaschine befassen, so kommen wir sehr bald zu der Erkenntnis, daß möglichst ein ununterbrochenes Arbeiten des Fräsers anzustreben ist.

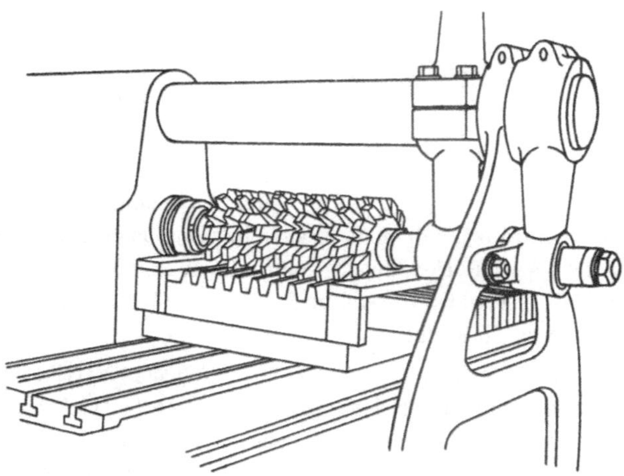

Fig. 143. Das Fräsen mit 9 gleichen Profilfräsern.

Durch den im nächsten Kapitel dargestellten doppelten Schraubstock des Verfassers wird diese Frage in einfachster Weise gelöst. Der

[1]) American-Machinist Jahrg. 1910, S. 645.

[2]) Ebenda S. 1863.

revolverähnliche Schraubstock wird mit einer Seite vor das Werkzeug gebracht und, nachdem der Schnitt vollendet, um 180° gedreht, so daß jetzt das Werkstück der zweiten Seite bearbeitet werden kann, während das der ersten Seite ausgespannt bezw. durch ein weiteres unbearbeitetes ersetzt wird. Namentlich beim Bearbeiten auf Vertikalfräsmaschinen ist diese Anordnung von unschätzbarem Werte.

Auf den Vertikalfräsmaschinen läßt sich nun im allgemeinen sehr leicht diese Teilung der Arbeit durchführen, weil der meist von Stirn oder Kopf arbeitende Fräser an keine bestimmte Schaltrichtung gebunden ist. Infolgedessen genügt ein langer Aufspanntisch, die Schaltrichtung des Tisches nach beiden Richtungen und zwei Aufspanneinrichtungen, die aus einfachen Spanneisen, Schraubstöcken oder anderen Vorrichtungen bestehen können. Die Bearbeitung geschieht am besten stets von der Mitte des Tisches aus. Um ein zufälliges Ausgleiten des Fräsarbeiters beim Ab- und Aufspannen der Werkstücke zu verhüten, muß ein Schutzblech dazwischen gestellt werden.

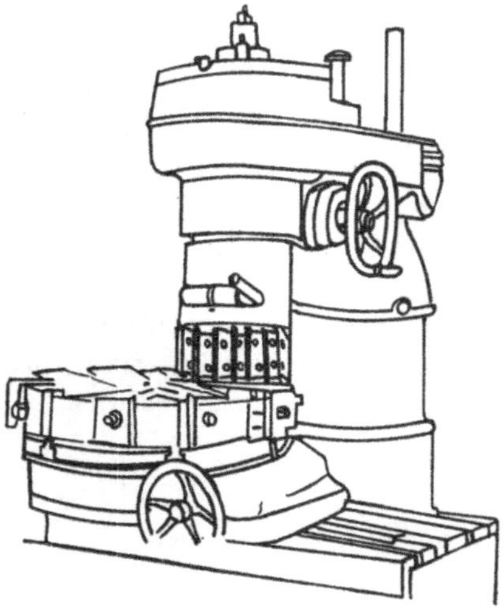

Fig. 144. Das ununterbrochene Fräsen von Bügeleisen.

Die eben angeführten Beispiele guter Ausnutzung von Fräsmaschinen sind noch nicht die letzten Lösungen der Frage, des ununterbrochenen Fräsens. Denn dieses soll auch die tote Zeit des Zurückkurbelns des Tisches umgehen. Es ist allerdings in seiner Anwendung wesentlich durch den Umstand beschränkt, daß es im allgemeinen nur zum Abplanen von Oberflächen solcher Werkstücke dienen kann, die in großer Anzahl gebraucht werden, so daß sich die Herstellung einer größeren Anzahl Aufspannvorrichtungen bezahlt macht.

Das ununterbrochene Fräsen kann auf jeder Vertikalfräsmaschine mit Rundtisch ausgeführt werden. Fig. 144 zeigt beispielsweise eine Anordnung, mit der die bekannten Bügeleisen[1]) bearbeitet werden. Beim gleichmäßigen Rundschalten wird dabei Werkstück für Werkstück gefräst, wobei immer das dem Fräser gegenüberliegende abgespannt und durch ein neues ersetzt wird.

Sondermaschinen für diesen Zweck bringt die Werkzeugmaschinenfabrik Pekrun in Coswig i. S. auf den Markt. Sie ordnet in vielen

[1]) American-Machinist Jahrg. 1910, S. 1863.

Fällen zwei Frässpindeln an, um mit der zweiten nach dem Vorfräsen das Schlichten auszuführen. Eine solche Fräsmaschine zeigt die Fig. 145. Sie ist für das Bearbeiten der Singer-Fundamentplatten vorgesehen und liefert bei 10 stündiger Arbeitszeit 240—280 Stück.

Dem gleichen Zwecke dient die Maschine, die in Fig. 146 wiedergegeben ist und von der Berber-Colman-Company, einer amerikanischen Firma, gebaut wird.

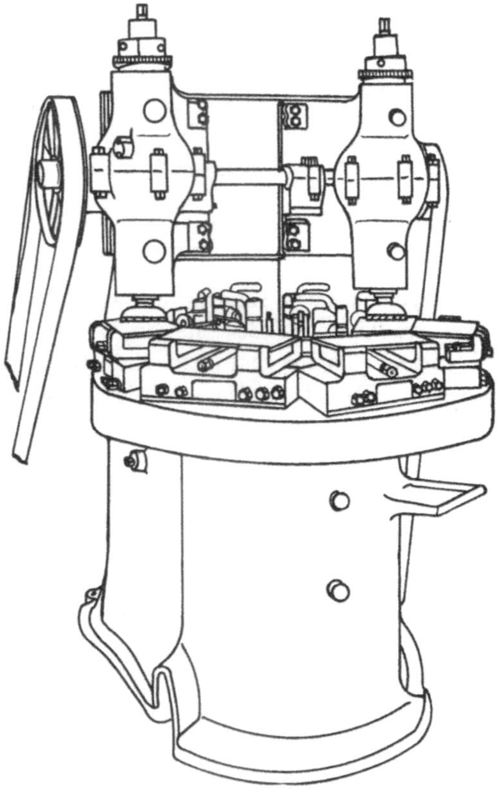

Fig. 145. Das ununterbrochene Fräsen von Singerplatten nach Pekrun.

Unterzogen wir vorstehend den Einrichtungen zur Verkürzung der toten Zeit einer kurzen Besprechung, weil durch die Einführung des Schnellbetriebes die Zeit des Fräsens selbst in den Hintergrund tritt, so sollen im nachstehenden eine Anzahl Verfahren besprochen werden, die bei oberflächlicher Beurteilung zunächst die Zeit des Fräsens zu verkürzen scheinen, die jedoch bei genauer Prüfung letzten Endes ebenfalls die Zeit für das Auf- und Umspannen der Werkstücke verkürzen oder beseitigen wollen.

Hiervon sind nur schwer diejenigen Einrichtungen zu trennen, die auf die Erzielung einer höheren Genauigkeit hinauslaufen, weil im allgemeinen mit jeder Verbesserung die Vervollkommnung der Arbeit vorwärts schreitet.

Die Fräsmaschinen mit mehreren Frässpindeln[1]) sind hier in erster Linie zu nennen. Die umstehende Fig. 147, eine Sondermaschine, mit je einer senkrechten und wagerechten Frässpindel, von J. E. Reinecker in Chemnitz erbaut, möge ein Beispiel für solche Maschinen sein. In zahlreichen Fällen wird man mit ihnen neben erhöhter Genauigkeit eine wesentliche Zeitersparnis erreichen, indem entweder mehrmaliges Um-

[1]) Siehe auch 9. Die Fräsmaschinen usw.

spannen der Werkstücke oder der Werkzeuge (der Fräser), ja in manchen Fällen beides erspart wird.

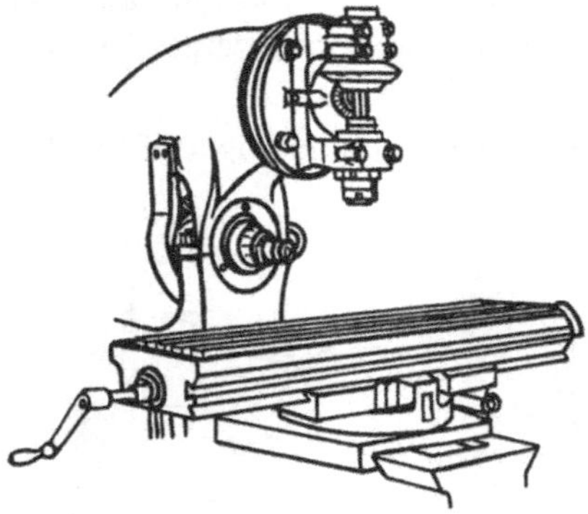
Fig. 146. Wagerecht- und Senkrecht-Fräsmaschine von J. R. Reinecker.

Außer diesen Vorteilen wird die obige Maschine auch die Fräsarbeit in all den Fällen verkürzen, die das gleichzeitige Arbeiten beider Frässpindeln zulassen. Wenn wir in Betracht ziehen, wie wenig höher der Anschaffungspreis einer solchen Maschine gegenüber einer einspindligen ist, so kann man ihre sehr langsam vorsichgehende Einführung nur lebhaft bedauern.

Trotzdem ist im allgemeinen Maschinenbau die Anordnung mehrerer Spindeln schon sehr alt, und zwar bei den großen Werkzeugmaschinen. Dort, wo viele Stunden die große Betriebskosten aufzehrende Maschine still liegen konnte, hat man sich die obigen Vorteile sehr früh zunutze gemacht. Es ist schade, daß der Weg vom Großen zum Kleinen viel länger ist, als es vom Kleinen zum Großen der Fall ist. Um große Werkstücke nicht wiederholt umspannen und transportieren zu müssen, sind seit langem wertvolle Konstruktionen von großen, schweren Werkzeugmaschinen ausgeführt worden, auf denen nicht nur alle erforderlichen Fräsarbeiten vollzogen, sondern auch in zahlreichen Fällen andere Bearbeitungsarten, wie Bohren, Drehen, Schleifen, Hobeln und Stoßen, ausgeführt werden können. Solche Maschinen stellen die Glanzleistungen unseres so hoch entwickelten Werkzeugmaschinenbaues dar.

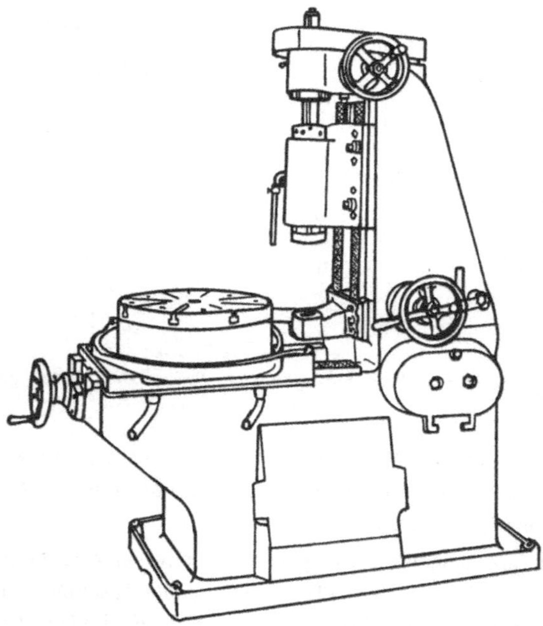
Fig. 147. Fräsmaschine mit Rundtisch.

Das Umspannen von Werkstücken und das Auswechseln der Fräser kann aber noch auf einer anderen Weise umgangen werden, nämlich beim revolverähnlichen Anordnen der Fräser, wie es von A. Vernet in Dijon (Frankreich)[1]) in Fig. 148 angestrebt wird. Ähnliche Versuche sind schon

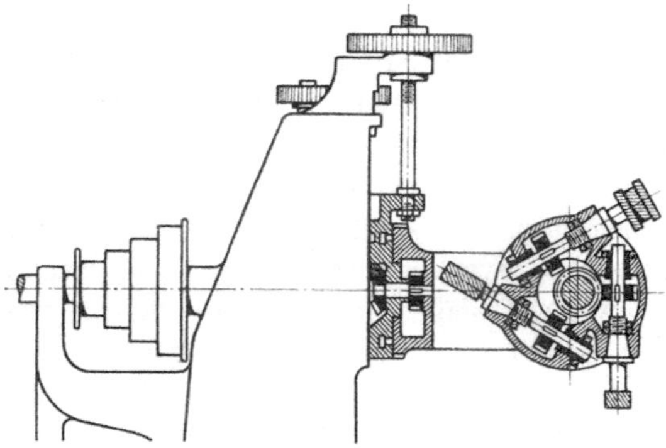

Fig. 148. Das revolverähnliche Anordnen der Fräser nach Vernet.

mehrfach an Bohrmaschinen gemacht worden, ohne indes größere Bedeutung für den allgemeinen Maschinenbau zu erlangen.

Dem Bau von Fräsmaschinen mit revolverähnlicher Werkzeuganordnung für die Massenfabrikation hat Pekrun in Coswig i. S. neue eigenartige Konstruktionen hinzugefügt. In Fig. 149 finden wir eine derartige Maschine dargestellt.

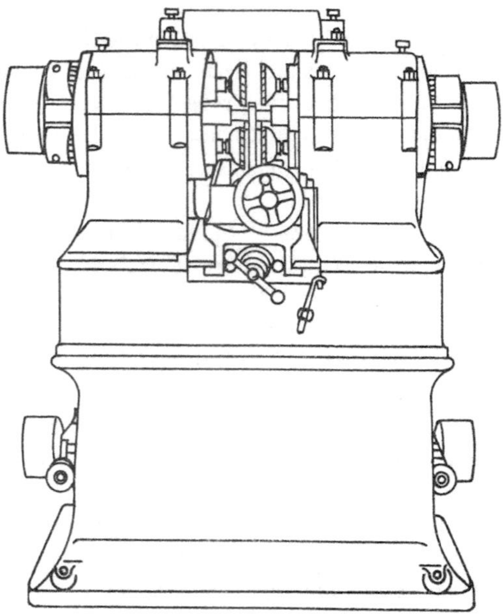

Fig. 149. Das revolverähnliche Anordnen der Fräser nach Pekrun.

Zuletzt sei noch auf den Einfluß aufmerksam gemacht, den das mehrschneidige Werkzeug auf die Entwicklung der Revolver- und automatischen Drehbänke und auf die Bohrmaschinen ausgeübt hat. Den ersteren ist dadurch die Bearbeitung auch der schwierigsten Werkstücke ermöglicht und den letzteren ist ebenfalls ein erheblich weiteres Feld, das der Bearbeitung genauer und abgesetzter Bohrungen, zugefallen. Daß sich

[1]) Werkstattstechnik 1909, S. 118: Patentbericht entnommen.

demnach unsere Bohrmaschinen in dieser neuen Entwicklungsstufe von den vertikalen Fräsmaschinen nur noch durch ihre einfacheren Arbeitstische unterscheiden können, findet in den neuen Modellen unserer besten Firmen ihre volle Bestätigung.

Die großen Leistungen, die diese Maschinen mit den mehrschneidigen Werkzeugen erzielten, haben nun wiederum eine Rückwirkung gezeitigt, den Übergang vom vielschneidigen zum mehrschneidigen Fräser, d. h. eine Beschränkung der Schneidzähneanzahl herbeigeführt zu haben.

Wenn auch nach den Ausführungen des I. Teiles noch keine erhebliche Umänderung bevorsteht, so darf doch zum Schluß die Hoffnung ausgesprochen werden, daß wir der Entwicklung eines allgemeinen (Universal-) Werkzeuges entgegen gehen, das für die meisten Werkzeugmaschinen gleich brauchbar ist; einst war es der einschneidige Stichel, später wird es der mehrschneidige Fräser sein.

8. Die Aufspanneinrichtungen für Fräsmaschinen.

a) Die Maschinenschraubstöcke.

Der Maschinenschraubstock ist im allgemeinen Maschinenbau, ja sehr oft auch in der Massenfabrikation, noch immer die am meisten angewendetste Aufspanneinrichtung. Den vielseitigen Anforderungen entsprechend, sind im Laufe der Jahre eine große Anzahl der verschiedenartigsten Konstruktionen entstanden. Doch nicht nur allein die Vielseitigkeit seiner Verwendung ist gefördert worden, auch seine inneren Mängel hat man durch gute Lösungen zu beheben gewußt.

Die freiliegende Spindel, auf die sowohl die Späne als auch der abspringende Zunder oder Formsand ungehindert fallen konnte, ist bei den guten Konstruktionen verdeckt angeordnet. Die ungenügende Befestigung bezw. Sicherung der Spannbacken, die an den nicht winkelrechten Flächen der Werkstücke die Schuld trugen, ist verschwunden und hat manche Verbesserung erfahren.

Nur in der Handhabung der Schraubstöcke kann man noch keine große Abnahme der Bedienungsfehler wahrnehmen, weshalb hier vor allem auf das ungenügende Festschrauben des Schraubstockes auf den Fräsmaschinentisch und auf das falsche Einspannen der Werkstücke hingewiesen sei. Es müssen vor allem auseinander gehalten werden: die Schraubstöcke für rohe Werkstücke und solche für bearbeitete Werkstücke. Sodann ist sehr wichtig, daß jedes Werkstück auf einer guten Unterlage ruht, damit es nicht nur zwischen den Backen festgeklemmt ist — was edoch leider sehr gebräuchlich ist —, sondern der Hauptdruck des arbeitenden Fräsers von der Unterlage aufgefangen wird.

Die Schraubstöcke zum Einspannen der rohen Werkstücke erfordern zumeist eine bewegliche Spannbacke, siehe Fig. 150 und 151, da in der Regel diese Werkstücke nicht genau winklig sind. Hingegen sollen die

Schraubstöcke für bearbeitete Teile feststehende und geschliffene Spannbacken haben.

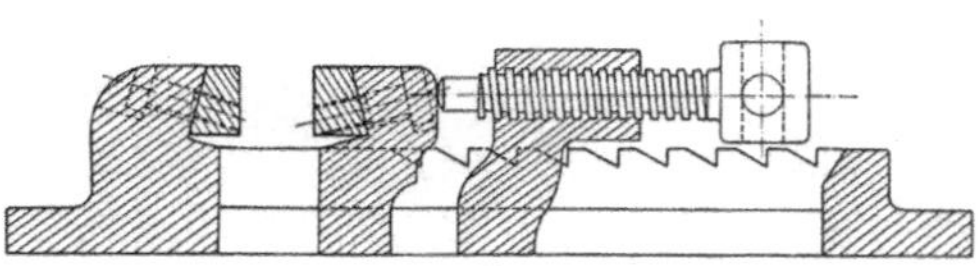

Fig. 150.

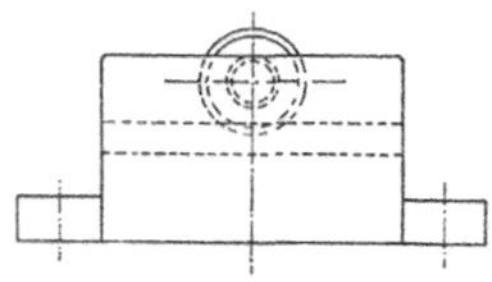

Fig. 151.

Der Schraubstock mit beweglicher Spannbacke.

Fig. 152 zeigt einen Schraubstock von L. Löwe & Co. mit festen Backen und Drehteil, das den Zweck hat, ein festgespanntes Werkstück in jede Stellung zur Fräserachse bringen zu können.

Einen eigenartigen Schraubstock stellen die Fig. 153—155 dar, der hauptsächlich für lange Werkstücke bestimmt ist. Er besteht aus drei

Fig. 152. Der Maschinenschraubstock mit festsitzenden Spannbacken.

einzeln auf den Fräsmaschinentisch zu befestigenden Gruppen, den beiden Spannbacken- und dem Spindelteil. Durch Auseinanderrücken der Spannbackenteile kann er für jede beliebige Länge eines Werkstückes eingestellt werden.

In den Fig. 156 und 157 ist ein doppelter (revolverähnlich arbeitender) Schraubstock[1]) dargestellt, der schon im vorigen Kapitel erwähnt wurde. Auf dem kräftigen Unterteil befindet sich drehbar die Fußplatte für die beiden Schraubstockanordnungen. Jede ihrer beiden Stellungen ist durch eine sichere Fixier- und Festklemmvorrichtung unverrückbar festgelegt. Durch Umlegen des Schlüssels, der die Spindel dreht, erfolgt nämlich zuerst die genaue Fixierung und bei weiterer Drehung das Fest-

[1]) Werkstattstechnik 1907, S. 322: Patentbericht, entnommen.

klemmen auf das Unterteil. Die beiden Spannteile können jedes für sich bedient werden, so daß beim Fräsen mit der einen Schraubstockseite das

Fig. 153.

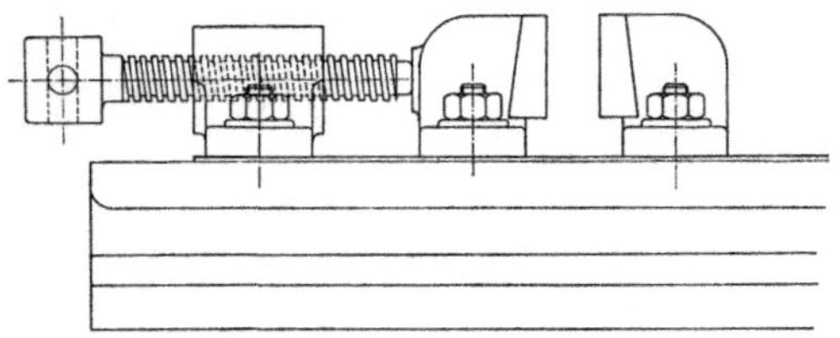

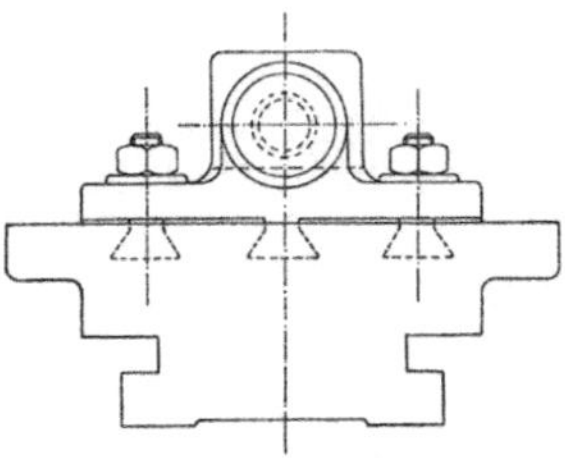

Fig. 154.

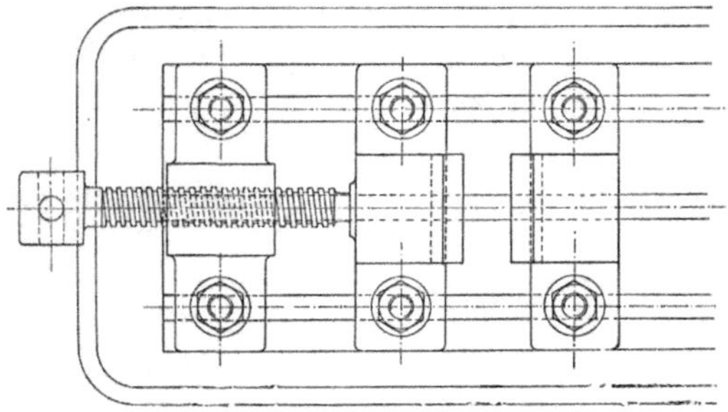

Fig. 155.
In der Spanngröße verstellbarer Schraubstock.

Ab- und Aufspannen mit der andern erfolgen kann.

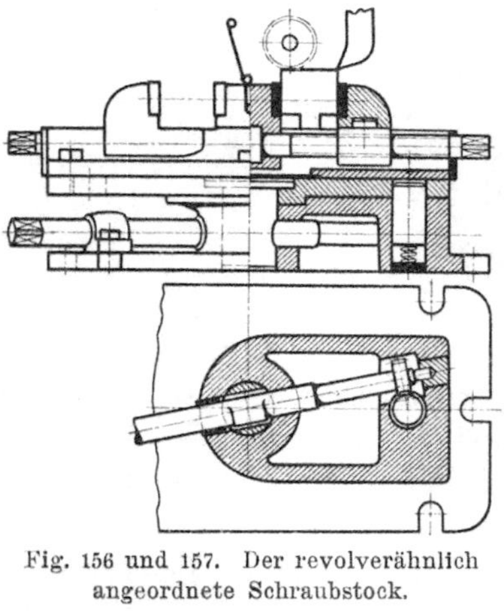

Fig. 156 und 157. Der revolverähnlich angeordnete Schraubstock.

b) Die Fräsvorrichtungen.

Unter dem Namen Fräsvorrichtungen verstehen wir die besonderen Aufspanneinrichtungen, die zum Fräsen einzelner Operationen der in großen Stückzahlen zu bearbeitenden Werkstücke erforderlich sind. Verbilligung der Herstellung oder Austauschbarkeit der Werkstücke, sehr oft beides gemeinsam, ist der Zweck ihrer Beschaffung. Neben diesen treten die anderen Gesichtspunkte, die sehr oft die Vorrichtungen erforderlich machen, weit zurück Als solche können angeführt werden: unpassende Form des Werkstückes, weil sie sich nicht im Schraubstock einspannen läßt, und die Notwendigkeit, die Aufnahme des Werkstückes von einem bereits gebohrten Loch oder einer bearbeiteten schiefen Fläche vornehmen zu müssen. In jedem Falle sollte aber der Anfertigung der Fräsvorrichtungen stets eine gewissenhafte Beurteilung des zu erwartenden wirtschaftlichen Vorteiles oder der zu erreichenden Genauigkeit voraus gehen.

Es wurde bereits hervorgehoben, daß bei richtiger Ausgestaltung der Schraubstöcke durch geeignete Spannbacken eine ganze Reihe von Fräsvorrichtungen, namentlich solange es sich um die ersten Operationen handelt, umgangen werden können. Da jedoch die auswechselbaren Spannbacken, hauptsächlich durch das erforderliche Ausarbeiten für die Form des Werkstückes, ebenfalls erhebliche Kosten verursachen, so wird man bei gerechter Bewertung beider Verfahren vielfach zu dem Schluß kommen, daß eine besondere Fräsvorrichtung das billigste sei.

Tatsächlich ist man auch in den Betrieben, wo der Konstrukteur mit dem Werkstattleiter die Bearbeitung der Teile gemeinsam besprochen und festgelegt hat, wo also hinreichend Zeit zum Entwerfen und Anfertigen der Vorrichtungen und Werkzeuge vorhanden ist, immer wieder auf die besonderen Vorrichtungen zurückgekommen.

Die Ausführung der Fräsvorrichtungen wird nun leider oft in einer Weise vollzogen, die dem gedachten Zweck in keiner Beziehung entspricht. Das geschieht namentlich in solchen Betrieben, die zwar nach Vorrichtungen arbeiten wollen, aber die Ausgaben für das Entwerfen der Vorrichtungen und Werkzeuge sparen und der Werkstatt überlassen, sich die erforderlichen Vorrichtungen zu bauen. Andere wieder schalten die Werkstatt dabei vollständig aus, sie wollen von „höheren Gesichtspunkten“ das „Wie“ des Bearbeitens vorschreiben und glauben die Erfahrungen der Werkstatt entbehren zu können.

Im ersteren Falle wird aus Mangel an Zeit der Arbeiter oft geneigt sein, die Vorrichtung aus Schmiedeeisenstücken herauszuarbeiten und sie mit einer Anzahl Winkel und Spanneisen besetzen, um mit wer weiß wieviel Unkosten ein Hilfsmittel herzustellen, das trotz aller Mühe und Arbeit unvollkommen bleibt und mit dem sich keine genaue Arbeit erzielen läßt. Früh genug wandert es in der Regel ins alte Eisen.

Im anderen Falle werden nun die vielen kleinen Vorteile, die sogen. Werkstattkniffe, die zusammengefaßt erst den Erfolg zu garantieren vermögen, völlig außer acht gelassen. Die Werkstatt betrachtet solche Vorrichtungen als etwas fremdes.

Nur gemeinsames Zusammenarbeiten von Bureau und Werkstatt kann zu dem Wege führen, der am Ende für den Betrieb von unschätzbarem Werte ist. Dieser einzig richtige Weg besteht darin, daß die Vorrichtungen — nach der bereits oben erwähnten gemeinsamen Beratung — zeichnerisch entworfen und die Körper möglichst nach Modellen gegossen werden. Nur wenige Flächen sind in der Regel bei diesem Verfahren zu bearbeiten, so daß sich schon im Ersparen von Arbeitslöhnen die Modellkosten decken. Wichtiger ist aber, daß eine solche Vorrichtung schon von vornherein einen guten Eindruck auf den Arbeiter macht. Hat er an dem ihr zugrundeliegenden Arbeitsverfahren noch etwas geistigen Anteil, so wird er in seiner vom Konstrukteur in schöne gefällige Formen gebrachten Idee vollends den Beweis gemeinsamer Arbeit erblicken und mit großem Interesse an seine richtige Ausnutzung herangehen.

In den Betrieben, wo die Konstruktion und Herstellung der Werkzeuge und Vorrichtungen in besonderen Abteilungen erfolgt, muß von ihr ein inniger Kontakt zwischen Bureau und Werkstatt sorgfältig gepflegt werden.

Die Fräsvorrichtung soll in erster Linie das einzuspannende Werkstück gut und sicher halten. Die Spannbacken sind deshalb derartig auszubilden, daß sie, dem Gesetz der Kräfte entsprechend, ihren Hauptdruck auf das Werkstück ausüben; was natürlich nicht möglich ist, wenn der Abstand von Mitte Spannschraube bis Mitte Spannbacke größer ist, als bis zum Gegenauflagepunkt der Spannbacke; eine Ausführungsart, die man sehr häufig beobachten kann. Sodann ist dafür Sorge zu tragen, daß etwa auftretende Viberationen oder auch Biegungen der Vorrichtung den Fräser nicht in das Werkstück hineinreißen, sondern ihn hinausdrücken. Bei hochangelegten Vorrichtungen ist hierauf besondere Rücksicht zu nehmen.

Eine vollkommene Fräsvorrichtung muß aber auch das Einstellen des Fräsers rasch zu erledigen gestatten. Zu diesem Zwecke muß sie genau geschabte Ansätze besitzen, nach denen man unter Zuhilfenahme von Meßklötzchen den Fräser gleich fürs erste Stück richtig einstellen kann. Diese Forderung kann nun wiederum am besten an gegossenen Körpern vorgesehen werden. Leider wird die eben geschilderte Einrichtung noch recht wenig ausgeführt.

Ein Beispiel einer Fräsvorrichtung, die alle notwendigen Einrichtungen aufweist, stellen die Fig. 158—160 dar. Es ist dabei bedeutungslos, welcher Art das einzuspannende Werkstück ist. In unserem Beispiel ist eine Hubklinke für die Füllungsregulatoren gewählt.

Der gußeiserne Körper *a*, der in bekannter Weise auf den Fräsmaschinentisch zu spannen ist, weist an seiner Grundplatte die Feder für die Tischnut und 2 Nocken für die Befestigungsschrauben auf. An seine vordere Fläche legt sich die Spannbacke *b*. Die Gegenbacke *c* ist mit dem Körper *a* verschraubt. Die kräftigen Schrauben *d* gestatten das Werkstück *w* sicher einzuspannen.

Um das Abspannen der Werkstücke schnell herbeizuführen, wird die Spannbacke *b* nach dem Lösen der Muttern durch eine Feder *f* selbsttätig abgehoben. Zur besseren Führung der Spannbacke *b*, namentlich wenn bei schmäleren Werkstücken nur eine Schraube erforderlich ist, kann man unter ihr noch einen Führungsstift vorsehen.

Die Unterlage *g* muß sich der Form des Werkstückes anpassen und festgeschraubt sein. Bei geraden Flächen wird die einfache Unterlage, wie in Fig. 140 gezeigt, genügen.

In passender Höhe befindet sich am Gußkörper *a* noch ein Ansatz für die Einstellklötzchen angegossen. Er ist an den Flächen, wo die Meßklötzchen x und y angelegt werden, peinlich genau auf Maß geschabt, um nach dem Auflegen des vielleicht 5 oder 10 mm dicken Meßklötzchens genau die richtige Stellung des Fräsers anzugeben. Für solche Paßstellen nimmt man am besten diejenigen Partien des Werkstückes, die am genauesten sein müßten, einmal bezüglich der Höhen- und zum andern für die Seiteneinstellung.

Um damit den Fräser schnell einzustellen, kurbelt man die Paßflächen mitten unter ihn und legt die Meßklötzchen dazwischen. Mit

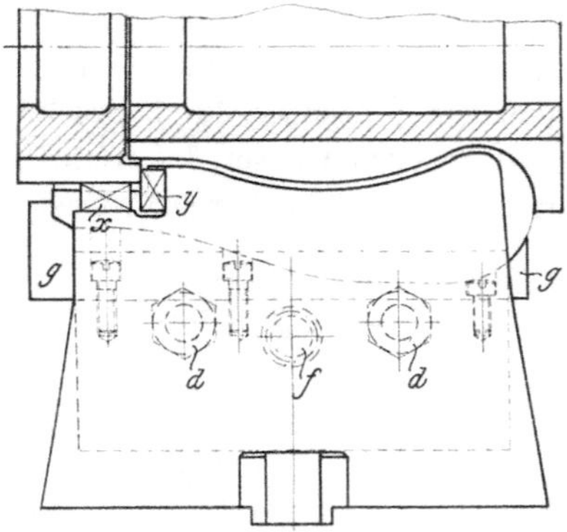

Fig. 158.

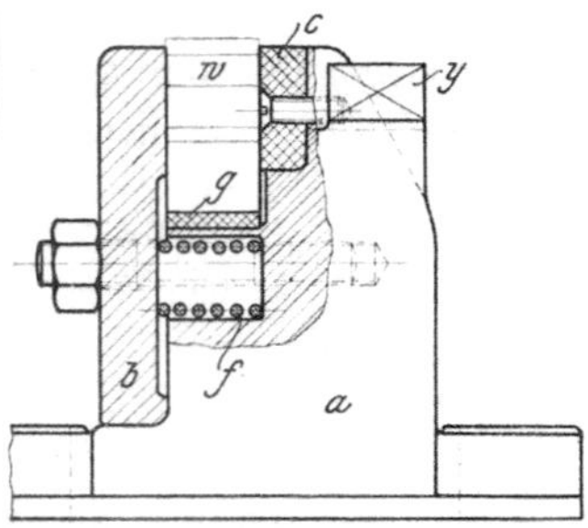

Fig. 159

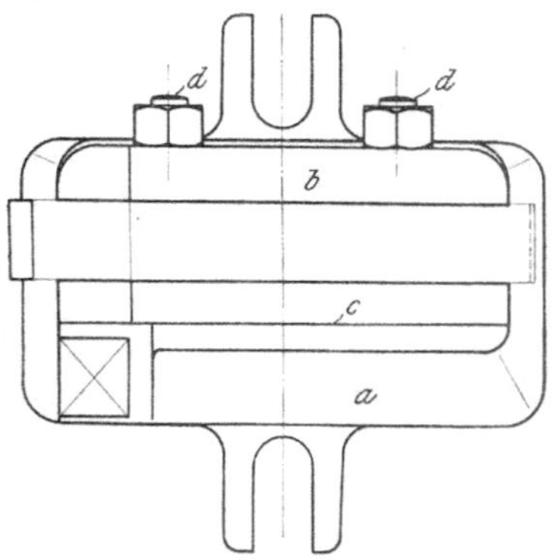

Fig. 160.

Fig. 158—160. Die Fräsvorrichtung für kleine Profile.

dünnem Papier kann man nun sehr leicht die richtige Stellung des Fräsers herbeiführen.

Eine solche Fräsvorrichtung wird allen Anforderungen, wie schnelles Einstellen des Fräsers, rasches Auf- und Abspannen und sichere Lage der Werkstücke und zitterfreies Arbeiten des Fräsers es sind, gerecht werden.

Es wurde schon die Frage gestreift, inwieweit die Stückzahl eines Werkstückes von Einfluß auf die Gestaltung der Vorrichtungen und Werkzeuge ist. Mit erheblichen Mitteln lassen sich naturgemäß andere Vorteile erzwingen, als mit beschränkten. Auch das Arbeitsverfahren, dem die Vorrichtung der Fig. 159 dienen soll, ist nicht die beste Lösung und kann also nur bei geringeren Stückzahlen empfohlen werden.

Wesentlich kürzere Arbeitszeiten würde nämlich das Fräsen in Serien von 5 Stück, anstatt des Einzelbearbeitens, ergeben. Für die Herstellungskosten der Fräsvorrichtung (Fig. 159) wäre es unerheblich, ob etwa der für *w* benötigte Raum 20 oder $5 . 20 + 5 . 2 = 110$ mm betragen würde. Dagegen müßte für das Fräsen der geraden Seiten eine besondere Einrichtung getroffen werden. Während bei dem obigen Verfahren das Bearbeiten der Seiten vor der Profilierung gedacht ist, müßte es jetzt nachher, am besten durch Zersägen, erfolgen, und zwar entweder mit der Einzelsäge oder noch besser mit dem Fräsersatz für 5 Stück.

Eine Gegenüberstellung der Arbeitszeiten[1]) dieser 3 Verfahren dürfte nicht uninteressant sein und sei deshalb im nachstehenden wiedergegeben.

1. Verfahren: Einzelbearbeiten.

(Material: Stahl 35 . 25 . 125 mm.)

2 Flächen gerade fräsen:

Der Schaltweg ist 35 mm + 20 mm für den Anschnitt = 55 mm.

$55 : 30 = \infty$ 2 Min. $\times$ 2	= 4 Min.	
dazu 2 mal auf- und abspannen	= $^1/_2$ „	$4^1/_2$ Min.

2 Flächen profilieren:

Der Schaltweg ist 20 mm + 35 mm für den Anschnitt = 55 mm.

$55 : 20 = \infty$ 3 Min. $\times$ 2	= 6 Min.	
dazu 2 mal auf- und abspannen	= $^1/_2$ „	$6^1/_2$ „

Demnach erhält man pro Stück eine Arbeitszeit von **11 Min.**

2. Verfahren: Profilieren zu 5 Stück und Einzelzersägen.

(Material: Stahl 35 . 110 . 125 mm.)

2 Flächen profilieren:

Der Schaltweg ist 110 mm + 35 mm für den Anschnitt = 145 mm.

$145 : 20 = \infty$ $7^1/_4$ Min. $\times$ 2	= $14^1/_2$ Min.	
dazu 2 mal auf- und abspannen	= $^1/_2$ „	15 Min.

4 Sägeschnitte und 2 Flächen fräsen:

Der Schaltweg ist 120 mm + 15 mm für den Anschnitt = 135 mm.

$135 : 30 = \infty$ $4^1/_2$ Min. $\times$ 6	= 27 Min.	
dazu 6 mal auf- und abspannen	= $1^1/_2$ „	$28^1/_2$ „
		$43^1/_2$ Min.

Demnach entfällt auf 1 Stück eine Arbeitszeit von **8,8 Min.**

---

[1]) Als Wert des Anschnittes ist $^1/_3$ des Fräserdurchmessers angenommen. Der minutliche Schaltweg ist mit 30 bezw. 20 mm angesetzt.

3. Verfahren: Profilieren und Zersägen und Fräsen zu 5 Stück.

(Material: Stahl 35 . 110 . 125 mm.)

2 Flächen profilieren:

Wie unter Verfahren 2	=		15 Min.
1 Sägeschnitt (siehe Fig. 162)	=	$4^1/_2$ Min.	
1 mal auf- und abspannen	=	$^1/_2$ „	5 „
			20 Min.

Demnach braucht man für 1 Stück eine Arbeitszeit von **4 Min.**

Somit weist schon das Verfahren 2 gegenüber Verfahren 1 einen Zeitgewinn von 20 $^0/_0$ auf, während Verfahren 3 eine Ersparnis von 67 $^0/_0$ erzielt. Zwischen Verfahren 2 und 3 liegen dann 55 $^0/_0$ Zeitgewinn.

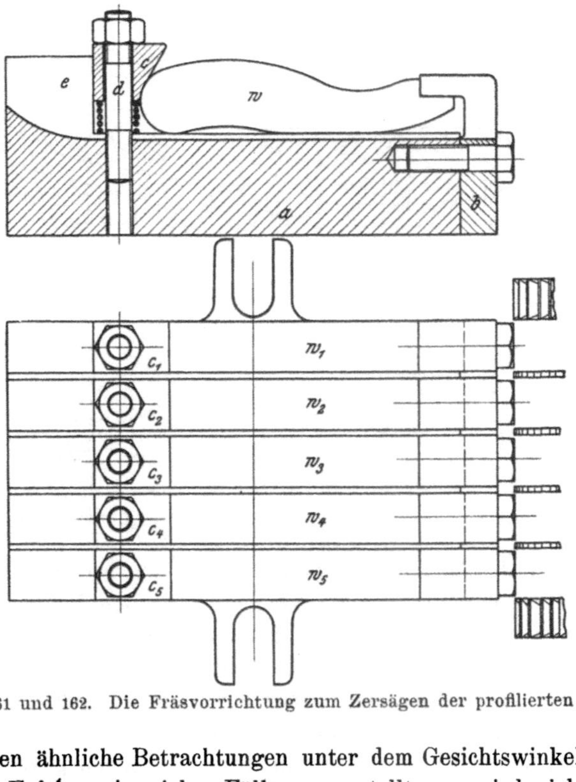

Fig. 161 und 162. Die Fräsvorrichtung zum Zersägen der profilierten Teile.

Werden ähnliche Betrachtungen unter dem Gesichtswinkel des wirtschaftlichen Erfolges in vielen Fällen angestellt, so wird sich sehr bald für jeden Betrieb eine bestimmte Stückzahl ergeben, bei deren Überschreiten die weitgehendste Bereitstellung von Mitteln geboten erscheint, und die im anderen Falle eine weise Einschränkung empfiehlt.

Im folgenden sei noch kurz die einfache Fräsvorrichtung zum Zersägen der Werkstücke (Fig. 161 u. 162) besprochen. An dem Gußkörper *a* sitzen rechts die Gegenhalter *b*, die zwecks guter Führung der Sägen beim

Anschnitt gehärtet sind. Die einzelnen Spannbacken c_1—c_5 drücken durch die Schrauben *d* das Werkstück fest und finden im Winkelansatz *e* des Körpers *a* ihren Halt. Die Sägen und Fräser werden soweit wie angängig zwischen Scheiben gespannt, um das Ausweichen der Sägen verhindern zu können.

Mit Recht wird in letzter Zeit auf den größeren Fräsmaschinen das Hintereinanderspannen einer Anzahl von Werkstücken bevorzugt. Man spart dabei den jedesmaligen Anschnitt der oft sehr großen Fräser. Dies ist aber nicht ihr einziger Vorteil, da man sehr leicht beispielsweise eine Partie von 8 Lagerböcken aufspannen und nach dem Fräsen des dritten oder vierten Werkstückes mit dem Ab- und wieder Aufspannen des ersten und zweiten wieder beginnen kann. Dabei darf jedoch nicht ein

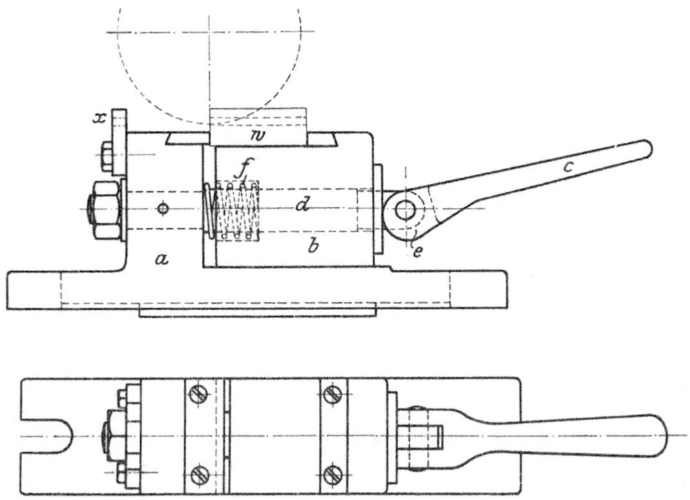

Fig. 163 und 164. Durch Hebeldruck spannende Fräsvorrichtung.

Werkstück an das andere gespannt werden, sondern jedes für sich oder doch wenigstens nur zu zweien zusammen. In allen Fällen, wo während der Fräserarbeiten auf dem Tisch hantiert wird, muß zum Schutz vor Unfällen ein Schutzblech dazwischen geschoben werden. Die Zeitersparnis beim Fräsen ganzer Partien gegenüber dem Einzelfräser beträgt 20—40 $^0/_0$, was gewiß zur breitesten Einführung ermuntert.

Für schwache Schnitte wird man auf sogen. Schnellspannvorrichtungen großes Gewicht legen, wie die Fig. 163 und 164 eine solche darstellen. Auf dem Körper *a* sitzt verschiebbar die Backe *b*. Der Hebel *c*, der am Bolzen *d* sitzt, ist bei *e* exzenterförmig ausgebildet, so daß er beim Niederdrücken die Backe *b* gegen das eingelegte Werkstück *w* preßt. Zwecks schnellen Lösens finden wir um *d* die Feder *f* gelegt. Das Einstellen des Fräsers erleichtert hier die angeschraubte Platte *x*, diesmal ohne Vermittlung des Meßklötzchens.

In überaus mannigfaltigen Arten werden die Fräsvorrichtungen zur Aufnahme an bereits vorgearbeiteten Partien ausgeführt. Ein gutes Beispiel[1]) stellen die Fig. 165—167 dar. Hier war die besondere Aufgabe zu lösen, an dem Konsol für die Umsteuervorrichtung der Landis-Schleifmaschine zwei zueinander senkrecht stehende Flächen, eine halbringförmige Scheibenfläche *a* und die Flächen *b* an den Konsolenfüßen, in einer Aufspannung zu fräsen. Einmal, beim Bearbeiten der Füße (Fig. *bb* 166 u. 167) liegt die untere Fläche der halbringförmigen Scheibe gegen die Stifte *d d* und zum andern, beim Fräsen der Fläche *a*, wird das Konsol in die Stellung der Fig. 165 gebracht, indem die Schraube *f* entfernt, die

Fig. 165.

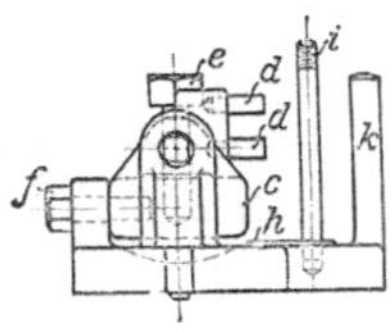

Fig. 166.

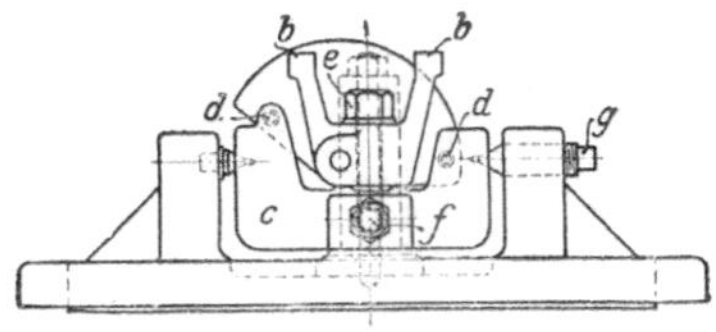

Fig. 167.

Fräsvorrichtung für um 90° schwenkbare Konsole.

Schraube *g* gelöst und der Bügel *c* um 90° gedreht wird. Ein kleiner Bock, der bei *h* (Fig. 166) angebracht wird, dient als Stütze des Bügels *c*. Durch eine Klammer, die über den Bolzen *i* geschoben wird und gegen die Säule *k* anliegt, wird der Bügel festgeklemmt.

Eine andere interessante Vorrichtung zum Fräsen der Pleuelgabeln[2]) (Fig. 168) ist in den Fig. 169 und 170 wiedergegeben. Die beiden Frässersätze zum Bearbeiten der Pleuelköpfe sind nebeneinander auf einem Fräserdorne angeordnet. Es sind die Fräser *a, b, c, d, e* und *f*. Auf der

[1]) Der Zeitschrift des Vereines deutscher Ingenieure 1910, S. 1875, entnommen.

[2]) Der Machinerys Reference Series Nr. 4 entnommen.

runden Grundplatte sind die Aufspannhilfsmittel *h, k* und *g* derartig seitlich angeordnet, daß einmal ein Pleuelkopf vor *d e f a* zu stehen

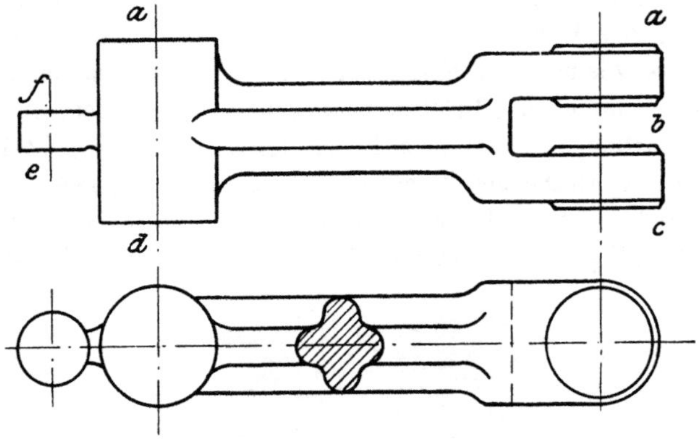

Fig. 168.

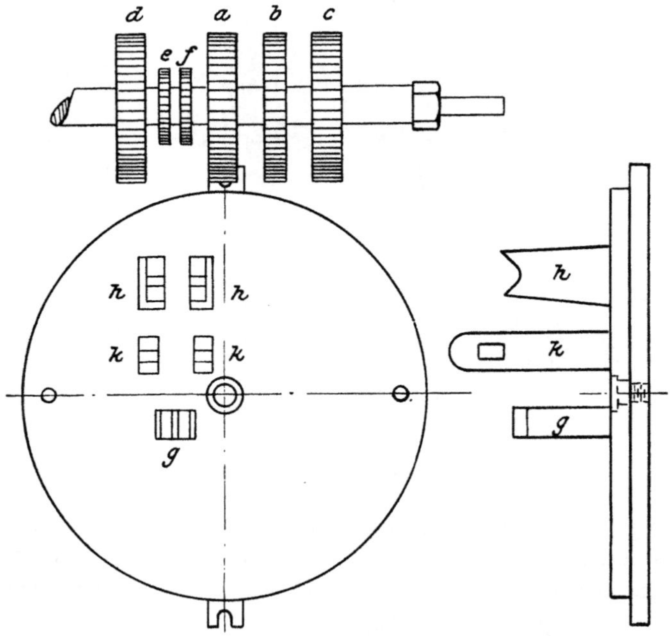

Fig 169. Fig. 169 a.

Um 180° schwenkbare Fräsvorrichtung für Pleuelgabeln.

kommt und zum andern nach Verdrehung von 180° der andere Pleuelkopf vor die Fräser *a b c* gerückt wird. Am Fräser *a* ist ferner die Einstelleinrichtung wahrzunehmen.

In Fig. 170 sei zum Schluß noch als Beispiel eine Fräsvorrichtung in Verbindung mit einer Kopierschablone gezeigt. Der versetzte Kurbelarm *w* sitzt auf zwei Ansätzen mit Spannschrauben, die unten die Schablone *x* tragen. Letztere läuft an der Rolle des Gegenarmes *y* und ermöglicht dadurch das genaue Kopieren von *w*, das in entsprechende Stellung zum Fräser gebracht werden muß.

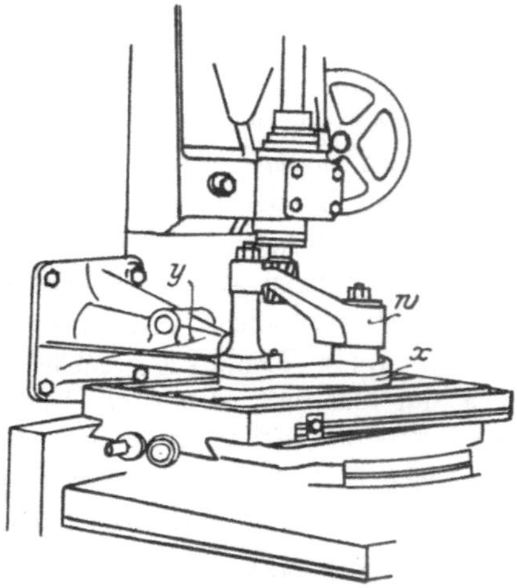

Fig. 170. Das Kopieren nach Schablone.

9. Die Fräsmaschinen für allgemeine und besondere Arbeiten in der Metallbearbeitung.

a) Die Einteilung der Fräsmaschinen.

Unter den obigen großen Begriff müßten eigentlich sämtliche Fräsmaschinen fallen. Jedoch aus Gründen, die in der Eigenart der auf einigen Fräsmaschinenarten ausgeführten Werkstücke liegen, wie bei Zahnrädern und Kurven, haben die Verfasser sich bestimmen lassen, die Maschinen für diese Verwendungszwecke in besondere Kapitel zu legen, obwohl die nachstehenden Einteilungen oftmals auch für sie gelten können.

Der Anzahl der Frässpindeln entsprechend, haben wir: ein-, zwei- und mehrspindelige Fräsmaschinen, die meistens als einfache, doppelte oder zusammengesetzte Fräsmaschinen bezeichnet werden.

Die Lage der Frässpindeln teilt sie ferner in:

Wagerecht- (Horizontal-) Fräsmaschinen,
Senkrecht- (Vertikal-) Fräsmaschinen und
Wagerecht- und Senkrecht-Fräsmaschinen.

Die Frässpindeln sind im verschiebbaren Support oder im Maschinengestell selbst gelagert, je nachdem der Arbeitstisch ohne oder mit Höhenverstellung versehen ist.

Dementsprechend ruhen die Arbeitstische entweder auf dem Maschinengestell (= kasten) und sind in der Höhe nicht verstellbar oder auf einen in den senkrechten Führungen des Maschinengestells gleitenden Winkel- (Konsol-) Support und sind mit diesem in der Höhe verstellbar. Die erstere Konstruktion finden wir in der Regel bei den größeren und die letztere bei den kleineren Fräsmaschinen angewendet.

In der Werkstatt und im Handelsverkehr haben sich nun seit langem eine Anzahl Bezeichnungen für die verschiedenen Maschinenarten herausgebildet, die neben treffenden Bezeichnungen auch sehr viele untreffende aufweisen. Am sichersten sind noch die Sonderfräsmaschinen bezeichnet worden, da man sie nach ihrem Verwendungszweck benannt hat. Ganz unzutreffend ist z. B. die Bezeichnung: Planfräsmaschine; die darunter verstandene Maschine wird gerade am allerwenigsten zum Abplanen von Werkstücken verwandt, richtiger wäre die Bezeichnung vielleicht bei den Senkrecht- (Vertikal-) Fräsmaschinen. An dieser Stelle sei auch dankbar den Bestrebungen erster Fachleute gedacht, die die Verdeutschung der Bezeichnungen durchführen und die der Unterstützung aller in Betracht kommenden Kreise wärmstens empfohlen seien.

Im folgenden seien nach den obigen Gesichtspunkten die hauptsächlichsten Fräsmaschinenarten und ihre Kennzeichnung angeführt.

a) Die Universalfräsmaschine — allgemeine Wagerechtfräsmaschine — wird in den kleineren und mittelgroßen Modellen mit Konsolsupport und festliegender Frässpindel und in den großen Modellen als Kastenmaschine mit in der Höhe verschiebbaren Frässpindelschlitten gebaut. Der Arbeitstisch ist mit einem Drehteil versehen, um in jeder Schräglage zur Umdrehungsebene des arbeitenden Fräsers gebracht werden zu können. Seine Tischspindel dient nicht nur zur Bewegung des Tisches, sondern auch zum Antrieb des Teilapparates.

b) Die Horizontal- oder Planfräsmaschine — einfache Wagerechtfräsmaschine — gleicht in der Bauart der vorgenannten, besitzt jedoch nicht das Drehteil des Arbeitstisches.

c) Die Langfräsmaschine — lange Wagerechtfräsmaschine — läßt ihren schweren Arbeitstisch in einem kräftigen Maschinengestell gleiten, das an beiden Seiten ausgebaut ist, zur Aufnahme der seitlich verschiebbaren Schlittenführungen für Frässpindellager und Gegenspitze. Die Maschine läßt deutlich die für sie vorbildlich gewesene Metallhobelmaschine erkennen, als deren Ersatz sie ja hauptsächlich bestimmt ist.

d) Die Planfräsmaschine System Lincoln — kleine Wagerechtfräsmaschine mit Frässpindelschlitten — kennzeichnet sich durch ein durchgehendes Bett, das in der Mitte den einfachen Arbeitstisch und an den Seiten den Frässpindelstock und Gegenlagerbock trägt. (Vergl. die Fig. 207.)

e) Die Handfräsmaschine — kleine Wagerechtfräsmaschine mit Handvorschub — ist eine kleine Maschine der unter b genannten, mit dem Unterschiede, daß der Vorschub des Werkstückes gegen den Fräser von Hand erfolgt. Man schätzt das weiche An- und Ausschneiden des Fräsers an ihr.

f) Die Doppelfräsmaschine — doppelte Wagerechtfräsmaschine — gleicht, je nach ihrer Größe, den Maschinen unter c und d, nur daß sich an Stelle des Gegenlagerbockes der zweite Frässpindelstock befindet. An den kleineren Modellen ist sehr oft der Tisch in der Höhe verstellbar, während bei den größeren die Spindelstöcke die Höheneinstellung besitzen.

g) Die Vertikalfräsmaschinen — Senkrechtfräsmaschinen — finden wir ebenfalls mit Arbeitstischen, die entweder im Konsolsupport oder im kastenförmigen Maschinengestell ruhen. Im letzteren Falle erhält der Frässpindelstock die Höhenverstellung. Die Maschine ist vielfach mit Rundsupport versehen, der auch oft nur als Zusatzapparat aufgeschraubt wird.

h) Die Langfräsmaschine mit Vertikalspindel oder Vertikal-Langfräsmaschine — lange Senkrechtfräsmaschine — hat im allgemeinen dieselben Kennzeichen wie unter c genannt, nur mit senkrechter Frässpindel. Sie wird auch als doppelte Maschine mit 2 Frässpindeln ausgestattet. (Vergl. die Fig. 222.)

i) Die Parallelfräsmaschine — doppelte Senkrechtfräsmaschine —, eine von J. E. Reinecker in Chemnitz geschaffene besondere Maschinenart (vergl. die Fig. 221).

k) Die Rundfräsmaschine verdankt diese Bezeichnung ihrer Tätigkeit und ist zum Ersatz für Drehbänke bestimmt (vergl. die Fig. 223).

l) Die Zahnräderfräsmaschinen zum Verzahnen der Stirnräder, Zahnstangen, Schraubenräder, Schneckenräder, Schnecken und Kegelräder bestimmt. Das Durchfräsen der Zähne und das Weiterteilen geschieht an ihnen selbsttätig, im Gegensatz an den Teilapparaten der Universalfräsmaschinen.

m) Die Kurvenfräsmaschinen lehnen sich in der Bauart an die verschiedenen Maschinenarten an, je nachdem die Form der herzustellenden Kurve ist.

n) Die Sonderfräsmaschinen umfassen alle die Maschinen, die für einen bestimmten Zweck besonders gebaut werden, wie für Fräser, Spiralbohrer, Gewindebohrer, Nuten, Keillöcher usw. Ihre Form lehnt sich ebenfalls an die anderen Maschinenarten an.

b) Die Beschreibungen von Fräsmaschinen.

1. Die Wagerechtfräsmaschinen.

Den Universalfräsmaschinen fällt auch noch heute, wo wir die vielen Sonderfräsmaschinen besitzen, eine große Bedeutung zu, da sie, namentlich in kleineren und mittelgroßen Betrieben, neben den Teilkopfarbeiten zu den mannigfaltigsten Arbeiten herangezogen werden. Auch der Umstand, daß sie durch Zusatz-Spindelköpfe (vergl. die Fig. 176) in eine Senkrechtfräsmaschine zu verwandeln ist, teilt ihrem Wirkungskreis ein großes Gebiet zu.

Zudem ist die heutige Maschine nicht mehr die nur für schwache Schnitte gebaute; ihr Support nebst Drehteil und ihre Frässpindellager haben so große Abmessungen erhalten, daß man ihr auch recht schwere Schnitte zumuten kann.

Aus diesen Gründen finden wir mit Recht die Universalfräsmaschine selbst in den kleinsten Betrieben; sie ist die gegebene, erste anzuschaffende Fräsmaschine.

Die Vielseitigkeit dieser Maschine hat nun aber leider oft zur Folge gehabt, daß man für die zweite, dritte und nachfolgende Maschine die gleichen wählte. Ja, man kann Betriebe finden, wo auf 3—4 solcher Maschinen dauernd Zahnräder geschnitten werden, anstatt dieses auf selbsttätigen Räderfräsmaschinen, wofür wahrscheinlich eine Maschine genügte, auszuführen. Eine weitere Unsitte besteht darin, daß auf diesen teueren Maschinen alle Wellen genutet werden, einzig deshalb, weil dem Arbeiter das Einspannen im Teilkopf am bequemsten liegt. Eine kleine Nutenfräsmaschine, die höchstens ein Drittel kostete, könnte nämlich diese Arbeiten schneller und billiger besorgen, als die teuere Universalfräsmaschine.

Die Universalfräsmaschine mit Vorschubräderkasten von L. Löwe & Co., A.-G., in Berlin.

Eine der bekanntesten Maschinen für mittelgroße Werkstücke stellt Fig. 171 dar. An dem geringen Durchmesserunterschied der Antriebsstufenscheiben in Verbindung mit ihrer großen Breite ist schon ersichtlich, daß hier weise auf die kräftige Ausnutzung einer großen Anzahl Fräserdurchmesser Bedacht genommen wurde. Zum besseren Halt der Fräserdorne ist die Frässpindel mit einer Ausfräsung versehen, in die sich eine Fläche des Fräsdornbundes legt.

Der Antrieb der Vorschubmechanismen erfolgt durch starre Übertragungsmittel — er ist positiv. An dem links angeordneten Räderkasten sind die Hebel ersichtlich, durch deren Verlegen jede der verschiedenen Vorschubgeschwindigkeiten augenblicklich einzurücken ist. Die auf dem Deckel angebrachte Tabelle der Vorschubgrößen ermöglicht erst dem Arbeiter die richtige Ausnutzung der ganzen Maschine, da bekanntlich die Scheu des Riemenumlegens das Umlegen auf einen schnelleren Vorschub nicht zur Ausführung kommen läßt.

Der Arbeitstisch hat nach beiden Seiten Selbstgang und selbsttätige Auslösung, eine Einrichtung, die schon mehrmals als erwünscht bezeichnet wurde.

Der diesen Maschinen beigegebene Universalteilkopf gestattet sowohl mittelbares als auch unmittelbares Teilen. Zum mittelbaren Teilen wird die beiderseitig gebohrte Teilscheibe mit Index benutzt, die mit der Teilkopfspindel durch Schnecke und Schneckenrad verbunden ist. Das unmittelbare Teilen geschieht durch eine zweite, an der Teilkopfspindel befindlichen Teilscheibe; Teilungen von 2—24 können auf diese Weise unter

Fig. 171. Die Universalfräsmaschine von L. Löwe & Co.

Ausschaltung der Schnecke schnell und sicher ausgeführt werden. Durch die am Fuße der Maschine ersichtliche Unterlagplatte kann der Teilkopf auch parallel zur Frässpindel gestellt werden.

Die Universalfräsmaschine mit automatischem Teil- und Schaltapparat von L. Löwe & Co., A.-G., in Berlin.

Der in Fig. 172 ersichtliche selbsttätige Teil- und Schaltapparat, D. R.-G.-M., stellt einen brauchbaren Zusatzapparat dar, indem er die Universalfräsmaschine mit einem selbsttätig arbeitenden Teilapparat ausstattet und sie dadurch einer Räderfräsmaschine gleichstellt.

Nach Einstellen der erforderlichen Teilung und des richtigen Tischvorschubes zieht der Apparat mit starker Beschleunigung den Tisch zurück, teilt selbsttätig und durchfräst den Zahn. Der Fräsarbeiter, der nur das Auf- und Abspannen des Rades vorzunehmen hat, kann bequem mehrere solcher Maschinen voll ausnutzen.

Fig. 172. Der automatische Teil- und Schaltapparat von L. Löwe & Co.

Der Antrieb des Apparates geschieht durch ein Deckenvorgelege. Der Tischvorschub erfolgt von den links im Bilde ersichtlichen Wechselrädern, die sonst beim Fräsen der Spiralarbeiten verwendet werden. Der in die Ausrückstange greifende Hebel des Schaltapparates bewirkt die jedesmalige Umsteuerung für den Arbeitsvorschub und den beschleunigten Rückgang.

Die rechts am Apparat befindlichen Wechselräder übertragen die nach jedesmaligem Rückgang des Tisches erforderliche Teilbewegung auf den daneben sitzenden Teilkopf und stellen somit die Verbindung zwischen dem Teil- und Schaltapparat und dem Teilkopf her.

Die selbsttätige Teileinrichtung des Apparates beruht auf dem Prinzip, daß für jedes Teilen eine volle Umdrehung der nach außen gehenden Welle erfolgt.

Um das für eine bestimmte Teilung erforderliche Übersetzungsverhältnis der Wechselräder zu erhalten, wird das Verhältnis des angeschlossenen Universalteilkopfes eingesetzt. Sind z. B. für eine volle Umdrehung der Teilkopfspindel 40 Umdrehungen erforderlich, ist also das Verhältnis 1 : 40 und soll ein Rad mit 16 Zähnen gefräst werden, so lassen sich die erforderlichen Wechselräder aus folgender Gleichung leicht bestimmen, worin u das fehlende Glied des Verhältnisses bedeutet:

$$1 \cdot \frac{1}{u} \cdot \frac{1}{40} = \frac{1}{16} \cdot$$

Aufgelöst:

$$\frac{1}{u} = \frac{40}{16} = \frac{5}{2};$$

also das Wechselräderverhältnis ist = Zahl der Schneckenspindelumdrehungen zu einer vollen Teilkopfspindelumdrehung, dividiert durch die Zähnezahl des zu fräsenden Zahnrades oder eines sonstigen Werkzeuges.

Die Universalfräsmaschine der Wanderer-Werke, A.-G., in Chemnitz.

Eine weitere sehr bekannte Maschine stellt Fig. 173 dar. Der Antrieb der Maschine erfolgt durch Einzelscheibe mit unveränderlicher Umdrehungszahl. Durch diese Anordnung, deren wirtschaftlicher Wert schon erörtert wurde, läßt sich auch das Umwechseln der Umdrehungszahlen für die Fräser augenblicklich ausführen. Das umständliche und so gern gemiedene Umlegen des Riemens ist dadurch umgangen.

Die Fig. 174 zeigt einen Schnitt durch den Frässpindelantrieb. Die Antriebsscheibe a versetzt das breite Zahngetriebe b in Umdrehung, in welches das auf einer schwingbaren Wippe w sitzende, auf Welle c_1 verschiebbare Zwischenrad c greift. Je nach der Stellung, in die es gebracht wird, treibt c die Vorgelegeräder d_1 d_2 d_3 d_4 an. Der Antrieb der Frässpindel fr erfolgt in der Zeichnung durch das Zahnrad e, das verschiebbar auf einer Büchse f_2 sitzt. An e befindet sich noch ein als Zahnstange wirkendes Gewinde f_1 und ein größeres Zahnrad f. Durch ein in f_1 greifendes

Ritzel kann f_1, f, e verschoben werden, so daß dann die Übertragung über f auf die Frässpindel geht. Zur Verdoppelung dieser 4 Geschwindigkeiten ist ferner ein Vorgelege E eingebaut, das, aus den Rädern g, h, k, i bestehend, in bekannter Weise durch einen Mitnehmer v entkuppelt und durch $u\ l\ x$ zum Eingriff gebracht werden kann.

Der Vorschub dieser Maschine erfolgt ebenfalls durch starre Übertragung vom Kettenrad m nach einem Vorschubräderkasten. Die unteren beiden Hebel, die im Bilde ersichtlich sind, dienen dazu, die verschiedenen Vorschübe einzuschalten.

Fig. 173. Die Universalfräsmaschine der Wanderer-Werke.

Die Stellungen für den Frässpindelantrieb und die für den Vorschubantrieb sind in übersichtlichen Tabellen ersichtlich, die am Maschinengestell angebracht sind.

Der Arbeitstisch hat in der Längs- und Querrichtung nach beiden Seiten Selbstgang und selbsttätige Auslösung. Desgleichen ist der Konsolsupport mit Selbstgang und selbsttätiger Auslösung ausgestattet.

Der dieser Maschine beigegebene Universalteilkopf kann hier übergangen werden, da er im nächsten Kapitel einer eingehenden Besprechung unterzogen wird.

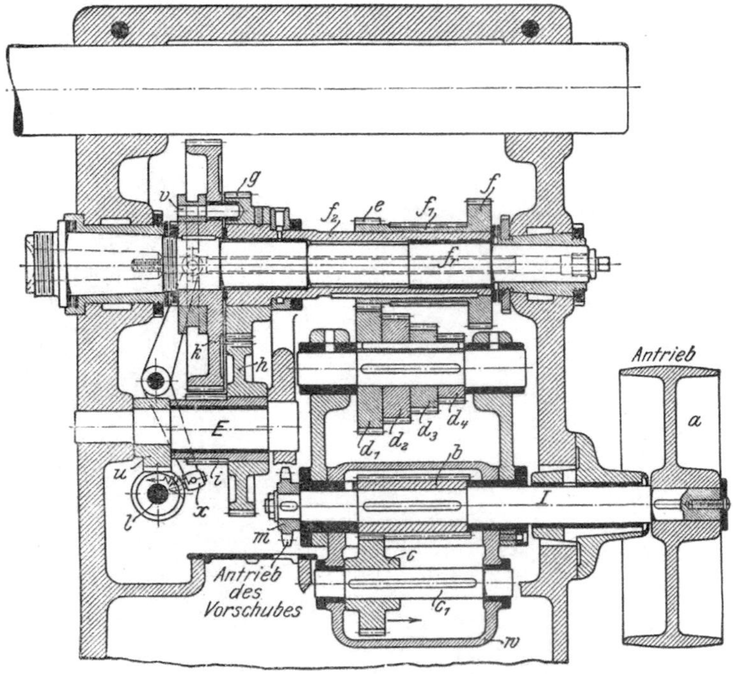

Fig. 174. Schnitt durch den Spindelantrieb der Maschine.

Die Universal-Hochleistungsfräsmaschine der Cincinati-Milling-Machine-Co. in Ohio. (Alfred H. Schütte in Köln a. Rh.)

Die in Fig. 175 dargestellte Maschine hat auch in Deutschland eine große Verbreitung gefunden. Es ist ferner bekannt, daß die neuen Bestrebungen zur Steigerung der Leistungsfähigkeit bei der Konstruktion dieser Maschine weiteste Berücksichtigung fanden und daß das Erreichte im gewissen Sinne vorbildlich geworden ist. So sind die Gußstücke mit ganz besonderen Verstärkungen zur Aufnahme der Drücke und Vibrationen versehen, sowie die Übertragungsspindeln für die Vorschübe nach allen Richtungen mit Druckkugellagern ausgestattet, um den Kraftverbrauch auf das niedrigste Maß herabzudrücken.

Der Antrieb erfolgt durch einen Elektromotor, der der Frässpindel durch einen Getriebekasten die verschiedensten Umdrehungszahlen gestattet. Durch einfaches Umlegen der Hebel können die einzelnen Gänge eingerückt werden, was noch durch Niedertreten eines Fußhebels (unten am Gestell ersichtlich), der eine Bremsung der Frässpindel bewirkt, ungemein erleichtert wird.

Auch der Vorschub erfolgt durch einen Getriebekasten, dessen Hebel bequem erreichbar am Maschinengestell untergebracht sind.

Der Arbeitstisch hat nach beiden Seiten in der Längs- und Querrichtung Selbstgang und Auslösung; desgleichen der Konsolsupport in der

Höhenrichtung. Da diese Maschine hauptsächlich zur Verwendung von Fräsern aus Schnellaufstahl bestimmt ist, so hat der Support ganz außerordentliche Versteifungsorgane.

Fig. 175. Die Universalfräsmaschine der Cincinati-Co.

Der Universalteilkopf dieser Maschine ist in ähnlicher Konstruktion im nächsten Kapitel ausführlich beschrieben und kann deshalb hier übergangen werden.

Die Fig. 176 zeigt die Maschine mit einem Fräskopf ausgerüstet, der eine wagerechte und senkrechte Frässpindel besitzt. Die beiden Drehteile des Fräskopfes gestatten die Einstellung der Frässpindeln in jede beliebige Lage, so daß alle Arten Einfräsungen usw. bequem vorzunehmen sind.

Der schwenkbare Schnellfräskopf, den die Fig. 177 zeigt, dient ebenfalls zur Erweiterung des Arbeitsbereiches der Maschine, namentlich aber für sperrige Werkstücke; er kann auch in eine Stellung, die um 90° verdreht ist, gebracht werden.

Fig. 176. Mit wagerechter und senkrechter Frässpindel versehener Kopf.

Fig. 177. Der schwenkbare Schnellfräskopf.

Die schwere Universalfräsmaschine von J. E. Reinecker in Chemnitz.

Die in Fig. 178 und den Zeichnungen (Fig. 179—182) dargestellte Maschine weicht von der sonst für Universalfräsmaschinen üblichen Konstruktion insofern ab, als bei ihr die Höhenverstellung von der Frässpindel ausgeführt wird und der die Werkstücke tragende Support auf einem kastenförmigen Untergestell ruht und nur die beiden horizontalen Bewegungen ausführt.

Der Gesamtantrieb erfolgt durch die vierfache Stufenscheibe a über Winkelräder $b_1 b_2$ nach Welle h. Von hier erhält die Frässpindel durch das doppelte Rädervorgelege c, konisches Getriebe d, senkrechte Schaftwelle e, konisches Getriebe f und Stirnräderpaar $g_1 g_2$ ihren Antrieb.[1]) Durch Stufenscheibe a und Rädervorgelege c können der Frässpindel 8 verschiedene abgestufte Geschwindigkeiten, und zwar 13—152 Umdrehungen pro Minute, erteilt werden.

Der Antrieb für die Schaltbewegung wird von der unmittelbar auf Welle h sitzenden Stufenscheibe i_1 abgenommen und durch Gegenscheibe i_2 in das Wendegetriebe k geleitet. Hiervon werden nun sowohl die beiden wagerechten, als auch die senkrechte Schaltbewegung betätigt.

Besondere Beachtung muß dem durch D. R.-P. Nr. 91626 geschützten Antriebsmechanismus des Arbeitstisches gezollt werden. Er wird nicht durch Spindel, sondern durch eine Schnecke angetrieben, die mit ihren

[1]) Die Fig. 178 zeigt noch die ältere Ausführung, bei der das Rädervorgelege im Frässpindelschlitten liegt.

Gängen in das schalenähnliche Muttergewinde des Tisches eingreift. Bisher glaubte man diese Anordnung nur für einfache Fräsmaschinen verwenden zu können. Die Vorzüge dieses Antriebes bestehen einmal im Wegfall der oftmals lästig werdenden Dehnungen und Biegungen der Supportspindel, die ein sprungweises und dadurch unsauberes Arbeiten veranlassen, und ein zweites Mal darin, daß durch die erheblich vermehrten Angriffs-

Fig. 178. Die Universalfräsmaschine von J. E. Reinecker.

punkte der Druck auf die einzelnen Gänge schwächer ist, wodurch eine bedeutend längere Gebrauchsdauer gewährleistet ist.

In den Fig. 181 und 182 ist die eben beschriebene Anordnung des Antriebsmechanismus dargestellt. Das konische Räderpaar $l\,l$ treibt den senkrechten Bolzen m an, dessen Stirnrad n in ein Gegenrad o greift. In letzteren sitzt ein konisches Rad p_1, das mit einem weiteren konischen Rade p_2 im Eingriff steht. Rad p_2 sitzt auf einer Büchse, die, lose laufend, auf einer parallel zur Schlittenführung liegenden Welle q läuft. Diese Büchse trägt an der linken Seite ein weiteres konisches Rad r_1 und rechts ein Stirnrad r_3. Rad r_1 greift in Rad r_2. Das letztere ist mit

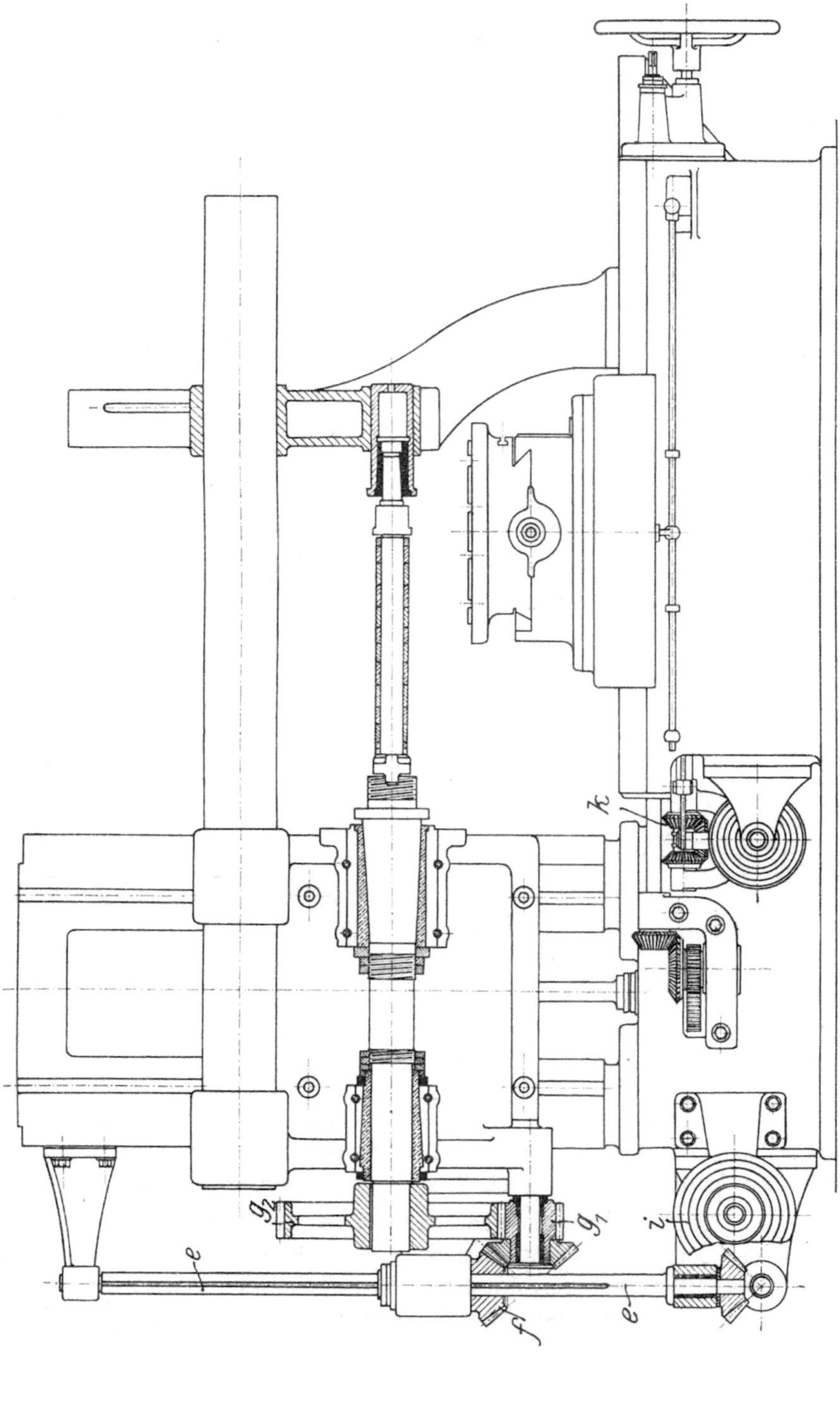

Fig. 179. Die Vorder- und Seitenansicht mit Schnitt durch den Antrieb.

der Schnecke s_1 aus einem Stück gefertigt. Stirnrad r_3 steht im Eingriff mit Rad r_4. Treibschnecke t kann nun entweder durch Stirnräder $r_3\, r_4\, r_5$ oder durch Schneckentrieb $s_1\, s_2$ angetrieben werden, und zwar dient der Schneckenantrieb für den normalen Vorschub, während der Stirnräderantrieb für den beschleunigten Rücklauf gebraucht wird. Treibschnecke t

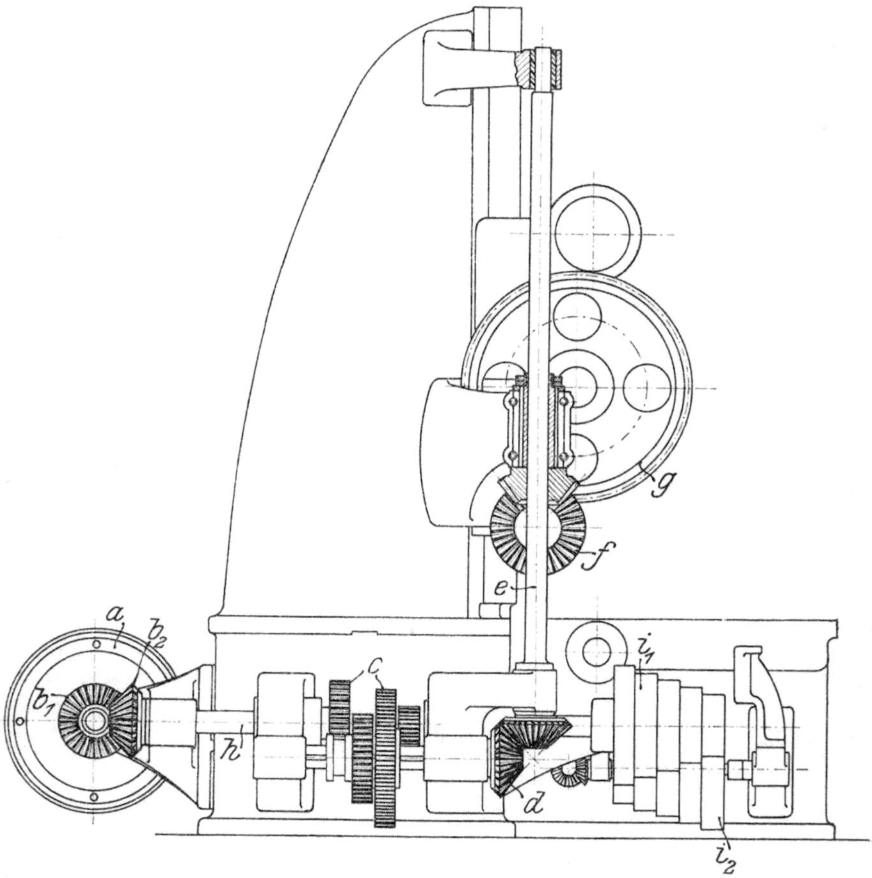

Fig. 180.

greift in die schalenförmige halbe Gewindemutter u, die in einer der maximalen Tischbewegung entsprechenden Länge am Arbeitstisch befestigt ist. Zum Einschalten der beiden Bewegungen dienen die Hebel $v_1\, v_2$.

Um nun einer etwaigen Unachtsamkeit der Bedienung vorzubeugen, die zu der einen eingeschalteten Bewegung noch eine andere zuschalten könnte, was dann undedingt den Bruch eines Teiles zur Folge hätte, ist die Einrichtung getroffen worden, daß immer nur eine Gabel, v_1 oder v_2, mit t im Eingriff stehen kann. Die Gabeln v_1 und v_2 sind deshalb mit einem Hebel verbunden, dessen Arme sich um einen Bolzen drehen und zugleich an ihren äußeren Enden v_1 und v_2 festhalten. In der Mittelstellung dieses Hebels sind beide Gabeln ausgeschaltet, folglich steht t still. In der Stellung für die Arbeitsschaltung steht v_1 mit t im Eingriffe, es muß demnach Gabel v_2 von dem Hebel ausgeschaltet worden sein; dagegen ist, wenn Gabel v_2 beim Rücklaufe eingeschaltet ist, Gabel v_1 ausgeschaltet. Durch Hebel w und Anschläge x wird die selbsttätige Auslösung dieser beiden Bewegungen betätigt.

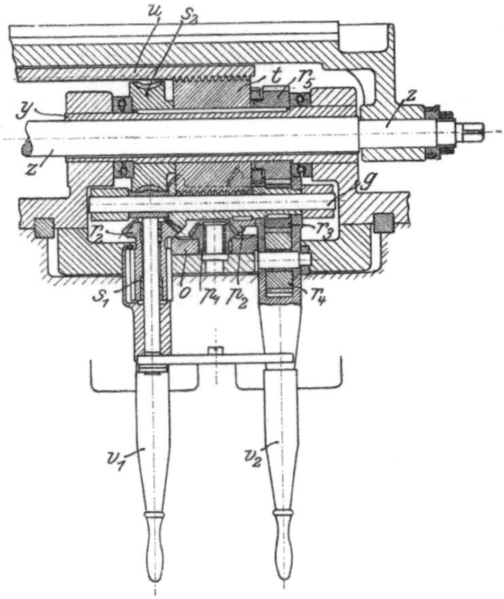

Fig. 181. Der Antrieb für den Tischvorschub.

Von Schnecke t aus ist noch die Übertragung ihrer Bewegung zur Erzeugung der Spiralen zu verfolgen. Wie aus Fig. 181 und 182 hervorgeht, ist in dem Arbeitstische eine Schaftwelle z gelagert, welche von der Bohrung der Hülse y — durch Federkeil vor Verdrehung gesichert — verschiebbar geführt wird. Indem man nun von dem einen Ende der Welle z mit den für die Spirale nötigen Wechselrädern den Teilapparat antreibt, hat man die für eine Universalfräsmaschine unerläßliche Verbindung der Tisch- und Teilapparatbewegung.

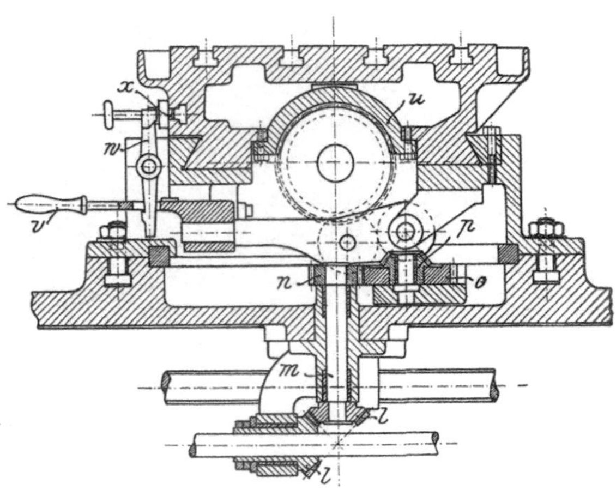

Fig. 182. Schnitt durch die Supporte.

Außerdem dient Schaftwelle z noch zur Schaltung des Tisches von Hand. Denn sobald sich v_1 und v_2 in Mittelstellung befinden, also ausgeschaltet sind, kann man durch Drehen an der Kurbel der Welle z, mit welcher sich gleichzeitig Hülse y und Schnecke t drehen, den Tisch fortbewegen.

Die Horizontal-Hochkraftfräsmaschine von Biernatzki & Co. in Chemnitz.

Die Fig. 183 zeigt die Maschine im Schaubilde. Die Antriebs- und Schaltmechanismen sind in den Fig. 184—199 dargestellt.

Die Antriebsscheibe *a* (vergl. Fig. 185) sitzt auf einer am Gehäuse sitzenden Laufbüchse und wird durch Friktionskupplung *b* mit der An-

Fig. 183. Die Hochkraftfräsmaschine von Biernatzki & Co.

triebswelle *c* gekuppelt. Welle *c* ist in der ganzen Länge durchbohrt zur Aufnahme der die Kupplung betätigenden Zugstange. Das Ein- und Ausschalten geschieht durch den vorn am Gehäuse angebrachten langen Handhebel. Der mit diesem Hebel verbundene Fußtritt dient zur hilfsweisen Einschaltung der Friktion während des Umschaltens des Rädergetriebes. Durch die Räder *e* und *f* wird die Bewegung auf den Stufenrädersatz g_1—g_4 übertragen, welcher lose auf der feststehenden Welle *h* läuft. Auf der Hauptspindel p läuft lose die Büchse i. Auf dieser Büchse sitzt, auf Federkeil verschiebbar, das Räderpaar $k_1\,k_2$ und das Rad e.

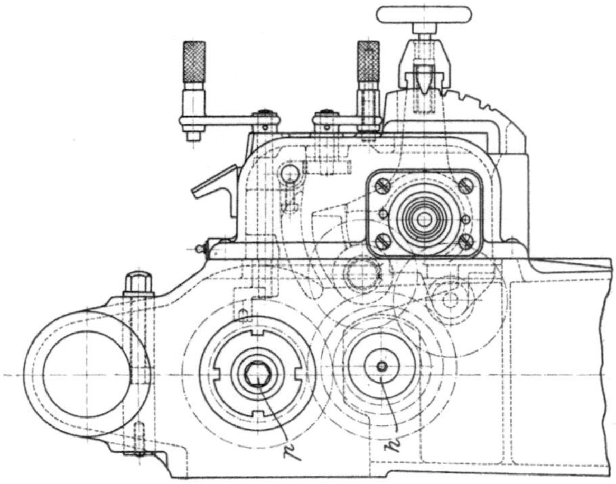

Fig. 185.

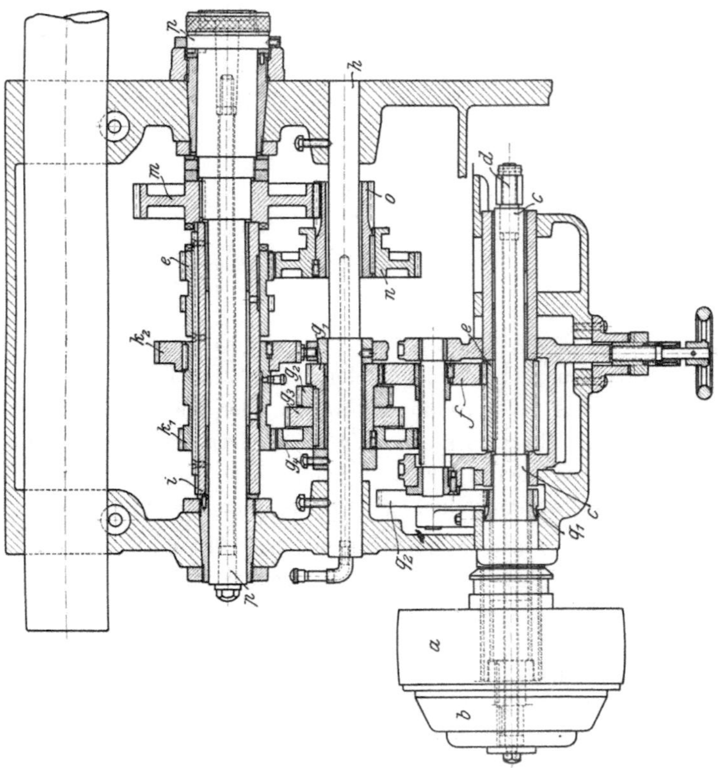

Fig. 184.

Schnitt und Ansicht des Spindelstockes und des Wechselräderkastens.

Letzteres hat am vorderen Ende eine Kupplung und kann dadurch mit dem auf der Arbeitsspindel *p* festgekeilten Hauptantriebsrade *m* gekuppelt werden. Außerdem kann der Antrieb der Arbeitsspindel *p* noch von *e* über die Räder *n* und *o* nach *m* erfolgen. Räder *n* und *o* sind miteinander verbunden und laufen ebenfalls lose auf Welle *h*. Durch wechselweise Verschiebung von *f*, $k_1 k_2$, *e* und *n o* können der Arbeitsspindel 16 verschiedene, gleichmäßig abgestufte Geschwindigkeiten erteilt werden. Der Antrieb für die Tischvorschube wird von der Antriebswelle abgenommen. Die Räder q_1 und q_2 treiben ein Kettenrad und leiten den Antrieb durch eine Rollenkette, Kettenrad *r* und Welle *s* in den Vorschubräderkasten, Fig. 186.

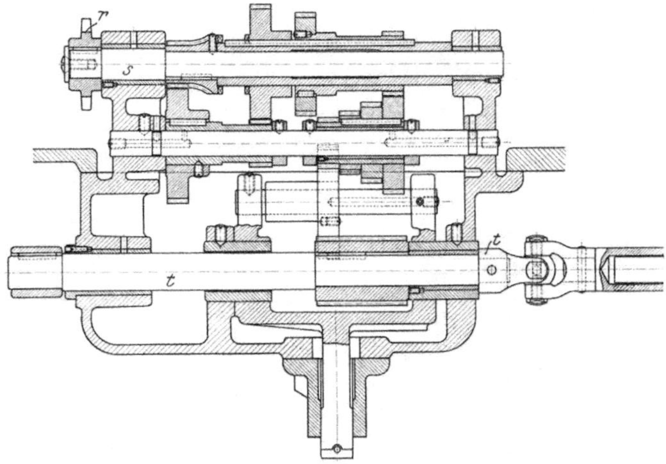

Fig. 186. Schnitt durch den Vorschubräderkasten.

Die Übertragung nach der Gelenkwelle *t* und die Handhabung des Vorschubwechsels ist ganz ähnlich wie an der Hauptspindel und aus der Zeichnung Fig. 186 zu ersehen. Da die Räderanordnung die gleiche ist, lassen sich auch hier 16 verschiedene, gleichmäßig abgestufte Vorschubgeschwindigkeiten einstellen. (Vergl. die Fig. 184 und 186.)

Fig. 189 und 191 zeigen das Wendegetriebe für die Vorschübe. Gelenkwelle *t* trägt am letzten Glied eine Sicherheitskuppelung t_1, in welcher ein für das normale (maximale) Drehmoment berechneter Stift sitzt, der bei Überlastung abgeschert wird. Es wird dadurch bei etwaigem Anrennen eines Supports der Bruch irgend eines Maschinenteiles verhindert. Das Wendegetriebe besteht aus den Stirnrädern u_1, u_2, u_3, u_4, einem zwischen u_3 und u_4 liegenden Zwischenrad und der Kupplung *v*. Von diesem Wendegetriebe werden alle Bewegungen abgeleitet (vergl. die Fig. 190—199). Andererseits kann die Auslösung des Selbstganges für die Längs-, Quer-

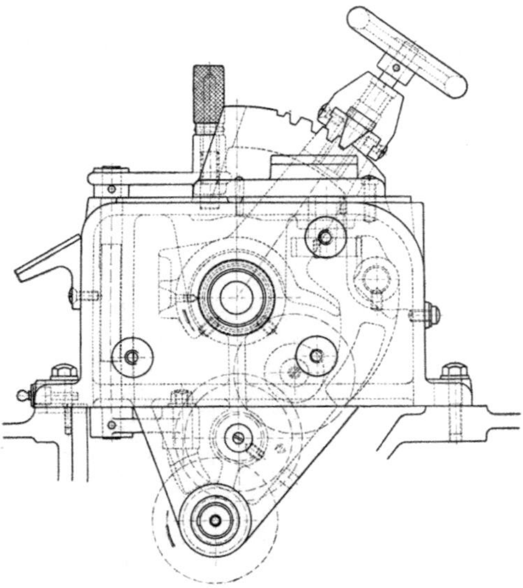

Fig. 188.

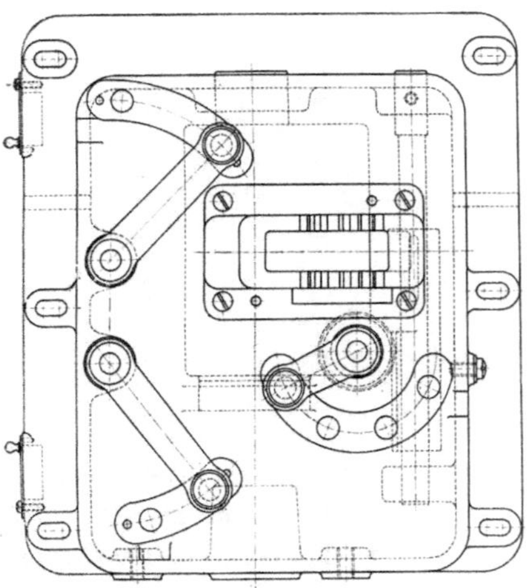

Fig. 187.

Vorder- und Seitenansicht des Vorschubräderkastens.

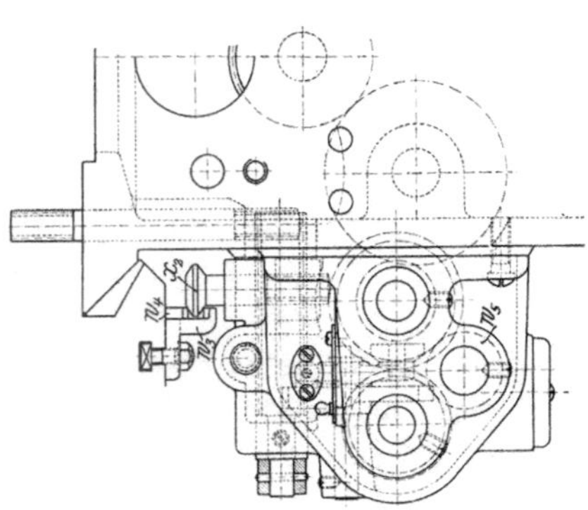

Fig. 189. Ansicht des Wendegetriebes für die Supportbewegungen.

und Höhenbewegung in jeder Richtung für jede Länge durch verstellbare Anschläge w_1 bis w_6 und Ausrückbolzen x_1 bis x_3 erfolgen. Alle Ausrückbolzen übertragen durch sinnreiche Anordnung von Zahnstangen und Trieben ihre Bewegung auf die Kupplung *v*. (Fig. 191.) Die Auslösung der Kupplung erfolgt je nach der Schaltrichtung durch Heben oder Niederdrücken der Ausrückbolzen. Dementsprechend sind die Bolzenköpfe und die Anschläge ausgebildet, daß einmal der Kopf unten gefaßt und herausgezogen, das andere Mal von oben hineingedrückt wird. In Mittelstellung ist die Kupplung ganz ausgerückt und geht der Kopf durch die beiden Anschläge hindurch. Durch Hebel y_1, der auf Kupplung y_2 (Fig. 196.)

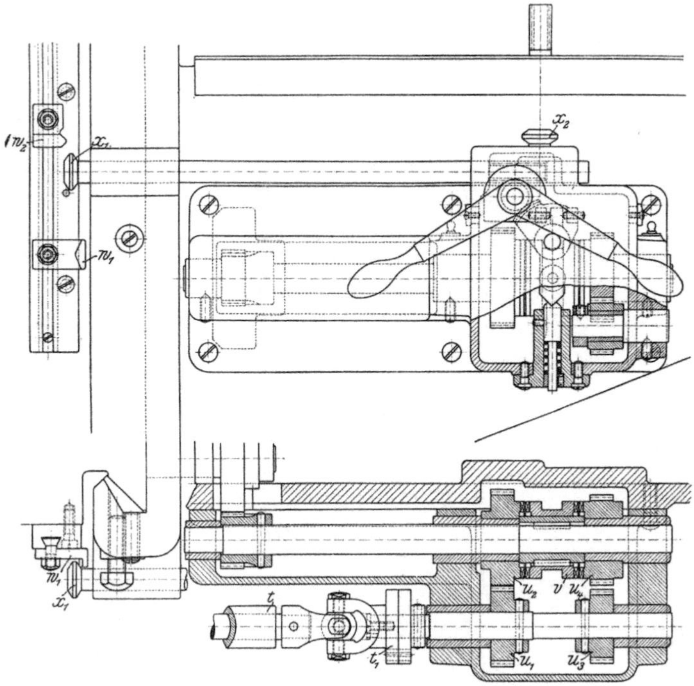

Fig. 190 und 191. Schnitte durch das Wendegetriebe.

wirkt, kann die Längsbewegung des Tisches unabhängig vom Wendegetriebe ausgelöst werden. Hebel y_3 wirkt auf das Wendegetriebe und kann sowohl zum Stillsetzen als auch zur Umkehr der Tischbewegung benutzt werden.

Die Übertragung der Bewegungen auf die einzelnen Supporte ist ohne weiteres aus den Zeichnungen Fig. 190—199 zu ersehen. Durch bequem gelegene Handräder lassen sich alle Bewegungen auch leicht von Hand betätigen. An den Handrädern sind große Indexscheiben angebracht, die Feineinstellungen von 0,05 mm abzulesen gestatten.

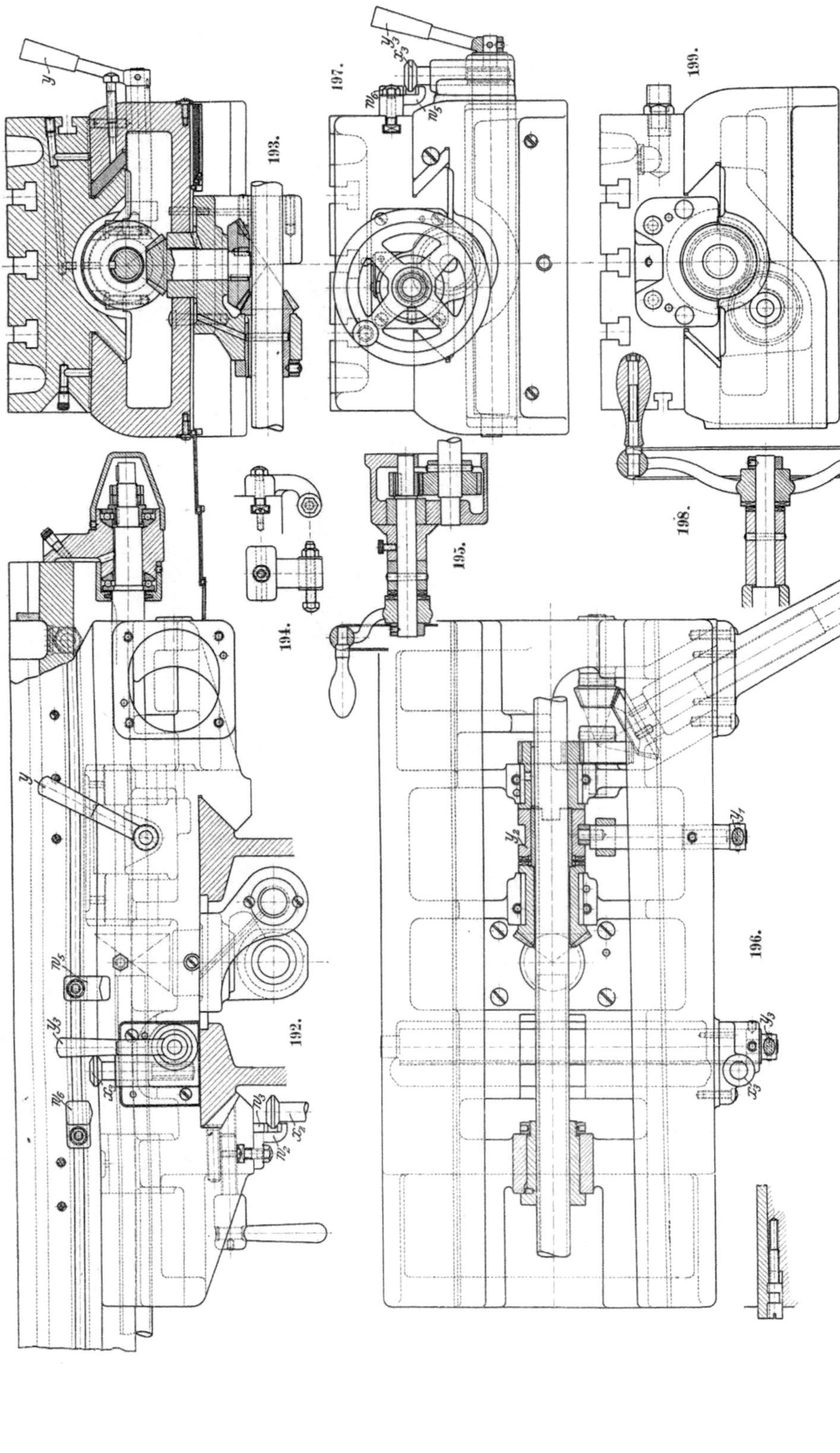

Fig. 192—199. Ansichten und Schnitte der Supporte.

Die schwere Planfräsmaschine von Brown & Sharp, Mfg.-Co. in Provodence, Amerika. (F. G. Kretschmer & Co. in Frankfurt a. M.)

In den Abbildungen Fig. 200—205 finden wir eine zeitgemäße Maschine der obigen rühmlichst bekannten Firma wiedergegeben, deren

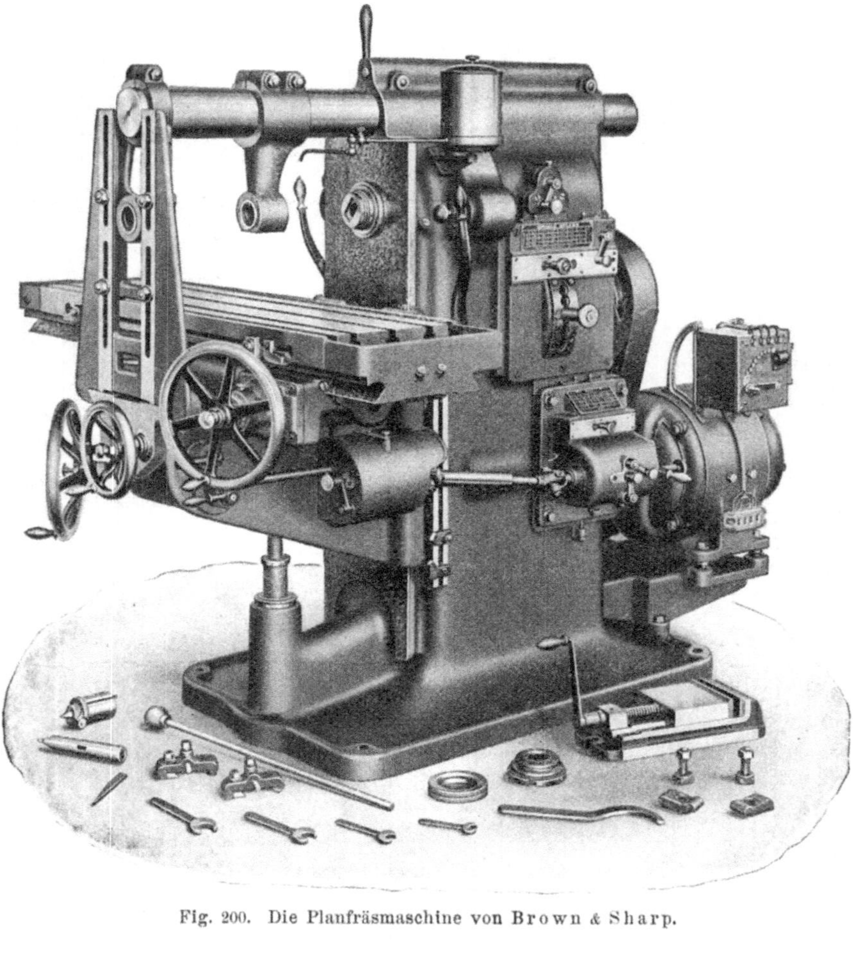

Fig. 200. Die Planfräsmaschine von Brown & Sharp.

einzelne Vorzüge nicht besonders hervorgehoben zu werden brauchen. Hat doch Brown & Sharp für unsern heutigen Präzisions-Maschinenbau lange Jahre hindurch die wichtigsten Pionierarbeiten geleistet.

Die Maschine ist in allen Teilen überaus kräftig konstruiert, so daß vorzugsweise Fräser aus Schnellaufstahl auf ihr Verwendung finden können. Der Antrieb erfolgt durch einen Elektromotor, der vermittelst einer Renoldkette den Räderkasten antreibt.

Fig. 201. Ansicht des geöffneten Räderkastens.

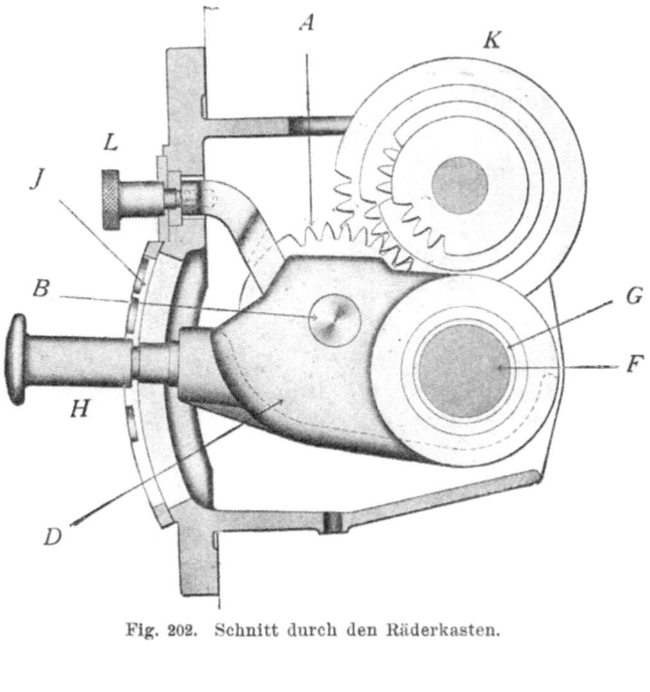

Fig. 202. Schnitt durch den Räderkasten.

Einen Blick in das Innere des Räderkastens zu werfen, gestattet die Fig. 201. Das in die Rundverzahnung des Doppelrades greifende

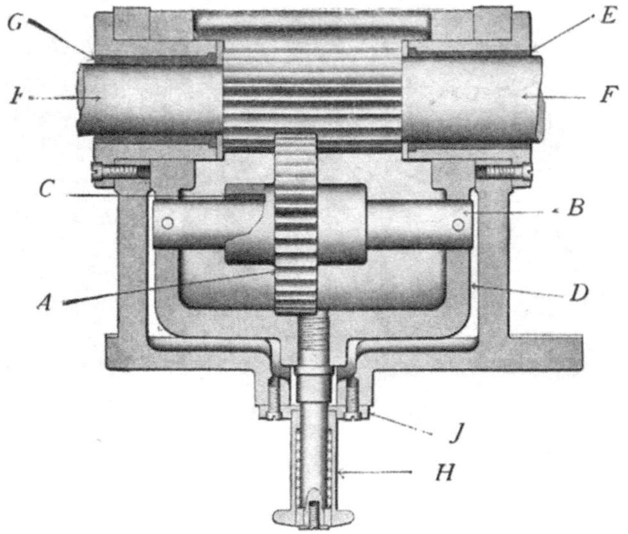

Fig. 203. Schnitt durch den Räderkasten.

Fig. 204. Ansicht des Vorschubkastens.

kleine Ritzel dient dazu, die durch die vierfachen Stufenräder erzielten vier Geschwindigkeiten zu verdoppeln. Durch das bekannte, durch Exzenter einrückbare Vorgelege erhöhen sich dann die Geschwindigkeiten auf 16. Die Einzelheiten des Räderkastens sind in den Fig. 202 und 203 ersichtlich. Das Zwischenrad A ist auf der Welle B mit der Büchse C verschiebbar

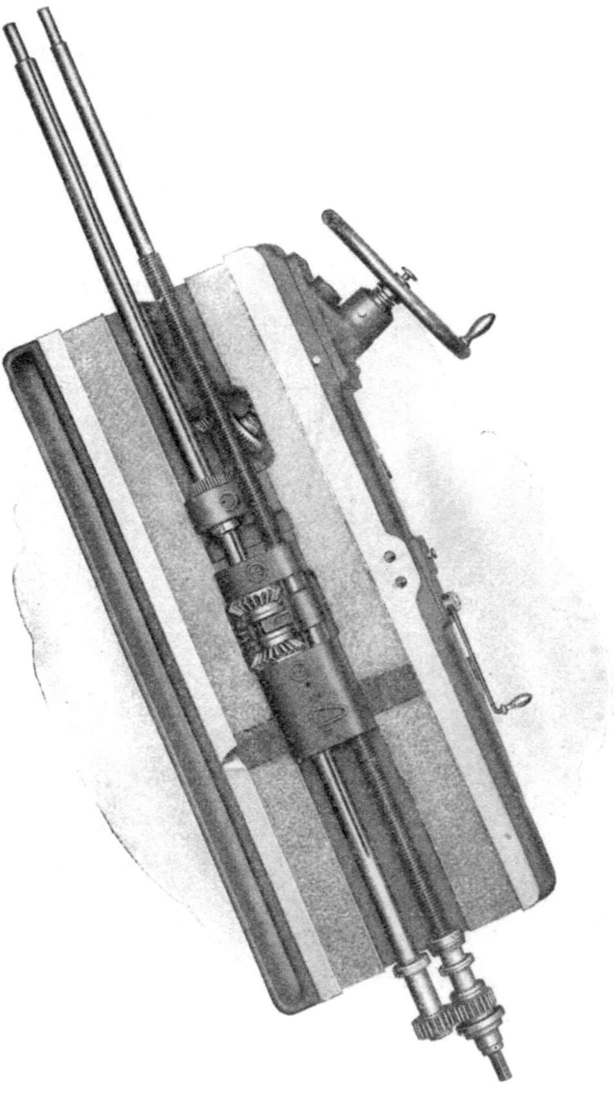

Fig. 205. Ansicht des Querschlittens.

angeordnet. Die Wippe D, die, auf der Büchse E ruhend, um die Antriebswelle F schwingt, kann durch den Griff H in die verschiedenen Marken des Segmentes I gebracht werden, um mit den vier verschieden großen Rädern K für die Geschwindigkeiten der Frässpindel das Zwischenrad *A* in Eingriff zu bringen. Die seitliche Verschiebung von *A* erfolgt durch den über *H* ersichtlichen zweiten Griff *L*.

Die Fig. 204 zeigt den abgenommenen Räderkasten für die Vorschübe. Als Antriebsmittel ist ebenfalls eine Renoldkette verwandt. Die Anordnung der Mechanismen ist eine ähnliche wie beim Räderkasten für den Frässpindelantrieb. Auffallend sind die reichlich bemessenen Lager, sowie die sorgfältige Durchbildung der Schmierung.

Den Querschlitten des Supports zeigt die Fig. 205, aus der auch die Anordnung der Schaftwelle und Supportspindel für den Längstisch hervorgeht. Erwähnt sei noch das ebenfalls sichtbare Wendekegelgetriebe für den Tischvorschub nach beiden Richtungen.

Die Lang- und Vertikalfräsmaschine von J. E. Reinecker in Chemnitz.

In Fig. 206 finden wir eine größere Maschine, die sich immer mehr und mehr in den Betrieben einbürgert, da sie sich, wie schon erörtert,

Fig. 206. Die Lang- und Vertikalfräsmaschine von J. E. Reinecker.

nicht nur für lange Arbeitsstücke vorzüglich bewährt hat, sondern sich auch beim Hintereinanderspannen kürzerer Teile recht vorteilhaft verwenden läßt. Der hohe Anschaffungspreis gebietet, gerade dieser Maschine eine vielseitige Ausstattung zu geben, was durch die beiden senkrechten Frässpindeln der obigen Maschine geschehen ist.

Die Figur läßt ferner die sehr kräftigen Antriebsorgane erkennen, welche selbst der schwersten Beanspruchung gewachsen sind.

Erwähnenswert ist noch die Ausbildung der Gegenlager für die beiden senkrechten Frässpindeln. Die Auflageflächen der Gegenlager haben wagerechte Schlitzlöcher und sind in den senkrechten T-Nuten der Schlitten festgeschraubt, wodurch sie wagerecht und senkrecht verstellbar sind.

Der mit Wasserrinne versehene Arbeitstisch besitzt nach beiden Seiten Selbstgang und Auslösung.

Die einfache Wagerechtfräsmaschine mit verstellbarem Frässpindelschlitten der Chemnitzer Werkzeugmaschinenfabrik vorm. J. Zimmermann in Chemnitz.

Eine dankbare Maschine für jeden Fräsereibetrieb ist die in Fig. 207 abgebildete. Billig in der Anschaffung und einfach im Bedienen, ersetzt

Fig. 207. Die einfache Wagerechtfräsmaschine von J. Zimmermann.

sie in den meisten Fällen die sehr teueren Wagerechtfräsmaschinen mit Konsolsupporten. Man kann einwenden, daß ihr Anwendungsgebiet ein zu beschränktes sei. Gewiß! Aber liegt nicht darin schon der Anfang eines sparsamen Wirtschaftens, wenn eine sorgsame Scheidung einsetzen muß, indem einfache Arbeiten den einfachen und billigen Maschinen und schwierigere Arbeiten den reich ausgestatteten und teueren Maschinen überwiesen werden.

Die obige Maschine eignet sich vorzugsweise zum Bearbeiten mittelst walzenförmigen oder zusammengesetzten Fräsern und wird hauptsächlich für Serienarbeit in Frage kommen.

Die Doppelfräsmaschine von J. E. Reinecker in Chemnitz.

Um Werkstücke gleichzeitig von zwei Seiten bearbeiten zu können, dient die in Fig. 208 wiedergegebene Maschine. Die ersten dieser Maschinen

Fig. 208. Die Doppelfräsmaschine von J. E. Reinecker.

wurden für die Muttern- und Schraubenkopfbearbeitung gebaut, jedoch haben sie sich seit langem für die verschiedensten Teile in fast alle Betriebe eingeführt.

Die Spindelstöcke sind jeder für sich quer auf dem Bett verschiebbar und tragen in der Höhe verstellbar den Frässpindelschlitten. Der Arbeitstisch hat nach beiden Seiten Selbstgang und Auslösung.

Da die Maschine überwiegend mit Stirnfräser arbeitet, was oft große Fräserdurchmesser erfordert, so sind ein kräftiger Antrieb und dementsprechend reichlich bemessene Frässpindeln vorgesehen.

2. Die Senkrechtfräsmaschinen.

Die Vertikalfräsmaschine von J. E. Reinecker in Chemnitz.

In Fig. 209 finden wir eine nach den neuesten Gesichtspunkten konstruierte Maschine vor. Einzelscheibenantrieb mit Räderkasten, Vorschubwechsel durch Räderkasten, Feinverstellung der Frässpindel (trotzdem der Arbeitstisch Höhen-, Quer- und Längsverstellung besitzt), das sind die Merkmale dieser handlichen Maschine, die zugleich in den Fig. 210 bis 215 den Beweis liefern, daß auch für diese Type Reinecker seinen eigenen Weg gefunden hat.

Fig. 209. Die Vertikalfräsmaschine von J. E. Reinecker.

Die Fig. 210—213 zeigen die Einzeldurchbildung der Mechanismen für den Frässpindelantrieb und die Fig. 214 und 215 die des Vorschubwechsels.

Der Antrieb der Maschine erfolgt von der Scheibe a, die fest auf der Welle b sitzt. Diese trägt außen die Pumpenscheibe a_1 und ein konisches Triebrad n zum Antrieb der Vorschubbewegungen. Ferner sitzen, mit Keilen auf b verschiebbar, die Räder b_1 b_2, die wechselweise mit c_1 und c_2 in Eingriff gebracht werden können, wodurch Welle c angetrieben wird. Auf Welle e sitzen wiederum verschiebbar die Räder e_1 e_2 e_3, die ebenfalls abwechselnd von den auf c sitzenden Rädern ihren Antrieb erhalten. Für die Welle e lassen sich dadurch sechs verschiedene Geschwindigkeiten erreichen. Die Verschiebung der Räder geschieht durch die in Führungen gleitenden Gabeln, die durch bequem liegende Handkurbeln vermittelst Ritzel und Zahnstange betätigt werden.

Die Welle e trägt das konische Rad f (Fig. 212), das in das Rad f_1 greift und auf die Nabe des Stirnrades g aufgekeilt ist. Das letztere trägt außerdem über dem Zahnkranz die Indexscheibe g_1.

Die Frässpindel *k* kann nun entweder durch das Rädervorgelege *g*, *h*, h_1, h_2 oder bei ausgerücktem Vorgelege durch den eingelegten

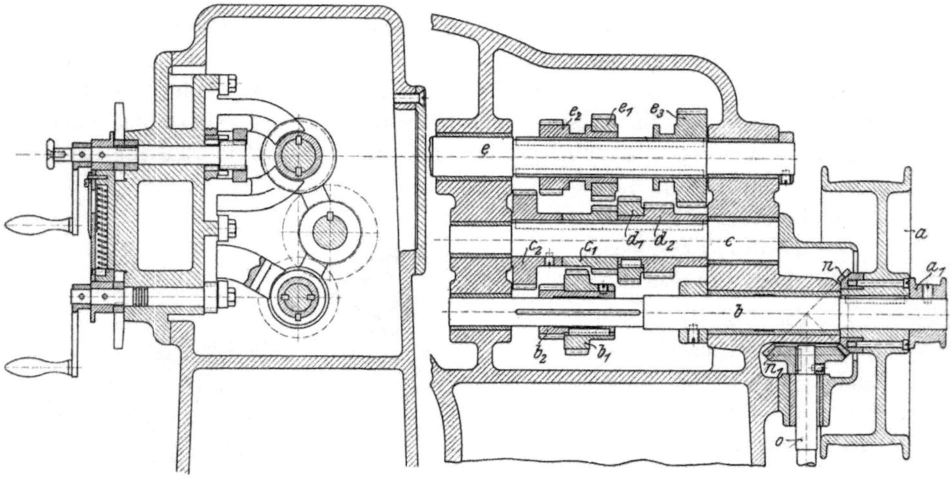

Fig. 210. Fig. 211.
Schnitte durch den Antrieb.

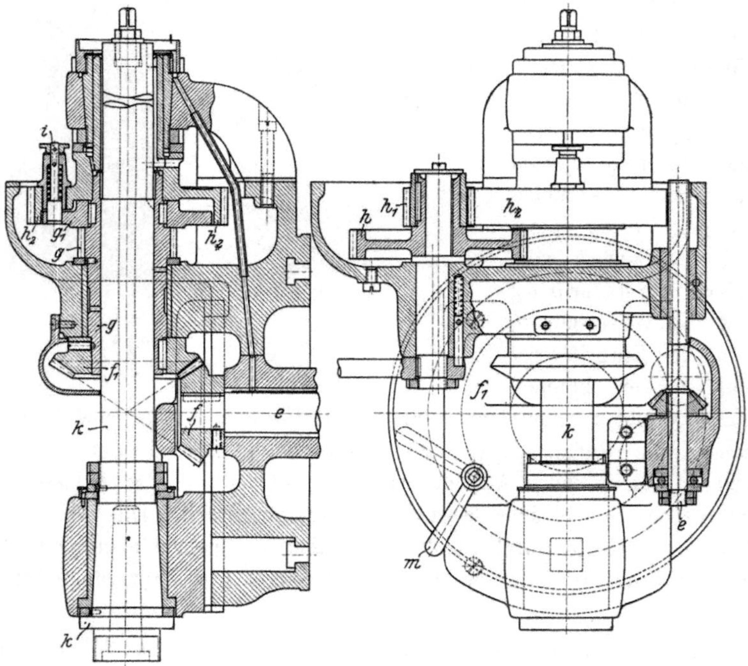

Fig. 212. Fig. 213.
Schnitt und Ansicht des Frässpindelkopfes.

Mitnehmerstift *i* direkt durch *g* mit je 6, also im ganzen mit 12 verschiedenen Geschwindigkeiten angetrieben werden. Zur Höhenverstellung der Frässpindel sitzt das untere Lager an einem kräftigen Schieber, der durch Handrad und Gewindespindel *e* (Fig. 213) nach Skalascheibe genau einstellbar ist. Der Knebel *m* dient sodann zum Festziehen des Schiebers.

Der ganze Spindelkopf ist um *f* drehbar und es kann die Frässpindel bis zu 30° gegen die Tischebene verstellt werden.

Von der Scheibe *a* wird durch die konischen Räder $n\,n_1$ die Welle *o* (Fig. 214) des Kegelräderpaares $p\,p_1$ der Vorschubwechsel angetrieben. Durch die auf der Welle *r* sitzenden Zwischenräder und das

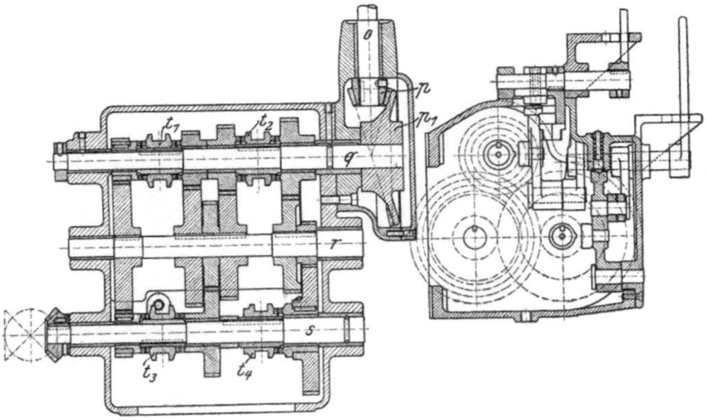

Fig. 214. Fig. 215.
Schnitt durch den Räderkasten für die Vorschübe.

wechselweise Einlegen der Kupplungen t_1—t_4 können der Welle *s* 12 verschiedene Geschwindigkeiten erteilt werden und zwar für jede der möglichen Umdrehungszahlen der Frässpindel.

Zur weitesten Ausnutzung der Maschine ist dem Arbeitstisch ein Rundsupport beigegeben.

Die Vertikalfräsmaschine mit Kopiereinrichtung von J. E. Reinecker in Chemnitz.

Die in Fig. 216 dargestellte Maschine kann infolge ihrer reichen Ausstattung zu den verschiedensten Arbeiten herangezogen werden. Eigenartig ist der Einbau des Rundsupportes, der in keiner Weise beim Gebrauch der Tischfläche stört. Auch die Inbetriebsetzung der Kopiereinrichtung geht bequem und ohne zeitraubendes Umspannen vor sich. Für Arbeiten mit kleinen Fräserdurchmessern hat Reinecker an diesen größeren Maschinen noch eine zweite Nebenspindel für höhere Umdrehungszahlen vorgesehen, welche Anordnung die Fig. 217 im Schnitt wiedergibt.

Die Hauptspindel *a* erhält ihren Antrieb vom Stirnrade *b*, daß im festen Lagerbock *c* sitzt. Beim Verschieben des Schlittens *d*, in dem das

Fig. 216. Die Vertikalfräsmaschine von J. E. Reinecker.

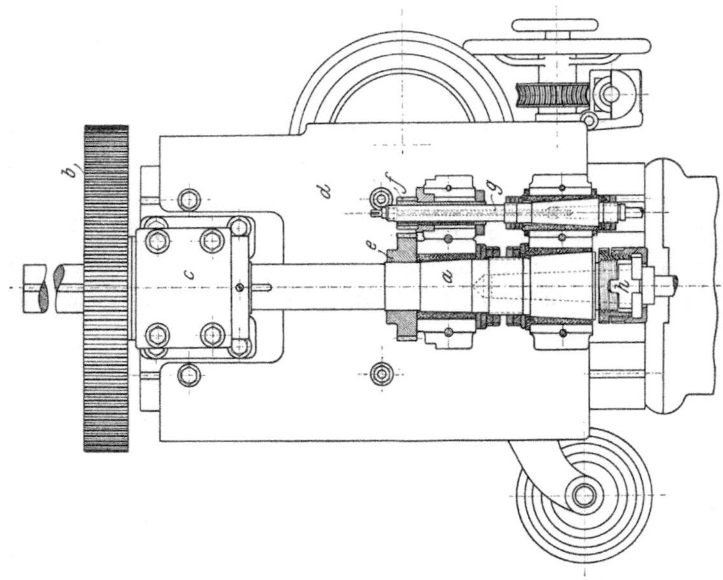

Fig. 217. Schnitt durch die beiden Frässpindeln.

Hauptlager sitzt, gleitet die Frässpindel *a* in eine Büchse des Rades *b* hinein. Durch das Zahnrad *e* wird über ein ausschaltbares Zwischenrad das kleine Rad *f* und damit die Nebenfrässpindel *g* angetrieben, die auf die dreifachen Umdrehungszahlen der Hauptspindel übersetzt ist.

In der Figur ist endlich der besondere Mitnehmer *h* für die Fräserdorne gut erkennbar.

Fig. 218. Die Vertikalfräsmaschine von Biernatzki & Co.

Die Vertikal-Schnellfräsmaschine von Biernatzki & Co. in Chemnitz.

Die in Fig. 218 wiedergegebene Maschine ist von Grund auf für große Schnittleistungen konstruiert. Heute, wo wir mehr und mehr zum

Abplanen die größeren Stirnfräser oder Fräsköpfe verwenden, erübrigt es sich, der Bedeutung dieser Maschine noch das Wort zu reden, und sei nur kurz darauf hinzuweisen, daß der erhebliche größere Anschnitt der Fräser leicht durch wechselseitiges Aufspannen der Werkstücke auf beiden Seiten des Arbeitstisches ausgeglichen werden kann. Der letztere ist zu diesem Zweck mit Selbstgang und Auslösung nach beiden Richtungen ausgestattet.

Die Konstruktion dieser Maschine ist darauf angelegt, zu ihrer Herstellung möglichst Einheitsteile-Gruppen für verschiedene Maschinentypen zu schaffen. So ist der Support, der Frässpindelantrieb und der Vorschubmechanismus genau der gleiche, wie der der Horizontal-Hochkraftfräsmaschine (Fig. 184—199), und sei für diese Gruppen dorthin verwiesen.

Die Vertikalfräsmaschinen der Elsässischen Maschinenbau-Gesellschaft in Grafenstaden.

Die Fig. 219 und 220 stellen die Maschinen einmal mit der Einrichtung zum Kopieren und zum andern mit der Vorrichtung zum Fräsen

Fig. 219.

von Kulissen dar, welche Einrichtungen namentlich im Lokomotivbau erforderlich sind.

Nach Ausschaltung dieser Zusatzvorrichtungen lassen sich diese Maschinen ohne weiteres vorteilhaft für gewöhnliche Fräsarbeit mit Stirnfräser oder Messerkopf verwenden. Durch die reichliche Ausladung des Maschinengestells sind selbst sperrige Werkstücke noch bequem zu bearbeiten.

Der Antrieb der kräftigen Frässpindel erfolgt durch Elektromotor und gestattet bei der größeren Maschine (Fig. 219) eine Spanabnahme von

Fig. 220.

100 ccm Gußeisen und bei der kleineren Maschine (Fig. 220) eine Spanabnahme von 70 ccm in Gußeisen in der Minute.

Die Parallelfräsmaschine von J. E. Reinecker in Chemnitz.

Zum Bearbeiten von parallelen Flächen in großer Genauigkeit dient die in Fig. 221 wiedergegebene zweispindliche Maschine. Obwohl sie anfangs nur zu einigen Sonderzwecken Verwendung fand, ist es ihr gelungen, sich in der letzten Zeit ein ziemlich weites Arbeitsgebiet zu erwerben; nicht nur beim Bearbeiten gerader Flächen, sondern auch beim Fräsen mit dem Rundsupport.

Die Parallelfräsmaschine besitzt sehr viel Verstellbarkeit. Nicht nur, daß der Arbeitstisch längs, quer und senkrecht verstellt werden kann, sondern es sind auch die Frässpindeln in ihren Mittenabständen und in der Höhenlage verstellbar.

Fig. 221. Die Parallelfräsmaschine von J. E. Reinecker.

Die Langfräsmaschine der Chemnitzer Werkzeugmaschinenfabrik vorm. J. Zimmermann in Chemnitz.

Die in der Fig. 222 abgebildete Maschine ist für besonders große Werkstücke konstruiert und zur besseren Ausnutzung mit einem Rundtisch ausgestattet.

In der Form lehnt sich diese zweispindelige Maschine streng an die der großen Metallhobelmaschinen an und erleichtert damit von vornherein ihre Bedienung. Um an sperrigen Stücken einzelne Partien oder Ansätze zu bearbeiten, wird sie den Hobelmaschinen weit überlegen sein, weil diese durch das ständige Hin- und Hergehen des Tisches nicht nur viel Zeit, sondern auch viel Kraft beim Umsteuern vergeuden.

Der Antrieb für die Frässpindeln und die Vorschübe sind in der Figur deutlich sichtbar. Es verdient noch erwähnt zu werden, daß die Einrichtung getroffen ist, mehrere Schaltbewegungen einrücken zu können, um schräge Nuten oder Ansätze usw. ohne Umspannung ausführen zu können.

Fig. 222.

3. Die Sonderfräsmaschinen.

Die Rundfräsmaschine von L. Löwe & Co., A.-G., in Berlin.

Ihrer Vorzüge wegen haben die Rundfräsmaschinen von Jahr zu Jahr an Verbreitung zugenommen. Die Gleichmäßigkeit der mit ihnen hergestellten Teile und der durch die geringe Bedienung ermöglichte billige Arbeitslohn lassen sie als guten Ersatz für eine große Anzahl Dreharbeiten auftreten.

Wie aus der Fig. 223 ersichtlich ist, sitzt auf einem winkelförmigen Maschinengestell links der Frässpindelstock und rechts, in einer Prismaführung verschiebbar, der Werkstückspindelstock, der durch kräftige Mitnehmer das auf einen Dorn gespannte Werkstück in langsame Umdrehung

Fig. 223. Die Rundfräsmaschine von L. Löwe & Co.

Fig. 224.

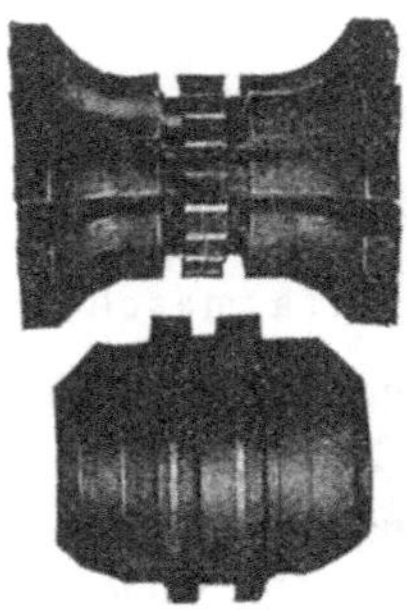

Fig. 225.

Rundgefräste Werkstücke.

setzt. Ein Gegenlager, auf einen herunterschwenkbaren Konsol sitzend, dient dem Werkstückdorn zur Unterstützung.

In den Fig. 224 und 225 sind einige Arbeitsstücke mit den dazu gehörigen Fräsern abgebildet, die zeigen, daß sich nicht nur die einfachen, sondern vor allem die profilierten Drehstücke auf diesen Maschinen bearbeiten lassen.

Die Gewindefräsmaschine der Wanderer-Werke, A.-G., in Chemnitz.

Eine Sondermaschine zum Fräsen der Gewinde stellt die Fig. 226 in sehr gefälliger Form dar. Die Schwierigkeiten, steile Gewinde billig auf der Drehbank und feine kurze Gewinde großen Durchmessers auf den

Revolverdrehbänken in sauberer Ausführung herzustellen, haben die allgemeine Einführung dieser Maschine ungemein begünstigt, nachdem sie schon seit vielen Jahren in der Massenfabrikation einen bevorzugten Platz eingenommen hat.

Die Konstruktion und Ausführung der Gewindefräsmaschine ist entsprechend ihrem Zweck eine überaus vollkommene und bis ins kleinste durchdachte. Die Beistellungen der Supporte sind an bequemen Teilscheiben bis auf $^1/_{100}$ mm genauestens ablesbar. Die selbsttätige Bei-

Fig. 226. Die Gewindefräsmaschine von Wanderer.

stellung und die selbsttätige Auslösung des Vorschubes arbeiten ebenfalls auf kleine Bruchteile eines Millimeters. Desgleichen ist eine gute Teilvorrichtung für mehrfache Gewinde vorgesehen.

Das Schneiden der Gewinde erfolgt entweder mit einem Scheibenfräser, dessen Form dem Gewinde oder Schneckengang entspricht, oder mit mehrreihigem Fräser. Im letzteren Falle wird das Gewinde bei einer Umdrehung des Werkstückes hergestellt.

Die Spiralbohrerfräsmaschine von Biernatzki & Co. in Chemnitz.

Zur Herstellung der Spiralbohrer mit gleichbleibender oder zunehmender Spiralsteigung von 12—80 mm Durchmesser und bis 900 mm

Länge dient die in Fig. 227 abgebildete Sonderfräsmaschine. Sie hinterfräst dabei gleichzeitig die Felder des Spiralbohrers.

Um die Stärke des Spiralbohrerkernes verändern zu können, ist die Einrichtung getroffen, daß man denselben eine beliebig einstellbare Länge gerade fräsen und von dort aus nach und nach an Stärke zunehmen lassen kann.

Die Maschine ist in allen Teilen kräftig gehalten. Auf den Prismaführungen des kastenförmigen Unterteiles ist der durch Schraubenspindel

Fig. 227. Die Spiralbohrerfräsmaschine von Biernatzki & Co.

getriebene Schlitten für die Aufspannvorrichtungen der Spiralbohrer angeordnet.

Auf zwei seitlichen Ausbauungen des Unterteiles führen sich — in senkrecht zur vorerwähnten Führungsbahn stehenden Prismen — die beiden durch Spindel verstellbaren Frässpindelstöcke. Letztere nehmen durch vierfache Stufenscheiben die Antriebsbewegung auf und leiten sie durch Stirn- und Kegelräder nach den senkrecht zur Stufenscheibenachse liegenden Frässpindeln. Diese sind mit ihren Gehäusen um den Mittelpunkt der Stufenscheiben drehbar, was ermöglicht, daß die etwa in der Gegend dieser Mittelpunkte befindlichen Fräser so einzustellen sind, wie es der jeweilig bedingte Steigungswinkel der Spiralen erfordert.

Der Antrieb der Schaltung erfolgt von der hinteren dreifachen Stufenscheibe und wird durch Schnecke und Rad auf die Spindel des Einspannschlittens übermittelt. Durch Wechselräderübersetzung wird dem zu fräsenden Spiralbohrer die langsame Drehung erteilt, ebenso die Bewegung für die zunehmende Steigung der Spiralen.

Die Schaltung der Maschine ist an jeder Stelle selbsttätig ausrückbar einzustellen oder von Hand auszurücken. Behufs genauen Einstellens sind alle Spindeln mit Teilscheiben versehen, welche eine Einstellung von $^1/_{10}$ mm abzulesen gestatten.

Zur Beurteilung der Leistungsfähigkeit der Maschine sei bemerkt, daß Spiralbohrer bis 40 mm Durchmesser mit einem Schnitte vollkommen fertig gefräst werden. So beträgt beispielsweise die Herstellungszeit eines Spiralbohrers von 35 mm Durchmesser 14 Minuten. Zu dieser hohen Leistung trägt wesentlich der Umstand bei, daß der Bohrer direkt vor den Fräsern in einem leicht auswechselbaren Lager geführt wird.

10. Die Berechnungen für Teil- und Spiralarbeiten.

a) Die Teilvorrichtungen.

Die Teilvorrichtungen, auch Teilapparate oder Teilköpfe genannt, dienen zum genauen Einteilen der Werkstücke beim Fräsen von Zähnen oder in gleichmäßigen Abständen stehenden Nuten oder Flächen (Zahn-

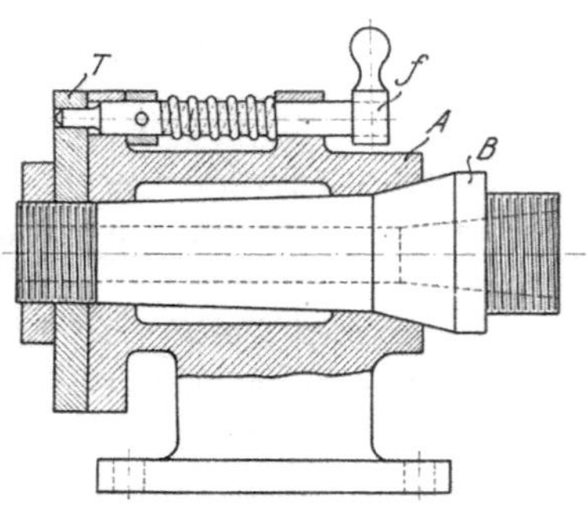

Fig. 228.

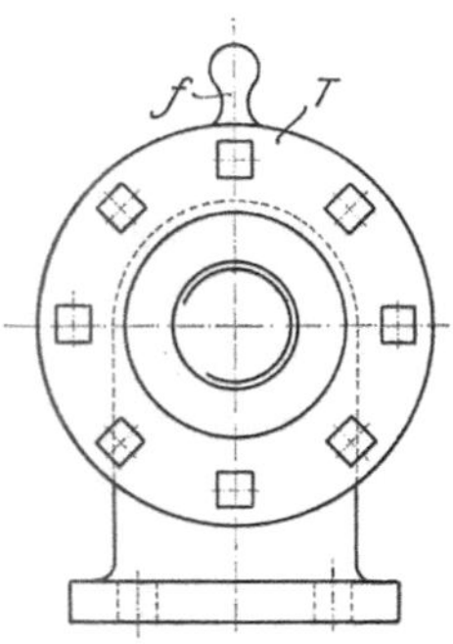

Fig. 229.

Der einfache Teilapparat.

räder, Kurbelvierkante, Muttern und Schraubenköpfe). Man unterscheidet: Teilapparate, auf denen sich nur eine kleine Anzahl Teilungen direkt ohne jede Übersetzung erzielen läßt, wie z. B. beim Fräsen der Drei-, Vier-, Fünf-, Sechs- und Vielkante, und

Teilapparate, auf denen jede Teilung möglich ist, indem durch verschiedene Teilscheiben oder Wechselräder jede Teilbewegung durch Schnecke und Schneckenrad auf das Werkstück übertragen werden kann.

Den Teilapparat der ersteren Art stellen die Fig. 228 und 229 dar. Da dieser Apparat ohne weiteres verständlich ist, sei daher sogleich der in Fig. 230 und 231 dargestellte erläutert.

In dem Gestelle *A* ist die — zur Aufnahme der Körnerspitze *b* oder eines die Werkstücke tragenden Dornes — hohl gebohrte Spindel *B* gelagert, die auf ihrem vorderen Außengewinde eine Mitnehmerscheibe trägt. Mit *B* festverbunden ist das Schneckenrad *P*, in das die im Ölbade laufende Schnecke *C* greift. An der Lagernocke des die Schnecke drehenden Bolzens sitzt die Teilscheibe *T*, an die sich der durch ein Schräubchen in jeden Winkel einstellbare Zeigerwinkel $w_1\,w_2$ anlegt. Auf der vorderen Abflachung der Spindel befindet sich der Kurbelhebel *s* mit der als Griff ausgebildeten Indexhülse *o*, in welcher der durch eine Feder stets nach der Teilscheibe gedrückte Indexstift *l* sitzt. Letzterer kann durch den im Kurbelhebel *s* befindlichen Schlitz in jeden beliebigen Lochkreis der Teil-

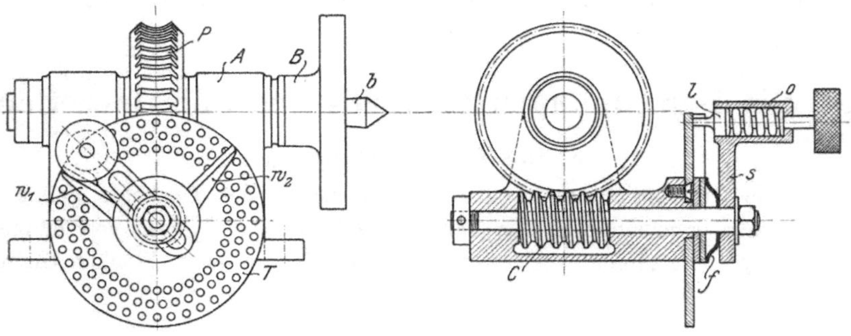

Fig. 230. Fig. 231.
Der Teilapparat mit Teilscheiben.

scheibe eingestellt werden. Um ein stetes Andrücken des Zeigerwinkels an die Teilscheibe zu erhalten, ist zwischen *w* und *s* eine Stahlfeder *f* eingeschaltet worden.

Einen vollkommeneren Teilapparat stellen die Fig. 232 und 233 dar. Er unterscheidet sich vom letztgenannten dadurch, daß seine Spindel von der wagerechten Lage bis in die senkrechte Lage gebracht und in jeder Stellung fixiert werden kann. Solche Apparate bezeichnet man als Universal-Teilapparate. Im Außengehäuse *A* sitzt, drehbar um den Mittelpunkt eines kreisbogenförmigen Schlitzes, das Innengehäuse *J*. Die hohle Spindel *B* trägt an ihrem hinteren Ende — in *J* vertieft liegend — das Schneckenrad *P*. Um den bei Abnutzung entstehenden toten Gang ausgleichen zu können, besteht das Schneckenrad aus zwei durch Schrauben gegeneinander verdrehbaren Scheiben.

Wie aus Fig. 232 und 233 ersichtlich ist, befindet sich Schnecke *C* im Drehpunkte des Innengehäuses *J*; bei Verstellung des letzteren wird daher Schneckenrad *P* mit Schnecke *C* im steten Eingriffe bleiben, so daß in jeder Stellung geteilt werden kann. Die in den Schlitzen von *A* befindlichen Schrauben a dienen zum Feststellen des Ganzen. Auf dem Außengehäuse A befindet sich meist eine Gradeinteilung, nach welcher bei Schrägstellung der Spindel der erforderliche Winkel direkt eingestellt werden kann.

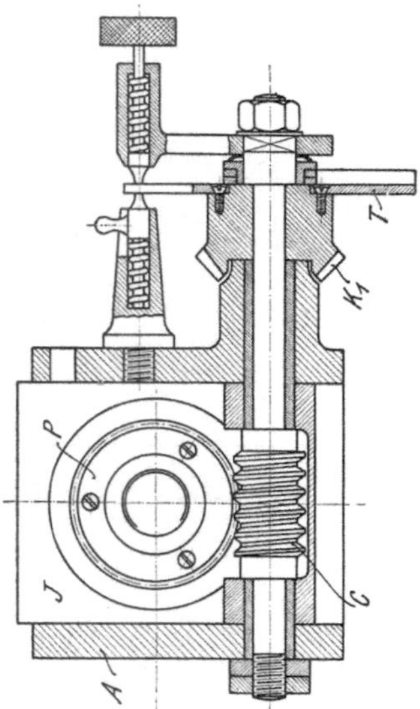

Fig. 233.

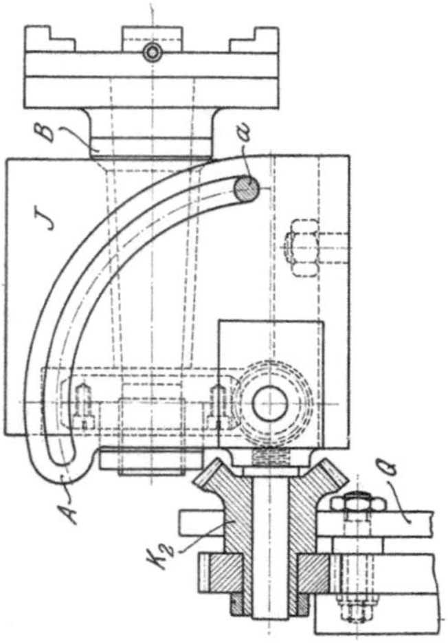

Fig. 232.

Der Universalteilapparat.

Außerdem ist bei diesen Apparaten die Einrichtung zur Ezeugung spiralgewundener Nuten oder Riefen (Schraubengänge) vorgesehen. Es wird dies dadurch erreicht, daß dem Werkstück während des Längsvorschubes eine von diesem abhängige, gleichmäßige Drehung erteilt wird. Es ist zu diesem Zwecke die Teilscheibe T mit einem lose auf dem Schneckenbolzen befindlichen konischen Triebe K_1 verbunden. In letzteres greift ein Gegentrieb K_2 (Fig. 232), der auf einem im Gehäuse A festgeschraubten Bolzen sitzt. Der Antrieb der Triebe K_1 und K_2 geschieht durch Wechselräder, welche auf der Nabe von K_2, Wechselräderschere Q und Tischspindel der Fräsmaschine, der Steigung der Spirale entsprechend, angesteckt werden.

In den Fig. 234 und 234a ist ein Teilapparat amerikanischer Konstruktion dargestellt. Das Außengehäuse A bildet mit dem sich dazwischen drehbaren Innengehäuse J eine geschlossene Trommel, in der Schnecke und Rad gelagert ist. Das Schneckenrad sitzt hierbei genau in der Mitte der Trommel J auf der Spindel B, während Schnecke mit Bolzen seitlich in J angeordnet sind. Um nun den Antrieb in jeder Lage von den konischen Trieben auf die Schnecke zu übertragen, ist im Mittelpunkt von J ein Zwischentrieb Z eingeschaltet.

Die Fig. 235 und 236 geben einen Universalteilkopf wieder, wie er von den Wandererwerken gebaut wird. Die Schneckenspindel ist exzentrisch in einer drehbar angeordneten Büchse 5 gelagert, die durch eine sinnreiche Konstruktion verdreht und gesichert werden kann. Dadurch ist es ermöglicht, die Teilschnecke 1 außer Eingriff mit dem Rad 13 zu bringen und den Apparat auch für direktes Teilen einzurichten. Teil-

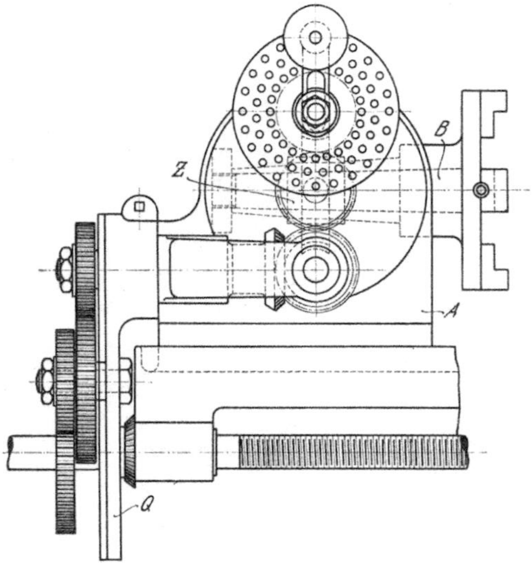

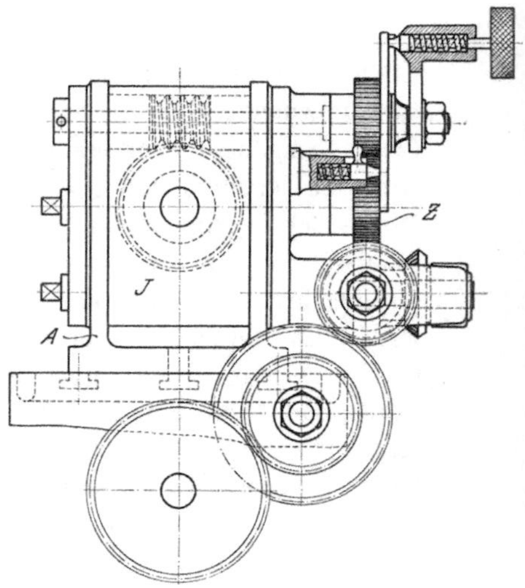

Fig. 234. Fig. 234 a.
Der amerikanische Universalteilapparat.

scheibe und Index werden dabei an der Hauptspindel und am Grundkörper in geeigneter Weise angebracht. Fig. 247 zeigt die Befestigung

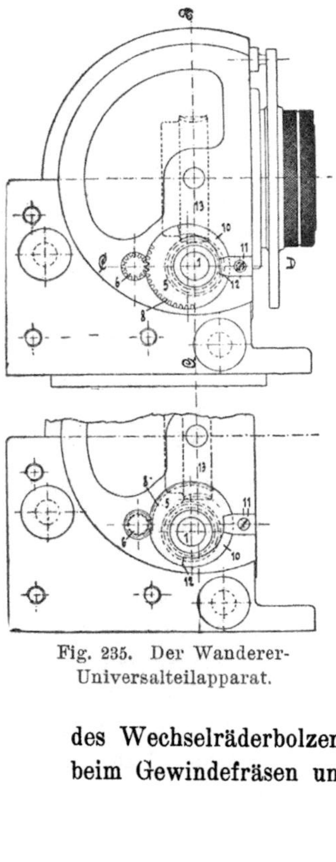

Fig. 235. Der Wanderer-Universalteilapparat.

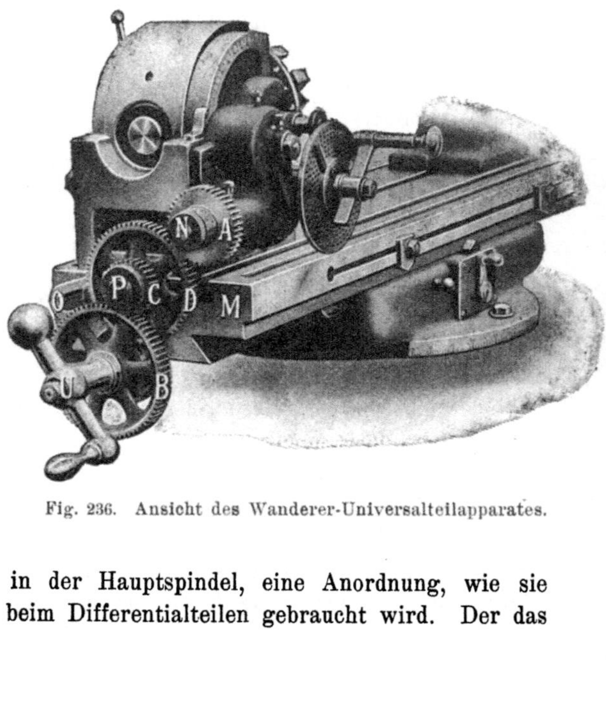

Fig. 236. Ansicht des Wanderer-Universalteilapparates.

des Wechselräderbolzens in der Hauptspindel, eine Anordnung, wie sie beim Gewindefräsen und beim Differentialteilen gebraucht wird. Der das

Wechselrad D tragende Bolzen A ist durchbohrt und wird durch den Spreitzkonus B und eine durchgehende Schraube fest in die Hauptspindel geklemmt.

In der Bauart dem Apparate Fig. 232 und 233 ähnlich ist der von **Reinecker** konstruierte Teilapparat.[1]) An ihm befindet sich statt der Teilscheiben ein Wechselrädersystem. Es ist dadurch das Teilen dem

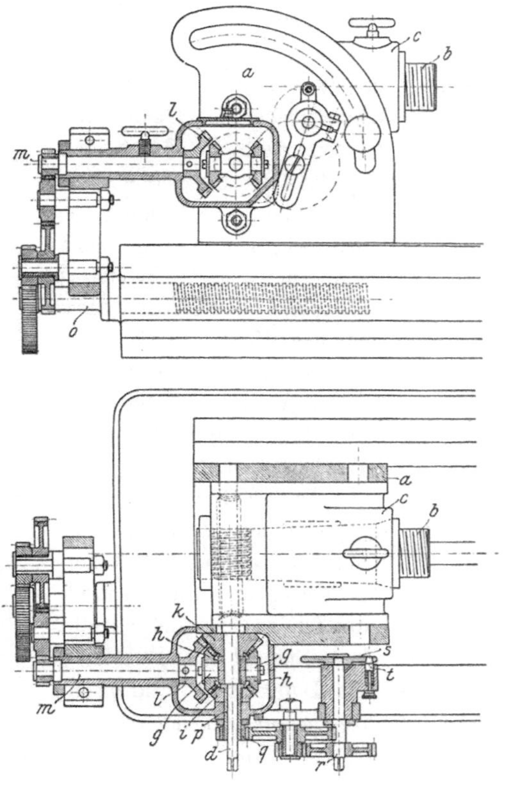

Fig. 237 und 239.

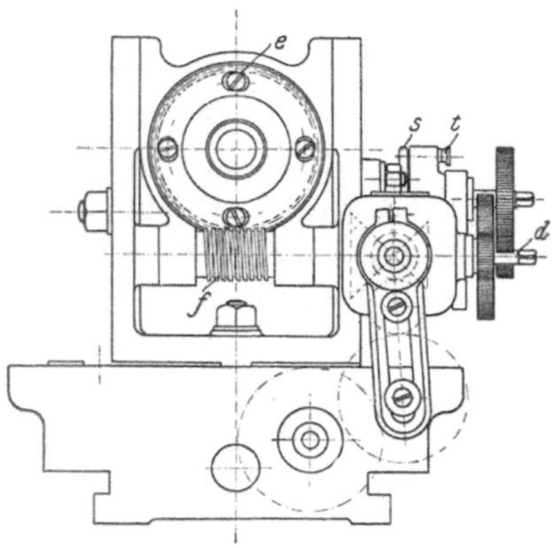

Fig. 238.

die Maschine bedienenden Arbeiter wesentlich leichter gemacht, da er nach jeder Einfräsung nur an der Teilkurbel eine ganze Umdrehung zu machen braucht und sich infolgedessen nicht verteilen kann.

Die Fig. 237, 238 und 239 stellen die Konstruktion dieses Teilapparates, der nachstehend näher beschrieben ist, dar.

Der Universalteilapparat von J. E. **Reinecker**.

Im Gehäuse a sitzt, um 90° verstellbar, der Innenkörper c, in welchem die mit Lochkonus und Außengewinde versehene Spindel b lagert. Mit ihr fest verbunden ist das zweiteilige Schneckenrad e, das von der Schnecke f betätigt wird. Die Schneckenspindel d trägt außerhalb des Gehäuses a den losen konischen Doppeltrieb k (Fig. 239). Dahinter sitzt fest auf d ein Kreuzkopf, auf dessen Zapfen $g\,g$ sich zwei lose drehende, mit Trieb k im Eingriff stehende Triebe $h\,h$ befinden. Letztere stehen ferner mit einem Triebe i im Eingriff, das eine lose Büchse p der

[1]) D. R.-P. Nr. 73332.

Spindel *d* trägt. Büchse *p* ist zugleich für die Aufnahme eines Wechselrades *q* bestimmt, das nach Einschaltung der Räder an der Schere vom Rade der Teilspindel *r* seinen Antrieb erhält. Teilspindel *r* trägt die mit nur einem Loch versehene Teilscheibe *s*, in welche ein feststehender Indexstift *t* einschlägt.

Nach dem der Anzahl Einfräsungen entsprechend, welche das Werkstück bekommen soll, eine Wechselräderverbindung zwischen *q* und *r* hergestellt ist, erfordert, wie schon erwähnt, jede Teilung nur eine Umdrehung der Teilspindel *r*.

Die Übertragung der Teilbewegung auf Spindel *b* geschieht nun wie folgt: Teilspindel *r* überträgt durch die Wechselräder ihre Umdrehung auf Büchse *p*, mithin dreht sich Trieb *i*, das seinerseits die Triebe *h h* antreibt. Da letztere mit dem stillstehenden Triebe *k* im Eingriff stehen, so müssen sie sich auf diesem abwälzen, wodurch außer der Drehung um ihre eigenen Achsen noch eine solche um Spindel *d* erfolgt. Gleichzeitig wird, da der Kopf *g g* festsitzt, Spindel *d* angetrieben, die ihrerseits durch Schnecke *f* und Rad *e* Spindel *b* samt Werkstück umdreht.

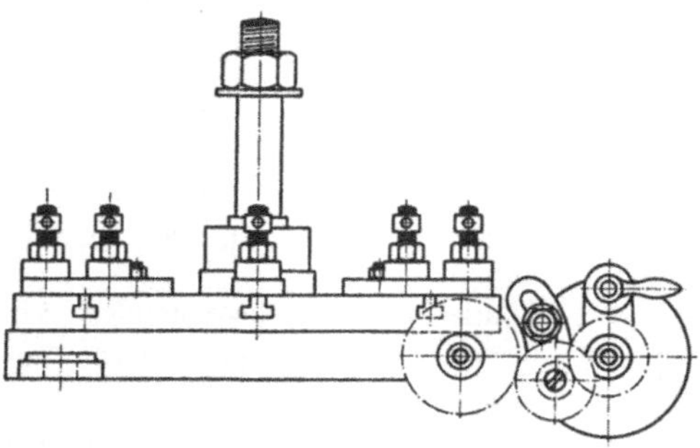

Fig. 240. Der Stirnräderteilapparat von J. E. Reinecker.

Der Antrieb des Teilkopfes zum Erzeugen der Spiralen vollzieht sich folgendermaßen. Das Wechselrad der Tischspindel *o* treibt durch Zwischenräder der Schere das Wechselrad der Spindel *m* an, an deren Ende sich das Trieb *l* befindet, das seinerseits Doppeltrieb *k* antreibt. Von hier aus erhalten die beiden Triebe *h h* ihre Drehung um sich selbst, und da sich dieselben an dem feststehenden Trieb *i* abwälzen, so muß sich auch wiederum der Kopf mit dem Zapfen *g g*, mithin auch die Welle *d* drehen. Es erhält somit Spindel *b* durch Schnecke *f* und Rad *e* die zum Erzeugen der Spiralen notwendige langsame Umdrehung.

Einen stabilen Teilaufsatz derselben Firma zum Fräsen von Stirnrädern zeigt die Fig. 240. Er bedingt an der Maschine vertikalen Selbstgang. An ihm kommt gleichfalls das schon erwähnte Wechselrädersystem zur Anwendung. Seine Einrichtung und Handhabung dürfte aus der Zeichnung genügend klar werden.

b) Das Teilen und die Teilscheiben.

Entsprechend den vorgehend beschriebenen Teilapparaten unterscheidet man beim Teilen das direkte und das indirekte Teilen. Für das direkte Teilen ist keinerlei Berechnung erforderlich, da die entsprechende

Teildrehung der Teilkopfspindel direkt auf der Teilscheibe vorgenommen wird. Wie dies geschieht, geht aus der Beschreibung der dafür eingerichteten Apparate hervor und kann daher hier übergangen werden.

Nachstehend soll nun das indirekte Teilen an Hand von Beispielen genau erläutert werden. Man nennt es indirektes Teilen, weil die Teilbewegung nicht direkt von der Teilscheibe, sondern vermittelst Schnecke und Schneckenrad auf das Werkstück übertragen wird. Zu beachten ist dabei die Zähnezahl des Schneckenrades und die Gängigkeitszahl der Schnecke. Die Zähnezahl des Schneckenrades dividiert durch die Gängigkeitszahl der Schnecke ergibt die erforderliche Anzahl der Schneckenumdrehungen für eine volle Umdrehung des Schneckenrades und des zu teilenden Werkstückes. Die meisten Teilapparate besitzen eine einfache Schnecke und ein Schneckenrad von 40 Zähnen. Größere Zähnezahlen und mehrgängige Schnecken finden sich nur an den Teilvorrichtungen von Sondermaschinen, bei welchen eine sehr große Genauigkeit verlangt wird, denn je größer das Schneckenrad (Teilrad) im Verhältnis zu dem zu teilenden Werkstücke ist, desto geringer machen sich unvermeidliche Fehler im Teilrad und Teilscheibe auf dem Werkstück bemerkbar.

Da nun ein mit Zähnen, Nuten oder Riefen zu versehendes Werkstück bei einer vollen Umdrehung alle Zähne erhalten haben muß, so ist erforderlich, daß das Schneckenrad in so viel gleiche Teildrehungen eingestellt werden kann, als das Werkstück Zähne erhalten soll. Es muß also, soll das Werkstück 2 Zähne erhalten, das Schneckenrad für eine Einstellung $^1/_2$ Umdrehung machen, bei 3 Zähnen $^1/_3$ Umdrehung, bei 4, 5, 7, 9, 10 Zähnen $^1/_4$, $^1/_5$, $^1/_7$, $^1/_9$, $^1/_{10}$ Umdrehung für eine Einstellung machen. Daraus geht hervor, daß alle Einstellungen zusammen so viel Umdrehungen der Kurbel bezw. der Schnecke ergeben müssen, als zu einer ganzen Umdrehung des Schneckenrades erforderlich sind.

Nehmen wir als Beispiel ein Schneckenrad mit 40 Zähnen und eine einfache Schnecke an. Für eine Umdrehung des Schneckenrades sind also $\frac{40}{1} = 40$ Kurbelumdrehungen nötig. Soll nun ein Rad mit 20 Zähnen gefräst werden, so entfallen auf die 20 Einstellungen 40 Kurbelumdrehungen, folglich auf eine Einstellung $\frac{40}{20} = 2$ Kurbel- bezw. Schneckenumdrehungen. Dies ergibt kurz zusammengefaßt: Anzahl der Umdrehungen der Schnecke für eine ganze Schneckenradumdrehung, dividiert durch die Anzahl der Einstellungen, ist gleich der Anzahl Schneckenumdrehungen für eine Einstellung.

Je nach der Zahl der zu fräsenden Zähne ergeben sich nun nicht immer volle Schneckenumdrehungen für eine Einstellung, sondern volle und Teil-Drehungen, und für größere Zähnezahlen nur Teildrehungen der Schnecke.

Führen wir nun folgende Bezeichnungen ein:

z = Zähnezahl des Schneckenrades.

g = Gängigkeitszahl der Schnecke (bei einfacher Schnecke = 1, bei doppelgängiger Schnecke = 2 usw.).

e = Anzahl der Umdrehungen des Kurbelhebels bezw. der Schnecke, welche zu einer vollen Umdrehung des Schneckenrades nötig sind.

m = Anzahl der in gleichen Teilen einzufräsenden Zähne, Nuten oder Riefen.

n = Anzahl der nötigen Kurbelumdrehungen, die sich aus:

u = den ganzen Kurbelumdrehungen und

x = der für die Teildrehung erforderlichen Anzahl Löcher eines Lochkreises zusammensetzen (vom Zeigerwinkel einzuschließen),

p = der jeweilig bedingte Lochkreis.

Dann erhalten wir mit Bezug auf unsere angenommenen Bezeichnungen:

$$\frac{e}{m} = n$$

und auf obiges Beispiel angewendet

$$\frac{40}{20} = 2.$$

Geht die Zahl der Einstellungen in der Zahl e ohne Rest auf, so hat man den Zeigerwinkel nicht nötig, denn der Indexstift kommt dabei immer wieder in ein und dasselbe Loch. Anders liegt die Sache dort, wo ein Rest bleibt, wo also bei der Rechnung ein Bruch herauskommt. Sei z. B. die Zähnezahl des Schneckenrades 120, die Schnecke doppelgängig, also die Gängigkeitszahl 2, und ein Rad von 48 Zähnen zu fräsen, so ergibt sich: $\frac{e}{m} = \frac{60}{48} = 1 + \frac{12}{48} = 1 + \frac{3}{12}$. Diesen Bruch wird man nun so lange kürzen oder erweitern, bis man den Nenner mit einem Lochkreise auf der Teilscheibe in Übereinstimmung gebracht hat. Der Zähler gibt dann die Anzahl der Löcher in diesem Lochkreise an, welche noch zu den ganzen Umdrehungen hinzukommen. Ist also im obigen Beispiel ein Lochkreis von 48 vorhanden, so hat man bei jeder Einstellung eine ganze Umdrehung und noch 12 Löcher in diesem Lochkreise zu teilen. In einem Lochkreis von 24 hätte man nur 6, in einen solchen von 12 nur 3 Löcher zu teilen.

Um nun nicht bei jeder Einstellung die Löcher einzeln zählen zu müssen, stellt man den Zeigerwinkel so ein, daß seine beiden Schenkel das Loch, in welchem der Indexstift sitzt, sowie die Löcher, die der erforderlichen Teildrehung entsprechen, einschließen. Im letzten Beispiel würde also der Zeigerwinkel so einzustellen sein, daß er im Lochkreis 48 13 Löcher und im Lochkreis 24 7 Löcher einschließt.

Kurz zusammengefaßt ist

$$e = \frac{z}{g}.$$

Ferner ist $$n = \frac{e}{m}.$$

Da n nicht immer eine ganze Zahl ist, setzen wir

$$n = u + \frac{x}{p}.$$

Sei z. B. $z = 40$,
$g = 1$,
$m = 14$,

so ergibt sich folgende Rechnung:

$$e = \frac{z}{g} = \frac{40}{1} = 40,$$

$$n = \frac{e}{m} = \frac{40}{14},$$

zerlegt $$n = u + \frac{x}{p} = 2^{12}/_{14} = 2^{24}/_{28} = 2^{30}/_{35}.$$

Es läßt sich auf jede Rechnung rasch die Gegenprobe machen, denn da

$$n = \frac{e}{m} \text{ ist, muß } m \,.\, n = e \text{ sein;}$$

das heißt: Anzahl der Einstellungen mal Anzahl der Umdrehungen bei einer Einstellung ist gleich der Anzahl der Umdrehungen der Schnecke bei einer vollen Umdrehung des Schneckenrades.

Die Probe auf das letzte Beispiel angewendet ergibt:

$$m \,.\, n = e = 14 \,.\, 2^{30}/_{35} = 40.$$

Zum besseren Verständnis seien hier noch einige Beispiele angeführt.

I. Zähnezahl des Schneckenrades im Teilapparate . . . . . $z = 180$.
Schnecke zweigängig, also . . . . $g = 2$.
Anzahl der Einstellungen am Werkstücke . . . . $m = 246$.

Es ist dann

$$e = \frac{z}{g} = \frac{180}{2} = 90$$

und

$$n = \frac{e}{m} = \frac{90}{246} = \frac{15}{41};$$

also im Lochkreise 41 sind für jede Einstellung 15 Löcher zu teilen.

$$\text{Gegenprobe: } (m \,.\, n = e) \; 246 \cdot \frac{15}{41} = 90.$$

II. $z = 40$,
$g = 1$,
$m = 17$,

$$e = \frac{z}{g} = \frac{40}{1} = 40,$$

$$n = \frac{e}{m} = \frac{40}{17} = 2^{6}/_{17} = u + \frac{x}{p}.$$

$$\text{Gegenprobe: } 17 \,.\, 2^{6}/_{17} = 40.$$

12*

III. Auf einem Teilapparate mit einem Schneckenrade von 40 Zähnen und einer eingängigen Schnecke soll ein Dreikant gefräst werden.

$$z = 40,$$
$$g = 1,$$
$$m = 3,$$

$$e = \frac{z}{g} = \frac{40}{1} = 40,$$

$$n = \frac{e}{m}; \quad \frac{40}{3} = 13^1/_3 = 13^6/_{18} = 13^8/_{24} = 13^{11}/_{33} \ldots = u + \frac{x}{p}.$$

Man muß also hier einen Lochkreis nehmen, dessen Löcherzahl durch 3 teilbar ist und für jede Einstellung 13 ganze Kurbelumdrehungen und ein Drittel der Löcherzahl eines solchen Lochkreises teilen.

Es seien hier noch die gebräuchlichsten Teilscheiben-Lochkreise, wie man sie an kleineren und mittleren Teilapparaten vorfindet, angegeben. Dieselben sind nun entweder alle auf einer Teilscheibe angebracht oder, wie man sie namentlich in neuerer Zeit ausführt, auf 3—5 Scheiben verteilt, und kann man mit ihnen fast alle vorkommenden Teilungen ausführen. Es sind dies die Lochkreise: 15, 17, 18, 19, 20, 21, 22, 23, 24, 27, 29, 31, 32, 33, 37, 39, 41, 43, 47 und 49.

Mit diesen Lochkreisen lassen sich bei einem Schneckenrad von 40 Zähnen alle Zähnezahlen von 2—49, alle geraden Zahlen von 50—100, sowie alle fünffachen bis 100 teilen. Über 100 sind jedoch nur einzelne Zahlenwerte in größeren Abständen, wie 104, 108, 110, 115, 116, 120 usw., zu teilen.

Nachstehend seien noch einige Regeln für das Teilen selbst gegeben. Nachdem der erforderliche Lochkreis nach der eben beschriebenen Rechnung oder mit Hilfe einer Tabelle ermittelt ist, wird die entsprechende Teilscheibe aufgesteckt und der Kurbelhebel *s* so eingestellt, daß sein Indexstift (Fig. 231) genau in alle Löcher des bestimmten Lochkreises einschnappt. Dann wird der Zeigerwinkel *w* (Fig. 230) so eingestellt, daß er mit seinen Schenkeln ein Loch mehr einschließt als man zu teilen hat. (Sind also 18 Löcher weiterzuteilen, so muß der Zeigerwinkel 19 Löcher einschließen, da das Loch, in dem der Indexstift sitzt, beim Weiterdrehen des Winkels immer mit eingeschlossen bleibt.) Um möglichst genaue Teilungen zu erzielen, achte man besonders darauf, daß die Kurbel nicht über das letzte Loch hinaus und dann zurückgedreht wird, denn schon beim geringsten toten Gang im Teilapparat führt dies zu Ungenauigkeiten. Ratsam ist es, jeden im Gebrauch befindlichen Teilapparat in gewissen Zeitabständen zu untersuchen und den durch Verschleiß im Schneckengetriebe eingetretenen toten Gang durch Nachstellen des Schneckenrades zu beseitigen.

Nachstehend sind für die gebräuchlichsten Apparate einige Tabellen eingefügt, die nach dem vorangegangenen ohne weitere Erläuterung verständlich sein dürften.

Teiltabelle für $e = 40$.

Anwendbar für Teilapparate mit Schneckenrad $z = 40$ und 1gängiger Schnecke.
" " " " " $z = 80$ " 2 " "
" " " " " $z = 120$ " 3 " "

m = Zahl der Einstellungen, p = Lochkreis, $u + \frac{x}{p}$ = Umdrehungen der Kurbel und Anzahl der Löcher, welche im unter p bezeichneten Lochkreise weitergeteilt werden.

m	p	$u+\frac{x}{p}$	m	p	$u+\frac{x}{p}$	m	p	$u+\frac{x}{p}$	m	p	$u+\frac{x}{p}$	m	p	$u+\frac{x}{p}$
2	—	20	26	39	$1\frac{21}{39}$	50	20	$\frac{16}{20}$	90	27	$\frac{12}{27}$	152	19	$\frac{5}{19}$
3	39	$13\frac{13}{39}$	27	27	$1\frac{13}{27}$	52	39	$\frac{30}{39}$	92	23	$\frac{10}{23}$	155	31	$\frac{8}{31}$
4	—	10	28	49	$1\frac{21}{49}$	54	27	$\frac{20}{27}$	94	47	$\frac{20}{47}$	156	39	$\frac{10}{39}$
5	—	8	29	29	$1\frac{11}{29}$	55	33	$\frac{24}{33}$	95	19	$\frac{8}{19}$	160	20	$\frac{5}{20}$
6	39	$6\frac{26}{39}$	30	39	$1\frac{13}{39}$	56	49	$\frac{35}{49}$	96	24	$\frac{10}{24}$	164	41	$\frac{10}{41}$
7	49	$5\frac{35}{49}$	31	31	$1\frac{9}{31}$	58	29	$\frac{20}{29}$	98	49	$\frac{20}{49}$	165	33	$\frac{8}{33}$
8	—	5	32	20	$1\frac{5}{20}$	60	39	$\frac{26}{39}$	100	20	$\frac{8}{20}$	168	21	$\frac{5}{21}$
9	27	$4\frac{12}{27}$	33	33	$1\frac{7}{33}$	62	31	$\frac{20}{31}$	104	39	$\frac{15}{39}$	170	17	$\frac{4}{17}$
10	—	4	34	17	$1\frac{3}{17}$	64	16	$\frac{10}{16}$	108	27	$\frac{10}{27}$	172	43	$\frac{10}{43}$
11	33	$3\frac{21}{33}$	35	49	$1\frac{7}{49}$	65	39	$\frac{24}{39}$	110	33	$\frac{12}{33}$	180	27	$\frac{6}{27}$
12	39	$3\frac{13}{39}$	36	27	$1\frac{3}{27}$	66	33	$\frac{20}{33}$	115	23	$\frac{8}{23}$	184	23	$\frac{5}{23}$
13	39	$3\frac{3}{39}$	37	37	$1\frac{3}{37}$	68	17	$\frac{10}{17}$	116	29	$\frac{10}{29}$	185	37	$\frac{8}{37}$
14	49	$2\frac{42}{49}$	38	19	$1\frac{1}{19}$	70	49	$\frac{28}{49}$	120	39	$\frac{13}{39}$	188	47	$\frac{10}{47}$
15	39	$2\frac{26}{39}$	39	39	$1\frac{1}{39}$	72	27	$\frac{15}{27}$	124	31	$\frac{10}{31}$	190	19	$\frac{4}{19}$
16	20	$2\frac{10}{20}$	40	—	1	74	37	$\frac{20}{37}$	128	16	$\frac{5}{16}$	195	39	$\frac{8}{39}$
17	17	$2\frac{6}{17}$	41	41	$\frac{40}{41}$	75	15	$\frac{8}{15}$	130	39	$\frac{12}{39}$	196	49	$\frac{10}{49}$
18	27	$2\frac{6}{27}$	42	21	$\frac{20}{21}$	76	19	$\frac{10}{19}$	132	33	$\frac{10}{33}$	200	20	$\frac{4}{20}$
19	19	$2\frac{2}{19}$	43	43	$\frac{40}{43}$	78	39	$\frac{20}{39}$	135	27	$\frac{8}{27}$	210	21	$\frac{4}{21}$
20	—	2	44	33	$\frac{30}{33}$	80	20	$\frac{10}{20}$	136	17	$\frac{5}{17}$	220	33	$\frac{6}{33}$
21	21	$1\frac{19}{21}$	45	27	$\frac{24}{27}$	82	41	$\frac{20}{41}$	140	49	$\frac{14}{49}$	230	23	$\frac{4}{23}$
22	33	$1\frac{27}{33}$	46	23	$\frac{20}{23}$	84	21	$\frac{10}{21}$	144	18	$\frac{5}{18}$	240	18	$\frac{3}{18}$
23	23	$1\frac{17}{23}$	47	47	$\frac{40}{47}$	85	17	$\frac{8}{17}$	145	29	$\frac{8}{29}$	248	31	$\frac{5}{31}$
24	39	$1\frac{26}{39}$	48	18	$\frac{15}{18}$	86	43	$\frac{20}{43}$	148	37	$\frac{10}{37}$	280	49	$\frac{7}{49}$
25	20	$1\frac{12}{20}$	49	49	$\frac{40}{49}$	88	33	$\frac{15}{33}$	150	15	$\frac{4}{15}$	300	15	$\frac{2}{15}$

Teiltabelle für $e = 60$.

Anwendbar für Schneckenrad von $z = 60$ und 1 gängiger Schnecke.
" " " " $z = 120$ " 2 " "
" " " " $z = 180$ " 3 " "

m = Zahl der Einstellungen, p = Lochkreis, $u + \frac{x}{p}$ = Umdrehungen der Kurbel bezw. Schnecke.

m	p	$u+\frac{x}{p}$	m	p	$u+\frac{x}{p}$	m	p	$u+\frac{x}{p}$	m	p	$u+\frac{x}{p}$	m	p	$u+\frac{x}{p}$
2	—	30	37	37	$1\frac{23}{37}$	80	20	$\frac{15}{20}$	138	23	$\frac{10}{23}$	235	47	$\frac{12}{47}$
3	—	20	38	19	$1\frac{11}{19}$	81	27	$\frac{20}{27}$	140	21	$\frac{9}{21}$	240	20	$\frac{5}{20}$
4	—	15	39	39	$1\frac{21}{39}$	82	41	$\frac{30}{41}$	144	24	$\frac{10}{24}$	245	49	$\frac{12}{49}$
5	—	12	40	20	$1\frac{10}{20}$	84	21	$\frac{15}{21}$	145	29	$\frac{12}{29}$	260	39	$\frac{9}{39}$
6	—	10	41	41	$1\frac{19}{41}$	85	17	$\frac{12}{17}$	147	49	$\frac{20}{49}$	264	44	$\frac{10}{44}$
7	21	$8\frac{12}{21}$	42	21	$1\frac{9}{21}$	86	43	$\frac{30}{43}$	148	37	$\frac{15}{37}$	270	27	$\frac{6}{27}$
8	24	$7\frac{12}{24}$	43	43	$1\frac{17}{43}$	87	29	$\frac{20}{29}$	150	20	$\frac{8}{20}$	276	23	$\frac{5}{23}$
9	27	$6\frac{18}{27}$	44	33	$1\frac{12}{33}$	88	22	$\frac{15}{22}$	155	31	$\frac{12}{31}$	280	14	$\frac{3}{14}$
10	—	6	45	33	$1\frac{11}{33}$	90	39	$\frac{26}{39}$	156	26	$\frac{10}{26}$	290	29	$\frac{6}{29}$
11	33	$5\frac{15}{33}$	46	23	$1\frac{7}{23}$	92	23	$\frac{15}{23}$	158	79	$\frac{30}{79}$	300	20	$\frac{4}{20}$
12	—	5	47	47	$1\frac{13}{47}$	93	31	$\frac{20}{31}$	160	16	$\frac{6}{16}$	310	31	$\frac{6}{31}$
13	39	$4\frac{24}{39}$	48	20	$1\frac{5}{20}$	94	47	$\frac{30}{47}$	164	41	$\frac{15}{41}$	320	16	$\frac{3}{16}$
14	21	$4\frac{6}{21}$	49	49	$1\frac{11}{49}$	95	19	$\frac{12}{19}$	165	33	$\frac{12}{33}$	330	33	$\frac{6}{33}$
15	—	4	50	20	$1\frac{4}{20}$	96	16	$\frac{10}{16}$	170	17	$\frac{6}{17}$	340	17	$\frac{3}{17}$
16	20	$3\frac{15}{20}$	51	17	$1\frac{3}{17}$	98	49	$\frac{30}{49}$	172	43	$\frac{15}{43}$	345	23	$\frac{4}{23}$
17	17	$3\frac{9}{17}$	52	39	$1\frac{6}{39}$	99	33	$\frac{20}{33}$	174	29	$\frac{10}{29}$	360	18	$\frac{3}{18}$
18	39	$3\frac{13}{39}$	54	27	$1\frac{3}{27}$	100	20	$\frac{12}{20}$	180	18	$\frac{6}{18}$	370	37	$\frac{6}{37}$
19	19	$3\frac{3}{19}$	55	33	$1\frac{3}{33}$	102	17	$\frac{10}{17}$	185	37	$\frac{12}{37}$	372	31	$\frac{5}{31}$
20	—	3	56	28	$1\frac{2}{28}$	104	26	$\frac{15}{26}$	188	47	$\frac{15}{47}$	380	19	$\frac{3}{19}$
21	21	$2\frac{18}{21}$	57	19	$1\frac{1}{19}$	105	21	$\frac{12}{21}$	190	19	$\frac{6}{19}$	390	39	$\frac{6}{39}$
22	33	$2\frac{24}{33}$	58	29	$1\frac{1}{29}$	108	27	$\frac{15}{27}$	192	16	$\frac{5}{16}$	400	20	$\frac{3}{20}$
23	23	$2\frac{14}{23}$	60	—	1	110	33	$\frac{18}{33}$	195	39	$\frac{12}{39}$	410	41	$\frac{6}{41}$
24	20	$2\frac{10}{20}$	62	31	$\frac{30}{31}$	111	37	$\frac{20}{37}$	196	49	$\frac{15}{49}$	420	21	$\frac{3}{21}$
25	20	$2\frac{8}{20}$	63	21	$\frac{20}{21}$	114	19	$\frac{10}{19}$	200	20	$\frac{6}{20}$	430	43	$\frac{6}{43}$
26	39	$2\frac{12}{39}$	64	16	$\frac{15}{16}$	115	23	$\frac{12}{23}$	204	17	$\frac{5}{17}$	440	22	$\frac{3}{22}$
27	27	$2\frac{6}{27}$	65	39	$\frac{36}{39}$	116	29	$\frac{15}{29}$	205	41	$\frac{12}{41}$	450	15	$\frac{2}{15}$
28	21	$2\frac{3}{21}$	66	33	$\frac{30}{33}$	117	39	$\frac{20}{39}$	210	21	$\frac{6}{21}$	460	23	$\frac{3}{23}$
29	29	$2\frac{2}{29}$	68	17	$\frac{15}{17}$	120	20	$\frac{10}{20}$	215	43	$\frac{12}{43}$	470	47	$\frac{6}{47}$
30	—	2	69	23	$\frac{20}{23}$	123	41	$\frac{20}{41}$	216	18	$\frac{5}{18}$	480	16	$\frac{2}{16}$
31	31	$1\frac{29}{31}$	70	21	$\frac{18}{21}$	124	31	$\frac{15}{31}$	220	33	$\frac{9}{33}$	510	17	$\frac{2}{17}$
32	24	$1\frac{21}{24}$	72	18	$\frac{15}{18}$	126	21	$\frac{10}{21}$	222	37	$\frac{10}{37}$	540	27	$\frac{3}{27}$
33	33	$1\frac{27}{33}$	74	37	$\frac{30}{37}$	129	43	$\frac{20}{43}$	225	15	$\frac{4}{15}$	600	20	$\frac{2}{20}$
34	17	$1\frac{13}{17}$	75	20	$\frac{16}{20}$	130	39	$\frac{18}{39}$	228	19	$\frac{5}{19}$			
35	21	$1\frac{15}{21}$	76	19	$\frac{15}{19}$	132	33	$\frac{15}{33}$	230	23	$\frac{6}{23}$			
36	39	$1\frac{26}{39}$	78	39	$\frac{30}{39}$	135	18	$\frac{8}{18}$	234	39	$\frac{10}{39}$			

Teiltabelle für $e = 80$.

Anwendbar für Schneckenrad mit $z = 80$ und 1 gängiger Schnecke.
" " " " $z = 160$ " 2 " "
" " " " $z = 240$ " 3 " "

m = Einstellungen, p = Lochkreis, $u + \frac{x}{p}$ = Kurbelumdrehungen.

m	p	$u+\frac{x}{p}$	m	p	$u+\frac{x}{p}$	m	p	$u+\frac{x}{p}$	m	p	$u+\frac{x}{p}$	m	p	$u+\frac{x}{p}$
2	—	40	37	37	$2\frac{6}{37}$	86	43	$\frac{40}{43}$	176	33	$\frac{15}{33}$	320	16	$\frac{4}{16}$
3	39	$26\frac{26}{39}$	38	19	$2\frac{2}{19}$	88	33	$\frac{30}{33}$	180	18	$\frac{8}{18}$	328	41	$\frac{10}{41}$
4	—	20	39	39	$2\frac{2}{39}$	90	27	$\frac{24}{27}$	184	23	$\frac{10}{23}$	330	33	$\frac{8}{33}$
5	—	16	40	—	2	92	23	$\frac{20}{23}$	185	37	$\frac{16}{37}$	336	21	$\frac{3}{21}$
6	39	$13\frac{13}{39}$	41	41	$1\frac{39}{41}$	94	47	$\frac{40}{47}$	188	47	$\frac{20}{47}$	340	17	$\frac{4}{17}$
7	21	$11\frac{9}{21}$	42	21	$1\frac{19}{21}$	96	18	$\frac{15}{18}$	190	19	$\frac{8}{19}$	344	43	$\frac{10}{43}$
8	—	10	43	43	$1\frac{37}{43}$	98	49	$\frac{40}{49}$	195	39	$\frac{16}{39}$	360	18	$\frac{4}{18}$
9	18	$9\frac{16}{18}$	44	33	$1\frac{27}{33}$	100	20	$\frac{16}{20}$	196	49	$\frac{20}{49}$	368	23	$\frac{5}{23}$
10	—	8	45	18	$1\frac{14}{18}$	104	39	$\frac{30}{39}$	200	20	$\frac{8}{20}$	370	37	$\frac{8}{37}$
11	33	$7\frac{9}{33}$	46	23	$1\frac{17}{23}$	105	21	$\frac{16}{21}$	205	41	$\frac{16}{41}$	376	47	$\frac{10}{47}$
12	18	$6\frac{12}{18}$	47	47	$1\frac{33}{47}$	108	27	$\frac{20}{27}$	208	39	$\frac{15}{39}$	380	19	$\frac{4}{19}$
13	39	$6\frac{6}{39}$	48	39	$1\frac{26}{39}$	110	33	$\frac{24}{33}$	210	21	$\frac{8}{21}$	390	39	$\frac{8}{39}$
14	21	$5\frac{15}{21}$	49	49	$1\frac{31}{49}$	112	21	$\frac{15}{21}$	215	43	$\frac{16}{43}$	400	20	$\frac{4}{20}$
15	15	$5\frac{5}{15}$	50	20	$1\frac{12}{20}$	115	23	$\frac{16}{23}$	216	27	$\frac{10}{27}$	410	41	$\frac{8}{41}$
16	—	5	52	39	$1\frac{21}{39}$	116	29	$\frac{20}{29}$	220	33	$\frac{12}{33}$	420	21	$\frac{4}{21}$
17	17	$4\frac{12}{17}$	54	27	$1\frac{13}{27}$	120	39	$\frac{26}{39}$	225	45	$\frac{16}{45}$	430	43	$\frac{8}{43}$
18	18	$4\frac{8}{18}$	55	33	$1\frac{15}{33}$	124	31	$\frac{30}{31}$	230	23	$\frac{8}{23}$	440	33	$\frac{6}{33}$
19	19	$4\frac{4}{19}$	56	21	$1\frac{9}{21}$	128	16	$\frac{10}{16}$	232	29	$\frac{10}{29}$	460	23	$\frac{4}{23}$
20	—	4	58	29	$1\frac{11}{29}$	130	39	$\frac{24}{39}$	235	47	$\frac{16}{47}$	470	47	$\frac{8}{47}$
21	21	$3\frac{17}{21}$	60	18	$1\frac{6}{18}$	132	33	$\frac{20}{33}$	240	18	$\frac{6}{18}$	480	18	$\frac{3}{18}$
22	33	$3\frac{21}{33}$	62	31	$1\frac{9}{31}$	135	27	$\frac{16}{27}$	245	49	$\frac{16}{49}$	490	49	$\frac{8}{49}$
23	23	$3\frac{11}{23}$	64	20	$1\frac{5}{20}$	136	17	$\frac{10}{17}$	248	31	$\frac{10}{31}$	500	25	$\frac{4}{25}$
24	39	$3\frac{13}{39}$	65	39	$1\frac{9}{39}$	140	21	$\frac{12}{21}$	250	25	$\frac{8}{25}$	520	39	$\frac{6}{39}$
25	20	$3\frac{4}{20}$	66	33	$1\frac{7}{33}$	144	27	$\frac{15}{27}$	256	16	$\frac{5}{16}$	540	27	$\frac{4}{27}$
26	39	$3\frac{3}{39}$	68	17	$1\frac{3}{17}$	145	29	$\frac{16}{29}$	260	39	$\frac{12}{39}$	560	21	$\frac{3}{21}$
27	27	$2\frac{26}{27}$	70	21	$1\frac{3}{21}$	148	37	$\frac{20}{37}$	270	27	$\frac{8}{27}$	580	29	$\frac{4}{29}$
28	21	$2\frac{18}{21}$	72	18	$1\frac{2}{18}$	150	15	$\frac{8}{15}$	272	17	$\frac{5}{17}$	600	15	$\frac{2}{15}$
29	29	$2\frac{22}{29}$	74	37	$1\frac{3}{37}$	152	19	$\frac{10}{19}$	280	21	$\frac{6}{21}$	620	31	$\frac{4}{31}$
30	39	$2\frac{26}{39}$	75	15	$1\frac{1}{15}$	155	31	$\frac{16}{31}$	288	18	$\frac{5}{18}$	640	16	$\frac{2}{16}$
31	31	$2\frac{18}{31}$	76	19	$1\frac{1}{19}$	156	39	$\frac{20}{39}$	290	29	$\frac{8}{29}$	660	33	$\frac{4}{33}$
32	20	$2\frac{10}{20}$	78	39	$1\frac{1}{39}$	160	16	$\frac{8}{16}$	296	37	$\frac{10}{37}$	680	17	$\frac{2}{17}$
33	33	$2\frac{14}{33}$	80	—	1	164	41	$\frac{20}{41}$	300	15	$\frac{4}{15}$	720	18	$\frac{2}{18}$
34	17	$2\frac{6}{17}$	82	41	$\frac{40}{41}$	168	21	$\frac{10}{21}$	304	19	$\frac{5}{19}$	800	20	$\frac{2}{20}$
35	21	$2\frac{6}{21}$	84	21	$\frac{20}{21}$	170	17	$\frac{8}{17}$	310	31	$\frac{8}{31}$			
36	18	$2\frac{4}{18}$	85	17	$\frac{16}{17}$	172	43	$\frac{20}{43}$	312	39	$\frac{10}{39}$			

Obwohl man die allgemein gebräuchlichen Teilapparate mit Schneckentrieb und Teilscheiben oder Wechselrädern gemeinhin als Universalteilapparate bezeichnet, so lassen sich mit den mitgelieferten Teilscheiben doch nur eine beschränkte Anzahl Teilungen erreichen. Wird in einem Betriebe eine Zähnezahl, die sich normalerweise nicht teilen läßt, öfter gebraucht, so wird man sich zweckmäßig die dazu erforderliche Teilscheibe mit den entsprechenden Lochkreisen beschaffen. An den einfachen Universalteilapparaten lassen sich nun verschiedene Zwischenwerte, für die man keine Lochkreise besitzt, durch das sogen. Differentialteilen erreichen. Es besteht darin, daß man anstatt mit einem Lochkreis (p) mit zweien (p und q) arbeitet, und zwar ist in p der Kurbelindexstift eingelegt, während in q der Gegenindex sitzt. Es setzt dies voraus, daß sich die beiden Lochkreise auf einer Teilscheibe befinden oder daß man zwei, gegen Verdrehung miteinander verbundene Teilscheiben verwendet.

Es sei beispielsweise angenommen: Die Indexkurbel stehe in dem Lochkreise 5 und der Gegenindex in dem Lochkreise 6. Die Teilbewegung der Indexkurbel bis in das nächste Teilkreisloch des Kreises p beträgt dann $^1/_5$ Umdrehung. Entfernt man nun den Gegenindex aus seinem Loche und dreht die Teilscheibe mitsamt der eingelegten Indexkurbel ebenfalls um 1 Loch im Kreise q weiter, und zwar in derselben Richtung, als man vorher die Indexkurbel drehte, so erfolgt eine weitere Teilbewegung von $^1/_6$ Umdrehung. Beide Teilbewegungen (n) betragen demnach

$$n = \frac{1}{p} + \frac{1}{q} = \frac{1}{5} + \frac{1}{6} = \frac{11}{30}.$$

Dreht man hingegen die Teilscheibe im Kreise q ein Loch nach der entgegengesetzten Seite, so ist

$$n = \frac{1}{p} - \frac{1}{q} = \frac{1}{5} - \frac{1}{6} = \frac{1}{30}.$$

Mit diesem Verfahren, zu der einen Teilung noch eine zweite hinzuzuteilen, deren Summe oder Differenz dem gesuchten Zwischenwert gleich sein muß, kann man sich bei dem Teilen höherer Zahlenwerte (m), für die man keine Lochkreise hat, oftmals helfen. Bedingung ist, daß sich m in zwei Faktoren zerlegen läßt, z. B. $77 = 7 \,.\, 11$; $87 = 3 \,.\, 29$ usw.

Es setzt sich bei diesem Differentialteilen die Teilbewegung (n) für jede Einstellung (m) aus der Indexbewegung und der Gegenindexbewegung zusammen.

Werden beide Teilbewegungen nach einer Richtung ausgeführt, so ist

$$n = \left(u + \frac{x}{p}\right) + \left(o + \frac{y}{q}\right),$$

sind dieselben jedoch nach entgegengesetzten Richtungen erfolgt, so ist

$$n = \left(u + \frac{x}{p}\right) - \left(o + \frac{y}{q}\right),$$

wobei, wie zu Anfang dieses Kapitels bereits festgelegt wurde, u, mithin auch o, die ganzen Umdrehungen und x, mithin auch y, die für die Teildrehung erforderliche Anzahl Löcher der Teilkreise p und q bedeutet.

Da man für alle Zähnezahlen, welche kleiner sind als e, meist passende Teilkreise hat, so wird sich dieses Differentialteilen nur bei größeren Werten, bei denen also e kleiner als m ist, nötig machen, wobei dann die ganzen Umdrehungen (u und o) wegfallen. Es wird also immer

$$n = \frac{x}{p} + \frac{y}{q} \quad \text{oder}$$

$$n = \frac{x}{p} - \frac{y}{q} \quad \text{sein.}$$

Es ist dann

$$\frac{e}{m} = n = \left(\frac{x}{p} + \frac{y}{q}\right) \quad \text{oder} \quad \left(\frac{x}{p} - \frac{y}{q}\right).$$

Um die passenden Lochkreise für eine bestimmte Zähnezahl zu ermitteln bezw. um zu sehen, ob man die erforderliche Anzahl Einstellungen mit den vorhandenen Lochkreisen erreichen kann, geht man zweckmäßig, wie nachstehendes Beispiel zeigt, vor.

Es sei

$$e = 40,$$
$$m = 51.$$

Der Bruch, von dem wir auszugehen haben, lautet dann $\frac{40}{51}$. Man zerlegt zunächst den Nenner des Bruches in zwei Faktoren, die entweder vorhandenen Lochkreisen entsprechen oder sich durch Multiplikation oder Division auf einen solchen bringen lassen. Dann zerlegt man den Zähler in zwei Summanden, so daß man aus dem einen Bruch zwei Brüche bilden kann. Die Summanden wählt man so, daß sich je einer der Faktoren im Nenner dagegen wegheben läßt. Auf die oben angeführten Zahlen angewendet, ergibt sich folgende Rechnung:

$$\frac{40}{51} = \frac{40}{3.17} = \frac{34+6}{3.17} = \frac{34}{3.17} + \frac{6}{3.17} = \frac{2}{3} + \frac{2}{17}.$$

Statt $\frac{2}{3}$ kann man $\frac{10}{15}$, $\frac{12}{18}$, $\frac{14}{21}$ usw. einsetzen. Es sind also, um 51 Teile zu erhalten, im Lochkreis 15 zehn Löcher und im Lochkreis 17 zwei Löcher weiterzuteilen.

Beispiel II:

$$e = 40,$$
$$m = 77,$$
$$n = \frac{e}{m} = \frac{40}{77} = \frac{40}{7.11} = \frac{33+7}{7.11} = \frac{3}{7} + \frac{1}{11}.$$

Als Lochkreise können hier 33 und 35 oder 21 und 22 benutzt werden. Die beiden Brüche sind dementsprechend zu erweitern.

Beispiel III:

$$e = 40,$$
$$m = 189,$$
$$n = \frac{e}{m} = \frac{40}{189} = \frac{40}{7 \cdot 27} = \frac{49 - 9}{7 \cdot 27} = \frac{7}{27} - \frac{1}{21}.$$

Da sich der Zähler in diesem Falle nicht in zwei Summanden zerlegen läßt, die sich gegen die im Nenner stehenden Faktoren kürzen lassen, ist der Nenner hier statt in einer Summe in einer Differenz ausgedrückt, denn ohne den Wert zu ändern, kann man statt 40 auch 49 — 9 setzen. Statt 49 — 9 hätte man im obigen Beispiel auch 54 — 14 setzen können. Es ergibt sich dann folgendes Resultat.

$$\frac{40}{189} = \frac{54 - 14}{7 \cdot 27} = \frac{2}{7} - \frac{2}{27},$$

wobei $\frac{2}{7}$ auf $\frac{6}{21}$, $\frac{8}{28}$ oder $\frac{10}{35}$ erweitert werden kann. Der Endwert ist in beiden Fällen der gleiche; im ersten Falle ergibt sich:

$$\frac{7}{27} - \frac{1}{21} = \frac{49}{189} - \frac{9}{189} = \frac{40}{189},$$

im zweiten Falle:

$$\frac{2}{7} - \frac{2}{27} = \frac{54}{189} - \frac{14}{189} = \frac{40}{189}.$$

Wie ersichtlich, kann man nur durch systematisches Suchen der entsprechenden Zahlen zum Ziele gelangen,[1]) und lassen sich auch hierdurch nur bestimmte Zahlenwerte, die sich in die entsprechenden Faktoren zerlegen lassen, erreichen.

Obwohl sich an den nach Fig. 239 zum Teilen mit Wechselrädern eingerichteten Teilköpfen durch das Verbinden des Teilscheiben- und Wechselräderteilens, das sogen. Verbundteilen, noch verschiedene Zwischenwerte erreichen lassen, indem man die an einem Glied angesteckte Teilung durch das andere Glied entsprechend vervielfältigt oder zerlegt, ließ sich das Teilen größerer Primzahlen ohne besondere Teilscheiben doch nicht ermöglichen.

Als eine wesentliche Neuerung ist daher ein von der Firma Brown & Sharp eingeführter Differentialteilkopf, der in Deutschland in ähnlicher Weise von den Wandererwerken hergestellt wird, zu bezeichnen. Bei diesem Teilkopf ist die Hauptspindel an ihrem hinteren Ende zur Aufnahme eines Wechselrades eingerichtet (siehe Fig. 241). Durch geeignete Scheren läßt sich dann eine Wechselräderverbindung zwischen Hauptspindel und Teilscheibenantrieb ermöglichen, wodurch sich beim Teilen die Teilscheibe der Wechselräderübersetzung ent-

[1]) Vergl. Werkstattstechnik Oktober 1910. G. Schlesinger: Teilapparate.

sprechend langsam dreht. Der Teilscheibenantrieb ist dabei derselbe, wie er zum Fräsen von Spiralen benutzt wird. Durch Einschalten von einem oder zwei Zwischenrädern läßt sich dabei eine der Indexkurbel folgende oder entgegengesetzte Drehung der Teilscheibe erreichen. Im Prinzip ist dieser Vorgang genau so wie bei dem vorhin beschriebenen Differentialteilen, da auch hier zu der mit dem vorderen Index vorgenommenen Teilung noch eine zuzähliche oder abzügliche Teildrehung der Teilscheibe erfolgt. Es läßt sich ohne große Schwierigkeit jeder Teilkopf, der zum Fräsen von Spiralen eingerichtet ist, dazu einrichten, indem man die Hauptspindel an ihrem hinteren Ende mit einem Zapfen für die Aufnahme von Wechselrädern versieht. Als Wechselräder benutzt man dieselben, die man sonst zum Fräsen von Spiralen verwendet, da beim Spiralenfräsen diese Anordnung sowieso nicht gebraucht werden kann, weil sich dabei die Teilscheibe gegen die Indexkurbel verdreht.

Würden also an einem Teilkopf, dessen Schneckenrad 40 Zähne hat, an die Hauptspindel und an den Teilscheibenantrieb gleiche Wechselräder gesteckt und nur ein Zwischenrad eingeschaltet, so wird sich die Teilscheibe bei einer ganzen Umdrehung der Hauptspindel auch einmal mitgedreht haben, so daß, wenn der Index immer in ein und dasselbe Loch gebracht wird, sich die Hauptspindel schon bei 39 Einstellungen einmal herumgedreht hat. Durch Einschalten eines zweiten Zwischenrades erhält die Teilscheibe eine gegensätzliche Drehung, so daß 41 Einstellungen zu einer ganzen Umdrehung der Hauptspindel erforderlich sind.

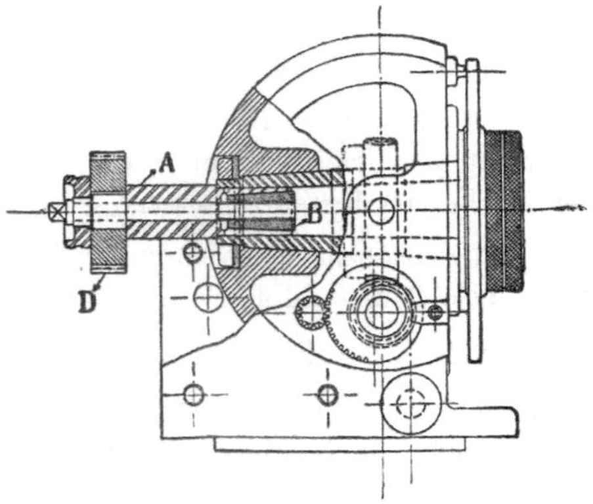

Fig. 241. Der Wanderer-Universalteilapparat beim Differentialteilen.

Beispiel: Ein Rad soll mit 97 Zähnen versehen werden. Die nächstliegende Zahl, welche sich mit vorhandenen Teilkreisen erreichen läßt, ist 100. Die Einstellung für 100 ist $\frac{40}{100} = \frac{8}{20}$. Da wir aber nur 97 Einstellungen haben, muß die Teilscheibe bei einer vollen Umdrehung der Hauptspindel um $3 \cdot \frac{8}{20} = \frac{24}{20}$ vorgeeilt sein, es muß also zwischen Hauptspindel und Teilscheibe eine Wechselräderverbindung im Verhältnis von 24 : 20 angesteckt werden, welche durch Zwischenräder so zu schalten ist, daß sich die Teilscheibe in der gleichen Richtung wie die Indexkurbel dreht. Wird durch die Räderübersetzung eine gegensätzliche Drehung der Teilscheibe hervorgerufen, so dreht sie sich in diesem Falle um $3 \cdot \frac{8}{20}$

zurück, wodurch sich 103 Einstellungen für eine volle Umdrehung der Hauptspindel nötig machen. Man erhält dann 103 Zähne. Da jedes Zwischenrad ohne Einfluß auf die Übersetzung ist, kann man also die Drehrichtung der Teilscheibe durch das Einschalten von einem oder zwei Zwischenrädern beliebig verändern.

Man kann also durch dieses Verfahren die Grundzahl des Teilkopfes (e), die sich aus der Zähnezahl des Schneckenrades und der Gängigkeitszahl der Schnecke ergibt, durch Wechselräder beliebig verändern und auch in eine gebrochene Zahl bringen. Wir wollen diese neue Grundzahl in der Folge mit e^1 bezeichnen. Man bezieht dabei die zu einer vollen Umdrehung der Hauptspindel erforderlichen vollen Kurbelumdrehungen nicht mehr auf das Schneckenrad, sondern auf die Teilscheibe, und erreicht dadurch, je nachdem man der Teilscheibe während des Teilens durch die Wechselräder eine zusätzliche oder entgegengesetzte Drehrichtung erteilt, eine kleinere oder größere Zahl Kurbelumdrehungen für eine volle Umdrehung des Werkstückes.

An einigen weiteren Beispielen lassen sich die Vorgänge zur Bestimmung der erforderlichen Wechselräder und die nötige Teildrehung an der Kurbel am besten erläutern.

Angenommen sei ein normaler Teilapparat mit einem Schneckenrad von 40 Zähnen, Zähnezahl des Werkstückes $= 83$. Bei feststehender Teilscheibe würde also der Anfangsbruch $\frac{e}{m} = \frac{40}{83}$ sein. Da diese Teilscheibe nicht vorhanden ist, nehmen wir für $e = 40$, eine andere, dieser möglichst naheliegende Zahl, die in m restlos aufgeht oder sich entsprechend kürzen läßt. In diesem Falle wird man $\frac{83}{2} = 41^1/_2$ dafür einsetzen und dadurch $\frac{41^1/_2}{83} = \frac{83}{2 \, . \, 83} = \frac{1}{2}$ als Teildrehung für die Kurbel erhalten, die dann in jeden geraden Lochkreis $\left(\frac{9}{18}, \frac{10}{20}, \frac{11}{22} \text{ usw.}\right)$ geteilt werden kann. Die sich aus der Grundzahl (e) des Teilapparates und der erforderlichen neuen Grundzahl (e^1) ergebende Differenz muß nun durch entsprechende Wechselräder ausgeglichen werden.

Unter Bezugnahme auf die oben angenommenen Zahlen ergibt sich also

$$e - e^1 = 40 - 41^1/_2 = -1^1/_2 = -\frac{3}{2} \cdot$$

Es ist dabei immer e^1 von e abzuziehen; das sich für den Rest ergebende Vorzeichen gibt die Drehrichtung an, in welcher sich die Teilscheibe zur Drehrichtung der Kurbel bewegen muß, und zwar gibt das $+$-Zeichen die zusätzliche, das $-$-Zeichen die gegensätzliche Drehung an. Das sich aus dem Zähler ergebende Rad ist dabei immer an die Hauptspindel zu stecken, während das aus dem Nenner sich ergebende Rad an den Teilscheibenantrieb gesteckt wird. Bei mehrfacher Übersetzung sind demgemäß alle aus dem Zähler hervorgehenden Räder als treibende und die aus dem Nenner hervorgehenden als getriebene Räder anzustecken.

Die meisten Teilapparate sind so eingerichtet, daß sich durch Einschalten von einem Zwischenrad eine zusätzliche und durch zwei Zwischenräder eine gegensätzliche Drehrichtung der Teilscheibe ergibt. Auf das angenommene Beispiel zurückkommend, ergibt sich also eine Wechselräderübersetzung im Verhältnis von 3 : 2; entsprechende Räder sind dann 36 : 24 oder 48 : 32. Davon ist das größere Rad an die Hauptspindel und das kleinere auf die Teilscheibenwelle zu stecken. Da wir das negative (—) Vorzeichen haben, muß sich die Teilscheibe gegensätzlich drehen, es müssen also zwei Zwischenräder eingeschaltet werden.

Beispiel II:

$$e = 40,$$

$$m = 77,$$

$$\frac{e}{m} = \frac{40}{77},$$

für e^1 angenommen $\frac{77}{2} = 38^1/_2,$

$$\frac{e^1}{m} = \frac{38^1/_2}{77} = \frac{1}{2},$$

$$e - e^1 = 40 - 38^1/_2 = + \frac{3}{2}.$$

Es ergeben sich hierbei genau die gleichen Zahlen, nur mit dem Unterschied, daß die Differenz zwischen e und e^1 hier positiv ist, d. h. man kann genau mit dem gleichen Lochkreis, der Löcherzahl und den Wechselrädern arbeiten, nur daß hier statt zwei nur ein Zwischenrad verwendet wird, da die Teilscheibe eine zusätzliche Drehung erhalten muß.

Beispiel III:

$$e = 40,$$

$$m = 373,$$

$$\frac{e}{m} = \frac{40}{373},$$

für e^1 angenommen $\frac{373}{9} = 41^5/_9,$

$$\frac{e^1}{m} = \frac{41^5/_9}{373} = \frac{373}{9 . 373} = \frac{1}{9} = \frac{3}{27},$$

$$e - e^1 = 40 - 41^5/_9 = - 1^5/_9 = - \frac{13}{9} = \frac{26}{18}.$$

Es sind also im Lochkreis 27 jedesmal 3 Löcher zu teilen. Zwischen Hauptspindel und Teilscheibe ist eine Wechselräderübersetzung im Verhältnis von 13 : 9 anzustecken. Da das Vorzeichen negativ ist, müssen 2 Zwischenräder eingeschaltet werden.

Für e^1 könnte im obigen Beispiel statt $\frac{373}{9}$ auch $\frac{373}{10} = 37^3/_{10}$ eingesetzt werden; es ergibt sich dann:

$$\frac{e^1}{m} = \frac{37^3/_{10}}{373} = \frac{373}{10 \cdot 373} = \frac{1}{10} = \frac{2}{20},$$

$$e - e^1 = 40 - 37^3/_{10} = + 2^7/_{10} = \frac{27}{10}.$$

Es sind also im Lochkreis 20 jedesmal 2 Löcher zu teilen und zwischen Hauptspindel und Teilscheibenwelle ist eine Räderübersetzung von 27 : 10 anzustecken. Da für einfache Übersetzung in diesem Verhältnis meist keine Wechselräder vorhanden sind, wird doppelte Übersetzung vorgenommen und das Verhältnis $\frac{27}{10}$ in $\frac{3 \cdot 9}{2 \cdot 5}$ zerlegt, woraus sich die Wechselräder $\frac{48}{32}$ und $\frac{72}{40}$ ergeben. Hierbei sind, von der Hauptspindel aus gerechnet, die Räder 48 und 72 als treibende und die Räder 32 und 40 als getriebene Räder anzustecken. Da das Vorzeichen positiv ist, müßte hier bei einfacher Übersetzung ein Zwischenrad eingeschaltet werden, da jedoch durch die doppelte Übersetzung die Drehrichtung geändert wird, fällt es hierbei weg.

c) Die Herstellung spiralgewundener Nuten, Zähne und Riefen.

Sobald zu der horizontalen Schaltung des Werkstückes in der Achsrichtung noch eine gleichmäßige Drehung desselben um diese Achse erfolgt, erzeugt der arbeitende Fräser eine spiralgewundene oder schraubengangartige Nute, wie wir sie an Spiralbohrern, Fräsern und Schrauben- oder Spiralzahnrädern vorfinden.

Zur Erzeugung dieser gleichmäßigen Drehung wird ebenfalls der Teilapparat benutzt. Durch ein Wechselrädersystem wird die Teilscheibe von der Tischspindel angetrieben und dadurch die Werkstückdrehung von der Tischbewegung abhängig gemacht. Der beim Fräsen gerader Nuten die Teilscheibe haltende Gegenindex muß dabei gelöst werden. Die Stellung der Teilscheibe zum Werkstück ist durch die Wechselräder gesichert, so daß das Teilen in jeder Stellung erfolgen kann.

Der Antrieb für die Drehung des Werkstückes bezw. des Teilapparates ist aus Fig. 236 ersichtlich. Auf der die Schaltung bewirkenden Spindel *U* sitzt das jeweilig erforderliche Wechselrad *B* und auf der Spindel des Teilapparates das Gegenrad *A*. Zugleich trägt der Teilapparat die Wechselräderschere *O*, an der vermittels des Stellbolzens *P* die erforderlichen Zwischenräder *C* und *D* befestigt werden.

Des besseren Verständnisses halber sei ein Beispiel vorausgeschickt. Angenommen sei: Die Wechselräder *A* und *B* von gleicher Zähnezahl, die direkt ineinandergreifen oder durch direkt wirkende Zwischenräder verbunden sind, die Zähnezahl des Schneckenrades im Teilapparate = 40, die Schnecke eingängig und die Steigung der Supportspindel $^1/_4$ Zoll. Nach diesen Annahmen wird bei 40 Umdrehungen der Supportspindel U das Werkstück eine Umdrehung gemacht haben, denn 40 Umdrehungen hat auch das Rad A mit dem Bolzen N gemacht. Ebenso ist durch die konischen Triebe die Teilscheibe mit Schnecke 40 mal umgedreht worden. Bei diesen 40 Umdrehungen hat sich nun der Tisch um $40 \cdot {}^1/_4 = 10$ Zoll weiter vorgeschoben. Eine auf diese Weise hergestellte Spirale würde also eine Länge bezw. Steigung von 10 Zoll haben. Die Umdrehungen der Supportspindel verhalten sich also hier zu denen des Werkstückes wie 40 : 1.

Nun kann man aber beim Fräsen von Spiralen nicht von den Rädern, sondern nur von der Steigung der Spirale ausgehen, die durch ihre Länge selbst oder durch den erforderlichen Winkel bekannt ist. Zur Berechnung der nötigen Wechselräder ist nötig, die Länge einer Windung, die sogen. Steigung der Spirale, zu kennen, d. h. mit anderen Worten: Wie viel Zoll muß sich der Support vorgeschoben haben, wenn das Werkstück eine Umdrehung gemacht hat. Die Länge der Spirale[1]) aus dem Steigungswinkel und dem Durchmesser des Werkstückes zu berechnen, wird später ausführlich besprochen und kann hier einstweilen außer acht gelassen werden.

Hier ist derselbe Fall, wie er beim Gewindeschneiden auf der Drehbank beim Berechnen der Wechselräder vorliegt, wo durch die Gewindesteigung der Leitspindel, bezw. wieviel Gänge auf einen Zoll entfallen, eine Größe gegeben ist, von der man beim Berechnen ausgeht. Hier ist sie ebenfalls gegeben, und zwar in der Zähneanzahl des Schneckenrades dividiert durch die Anzahl der Gänge auf einen Zoll der Tischspindel, das wäre in unserm Fall $\frac{40}{4} = 10$.

Dies gilt jedoch nur dann, wenn die Schnecke des Teilkopfes eingängig ist; bei einer doppel- oder mehrgängigen ist die unter „Das Teilen und die Teilscheiben" mit e bezeichnete Zahl an Stelle der Zähnezahl einzusetzen. Es ist dann die Anzahl der Schneckenradzähne erst durch die Gängigkeitszahl der Schnecke, bei einfachem Gewinde 1, bei doppeltem 2, bei dreifachem 3 usw., und dann erst mit der Gangzahl der Spindel zu dividieren. Man verwechsele aber hierbei nicht Gängigkeitszahl mit Gangzahl. Die Gängigkeitszahl gibt an, wie vielfach das Gewinde geschnitten wird, ohne Rücksicht auf die Steigung, während die Gangzahl die Anzahl der Gänge angibt, die auf 1 Zoll oder Zentimeter Länge entfallen. Wäre also bei 40 Zähnen die Schnecke doppelgängig, so wäre $e = \frac{40}{2} = 20$ und die Konstante $c = \frac{20}{4} = 5$.

---

[1]) Unter Länge der Spirale ist dabei immer die Länge einer Windung in der Projektion, also der zur Herstellung einer vollen Windung erforderliche Tischweg zu verstehen. Die effektive, gestreckte Länge der Spirale wird zur Wechselräderberechnung nicht gebraucht.

Aus den folgenden Beispielen läßt sich der Gang der Berechnung ohne weiteres ersehen. Angenommen sei als Spirallänge 12 Zoll, die Anzahl der Zähne des Schneckenrades 40 und die Gangzahl der Tischspindel 4. Da die Konstante auch hier 10 ist, so müssen sich also die Wechselräder a und b zueinander wie 12 : 10 verhalten. Wollen wir dies in eine Formel kleiden, so wird diese wie folgt aussehen: $a : b = x : c$, worin a das Wechselrad an der Schneckenspindel, b das auf der Tischspindel, c die, wie oben angegeben, zu bestimmende konstante Zahl und endlich x die Länge der zu fräsenden Spirale bedeutet.

Die Glieder eines Verhältnisses kann man nun wie jeden Bruch kürzen oder erweitern, ohne daß sich dadurch das Verhältnis änderte, und zwar indem jedes Glied mit ein und derselben Zahl multipliziert oder dividiert wird. Man wird also A und B so lange kürzen oder erweitern, bis sie mit vorhandenen Wechselrädern übereinstimmen. Im letzteren Beispiel würde also unsere Rechnung $\frac{A}{B} = \frac{12}{10} = \frac{6}{5}$ ergeben und entsprechende Räder würden $\frac{18}{15}, \frac{24}{20}, \frac{30}{25}, \frac{36}{30}$ usw., je nach den vorhandenen Wechselrädern, sein.

Beim Anstecken der Räder ist gewissenhaft darauf zu sehen, daß das Rad, welches sich aus der Konstante c ergibt, immer an die Tischspindel gesteckt wird, während das aus der Spirallänge sich ergebende auf die Schneckenspindel gebracht wird. Ist das Verhältnis zu groß bezw. sind keine so großen Wechselräder vorhanden, so zerlegt man sich ersteres genau so wie beim Gewindeschneiden auf der Drehbank in zwei Verhältnisse. Soll z. B. eine Spirale von 150 Zoll Länge mit dem Verhältnis $\frac{150}{10}$ geschnitten werden, und es sind dafür keine Wechselräder vorhanden, so muß eine Übersetzung derselben vorgenommen werden. Dies geschieht, indem jedes der beiden Glieder in zwei Faktoren zerlegt wird, d. h. man sucht zwei Zahlen, die, miteinander multipliziert, die erste ergeben. Faktoren von 150 sind nun z. B. 6 und 25 und von 10, 2 und 5. Wir haben dann die Verhältnisse $\frac{6}{2}$ und $\frac{25}{5}$, wozu leicht die erforderlichen Wechselräder zu bestimmen sind, z. B. für das Verhältnis $\frac{6}{2}$ die Räder 60 und 20 und für das Verhältnis $\frac{25}{5}$ die Räder 75 und 15.

Es muß nun auch hier besonders darauf geachtet werden, daß die sich aus der Konstante ergebenden Räder, für diesen Fall also die Räder 20 und 15, als treibende Räder angesteckt werden. Unter Bezugnahme auf Fig. 236 sind also B und D treibende und C und A getriebene Räder, denn der Antrieb des Spiralkopfes erfolgt von der Spindel U.

Sowohl treibende als auch getriebene Räder können unter sich, aber nur unter sich, vertauscht werden, ohne daß das Übersetzungsverhältnis geändert wird.

Auf diese Weise kann auch ein Verhältnis, falls es für die vorhandenen Räder noch zu groß ist, noch einmal zerlegt werden, wobei jedoch immer wieder treibende oder getriebene Räder auseinander zu halten sind; doch dürfte sich letzteres an der Fräsmaschine wohl kaum nötig machen. Es sei hier darauf hingewiesen, daß ein für rechts- oder linksgängige Spirale sich nötig machendes Zwischenrad ohne Einfluß auf die Übersetzung ist, also beliebig groß genommen werden kann, was sich an einem Beispiel leicht beweisen läßt. Soll z. B. eine Übersetzung von 1 : 4 angesteckt werden, wozu die Räder 25 und 100 verwendet werden, so wird sich, um eine Umdrehung des 100er Rades zu ermöglichen, das 25er 4mal umdrehen müssen. Wird jetzt zwischen diese beiden Räder ein Rad mit 20 Zähnen gebracht, so muß sich letzteres, wenn sich das 25er Rad 4mal gedreht hat, 5mal drehen, denn es haben 4 . 25 = 100 Zähne des 25er Rades die Eingriffsstelle passiert, es müssen daher auch 100 Zähne des 20er Rades dieselben passiert haben und dies entspricht 5 Umdrehungen. Diese 5 Umdrehungen des 20er Rades werden wieder eine Umdrehung des 100er Rades bewirken. Ganz dasselbe bliebe es, wenn wir ein 30er, 40er oder irgend ein beliebiges Rad zwischen das 25er und 100er Rad steckten. Vier Umdrehungen des 25er Rades werden immer eine Umdrehung des 100er Rades zur Folge haben. Es bliebe auch dasselbe, wenn man noch mehr Zwischenräder einschaltete, denn von einer beliebigen Anzahl Räder, welche ineinander greifen, ist nur das erste und das letzte für die Übersetzung maßgebend. Sobald man jedoch, wie in Fig. 236, 2 Räder auf einen Bolzen steckt und dann das zweite weiter treiben läßt, ändert sich natürlich das Übersetzungsverhältnis im Verhältnisse dieser beiden Räder.

Die Berechnung ist für Zollsteigung der Tischspindel durchgeführt, da man metrische Steigung an Fräsmaschinen nur vereinzelt vorfindet. Die Spirallänge muß dabei natürlich auch immer in Zoll ausgedrückt werden. Man kann aber statt der konstanten Zahl 10, die sich aus der Zähnezahl des Teilkopfes und der Steigung der Tischspindel ergibt, ohne weiteres 254 Millimeter einsetzen, denn die Zahl 10 bedeutet ja weiter nichts als 10 Zoll Tischbewegung für eine Werkstückumdrehung, bei einer Wechselräderübersetzung von 1 : 1. Die zu fräsende Spirallänge ist dann natürlich auch in Millimetern auszudrücken. Mit einem Wechselrad von 127 Zähnen lassen sich dann auch meistens passende Übersetzungsverhältnisse herausfinden.

Weist die Tischspindel metrische Steigung auf, so bestimmt man die Konstante, indem man die Zähnezahl des Schneckenrades mit der Steigung der Spindel multipliziert. Eine Gewindespindel mit 5 mm Steigung ergibt also in Verbindung mit einem 40zähnigen Schneckenrad 40 . 5 = 200 als Konstante. Für die Bestimmung der Wechselräder gilt dann genau das gleiche wie bei der Zollsteigung. Selbstverständlich ist hier die Spirallänge in Millimetern einzusetzen. Z. B. es sei eine Spiralsteigung von 450 mm zu fräsen. Es ist also $c = 200$, $x = 450$, infolgedessen $\frac{A}{B} = \frac{450}{200} = \frac{9}{4}$, d. h. die erforderlichen Wechselräder müssen sich wie 9 : 4 verhalten.

Nach vorstehendem dürfte es nicht schwer fallen, zu einer gegebenen Spirallänge (Steigung) die erforderlichen Wechselräder zu bestimmen und wollen wir jetzt dazu übergehen, aus einem gegebenen Winkel und dem Durchmesser des Werkstückes die Spirallänge, das ist, wie schon früher gesagt, die Länge einer Windung, zu bestimmen. Unter Spirallänge soll hier immer die Länge einer Windung in bezug auf die Achse des Werkstückes, also der zu einer vollen Windung erforderliche Tischweg, verstanden sein, denn nur dieser ist zur Bestimmung der Wechselräder erforderlich (vergl. Fig. 242, Seite *b*). Die Länge der dem Fräserweg für eine volle Windung entsprechenden Seite *c* kommt für die Berechnung nicht in Frage und braucht infolgedessen nicht ermittelt zu werden. Zeichnerisch läßt sich dieses in der Weise durchführen, daß man sich die Abwicklung des Umfanges, also $d \cdot \pi$ = Durchmesser $\times$ 3,14, als gerade Strecke aufträgt, an dem einen Ende eine Senkrechte errichtet und an dem anderen Ende mit Hilfe eines Transporteurs oder Winkelmessers den Winkel, den die Spirale mit dem Stirnende bildet, anträgt. Die Länge, welche die Senkrechte vom Fuß bis zum Schnittpunkt mit dem Winkelschenkel hat, ist dann die gesuchte Spirallänge. Um bei großem Durchmesser und großem Winkel, z. B. bei Schraubenrädern, nicht eine zu große Zeichenfläche zu brauchen, hilft man sich dadurch, daß die Länge $d \cdot \pi$ durch 10 geteilt wird, daran den abgemessenen Winkel und die Senkrechte anträgt und dann das Resultat, die Senkrechte, mit 10 multipliziert. Fig. 242 und 243 dürfen zur Erläuterung des Obengesagten das ihrige beitragen.

Weniger umständlich und auch genauer ist die Bestimmung der Länge durch Rechnung mit Hilfe der Trigonometrie. Unter trigonometrischen Funktionen versteht man die sechs Verhältnisse, die sich zwischen den drei Seiten eines rechtwinkligen Dreiecks bilden lassen. Diese sechs Seitenverhältnisse führen die Namen Sinus, Kosinus, Tangens, Kotangens, Sekans und Kosekans. Da es nun nicht der Zweck dieses Buches ist, die Trigonometrie zu lehren, so soll hier nur das Allernötigste angeführt und auch nur so weit erläutert werden, wie es zur richtigen Anwendung unbedingt erforderlich ist.

Wie schon gesagt, handelt es sich hierbei um die Verhältnisse, welche sich zwischen den Seiten eines rechtwinkligen Dreiecks bilden lassen. Mit Bezug auf Fig. 242 ist nun *b* geteilt durch *a* gleich Tangens des Winkels *A*; ferner ist *a* geteilt durch *b* gleich Kotangens des Winkels *A*. Es ist also im rechtwinkligen Dreieck die einem spitzen Winkel gegenüberliegende Kathete geteilt durch die diesem Winkel anliegende Kathete gleich Tangens und die anliegende

Kathete geteilt durch die Gegenüberliegende gleich Kotangens von diesem Winkel. Sei nun in der Fig. 242 die Seite *a* 4 cm, die Seite *b* 3 cm lang, so ist $\frac{3}{4} = 0{,}75 =$ Tangens und $\frac{4}{3} = 1{,}333 =$ Kotangens des Winkels *A*. Wie aus Fig. 242 ersichtlich, ist die dem Winkel *A* anliegende Kathete dem Winkel *B* gegenüberliegend und ferner die dem Winkel *A* gegenüberliegende Kathete dem Winkel *B* anliegend. Daraus

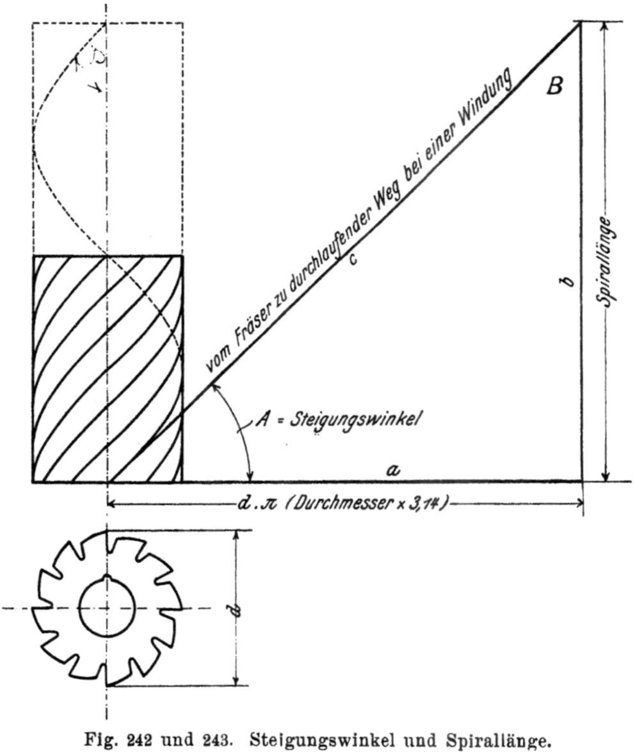

Fig. 242 und 243. Steigungswinkel und Spirallänge.

ergibt sich nun von selbst, daß Tangens des Winkels *A* gleich Kotangens des Winkels *B* und Kotangens des Winkels *A* gleich Tangens des Winkels *B* sein muß.

Zur Berechnung der Spirallänge würden uns diese beiden Funktionen genügen, doch soll an dieser Stelle auch gleich die sich beim Berechnen der Schraubenräder notwendig machende Sinus- und Kosinusfunktion erläutert werden. Wir nehmen wieder bezug auf nebenstehende Fig. 242 und es ist dann weiter *b* geteilt durch *c* gleich Sinus und *a* geteilt durch *c* gleich Kosinus des Winkels *A*. Also ist im rechtwinkligen Dreieck die einem spitzen Winkel gegenüberliegende Kathete geteilt durch die Hypothenuse (man nennt im rechtwinkligen Dreieck die dem rechten Winkel gegenüberliegende Seite die Hypothenuse) gleich dem Sinus und ferner die demselben Winkel anliegende Kathete geteilt durch die Hypothenuse gleich dem Kosinus dieses Winkels. Nach den vorhergehenden Annahmen für $a = 4$ und $b = 3$ cm ist die Hypothenuse 5 cm lang, demnach $\frac{3}{5} = 0{,}6 =$ Sinus und $\frac{4}{5} = 0{,}8 =$ Kosinus des Winkels A. Es ergibt sich auch hier von selbst, daß Sinus des Winkels A gleich Kosinus des Winkels B und Kosinus des Winkels A gleich Sinus des Winkels B ist.

Da die Hypothenuse immer größer als jede Kathete ist, so bleiben Sinus und Kosinus immer echte Brüche, also kleiner als 1, während

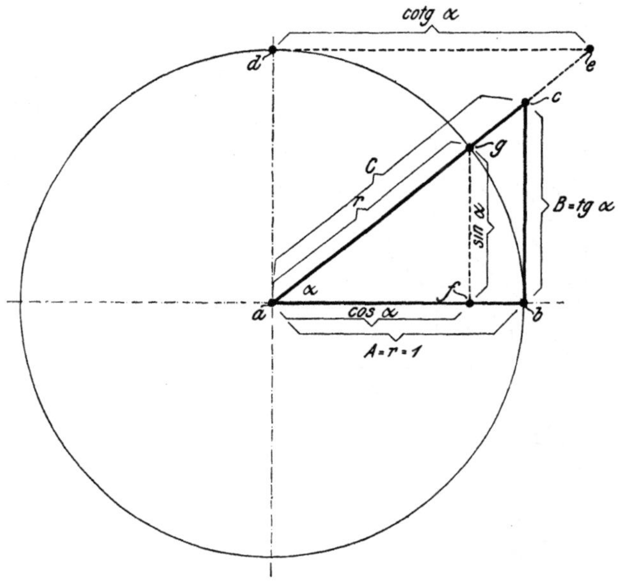

Fig. 244. Die Winkelfunktionen.

Tangens, sobald der Winkel größer als 45°, und Kotangens, sobald er kleiner als 45° wird, unechte Brüche, also größer als 1, werden. Diese Seitenverhältnisse sind unabhängig von der Größe des Dreiecks, sie sind nur abhängig von der Größe des betreffenden Winkels. Zieht man sich einen Kreis mit dem Radius 1, so kann man, wenn ein Winkel in diesem Kreise abgetragen wird, nach beistehender Figur die Werte für die Seitenverhältnisse auch zeichnerisch ermitteln. Nimmt man z. B. als Radius 1 dm = 100 mm, so kann man für jeden eingezeichneten Winkel, wenn man die in der Fig. 244 eingezeichneten Hilfslinien zieht, den Sinus, Kosinus, Tangens und Kotangens auf zwei Dezimalen genau als Millimeter abgreifen. Die dritte Dezimalstelle läßt sich annähernd genau schätzen.

Unter Bezugnahme auf Fig. 244 ergibt sich also:

$$g—f = \sin \alpha,$$
$$a—f = \cos \alpha,$$
$$b—c = \operatorname{tg} \alpha,$$
$$d—e = \operatorname{cotg} \alpha.$$

Denkt man sich den Schenkel C beweglich, so läßt sich aus der Figur ohne weiteres die Veränderung der Verhältnisse bei größer oder kleiner werdendem Winkel erkennen. Man sieht daraus, daß Sinus und Tangens mit größer werdendem Winkel größer, während Kosinus und Kotangens kleiner werden, ferner, daß Sinus und Kosinus nie größer als 1 und Tangens und Kotangens unendlich groß werden können.

Des weiteren läßt sich auf diese Art, an Hand einer trigonometrischen Tabelle, jeder beliebige Winkel ohne Winkelmesser auftragen. Man reißt die Seite A in einer Länge von genau 100 mm auf und trägt an einem Endpunkt den aus der Tangenstabelle für den betreffenden Winkel entnommenen Wert mit 100 multipliziert rechtwinklig (ebenfalls in Millimetern) an. Verbindet man die beiden freien Endpunkte durch Linie C, so schließen A und C den gewünschten Winkel ein.

Z. B.: Aufzureißen ein Winkel von 36°.

Seite $A = 100$ mm.

Seite $B = \operatorname{tg} 36^0 . 100 = 0{,}727 . 100 = 72{,}7$ mm.

Es gibt also für jeden Winkel von 0—90° einen von seiner Schenkellänge vollständig unabhängigen, festliegenden und unveränderlichen Wert. Bei Sinus und Kosinus bewegt sich dieser Wert zwischen 0 und 1 bezw. zwischen 1 und 0, bei Tangens zwischen Null und Unendlich bezw. zwischen Unendlich und Null.

In den nachstehenden trigonometrischen Tabellen sind diese Werte für alle Winkel, von 10 zu 10 Minuten steigend, zusammengestellt, und ist deren Anwendung aus den angeführten Beispielen ersichtlich.

Ist also im rechtwinkligen Dreieck einer von den spitzen Winkeln und eine Seite bekannt, so kann man mit Hilfe dieser trigonometrischen Zahlen leicht die anderen Seiten berechnen. Wie Fig. 242 zeigt, stellt eine Spirale in der Abwicklung ein solches rechtwinkliges Dreieck dar. Die Seite a entspricht dem Umfange gleich $d . \pi$, während die Seite b der Steigung bezw. Spirallänge entspricht. Wie wir oben sehen, ist $\frac{b}{a}$ = Tangens A, also ist $b = a \times$ Tangens A. Man hat also, um die Seite b, das ist die Spirallänge, zu erhalten, die Seite a, gleich Durchmesser mal 3,14, mit dem Verhältnisse, das man für den betreffenden Winkel aus der Tabelle entnimmt, zu multiplizieren. In den meisten Fällen wird jedoch der Winkel B, das ist der, den die Spirale mit der Achse des Werkstückes bildet, gegeben sein. Man rechnet dann vorteilhafter mit Kotangens, weil man da auch nur zu multiplizieren hat, denn $\frac{b}{a}$ ist gleich Kotangens B, folglich $b = a \times$ Kotangens B. Wollte man mit Tangens rechnen, so würde sich folgende Rechnung ergeben: $\frac{a}{b}$ = Tangens B; $b = \frac{a}{\text{Tangens } B}$. Man würde also eine Division ausführen müssen, und dies ist bei Dezimalbrüchen immer umständlicher als eine Multiplikation.

Bemerkt sei hier noch, daß beim Schrägstellen des Supports immer der Winkel in Betracht kommt, den die Spirale mit der Achse des Werkstückes bildet. Da die beiden spitzen Winkel eines rechtwinkligen Dreiecks zusammen einen rechten Winkel, also 90^0, ergeben, so kann auch, wenn einer davon bekannt ist, leicht der andere dadurch gefunden werden, daß der bekannte Winkel von 90^0 abgezogen wird.

Um an vorhandenen Werkstücken den Winkel abzumessen, bedient man sich am besten eines verstellbaren Transporteurs oder Winkelmessers, wie solche von jeder besseren Werkzeughandlung geliefert werden.

Um die Anwendung der Tabellen zu erleichtern, sollen einige Beispiele angeführt werden. Zur Erläuterung sei vorerst noch folgendes erwähnt. Im rechtwinkligen Dreieck ergänzen sich die beiden spitzen Winkel zu einem rechten, geben also zusammen 90^0. Nun sahen wir früher, daß Sinus A gleich Kosinus B und Sinus B gleich Konsinus A, ferner Tangens A gleich Kotangens B und Tangens B gleich Kotangens A ist. Es ist also z. B. Sinus 25^0 gleich Kosinus $90 - 25$ gleich 65^0, ferner Tangens 30^0 20 Minuten gleich Kotangens 59^0 40 Minuten usw. Dies ist bei der Zusammenstellung der Tabellen benutzt worden, indem für Sinus und Kosinus, Tangens und Kotangens je nur eine Tabelle errichtet ist und auf der linken Seite die Grade von oben nach unten und auf der rechten Seite von unten nach oben laufend stehen. Man hat also bei Sinus und Tangens die Grade auf der linken Seite und die Minuten von links nach rechts und bei Kosinus und Kotangens die Grade auf der rechten Seite und die Minuten von rechts nach links zu suchen. Die Minuten sind für unsere Zwecke genau genug, nur von 10 zu 10, gleich $^1/_6{}^0$, angegeben. Ist ein ausgerechneter Wert in der Tabelle nicht genau zu finden, so wird der diesem am nächsten liegende genommen. Soll der Winkel auf Minuten genau sein, so muß die Differenz zweier nebeneinander liegender Werte durch 10 geteilt werden, was dann die Differenz für 1 Minute ergibt.

I. Beispiel: Es sei ein Walzenfräser mit Spiralnuten herzustellen, dessen Durchmesser 100 mm betrage. Wie schon näher erläutert, ist ein Winkel von 20^0 gegen die Fräserachse am vorteilhaftesten, das ist mit Bezug auf unsere Fig. 242 der Winkel B. Wir rechnen zunächst den Umfang, nach unserer Figur die Seite a, aus; sie ist gleich $d \,.\, \pi = 100 \,.\, 3{,}14 = 314$ mm. Jetzt suchen wir aus der Tabelle S. 205 Kotangens des Winkels 20^0 und finden dafür 2,747; dies mit 314 multipliziert, ergibt 862,5 mm als Spirallänge. Wir brauchen aber zu unserer Räderberechnung die Länge in engl. Zollen und haben daher diesen Wert noch durch 25,4 = 1 Zoll eng. zu teilen. Dies ergibt rund 34 Zoll.

Ist die Länge der zu schneidenden Spirale bekannt und will man daraus den Winkel für das Schrägstellen des Supports berechnen, so wird umgekehrt verfahren, indem das Verhältnis ausgerechnet und dann in der Tabelle der zugehörige Winkel aufgesucht wird.

II. Beispiel: Es sei eine Spirale von 25 Zoll Länge auf ein Werkstück von 80 mm Durchmesser zu schneiden. Die Seite a ist 80 . 3,14 = 251 mm, die Seite b 25,4 . 25 = 635 mm. Für uns kommt der Winkel B in Betracht. Wie früher gezeigt, ist $\frac{a}{b}$ = Tangens B, also $\frac{251}{633}$ 0,395 = Tangens B. Dafür finden wir nun in der Tabelle bei 21° in der vierten Reihe unter 30 Minuten den Wert 0,394 als unseren ausgerechneten am nächsten. Wir müssen also den Support um 21° 30 Minuten gleich $21^1/_2$° schrägstellen.

III. Beispiel: Es sei ein Schraubenräderpaar zu fräsen, deren Achsen sich unter einem Winkel von 60° kreuzen. Die Übersetzung sei 1 : 2. Wir nehmen für jedes Rad einen Achsenwinkel von 30°. Der Teilkreisdurchmesser des kleinen Rades sei 150, der des großen ist dann 300 mm.

Für das kleine Rad ist dann die Seite a = 150 . 3,14 = 471 mm, für das große Rad 300 . 3,14 = 942 mm. Der Achsenwinkel von 30° ist nach unserer Figur der Winkel B. Für Kotangens 30° finden wir in der Tabelle den Wert 1,732. Es ist also für das kleine Rad die Spirallänge 471 . 1,732 = 815,77 mm, 815,77 : 25,4 = 32,1 Zoll und für das große Rad 942 . 1,732 = 1631,54, 163154 : 25,4 = 64,2 Zoll.

Bei Schraubenrädern, deren Achsen sich rechtwinklig kreuzen, und deren Achsenwinkel zu je 45° angenommen werden, ist die Spirallänge gleich dem Teilkreisumfang, weil für 45° Tangens und Kotangens gleich 1 ist.

Es sei an dieser Stelle auch darauf hingewiesen, daß sich bei Schraubenrädern die Durchmesser der Teilkreise nur dann im Übersetzungsverhältnisse ändern, wenn die Winkel beider Räder gleich sind. Bei ungleich großen Winkeln werden z. B. bei einer Übersetzung von 1 : 1 die Räder nicht gleich groß und bei einer Übersetzung von 1 : 2 wird das größere nicht doppelt so groß als das kleinere werden.[1])

---

[1]) Vergl. im Anhang: Zahn- und Schraubenräder.

Sinus- und Kosinus-Tabelle.

Sinus								
Grad	0′	10′	20′	30′	40′	50′	60′	
0	0,000	0,003	0,006	0,009	0,012	0,015	0,017	89
1	0,017	0,020	0,023	0,026	0,029	0,032	0,035	88
2	0,035	0,038	0,041	0,044	0,047	0,049	0,052	87
3	0,052	0,055	0,058	0,061	0,064	0,067	0,070	86
4	0,070	0,073	0,076	0,078	0,081	0,084	0,087	85
5	0,087	0,090	0,093	0,096	0,099	0,102	0,105	84
6	0,105	0,107	0,110	0,113	0,116	0,119	0,122	83
7	0,122	0,125	0,128	0,131	0,133	0,136	0,139	82
8	0,139	0,142	0,145	0,148	0,151	0,154	0,156	81
9	0,156	0,159	0,162	0,165	0,168	0,171	0,174	80
10	0,174	0,177	0,179	0,182	0,185	0,188	0,191	79
11	0,191	0,194	0,197	0,199	0,202	0,205	0,208	78
12	0,208	0,211	0,214	0,216	0,219	0,222	0,225	77
13	0,225	0,228	0,231	0,233	0,236	0,239	0,242	76
14	0,242	0,245	0,248	0,250	0,253	0,256	0,259	75
15	0,259	0,262	0,264	0,267	0,270	0,273	0,276	74
16	0,276	0,278	0,281	0,284	0,287	0,290	0,292	73
17	0,292	0,295	0,298	0,301	0,303	0,306	0,309	72
18	0,309	0,312	0,315	0,317	0,320	0,323	0,326	71
19	0,326	0,328	0,331	0,334	0,337	0,339	0,342	70
20	0,342	0,345	0,347	0,350	0,353	0,356	0,358	69
21	0,358	0,361	0,364	0,367	0,369	0,372	0,375	68
22	0,375	0,377	0,380	0,383	0,385	0,388	0,391	67
23	0,391	0,393	0,396	0,399	0,401	0,404	0,407	66
24	0,407	0,409	0,412	0,415	0,417	0,420	0,423	65
25	0,423	0,425	0,428	0,431	0,433	0,436	0,438	64
26	0,438	0,441	0,444	0,446	0,449	0,451	0,454	63
24	0,454	0,457	0,459	0,462	0,464	0,467	0,469	62
28	0,469	0,472	0,475	0,477	0,480	0,482	0,485	61
29	0,485	0,487	0,490	0,492	0,495	0,497	0,500	60
	60′	50′	40′	30′	20′	10′	0′	
Kosinus								

Sinus								
Grad	0′	10′	20′	30′	40′	50′	60′	
30	0,500	0,503	0,505	0,508	0,510	0,513	0,515	59
31	0,515	0,518	0,520	0,522	0,525	0,527	0,530	58
32	0,530	0,532	0,535	0,537	0,540	0,542	0,545	57
33	0,545	0,547	0,550	0,552	0,554	0,557	0,559	56
34	0,559	0,562	0,564	0,566	0,569	0,571	0,574	55
35	0,574	0,576	0,578	0,581	0,583	0,585	0,588	54
36	0,588	0,590	0,592	0,595	0,597	0,599	0,602	53
37	0,602	0,604	0,606	0,609	0,611	0,613	0,616	52
38	0,616	0,618	0,620	0,623	0,625	0,627	0,629	51
39	0,629	0,632	0,634	0,636	0,638	0,641	0,643	50
40	0,643	0,645	0,647	0,649	0,652	0,654	0,656	49
41	0,656	0,658	0,660	0,663	0,665	0,667	0,669	48
42	0,669	0,671	0,673	0,676	0,678	0,680	0,682	47
43	0,682	0,684	0,686	0,688	0,690	0,693	0,695	46
44	0,695	0,697	0,699	0,701	0,703	0,705	0,707	45
45	0,707	0,709	0,711	0,713	0,715	0,717	0,719	44
46	0,719	0,721	0,723	0,725	0,727	0,729	0,731	43
47	0,731	0,733	0,735	0,737	0,739	0,741	0,743	42
48	0,743	0,745	0,747	0,749	0,751	0,763	0,755	41
49	0,755	0,757	0,759	0,760	0,762	0,764	0,766	40
50	0,766	0,768	0,770	0,772	0,773	0,775	0,777	39
51	0,777	0,779	0,781	0,783	0,784	0,786	0,788	38
52	0,788	0,790	0,792	0,793	0,795	0,797	0,799	37
53	0,799	0,800	0,802	0,804	0,806	0,807	0,809	36
54	0,809	0,811	0,812	0,814	0,816	0,817	0,819	35
55	0,819	0,821	0,822	0,824	0,826	0,827	0,829	34
56	0,829	0,831	0,832	0,834	0,835	0,837	0,839	33
57	0,839	0,840	0,842	0,843	0,845	0,847	0,848	32
58	0,848	0,850	0,851	0,853	0,854	0,856	0,857	31
59	0,857	0,859	0,860	0,862	0,863	0,865	0,866	30
	60′	50′	40′	30′	20′	10′	0′	
Kosinus								

Sinus								
Grad	0′	10′	20′	30′	40′	50′	60′	
60	0,866	0,867	0,869	0,870	0,872	0,873	0,875	29
61	0,875	0,876	0,877	0,879	0,880	0,882	0,883	28
62	0,883	0,884	0,886	0,887	0,888	0,890	0,891	27
63	0,891	0,892	0,894	0,895	0,896	0,898	0,899	26
64	0,899	0,900	0,901	0,903	0,904	0,905	0,006	25
65	0,906	0,908	0,909	0,910	0,911	0,912	0,914	24
66	0,914	0,915	0,916	0,917	0,918	0,919	0,921	23
67	0,921	0,922	0,923	0,924	0,925	0,926	0,927	22
68	0,927	0,928	0,929	0,930	0,931	0,933	0,934	21
69	0,934	0,935	0,936	0,937	0,938	0,939	0,940	20
70	0,940	0,941	0,942	0,943	0,944	0,945	0,946	19
71	0,946	0,947	0,948	0,949	0,950	0,951	0,952	18
72	0,952	0,952	0,953	0,954	0,955	0,955	0,956	17
73	0,656	0,957	0,958	0,959	0,960	0,960	0,961	16
74	0,961	0,962	0,963	0,964	0,964	0,965	0,966	15
75	0,966	0,967	0,967	0,968	0,969	0,970	0,970	14
76	0,970	0,971	0,972	0,972	0,973	0,974	0,974	13
77	0,974	0,975	0,976	0,976	0,977	0,978	0,978	12
78	0,978	0,979	0,979	0,980	0,981	0,981	0,982	11
79	0,982	0,982	0,983	0,983	0,984	0,984	0,985	10
80	0,985	0,985	0,986	0,986	0,987	0,987	0,988	9
81	0,988	0,988	0,989	0,989	0,989	0,990	0,990	8
82	0,990	0,991	0,991	0,991	0,992	0,992	0,993	7
83	0,993	0,993	0,993	0,994	0,994	0,994	0,995	6
84	0,995	0,995	0,995	0,995	0,996	0,996	0,996	5
85	0,996	0,996	0,997	0,997	0,997	0,997	0,998	4
86	0,998	0,998	0,998	0,998	0,998	0,998	0,999	3
87	0,999	0,999	0,999	0,999	0,999	0,999	0,999	2
88	0,999	0,999	1,000	1,000	1,000	1,000	1,000	1
89	1,000	1,000	1,000	1,000	1,000	1,000	1,000	0
	60′	50′	40′	30′	20′	10′	0′	
Kosinus								

Tangens- und Kotangens-Tabelle.

Tangens								
Grad	0′	10′	20′	30′	40′	50′	60′	
0	0,000	0,003	0,006	0,009	0,012	0,015	0,017	89
1	0,017	0,020	0,023	0,026	0,029	0,032	0,035	88
2	0,035	0,038	0,041	0,044	0,047	0,049	0,052	87
3	0,052	0,055	0,058	0,061	0,064	0,067	0,070	86
4	0,070	0,073	0,076	0,079	0,082	0,085	0,087	85
5	0,087	0,090	0,093	0,096	0,099	0,102	0,105	84
6	0,105	0,108	0,111	0,114	0,117	0,120	0,123	83
7	0,123	0,126	0,129	0,132	0,135	0,138	0,141	82
8	0,141	0,144	0,146	0,149	0,152	0,155	0,158	81
9	0,158	0,161	0,164	0,167	0,170	0,173	0,176	80
10	0,176	0,179	0,182	0,185	0,188	0,191	0,194	79
11	0,194	0,197	0,200	0,203	0,206	0,210	0,213	78
12	0,213	0,216	0,219	0,222	0,225	0,228	0,231	77
13	0,231	0,234	0,237	0,240	0,243	0,246	0,249	76
14	0,249	0,252	0,256	0,259	0,262	0,265	0,268	75
15	0,268	0,271	0,274	0,277	0,280	0,284	0,287	74
16	0,287	0,290	0,293	0,296	0,299	0,303	0,306	73
17	0,306	0,309	0,312	0,315	0,318	0,322	0,325	72
18	0,325	0,328	0,331	0,335	0,338	0,341	0,344	71
19	0,344	0,348	0,351	0,354	0,357	0,361	0,364	70
20	0,364	0,367	0,371	0,374	0,377	0,381	0,384	69
21	0,384	0,387	0,391	0,394	0,397	0,401	0,404	68
22	0,404	0,407	0,411	0,414	0,418	0,421	0,424	67
23	0,424	0,428	0,431	0,435	0,438	0,442	0,445	66
24	0,445	0,449	0,452	0,456	0,459	0,463	0,466	65
25	0,466	0,470	0,473	0,477	0,481	0,484	0,488	64
26	0,488	0,491	0,495	0,499	0,502	0,506	0,510	63
27	0,510	0,513	0,517	0,521	0,524	0,528	0,532	62
28	0,532	0,535	0,539	0,543	0,547	0,551	0,554	61
29	0,554	0,558	0,562	0,566	0,570	0,573	0,577	60
	60′	50′	40′	30′	20′	10′	0′	
Kotangens								

Tangens								
Grad	0′	10′	20′	30′	40′	50′	60′	
30	0,577	0,581	0,585	0,589	0,593	0,597	0,601	59
31	0,601	0,605	0,609	0,613	0,617	0,621	0,625	58
32	0,625	0,629	0,633	0,637	0,641	0,645	0,649	57
33	0,649	0,654	0,658	0,662	0,666	0,670	0,675	56
34	0,675	0,679	0,683	0,687	0,692	0,696	0,700	55
35	0,700	0,705	0,709	0,713	0,718	0,722	0,727	54
36	0,727	0,731	0,735	0,740	0,744	0,749	0,754	53
37	0,754	0,758	0,763	0,767	0,772	0,777	0,781	52
38	0,781	0,786	0,791	0,795	0,800	0,805	0,810	51
39	0,810	0,815	0,819	0,824	0,829	0,834	0,839	50
40	0,839	0,844	0,849	0,854	0,859	0,864	0,869	49
41	0,869	0,874	0,880	0,885	0,890	0,895	0,900	48
42	0,900	0,906	0,911	0,916	0,922	0,927	0,933	47
43	0,933	0,938	0,943	0,949	0,955	0,960	0,966	46
44	0,966	0,971	0,977	0,983	0,988	0,994	1,000	45
45	1,000	1,006	1,013	1,018	1,024	1,030	1,036	44
46	1,036	1,042	1,048	1,054	1,060	1,066	1,072	43
47	1,072	1,079	1,085	1,091	1,098	1,104	1,111	42
48	1,111	1,117	1,124	1,130	1,137	1,144	1,150	41
49	1,150	1,157	1,164	1,171	1,178	1,185	1,192	40
50	1,192	1,199	1,206	1,213	1,220	1,228	1,235	39
51	1,235	1,242	1,250	1,257	1,265	1,272	1,280	38
52	1,280	1,288	1,294	1,303	1,311	1,319	1,327	37
53	1,327	1,335	1,343	1,351	1,360	1,368	1,376	36
54	1,376	1,385	1,393	1,402	1,411	1,419	1,428	35
55	1,428	1,437	1,446	1,455	1,464	1,473	1,483	34
56	1,483	1,492	1,501	1,511	1,520	1,530	1,540	33
57	1,540	1,550	1,560	1,570	1,580	1,590	1,600	32
58	1,600	1,611	1,621	1,632	1,643	1,653	1,664	31
59	1,664	1,675	1,686	1,698	1,709	1,720	1,732	30
	60′	50′	40′	30′	20′	10′	0′	
Kotangens								

Tangens								
Grad	0′	10′	20′	30′	40′	50′	60′	
60	1,732	1,744	1,756	1,767	1,780	1,792	1,804	29
61	1,804	1,816	1,829	1,842	1,855	1,868	1,881	28
62	1,881	1,894	1,907	1,921	1,935	1,949	1,963	27
63	1,963	1,977	1,991	2,006	2,020	2,035	2,050	26
64	2,050	2,066	2,081	2,097	2,112	2,128	2,145	25
65	2,145	2,261	2,177	2,194	2,211	2,229	2,246	24
66	2,246	2,264	2,282	2,300	2,318	2,337	2,356	23
67	2,356	2,374	2,394	2,414	2,434	2,455	2,475	22
68	2,475	2,496	2,517	2,539	2,560	2,583	2,605	21
69	2,605	2,628	2,651	2,675	2,699	2,723	2,747	20
70	2,747	2,773	2,798	2,824	2,850	2,877	2,904	19
71	2,904	2,932	2,960	2,989	3,018	3,047	3,078	18
72	3,078	3,108	3,140	3,172	3,204	3,237	3,271	17
73	3,271	3,305	3,340	3,376	3,412	3,450	3,487	16
74	3,487	3,526	3,566	3,606	3,647	3,689	3,732	15
75	3,732	3,776	3,821	3,867	3,914	3,962	4,011	14
76	4,011	4,061	4,113	4,165	4,219	4,275	4,331	13
77	4,331	4,390	4,449	4,511	4,574	4,638	4,705	12
78	4,705	4,773	4,843	4,915	4,989	5,066	5,145	11
79	5,145	5,226	5,309	5,396	5,485	5,576	5,671	10
80	5,671	5,769	5,871	5,976	6,084	6,197	6,314	9
81	6,314	6,435	6,561	6,691	6,827	6,968	7,115	8
82	7,115	7,269	7,429	7,596	7,770	7,953	8,144	7
83	8,144	8,345	8,556	8,777	9,010	9,255	9,514	6
84	9,514	9,788	10,08	10,39	10,71	11,06	11,43	5
85	11,43	11,83	12,25	12,71	13,20	13,73	14,30	4
86	14,30	14,92	15,60	16,35	17,17	18,07	19,08	3
87	19,08	20,21	21,47	22,90	24,54	26,43	28,64	2
88	28,64	31,24	34,37	38,19	42,96	49,10	57,29	1
89	57,29	68,75	85,94	114,6	171,9	343,8	∞	0
	60′	50′	40′	30′	20′	10′	0′	
Kotangens								

Nachstehend sei noch einmal alles kurz zusammengefaßt und zur besseren Übersicht zusammengestellt, um leicht alle an der Fräsmaschine vorkommenden Berechnungen ausführen zu können.

1. Bei der Berechnung von Spirallängen entspricht

Seite a dem Umfang des Werkstückes, das ist $d \cdot \pi$ (bei Zahnrädern ist für d der Teilkreisdurchmesser einzusetzen),

Seite b der Spirallänge bezw. Steigung,

Winkel A dem Winkel, den die Spirale mit dem Stirnende des Werkstückes bildet (Stirn- oder Steigungswinkel) und

Winkel B dem Winkel, der Spirale zur Achse (Achsenwinkel).[1]) Winkel B gibt zugleich an, um wieviel Grade der Support schräg zu stellen ist.

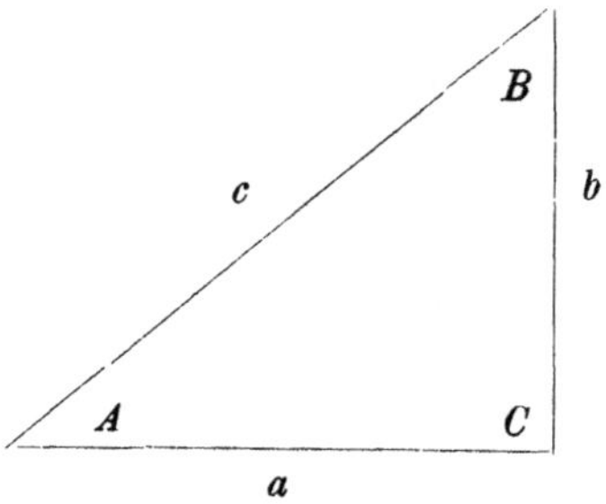

Fig. 245.

2. Bei Bestimmung der Zahnschrägen an Schneckenrädern entspricht

Seite a dem Umfang der Schnecke (im Teilkreis gemessen),

Seite b der Gewindesteigung der Schnecke,

Winkel A dem Steigungswinkel der Schnecke, derselbe ist für das Schrägstellen des Supports beim Fräsen der Schneckenradzähne maßgebend,

Winkel B dem Winkel, den die Zähne des Schneckenrades mit der Stirnseite bilden. (Ist für die Berechnung nicht erforderlich.)

3. Bei Feststellung der Abmessungen an Schraubenrädern ist

Seite a gleichbedeutend mit der Normalteilung,

Seite c mit der Stirnteilung und der von beiden eingeschlossene

Winkel A mit dem Winkel, den die Normalteilung mit der Stirnleitung bezw. der Zahn mit der Achse bildet,

Winkel B gibt den Winkel an, welchen der Zahn mit der Stirnseite des Rades bildet, derselbe ist zur Bestimmung der Stirnteilung nicht erforderlich.

---

[1]) Bei Schrauben- bezw. Spiralzahnrädern wird dieser Winkel meist als Steigungswinkel bezeichnet, da jede Spirale aber ein steilgängiges Gewinde darstellt, ist diese Bezeichnung unzutreffend und in diesem Buche auch überall durch „Achsenwinkel" ersetzt. Als Steigungswinkel ist, wie beim Gewinde, der Winkel zu betrachten, den die Spirale mit dem Stirnende bildet.

Formel-Tabelle.

Gegeben	Gesucht	Auflösung	Anwendungsbeispiele
$A\ a$	b	$b = a \cdot \operatorname{tg} A$	Gesucht Spirallänge, gegeben Stirnwinkel und Durchmesser.
$B\ a$	b	$b = a \cdot \operatorname{cotg} B$	Gesucht Spirallänge, gegeben Achsenwinkel und Durchmesser.
$a\ b$	B	$\frac{a}{b} = \operatorname{tg} B$ $\frac{b}{a} = \operatorname{cotg} B$	Gesucht Achsenwinkel, gegeben Durchmesser und Spirallänge.
$a\ b$	A	$\frac{b}{a} = \operatorname{tg} A$	Gesucht Steigungswinkel der Schnecke (Zahnschräge des Schneckenrades), gegeb. Durchmesser und Steigung der Schnecke.
$A\ b$	a	$a = b \cdot \operatorname{cotg} A$	Gesucht Schneckendurchmesser, gegeb. Zahnschräge und Gangsteigung.
$A\ a$	c	$c = \frac{a}{\cos A}$	Gesucht Stirnteilung eines Spiralzahnrades, gegeben Achsenwinkel und Normalteilung. (Vergl. Anhang: Bestimmung d. Schraubenräder.)
$A\ c$	a	$a = c \cdot \cos A$	Gesucht Normalteilung eines Spiralzahnrades, gegeben Achsenwinkel und Stirnteilung.

Maße in engl. Zoll. **Grad-Tabelle**

Länge der Spirale	Durchmesser des Werkstückes in engl. Zoll 1/8	1/4	3/8	1/2	5/8	3/4	7/8	1	1 1/4	1 1/2
1	21.3	38.1	49 4	—	—	—	—	—	—	—
1 1/8	19.3	35	46.3	—	—	—	—	—	—	—
1 1/4	18	33	43.4	—	—	—	—	—	—	—
1 1/2	12.4	25	35.2	43	—	—	—	—	—	—
1 7/8	11.4	22.4	32 2	40	—	—	—	—	—	—
2	10.3	21.3	30	37	—	—	—	—	—	—
2 1/4	10	19.2	27.4	35	41	—	—	—	—	—
2 1/2	9	17.3	25.2	32.2	38.2	43.2	—	—	—	—
2 7/8	8	15.3	22.4	29.2	35	40	44.2	—	—	—
3	7.3	14.4	21.3	27.4	33.2	38.2	42 3	—	—	—
3 1/2	6 3	13	19.2	25	30	35	39	43	—	—
3 3/4	6	11.4	17 3	22.4	27.4	32.2	36.2	40	—	—
4	5.3	11	16.3	21.3	26.3	30 3	34.3	38.2	44.3	—
4 1/2	5	10	14.4	19.2	23.3	27.5	31.3	35	41	—
4 3/4	4.5	9.2	14	18 2	22.3	26.3	30	33.3	39.3	44.4
5	4.3	9	13.3	17.3	21.3	25.2	28.4	32.3	38.2	43.2
6	3.5	7.3	11	14.4	18.2	21.3	24.3	27.4	33.2	37.3
6 1/2	3.3	6.3	10.2	13.3	16.4	19.4	22 4	25.3	30.4	35.3
7	3.2	6.2	9.2	12.2	15.2	18	21	23.3	28.4	33.3
7 1/2	3	6	9	11.4	14.4	17.3	20.2	22.4	27.4	32.2
8	2.5	5.3	8.2	11	13.5	16.3	19	21	26.2	30.3
8 1/2	2.4	5.2	7.4	10.3	13	15.3	18	20.3	25	29.2
9	2.3	5	7.3	10	12.2	14.4	17	19.2	23.3	27.4
10	2.2	4.3	6.4	9	11	13.2	15.2	17.3	21.2	25.2
11	2	4	6	8	10	12	14	15.4	19.3	23
12	1.5	3.5	5.3	7.3	9.2	11	13	14.4	18	21.3
13	1.4	3.2	5	6.5	8.3	10	11.4	13.2	16.3	19.3
14	1.4	3.1	4.5	6.3	8	9.4	11.2	12.4	15.5	18.4
15	1.3	3	4.3	6	7.3	9	10.3	11.4	14.4	17.3
16	1.3	2.5	4.1	5.3	7	8.3	9.4	11	13.4	16 3
18	1.2	2.3	3.5	5	6.2	7.3	8 4	10	12.2	14.4
20	1.1	2.2	3.2	4.3	5.3	6.4	7.4	9	11	13.2
22	1	2	3	4	5	6	7	8	10	12
24	1	1.5	2 5	3.5	4 5	5.3	6 3	7.3	9.2	11.2
25	1	1.5	2.4	3.3	4.3	5.2	6 2	7.2	9	10.4
27	0.5	1.4	2.3	3.2	4.2	5	6	6.4	8.3	10
30	0.5	1.3	2.1	3	3.5	4.3	5.2	6	7.3	9
32	0.4	1.3	2	2.5	3 3	4.2	5	5.3	7	8.3
36	0.4	1.2	2	2.3	3.2	3.2	4 3	5	6.2	7.3
40	0.3	1.1	1.4	2.1	2.5	3.2	4	4.3	5.3	6.4
44	0.3	1	1.3	2	2.3	3	3.3	4	5	6
48	0.3	1	1.3	2	2.2	2.5	3 2	3.4	4.4	5.4
50	0.3	1	1.2	1.5	2.2	2.4	3 1	3.3	4.3	5.3
60	0 3	0.5	1.1	1.3	2	2.2	2.4	3	3.3	4.3
70	0.2	0 4	1	1.2	1.3	2	2.2	2.3	3.2	3.4
80	0.2	0.3	0.5	1.1	1.3	1.4	2	2.2	2.4	3.3
90	0.2	0.3	0.4	1	1.2	1.3	1.4	2	2.3	3
100	0.2	0.3	0.4	1	1.1	1.2	1.3	1.4	2.2	2.4

Anm.: Bei den Grad-Tabellen gibt die zweite Zahl, hinter dem Punkte, die Bruchteile der Grade in Sechsteln (das sind 10 Minuten) an, z. B. für Spirallänge.

für Supportstellungen. Maße in engl. Zoll.

Durchmesser des Werkstückes in engl. Zoll									
$1^3/_4$	2	$2^1/_4$	$2^1/_2$	$2^3/_4$	3	$3^1/_4$	$3^1/_2$	$3^3/_4$	4
—	—	—	—	—	—	—	—	—	—
—	—	—	—	—	—	—	—	—	—
—	—	—	—	—	—	—	—	—	—
—	—	—	—	—	—	—	—	—	—
—	—	—	—	—	—	—	—	—	—
—	—	—	—	—	—	—	—	—	—
—	—	—	—	—	—	—	—	—	—
—	—	—	—	—	—	—	—	—	—
—	—	—	—	—	—	—	—	—	—
—	—	—	—	—	—	—	—	—	—
—	—	—	—	—	—	—	—	—	—
—	—	—	—	—	—	—	—	—	—
—	—	—	—	—	—	—	—	—	—
—	—	—	—	—	—	—	—	—	—
—	—	—	—	—	—	—	—	—	—
—	—	—	—	—	—	—	—	—	—
42.3	—	—	—	—	—	—	—	—	—
40	43.3	—	—	—	—	—	—	—	—
37.3	41.2	—	—	—	—	—	—	—	—
36.2	40	43.2	—	—	—	—	—	—	—
34.3	38.2	41.3	—	—	—	—	—	—	—
33.2	37	40	43	—	—	—	—	—	—
31.3	35	38.2	41	43.4	—	—	—	—	—
28.4	32.2	35.2	38.2	40.4	43.2	—	—	—	—
26.2	29.3	32.3	35.2	37.4	40.3	42.3	—	—	—
24.3	27.4	30.3	33.2	35.4	38.2	40.3	42.3	44.3	—
22.3	25.2	28	30.3	33	35.2	37.3	39.3	41.3	43.2
21.3	24.2	27	29.3	32	34.2	36	38	40	42
20.4	22.4	25.2	27.4	30	32.2	34.2	36.2	38.2	40
19	21.3	23.4	26.2	28.2	30.2	32.2	34.3	36.2	38.4
17	19.2	21.3	23.3	25.4	27.4	30	32	33	35
15.2	17.3	19.3	21.3	23.2	25.2	27	28.4	30.3	32.2
14	15.4	17.4	19.3	21.2	23	24.4	26.2	28	29.3
13	14.4	16.3	18.2	19.4	21.3	23	24.4	26.2	27.4
12.3	14	15.4	17.3	19	20.4	22.2	23.4	25.5	26.4
11.4	13.2	14.4	16.3	18	19.3	21	22.3	23.4	25.2
10.3	12	13.3	14.4	16	17.3	18.4	20	21.3	22.4
9.4	11	12.3	13.4	15	16.3	17.4	19	20.2	21.3
8.4	10	11.2	12.3	13.4	14.4	16	17.2	18.2	19.3
7.4	9	10	11	12.2	13.2	14.2	15.3	16.3	17.3
7	8	9	10	11	12	13	14	14.4	15.4
6.3	7.3	8.2	9.2	10	11	12	13	13.4	14.4
6.2	7.2	8	9	9.4	10.4	11.3	12.3	13.2	14
5.2	6	6.4	7.2	7.4	8.2	9	9.4	10.3	11.2
4.3	5	5.4	6.2	7	7.3	8.2	8.4	9.3	10
4	4.3	5	5.3	6.2	6.4	7.2	7.4	8.2	9
3.3	4	4.3	5	5.3	6	6.3	7	7.3	8
3.2	3.3	4	4.3	5	5.3	5.4	6.2	6.4	7.2

2 Zoll, Durchmesser $^1/_8$ Zoll, findet man 10.3, das heißt, der Support ist $10^3/_6$ Grad = $10^1/_2$ Grad herumzustellen.

Maße in Millimeter. **Grad-Tabelle**

Länge der Spirale in mm	Länge der Spirale in engl. Zoll annähernd	Durchmesser des Werkstückes in Millimeter									
		10	15	20	25	30	35	40	45	50	55
50	2	32.3	43.3	—	—	—	—	—	—	—	—
75	3	23	32.3	40.1	—	—	—	—	—	—	—
100	4	18.3	25.2	32.1	38.1	43.2	—	—	—	—	—
125	5	14	21.2	26.3	31.1	37	41.2	45	—	—	—
150	6	11.5	17.3	22.5	27.4	32.1	36.1	40	43.2	45.1	—
175	7	10.2	15.1	19.5	24.2	28.1	32	35.5	39	41	44.4
200	8	9	13.1	17.3	21.2	25.1	28.4	31	35.3	38.1	40.5
225	9	8	11.5	15.4	19.2	22.4	26	29.2	32.1	35	37.2
250	10	7.1	11	14.1	16.5	20.4	23.5	26.3	29.3	32.1	34.4
275	$10^{3}/_{4}$	6.3	9.4	12.5	15.5	18.5	21.5	24.3	27.1	29.4	31.5
300	$11^{3}/_{4}$	6	9	11.5	14.4	17.3	20	22.5	25.1	28.1	30.1
325	$12^{3}/_{4}$	5.4	8.2	11.1	13.4	16.1	18.5	21.4	23.3	25.5	28
350	$13^{3}/_{4}$	5.1	7.4	10.1	12.4	15.1	17.2	19.5	22.2	24.1	26.2
375	$14^{3}/_{4}$	4.5	7.1	9.3	11.2	14.1	16.2	18.3	21.2	22.5	24.4
400	$15^{3}/_{4}$	4.3	6.4	9	11	13.1	15.2	17.2	19.3	21.3	23.2
425	$16^{3}/_{4}$	4.1	6.2	8.3	10.3	12.3	14.1	16.3	18.3	20.2	22.1
450	$17^{3}/_{4}$	4	6	8	10	11.5	13.4	15.4	17.1	19.5	21.2
475	$18^{3}/_{4}$	3.5	5.4	7.3	9.3	11.1	13	14.4	16.3	18.2	20
500	$19^{3}/_{4}$	3.4	5.3	7.1	9	10.4	12.3	14	15.4	17.3	19
525	$20^{5}/_{8}$	3.2	5	6.4	8.3	10.1	11.5	13.2	15	16.4	18.2
550	$21^{5}/_{8}$	3.1	4.5	6.3	8.1	9.4	11.2	12.5	14.2	15.5	17.2
575	$22^{5}/_{8}$	3.1	4.4	6.1	7.4	9.2	10.5	12.2	13.5	15.2	16.4
600	$23^{5}/_{8}$	3	4.3	6	7.3	9	10.2	11.5	13.1	14.4	16
625	$24^{5}/_{8}$	2.5	4.1	5.4	7.1	8.4	10	11.2	12.4	14.1	15.4
650	$25^{5}/_{8}$	2.5	4	5.3	6.5	8.1	9.4	10.4	12.1	13.3	14.5
700	$27^{9}/_{16}$	2.3	3.5	5.1	6.2	7.4	9	10.1	11.2	12.4	14
750	$29^{9}/_{16}$	2.2	3.3	4.5	6	7.1	8.2	9.3	10.4	11.5	13
800	$31^{1}/_{2}$	2.1	3.2	4.2	5.4	6.4	7.5	8.5	10	11.1	12.1
850	$33^{1}/_{2}$	2.1	3.1	4.1	5.2	6.2	7.2	8.3	9.3	10.3	11.1
900	$35^{7}/_{16}$	2	3	4	5	6	7	7.5	9	9.5	10.5
950	$37^{7}/_{16}$	2	2.5	3.5	4.4	5.4	6.2	7.3	8.3	9.3	10.2
1000	$39^{3}/_{8}$	1.5	2.4	3.4	4.3	5.1	6.1	7.1	8	9	9.5
1100	$43^{5}/_{16}$	1.4	2.3	3.2	4.1	4.5	5.5	6.3	7.2	8.1	9
1200	$47^{1}/_{4}$	1.3	2.2	3	3.5	4.3	5.2	6	6.4	7.5	8.1
1300	$51^{3}/_{16}$	1.2	2.1	2.5	3.3	4.1	4.5	5.3	6.1	7.1	7.3
1400	$55^{1}/_{8}$	1.2	2	2.3	3.1	3.5	4.3	5.1	5.4	6.3	7
1500	59	1.1	1.5	2.2	3	3.3	4.1	4.4	5.3	6	6.3
1600	63	1.1	1.4	2.1	2.5	3.1	3.5	4.3	5.1	5.4	6.1
1700	67	1.1	1.3	2	2.4	3	3.4	4.1	4.4	5.2	5.5
1800	$70^{3}/_{4}$	1	1.3	2	2.3	3	3.3	4	4.3	5	5.2
1900	$74^{3}/_{4}$	1	1.2	1.5	2.2	2.5	3.2	3.5	4.1	4.4	5.1
2000	$78^{3}/_{4}$	1	1.2	1.5	2.1	2.4	3.1	3.3	4	4.3	5
2100	$82^{3}/_{4}$	—	1.2	1.5	2.1	2.4	3	3.2	4	4.2	4.5
2200	$86^{3}/_{4}$	—	—	1.4	2	2.4	2.5	3.1	3.4	4	4.3
2300	$90^{3}/_{4}$	—	—	—	2	2.3	2.5	3	3.3	3.5	4.2
2400	$94^{3}/_{4}$	—	—	—	—	2.2	2.4	3	3.2	3.4	4.1
2500	$98^{3}/_{4}$	—	—	—	—	—	2.4	2.5	3.1	3.3	4
3000	118	—	—	—	—	—	—	2.5	3	3	3.2

für Supportstellungen. Maße in Millimeter.

Durchmesser des Werkstückes in Millimeter

60	65	70	80	90	100	120	140	160	180	200	240
—	—	—	—	—	—	—	—	—	—	—	—
—	—	—	—	—	—	—	—	—	—	—	—
—	—	—	—	—	—	—	—	—	—	—	—
—	—	—	—	—	—	—	—	—	—	—	—
—	—	—	—	—	—	—	—	—	—	—	—
45.1	—	—	—	—	—	—	—	—	—	—	—
42	—	—	—	—	—	—	—	—	—	—	—
40	—	—	—	—	—	—	—	—	—	—	—
36.5	39.1	41.2	43.1	45	—	—	—	—	—	—	—
34.1	36	38.4	42.3	44	—	—	—	—	—	—	—
32.2	34.1	36.1	40	43.1	45.1	—	—	—	—	—	—
30.1	32.1	34.1	38.2	41	44	—	—	—	—	—	—
28.2	30.1	32	35.5	39.2	41.5	45.1	—	—	—	—	—
27	28.3	30.3	33.5	37	40	44	—	—	—	—	—
24.2	27.1	28.5	32.1	35.1	38.1	42.2	47.4	—	—	—	—
23.5	25.4	27.2	30.3	33.4	36.3	41.3	46	—	—	—	—
22.5	24.2	26	29.1	32.1	34.5	40	44.2	—	—	—	—
21.4	23.2	24.5	27.5	30.4	33.3	38.3	42	46.2	—	—	—
20.3	22.1	23.4	26.4	29.3	32.5	37	41.1	45	—	—	—
19.5	21.1	22.4	25.3	28.2	30.5	35.5	40	43	—	—	—
18.5	20.2	21.5	24.3	27.1	29.4	34.2	38.4	42.3	45.4	—	—
18.1	19.3	20.5	23.3	26.1	28.4	33.2	37.2	41.1	44.3	—	—
17.3	18.2	20	23	25.2	27.4	32.1	36.1	40	43.2	46.2	—
16.5	18	19.3	21.5	24.3	26.4	31	35	38.5	42.1	45	—
16.1	17.2	18.4	21.1	23.3	25.4	30.1	33.4	37.2	41	44	49.2
15	16.1	17.3	19.4	22	24.1	28.2	32.1	35.4	38.5	41.5	47
14.1	15.1	16.2	18.3	20.4	22.4	26.4	30.2	33.5	37	40	45.1
13.2	14.2	15.2	17.2	19.3	21.3	25.2	28.5	32	35.2	38.1	43.3
12.3	13.3	14.3	16.3	18.2	20.1	23.5	27.2	30.3	33.4	36.3	41.3
11.5	12.4	13.4	15.4	17.3	19.1	22.4	26	28.4	32.1	35	40
11.1	12	12.5	14.5	16.3	18.3	21.4	24.4	27.5	30.5	33.3	38.3
10.4	11.3	12.2	14.1	15.5	17.3	20.4	23.4	26.4	29.3	32.1	37
9.5	10.3	11.2	12.5	14.2	15.5	19	21.5	24.4	27.1	29.5	34.2
9	10	10.3	11.5	13.1	14.4	17.3	20.1	22.4	25.1	27.4	32.1
8.2	9	9.4	11	12.2	13.3	16.1	18.3	21.1	23.3	25.5	30.1
7.4	8.3	9	10.1	11.3	12.4	15	17.3	19.4	22	24.5	28
7.1	7.4	8.2	9.3	10.4	11.5	14.1	16.2	18.3	20.4	23.1	26.4
6.4	7.1	7.5	8.5	9.5	11.1	13.2	15.2	17.2	19.3	21.3	25.2
6.3	6.5	7.2	8.3	9.3	10.3	12.3	14.3	16.3	18.2	20.1	23.5
6.1	6.3	7	7.5	8.5	10	11.2	13.3	15.3	17.4	19.3	22.4
5.4	6.1	6.3	7.3	8.3	9.3	11	12.5	14.5	16.5	18.3	21.3
5.2	5.5	6.2	7.1	8	9	10.4	11.5	14.1	15.5	17.3	20.3
5.1	5.4	6	6.5	7.5	8.3	10.2	11.3	13.3	15	16.4	19.2
5	5.2	5.4	6.3	7.2	8	9.5	11.1	12.5	14.2	16	18.5
4.4	5.1	5.3	6.1	7	7.5	9.3	11	12.1	13.5	15.2	18
4.3	5	5.2	6	6.4	7.3	9	10.3	11.5	13.2	14.4	17.3
4.2	4.4	5	5.4	5.5	7	8.3	10	11.3	12.5	14	17
3.3	4	4.1	4.5	5.2	6	7.1	8.3	9.1	11	12	14

Obwohl durch die vorstehenden Angaben jede Gradstellung nach der vorhin erläuterten Berechnung und den angeführten Beispielen leicht zu finden ist, seien doch in zwei Tabellen S. 208—211 die gebräuchlichsten Durchmesser und Spirallängen mit den dazu gehörigen Winkelstellungen zusammengestellt.

Die Anwendung der Tabellen ist nun eine mehrfache und sei kurz an einigen Beispielen erklärt.

An einem Schraubenrade von 160 mm Durchmesser (womit bei Getrieben immer der Teilkreisdurchmesser gemeint ist) sollen die Zähne 40^0 Steigung bekommen. Man wird daher in der Vertikalreihe (S. 211), über welcher der Durchmesser 160 steht, heruntergehen, bis man auf die verlangte Gradanzahl (oder der zunächst liegenden größeren oder kleineren) kommt (in unserem Beispiel 40^0); jetzt geht man die Querreihe vor und findet in der ersten vertikalen Rubrik „Länge der Spirale" die gesuchte Länge, welche in diesem Falle 600 mm oder $23^5/_8$″ engl. ist.

Ein Räderpaar, dessen Achsen parallel liegen, soll spiralgewundene Zähne von 27^0 Steigung erhalten. Die Räder sind 120 mm und 90 mm im Durchmesser. Dann ist für das Rad von 120 mm Durchmesser 750 mm = $29^9/_{16}$″ engl. und für das Rad von 90 mm Durchmesser 550 mm = $21^5/_8$″ engl. die gesuchte Spirallänge.

Ebenso läßt sich durch die Tabellen bei bekanntem Durchmesser und Länge der Spirale leicht der Verstellungsgrad auffinden, indem man, wenn der Durchmesser (D) = 4″ engl. und die Länge (l) = 30″ engl. ist, diejenige Gradzahl annimmt, wo sich die Reihen der Durchmesser und Spirallängen schneiden; demnach ist beim ebengenannten Beispiele die Gradanzahl = $22^4/_6$.

In dem wohl selten auftretenden Falle des Suchens des Durchmessers, wenn Spirallänge und Gradanzahl bekannt sind, wird ähnlich dem ersten Beispiele verfahren, indem man in der Querreihe der Spirallänge weiter geht, bis man auf die bekannte Gradanzahl stößt, um sodann oben den Durchmesser zu ersehen, z. B. Länge der Spirale = 48″ engl. und Anzahl der Grade = 12, dann ist $D = 3^1/_4$″ engl.

d) Das Schrägstellen der Supporte.

Zum freiläufigen Vorschneiden der Schneckenräder, zum Abwälzen der Stirnräder und zum Einschneiden einfach schrägstehender Zähne mit Einzelfräser muß der Support dem Steigungswinkel der Schnecke entsprechend schräg gestellt werden (vergl. dazu: Das Fräsen von Schneckenrädern). Schneiden sich die Achsen der Schnecke und des Rades im rechten Winkel, so ergibt der Steigungswinkel der Schnecke direkt die erforderliche Schrägstellung des Supports. Im anderen Falle ist der Support der Abweichung entsprechend mehr oder weniger schräg zu stellen.

Der Steigungswinkel der Schnecke wird ermittelt, indem man die Steigung durch den Teilkreisumfang dividiert. Man erhält dadurch Tangens des Winkels. Mit diesem Werte sucht man sich aus Tabelle S. 203 den Steigungswinkel. Unter *c* dieses Kapitels ist das Aufsuchen bereits eingehend erläutert worden. Der Seite *a* der Fig. 245 entspricht der Teilkreisumfang (das ist Teilkreisdurchmeser $\times$ 3,14) und der Seite *b* die Steigung (s).

I. Beispiel:

Schnecke im Teilkreise $D = 48$ mm,

Steigung $= s = 20$ mm,

so ist $\frac{s}{D \cdot \pi} = \frac{20}{48 \cdot 3{,}14} = 0{,}1326$ = Tangens des Steigungswinkels.

Wir finden diesen Wert in der Tabelle unter 7^0 30 Minuten. Folglich ist 7^0 30 Minuten der gesuchte Steigungswinkel.

II. Beispiel:

Bei einer Schnecke $D = 192$ mm

und einer Steigung $s = 4''$ engl.

ist Tangens des Steigungswinkels $\frac{4 \cdot 25{,}4}{192 \cdot 3{,}14} = 0{,}168.$

Wir finden unter 9^0 30 Minuten 0,167 als unserem Werte am nächsten liegend. Es ist also 9^0 30 Minuten der gesuchte Steigungswinkel.

Zu beachten ist dabei, daß, wenn der Umfang in Millimetern ausgedrückt wird, auch die Steigung in Millimetern eingesetzt werden muß.

Entspricht die Schneckensteigung der Modulteilung, d. h. ist die Steigung ein Vielfaches von π, so vereinfacht sich die Rechnung. Man hat nur den Modul durch den Durchmesser zu dividieren.

III. Beispiel:

Schnecke im Teilkreis 50 mm,

Steigung s = Modul $3 = 3\,\pi$.

Es ist dann $\frac{s}{d\,\pi} = \frac{3 \cdot \pi}{50\,\pi} = \frac{3}{50} = 0{,}06.$

In der Tabelle finden wir dafür als nächstliegenden Wert 0,061, entsprechend einem Winkel von 3^0 30 Minuten.

Bei mehrgängigen Schnecken ist der dementsprechende größere Modul einzusetzen. Für eine doppelgängige Schnecke wäre also im letzten Beispiel für die Steigung $2 \times 3 = 6$ einzusetzen.

In nachstehenden Tabellen sind zu den gebräuchlichsten Schneckensteigungen und Durchmessern die Steigungswinkel angegeben.

Gradtabelle für die Schrägstellung

Teilkreis-Durchmesser der Schnecke in mm	Steigung der Schneckengänge in engl. Zoll										
	4 Gang 1" engl.	3½ Gang 1" engl.	3 Gang 1" engl.	2¾ Gang 1" engl.	2½ Gang 1" engl.	2¼ Gang 1" engl.	2 Gang 1" engl.	1¾ Gang 1" engl.	1½ Gang 1" engl.	1¼ Gang 1" engl.	1 Gang 1" engl.
25	4.3	5.1	6.1	6.4	7.2	8.1	9.1	10.5	12	14.3	18.
30	3.5	4.3	5.1	5.4	6.1	6.5	7.4	9	10	12	15.1
35	3.2	3.5	4.2	4.5	5.2	5.5	6.3	7.4	8.5	10.3	13
40	2.5	3.1	3.5	4.1	4.3	5	5.5	6.5	7.3	9.1	11.3
45	2.4	2.5	3.3	3.5	4.1	4.3	5	6	6.5	8	10
50	2.2	2.4	3.1	3.2	3.4	4.1	4.4	5.3	6.1	7.2	9.1
55	2.1	2.3	2.5	3.1	3.2	3.4	4.1	4.5	5.3	6.4	8.2
60	2	2.1	2.3	2.5	3.1	3.2	3.5	4.3	5	6.1	7.4
65	1.5	2	2.2	2.3	2.5	3.1	3.3	4.1	4.4	5.4	7
70	1.4	2	2.1	2.2	2.4	3	3.2	3.5	4.2	5.2	6.4
75	1.4	1.5	2	2.1	2.3	2.4	3.1	3.3	4	5	6.1
80	1.3	1.4	1.5	2	2.2	2.3	2.5	3.2	3.5	4.4	5.5
85	1.2	1.3	1.5	2	2.2	2.3	2.4	3.1	3.4	4.2	5.2
90	—	1.3	1.4	1.5	2.1	2.2	2.3	3	3.3	4	5.1
95	—	—	1.4	1.5	2	2.1	2.2	2.5	3.2	3.5	4.5
100	—	—	—	1.4	1.5	2	2.1	2.4	3	3.4	4.4
110	—	—	—	—	1.4	1.5	2	2.3	2.5	3.2	4.1
120	—	—	—	—	—	1.4	1.5	2.2	2.4	3.1	3.5
130	—	—	—	—	—	—	1.4	2.1	2.3	2.5	3.3
140	—	—	—	—	—	—	—	1.5	2.2	2.4	3.2
150	—	—	—	—	—	—	—	—	2.1	2.3	3.1
180	—	—	—	—	—	—	—	—	—	2	2.3
200	—	—	—		—	—	—	—	—	—	2.2

Gradtabelle für die Schrägstellung

Schnecken-teilkreis-Durchmesser in mm	Steigung der Schneckengänge in Millimetern										
	6	8	10	12	15	18	20	25	30	35	40
25	4.2	5.5	7.1	8.4	10.5	12.5	14.2	17.4	20.5	25	27
30	3.4	4.5	6	7.2	9	10.5	12	14.5	17.4	20.2	22
35	3.1	4.1	5.1	6.1	7.5	9.2	10.2	12.5	15.2	17.4	20
40	2.4	3.4	4.3	5.3	7	8.1	9.1	11.2	13.4	15.3	17.4
45	2.3	3.2	4	4.5	6	7.1	8	10	12	13.5	15.5
50	2.1	3	3.4	4.2	5.3	6.3	7.2	9	10.5	12.4	14.2
55	2	2.4	3.2	4	4.5	6	6.3	8.1	10	11.3	13
60	1.5	2.3	3	3.4	4.2	5.3	6	7.3	9	10.3	12
65	1.4	2.2	2.5	3.2	4.1	5	5.4	7	8.2	9.4	11.1
70	1.3	2.1	2.4	3.1	3.5	4.4	5.1	6.3	7.5	9	10.2
75	1.3	2	2.3	3	3.4	4.2	4.5	6.1	7.1	8.3	9.4
80	1.2	1.5	2.2	2.5	3.3	4	4.3	5.5	6.5	7.5	9
85	1.2	1.4	2.1	2.4	3.2	3.5	4.2	5.3	6.4	7.3	8.3
90	1.2	1.4	2	2.3	3.1	3.4	4	5.1	6.1	7	8
95	1.1	1.3	1.5	2.2	3	3.3	3.5	4.5	5.5	6.5	7.3
100	1.1	1.3	1.5	2.1	2.4	3.2	3.4	4.3	5.2	6.3	7.1
110	—	1.2	1.4	2	2.2	3	3.2	4.1	5	6	6.4
120	—	—	1.3	1.5	1.5	2.4	3	3.5	4.3	5.3	6
130	—	—	—	1.4	1.5	2.3	2.5	3.3	4.1	5	5.4
140	—	—	—	—	1.4	2.2	2.4	3.1	4	4.3	5.1
150	—	—	—	—	—	2.1	2.2	3	3.4	3.3	4.5
180	—	—	—	—	—	—	2.1	2.3	3.1	3.1	4
200	—	—	—	—	—	—	—	2.1	2.4	2.5	3.3

beim Fräsen von Schneckenrädern nach Zoll.

Steigung der Schneckengänge in engl. Zoll											
1¼" engl. Steigung	1½" engl. Steig.	1¾" engl. Steig.	2" engl. Steig.	2¼" engl. Steig.	2½" engl. Steig.	2¾" engl. Steig.	3" engl. Steig.	3½" engl. Steig.	4" engl. Steig.	4½" engl. Steig.	5" engl. Steig.
22	25.5	29	33	36.3	—	—	—	—	—	—	—
18.2	22	25.1	28.2	31.1	33.5	—	—	—	—	—	—
16.1	19.1	22	24.4	27.3	30.1	32.3	—	—	—	—	—
14.1	16.5	19.3	22	24.1	26.3	28.3	32.1	—	—	—	—
12.4	15	17.3	19.4	22	24.1	26 3	28.3	32.1	—	—	—
11.3	13.4	15.3	18	20.2	22	23.5	25.5	29	33	—	—
10.3	12.2	14.2	16.2	18.2	20.1	22	23.5	27.1	30.5	33.3	—
9.4	11.3	13.2	15	16.5	18.4	20.2	22	25.2	28.1	31.1	34.1
8.5	10.4	12.1	14	15.4	17.1	19	20.3	23.3	26.2	29.2	31.5
8.2	10.1	11.3	13	14.3	16.1	17.4	19.1	22.1	24.4	27.3	30.1
7.4	9.1	10.3	12.1	14	15.1	16.4	18	20.1	23.2	26.3	28.2
7.1	8.4	10	11.3	12.5	14.1	15.3	16.5	19.3	22	25	26.5
6.5	8.1	9.3	10.3	12	13.3	14.4	16	18.2	20	23.1	25.3
6.2	7.4	9	10.1	11.3	12.4	14	15.1	17.3	19.3	22.1	24.1
6.1	7.2	8.3	9.4	10.5	12.2	13.1	14.2	16.4	19	20.5	23.3
5.5	7	7.5	9.1	10.3	11.3	12.2	13.4	15.3	18	19.5	22
5.2	6.2	7.2	8.2	9.3	10.3	11.3	12.2	14.2	16.4	18.2	20.1
4.5	5.5	6.4	7.3	8.4	9.4	10.3	11.3	13.2	15	16.5	18.5
4.4	5.2	5.5	7	8	8,5	9.4	10.4	12.1	13	15.4	17.2
4.1	5	5.4	6.3	7.2	8.2	9	9.5	11.3	13	14.3	16.1
3.5	4.4	5.3	6.1	7	7.4	8.3	9.1	10.3	12.1	14	15.1
3.1	3.5	4.3	5.1	5.5	6.2	7.1	7.4	9	10.1	11.3	12.4
3	3.3	4	4.3	5.2	5.5	6.2	7	7.5	9.1	10.3	11.3

beim Fräsen von Schneckenrädern nach Millimetern.

Steigung der Schneckengänge in Millimetern											
45	50	55	60	70	80	90	100	110	120	140	160
29.5	32.3	34.4	37.3	—	—	—	—	—	—	—	—
25.3	28	30.2	32.3	36.3	—	—	—	—	—	—	—
22.2	24 3	26.3	28.4	32.3	36	—	—	—	—	—	—
20	21.5	23.4	25.2	29	32.3	36	—	—	—	—	—
17.4	19.3	21.1	23	26.2	29.3	32,3	35.2	—	—	—	—
16	17.4	19.2	20.5	24	27	29,5	32.3	35	—	—	—
14.2	16	17.2	18.5	22	25	27	30	31.4	34.2	—	—
13.2	14.2	16.2	17.4	20.2	23	25.3	28	30.2	32.3	36.4	—
12.3	13.5	15.1	16.2	19	21.2	23.5	26.1	28.2	30.2	34.3	38.1
11.3	12.5	14.1	15.2	17.4	20	22.2	24.3	26.4	28.4	32.3	36
10.5	12	13	14.2	16.4	18.2	20.5	23	24.4	27	30.5	33.3
10.2	11.2	12.2	13.4	15.3	17.2	20	21.5	23.4	25.5	29.3	32
9.4	10.4	11.4	13	14.4	16.4	18.5	20.4	22.2	24.4	27.4	31
9	10	11	12	14	15.5	17.4	19.3	21.2	23	26.2	29.3
8.4	9.3	10.3	11.3	12.5	14.5	16.5	18.3	20.1	22	24.3	27.5
8.2	9	10	10.5	12	14.2	16	17.4	19.2	20.5	23.4	26.3
7.2	8.3	8.5	9.4	11.3	13.1	14.2	16.1	17.4	18.3	22	24.5
6.5	7.3	8.2	9	10	12	13.3	14.5	16.2	17.4	20.2	23
6.2	7	7.4	8.2	9.5	11.1	12.2	13.5	15.1	16.2	19	21.2
5.5	6.3	7.1	7.5	9	10.2	11.4	12.5	14	15.3	17.4	20
5.3	6	6.3	7.1	8.3	9.4	10.5	11.5	13	14.2	16.4	18.5
4.5	5	5.3	6	7	8	9.1	10	11	12	14	15.5
4	4.3	5	5.3	6.2	7.2	8.1	9	10	10.5	12.4	14.2

Gradtabelle für die Schrägstellung beim Fräsen

Schnecken-teilkreis-Durchmesser in mm	Steigung der Schneckengänge in Modul										
	2	3	4	5	6	7	8	9	10	11	12
25	4.3	6.5	9.1	11.2	13.3	15.4	17.5	19.5	21.5	23.5	25.4
30	3.5	5.4	7.3	9.3	11.2	13.1	14.5	16.4	18.3	20.1	21.5
35	3.2	4.5	6.3	8	9.4	11.2	12.5	14.2	16	17.3	19
40	2.5	4.2	5.4	7.1	8.3	10.1	11.2	12.4	14	15.2	16.4
45	2.3	3.5	5.1	6.2	7.3	8.5	10.1	11.2	12.3	13.4	14.5
50	2.2	3.3	4.3	5.5	6.5	8	9.1	10.1	11.2	12.2	13.3
55	2	3.1	4.1	5.1	6.1	7.1	8.1	9.2	10.2	11.2	12.2
60	1.5	2.5	3.5	4.4	5.4	6.4	7.3	8.3	9.3	10.2	11.2
65	1.5	2.5	3.3	4.2	5.2	6.1	7	7.5	8.5	9.4	10.2
70	1.4	2.2	3.2	4	4.5	5.4	6.3	7.2	8	9	9.5
75	1.3	2.2	3	3.3	4.3	5.2	6.1	6.5	7.4	8.2	9.1
80	1.3	2.1	2.5	3.1	4.1	4.5	5.4	6.2	7.1	7.5	8.3
85	1.2	2	2.4	3	4	4.4	5.2	6	6.4	7.2	8
90	1.2	1.5	2.3	2.5	3.5	4.2	5	5.4	6.2	6.5	7.3
95	1.1	1.5	2.2	2.4	3.4	4.1	4.5	5.3	6.2	6.3	7.1
100	—	1.4	2.2	2.2	3.3	4	4.3	5.1	5.2	6.2	6.5
110	—	1.3	2.1	2.1	3.1	3.4	4.1	4.4	5.1	5.4	6.1
120	—	—	1.4	2.0	2.5	3.2	3.5	4.2	4.5	5.2	5.4
130	—	—	—	1.5	2.4	3.1	3.3	4	4.3	4.5	5.2
140	—	—	—	—	2.3	2.5	3.2	3.4	4.1	4.3	4.5
150	—	—	—	—	2.2	2.4	3	3.3	3.5	4.1	4.3
180	—	—	—	—	1.5	2.1	2.3	2.5	3.1	3.3	3.5
200	—	—	—	—	1.4	2	2.2	2.3	2.5	3.1	3.3

11. Das Kopieren und die dazu erforderlichen Kurvenfräsmaschinen und -vorrichtungen

a) Die Kurvenarten.

Zum Bearbeiten von Werkstücken und Werkzeugen mit geschwungenen oder profilierten Partien — Fassonstücke, Fräser, Schnitte und Gesenke — und zur Herstellung der in neuerer Zeit häufiger Verwendung findenden Kurvenscheiben, -schienen und -trommeln gibt es bereits eine Reihe gut durchgebildeter Fräsmaschinen und -Vorrichtungen. Da diese Maschinen meist nur für den besonderen Zweck zu gebrauchen sind, so lohnt ihre Anschaffung erst dann, wenn für sie dauernd Arbeit vorhanden ist. Das dies noch nicht oft der Fall ist, beweißt die große Zahl der Kopier- und Kurvenfräsvorrichtungen, die für den Aufbau auf den gewöhnlichen Fräsmaschinen bestimmt sind.

Das Kopieren bezweckt, einem zu bearbeitenden Werkstück die Form einer vorhandenen Schablone — Leitschiene, Originalkurve — zu

von Schneckenrädern nach Modulteilung.

Steigung der Schneckengänge in Modul										
13	14	15	16	17	18	19	20	21	22	23
27.3	29.2	31	32.4	34.1	36.1	—	—	—	—	—
23.3	25	26.3	28	29.3	31	32.2	33.4	35	36.1	—
20.2	21.5	23.1	24.3	25.5	26.4	28.3	29.3	31	32.1	33.1
18	19.2	20.3	21.4	23	24.2	25.2	26.3	27.4	28.5	29.4
16	17.2	18.3	19.4	20.4	21.5	23	24	25	26	27
14.3	15.4	16.4	17.5	18.5	19.5	20.5	21.5	22.5	23.5	24.4
13.2	14.2	15.1	15.4	17.1	18	19	20	20.5	21.5	22.4
12.1	13.1	14	14.5	15.5	16.4	17.3	18.3	19.2	20.1	20.5
11.2	12.1	13	13.5	14.4	15.3	16.2	17	17.5	18.5	19.3
10.3	11.2	12	12.5	13.4	14.2	15.1	16	16.4	17.3	18.1
9.5	10.3	11.2	12	12.4	13.3	14.1	15	15.4	16.1	17
9.1	9.5	10.4	11.2	12	12.4	13.2	14	14.4	15.2	16
8.4	9.2	10	10.4	11.2	12	12.4	13.1	13.5	14.3	15.1
8.1	8.5	9.3	10.1	10.4	11.2	12	12.3	13.1	13.5	14.2
7.4	8.2	9	9.3	10.1	10.4	11.2	11.5	12.3	13	13.4
7.2	8	8.3	9.1	9.4	10.1	10.5	11.2	11.5	12.2	13
6.5	7.1	7.4	8.2	8.6	9.2	9.5	10.2	10.5	11.2	11.5
6.1	6.4	7.1	7.3	8	8.3	9	9.3	10	10.2	10.5
5.4	6.1	6.3	7	7.3	7.5	8.2	8.5	9.4	9.4	10.3
5.2	5.4	6.1	6.4	6.5	7.2	7.4	8	8.3	9	10
5	5.2	5.4	6	6.3	6.5	7.1	7.3	8	8.2	9.2
4.1	4.2	4.5	5.1	5.2	5.4	5.5	6.2	6.5	7	8.4
3.4	4	4.2	4.3	4.5	5.1	5.3	5.4	6	6.2	7.2

geben. Das Kopieren geschieht dadurch, daß an der Schablone, welche mit dem zu bearbeitenden Werkstück in Verbindung steht, eine Leitrolle, welche mit dem arbeitenden Fräser verbunden ist, entlang gleitet und somit den Fräser zwingt, alles ihm in den Weg kommende Material wegzunehmen.

Der Übergang von der Einzel- zur Serienfabrikation hat im Bearbeiten von kleineren Fassonstücken, die früher vom Schlosser oder nach dem Anreißen auf der Shaping- (Feil-) maschine bearbeitet wurden, einen großen Umschwung hervorgerufen, da sich nunmehr die Anfertigung einer kleinen Schablone lohnte, an der entlang in einer viel kürzeren Zeit das Werkstück fassoniert werden konnte. So wurden in ganz kurzer Zeit Fräsmaschinen und -vorrichtungen Gemeingut, die früher nur in Betrieben mit ausgesprochener Massenfabrikation am Platze waren.

Bei diesem Bearbeiten der äußeren Flächen kommt es meist nur darauf an, eine dem Auge gefällige Form zu erzeugen; es müssen die Zugaben und Unebenheiten des Schmiedens und Gießens beseitigt werden.

Die Arbeit geht am schnellsten vor sich, wenn der Arbeiter nach seinem Gefühl und Auge den Vorschub des Fräsers regelt, mit anderen Worten, wenn er mit der Hand den Vorschub und die Beistellung betätigt.

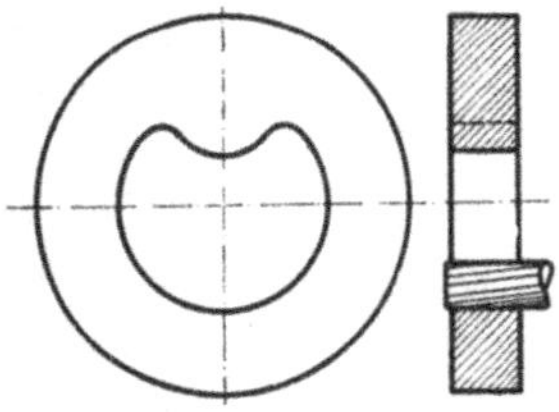

Fig. 246.

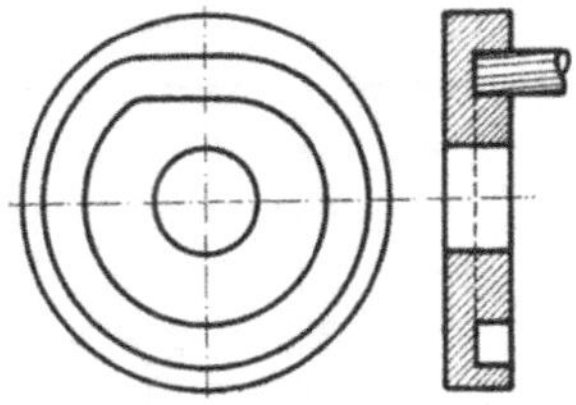

Fig. 247.

Stirn- oder Plankurven.

Sehr viel genauer muß die Herstellung der Kurvenscheiben, -schienen oder -trommeln vor sich gehen, da sie zur Übertragung von Bewegungen

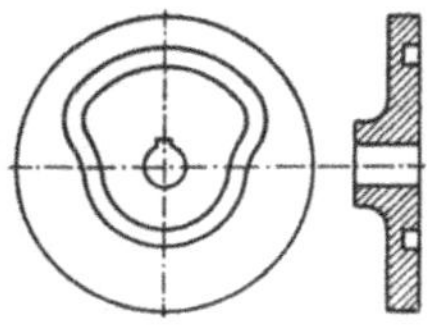

Fig. 248. Zwangsläufige Stirnkurve.

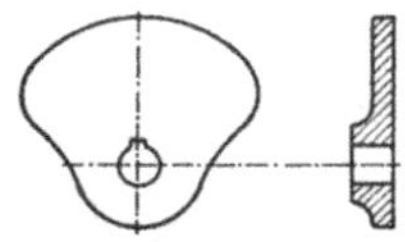

Fig. 249. Freiläufige Stirnkurve.

dienen. Hier erfolgt die Vorschubbewegung selbsttätig und das Andrücken der Leitrolle an die Schablone mittelst Gewichte oder Federdruck.

Bei den Kurven unterscheiden wir:

a) Stirn- oder Plankurven (vergl. die Fig. 246—249),

b) Mantel-, Zylinder- oder Trommelkurven (vergl. die Fig. 250 und 251),

c) Längs- oder Flächenkurven (vergl. die Fig. 254),

ferner freiläufige (vergl. die Fig. 246, 249 und 250)

und zwangsläufige (vergl. die Fig. 247, 248 und 251).

Die genaueste Übertragung der Kurven ergibt sich, wenn die Schablone erheblich größer im Durchmesser ist, wenn also ihre Übergänge sanfter sind als die zu fräsende Kurve (siehe die Fig. 252—254).

Fig. 250.

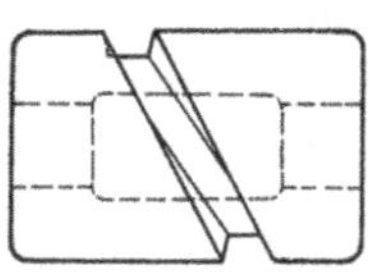

Fig. 251.

Frei- und zwangsläufige Mantelkurve.

Es ist immer von Vorteil, Schablonen zu verwenden, an denen das Profil in der Schaltrichtung des Fräsers vergrößert wiedergegeben ist. Stark gekrümmte Übergänge fallen an der vergrößerten Originalkurve weniger steil aus. Die Leitrolle kann der Bahn dann besser folgen, wodurch ein genaueres Kopieren gewährleistet wird. Die Fig. 252 und 253 stellen Kurven mit zweifach vergrößerten Schablonen dar. Wie ersichtlich, erhält eine solche vergrößerte Schablone ein wesentlich anderes Aussehen als die damit herzustellende Kurve. Das Aussehen verändert sich mit der Vergrößerung des Verhältnisses derart, daß bei 5—8 facher Vergrößerung die Rollenbahn *b* der Fig. 252 beinahe einem Kreise gleichen würde. Das Aufreißen einer solchen Schablone geschieht in der Weise, daß die Bahn der Rolle als Äquidistante (gleichen Abstand habende) der Fräserbahn aufgerissen wird. Man zeichnet zu diesem Zweck die Originalkurve auf und zieht, der Krümmung entsprechend, mehr oder weniger radiale Leitstrahlen, und trägt von der Mitte der Fräserbahn aus gleiche Teile *e* ab. Auf den so gefundenen Punkten werden dem Leitrollendurchmesser entsprechende Kreise geschlagen. Durch

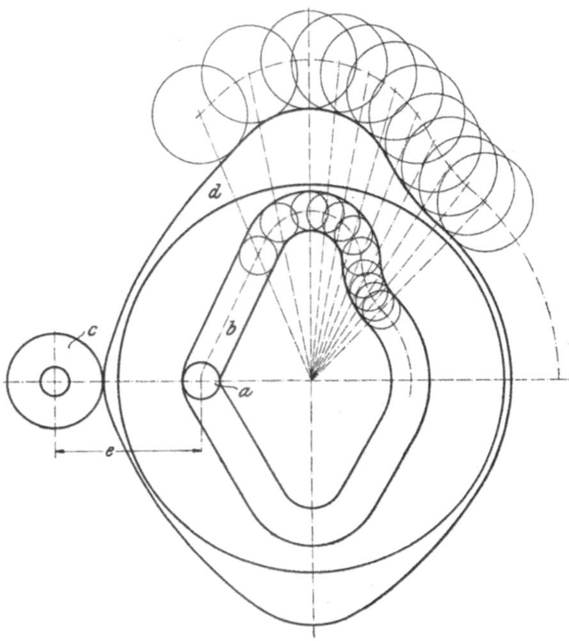

Fig. 252. Stirnkurve mit vergrößerter Schablone.

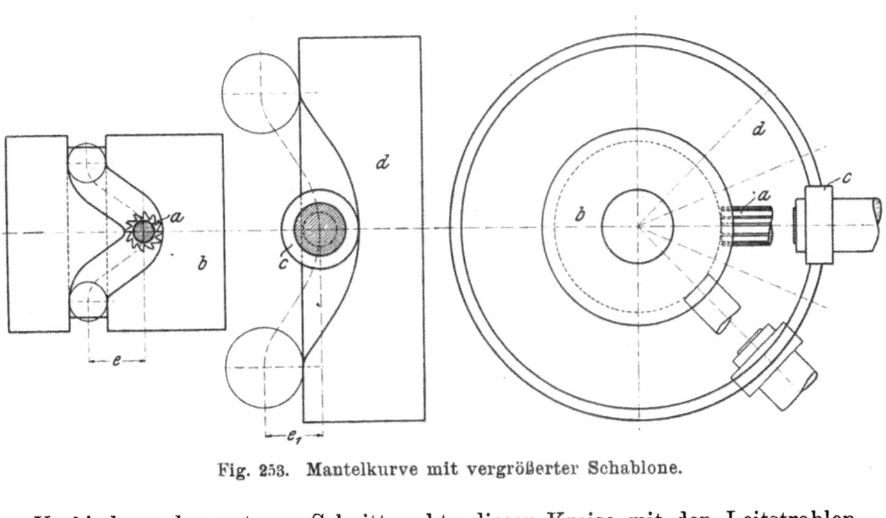

Fig. 253. Mantelkurve mit vergrößerter Schablone.

Verbindung der unteren Schnittpunkte dieser Kreise mit den Leitstrahlen ergibt sich die Bahn der Schablone. Entsprechend der vergrößerten

Schablone kann auch eine vergrößerte Leitrolle verwendet werden. In Fig. 252 sind die Leitstrahlen und der Leitrollenweg punktiert angegeben.

Das Aufreißen der vergrößerten Schablone für die in Fig. 253 dargestellten Trommelkurve geschieht in ähnlicher Weise. Die Kurven und die Rollenbahn müssen hier jedoch in der Abwicklung aufgetragen werden. Den Leitstrahlen entsprechend, sind auf dem Mantel der Schablone parallel zur Achse laufende Risse zu ziehen, auf denen die Abweichungen aufzutragen sind.

In Fig. 254 ist der Weg des Fräsers *a* für eine Längskurve *b* mit den Leitrollenpunkten *c* einer verlängerten Schablone *d* dargestellt. Im Verhältnis des Abstandes der Kreise *a* zu *c*, muß dann der Vorschub von *d* größer wie der von *b* sein.

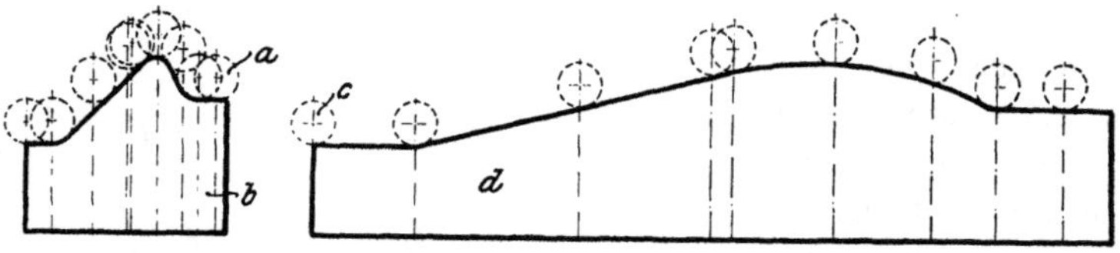

Fig. 254. Längskurve mit vergrößerter Schablone.

Die Herstellung der Schablone geschieht durch Aufreißen und Nacharbeiten von Hand oder durch Kopieren von einer bereits vorhandenen Kurve. Um das letztere zu ermöglichen, sind die meisten Maschinen und Vorrichtungen mit Zusatzvorrichtungen zum Drehen oder Fräsen ausgestattet.

Des einfachen Herstellens und des oft nötig werdenden Nacharbeitens halber werden alle Schablonen freiläufig ausgeführt.

Ein Nachteil aller bisher bekannten Fräsmaschinen und -vorrichtungen liegt in dem ungleichen Vorschub, der sich daraus ergibt, daß an steilen Kurvenpartien zu dem Hauptvorschub ein erheblicher seitlicher Zusatzvorschub einsetzt, infolgedessen sich der Vorschub in mäßigen Grenzen halten muß. Es wäre eine dankbare Aufgabe, die Frage eines Vorschubes der Abwicklung der Kurve entsprechend zu lösen. Beim Drehen der Radsätze für den Eisenbahnwagenbau sind darin bereits Ansätze gemacht worden, doch ist von deren Übertragung auf das Kurvenfräsen noch nichts bekannt geworden.

Den Anleitungen zum Kurvenfräsen seien zunächst einige kurze Beschreibungen der bekanntesten Sondermaschinen dieses Gebietes vorausgeschickt.

b) Die Kopier- und Kurvenfräsmaschinen.

Die doppelte Kopierfräsmaschine der Chemnitzer Werkzeugmaschinenfabrik vorm. J. Zimmermann in Chemnitz.

In Fig. 255 ist eine sehr brauchbare Fräsmaschine[1]) zum Bearbeiten kleinerer Fassonteile nach dem Kopierverfahren veranschaulicht.

[1]) Das Original dieses Maschinentypes stammt von der bekannten amerikanischen Firma Pratt & Whitney.

Auf dem reichlich breit gehaltenen Arbeitstisch wird neben dem zu fräsenden Werkstück eine genau die gleichen Abmessungen enthaltende Schablone befestigt, und zwar in einem Abstande, der dem entspricht, den der Kopierstift (Leitrolle) zum Fräser hat. Es ist ratsam, den Kopierstift etwas konisch zu machen, damit kleinere Maßdifferenzen, die sich beim Fräsen ergeben, durch Höher- und Tieferstellen des Kopierstiftes auszugleichen sind. (In der Figur ist der konische Kopierstift der linken Frässpindel etwas von der senkrechtstehenden Handkurbel verdeckt; von der rechten Frässpindel ist nur das Auge für die Aufnahme des Kopierstiftes ersichtlich.)

Fig. 255. Die doppelte Kopierfräsmaschine von Zimmermann.

Die beiden Frässpindeln sind an einen gemeinsamen Schlitten angeordnet, der durch Zahnstange, Ritzel und Handkurbel verschiebbar ist. Jedoch hat jede Frässpindel ihre eigene Höhenverstellung, die durch den darüber befindlichen Handhebel betätigt werden kann. Da eine Feder beim Loslassen des Hebels die Frässpindel wieder nach oben zieht, so kann durch eine seitlich angebrachte Feststellvorrichtung mit Einfallschieber die Frässpindel in jede gewünschte Höhenlage eingestellt werden.

Links befindet sich die wichtigste Frässpindel, weil mit ihr die Anfertigung der Schablone erfolgt. Zu diesem Zwecke wird ein Muster-Werkstück unter die Frässpindel gespannt und an Stelle des Fräsers eine gleichgroße Rolle eingesetzt. Durch Einrücken eines kleinen Zahnrades wird nun der sonst stillstehende Kopierstift in Bewegung gesetzt, den man unten mit einem Fräser versieht. Die darunter auf dem Tisch aufgespannte, im Rohen ausgearbeitete Schablone kann auf diese Weise nach dem fertigen Werkstück kopiert werden.

Die zweite Frässpindel dient entweder zum Fertigfräsen oder zum Fräsen einer zweiten Fasson, z. B. wenn außer der seitlichen Fasson noch eine geschweifte Oberfläche zu bearbeiten wäre. Der zweite Fräser müßte dann abgerundete Stirnschneidezähne besitzen. Jedoch ist auch die Möglichkeit gegeben, mit einer Frässpindel mehrere seitliche Fassons und eine obere Fasson zu fräsen. In diesem Falle werden die zusammenpassenden

Fig. 256. Fassonfräsmaschine von Curd Nube.

Fräser und Kopierstiftrollen übereinander auf Frässpindel bezw. Kopierstift gespannt. Die richtigen Stellungen werden durch Einschnitte in der Feststelleinrichtung erreicht bezw. für das Fräsen der Oberfläche durch Freigeben der letzteren.

Die Bewegungen der Supporte werden beim Fräsen sämtlich von Hand ausgeführt, so daß über Stellen, an denen wenig Material vorsteht, schnell hinweggegangen werden kann.

Neben dem Kopieren kann die Maschine natürlich auch zum Abplanen kleiner Werkstücke benutzt werden.

Die Fassonfräsmaschine zum Ausarbeiten der Schnitte und Gesenke von Curd Nube in Offenbach a. M.

Die in Fig. 256 wiedergegebene Maschine hat auf dem Gebiete der Schnitte- und Gesenkeherstellung große Vorteile gebracht, indem sie die zeitraubende Arbeit von Hand erheblich verkürzte. Nahm man auch die hohen Herstellungskosten für Schnitte und Gesenke — weil man es nicht anders kannte — ruhig mit in Kauf, so verursachte jedoch die langsame Herstellung in eiligen Fällen heillose Störungen. Die obige Maschine hat deshalb in eine sonst stiefmütterlich behandelte Ecke des Werkzeugbaues neuzeitliches Arbeitstempo gebracht.

Fig. 257. Fräsarbeiten.

Die Vorteile dieser Maschine liegen in der bequemen Anordnung der drei Frässpindeln, die das verschiedenartigste Bearbeiten der Werkstücke ermöglicht. Wie aus dem Bilde ersichtlich ist, besitzt die Maschine über dem Arbeitstisch eine wagerechte und eine senkrechte Frässpindel und durch den Arbeitstisch gehend eine weitere senkrechte Frässpindel. Während die wagerechte Frässpindel gewöhnlichen Arbeiten dient, wird die obere senkrechte vorzugsweise zum Ausarbeiten von Gesenken benutzt; sie ist auch um 30° nach jeder Seite schwenkbar, um konkave und konvexe Kegelflächen mittelst gerader Fräser bearbeiten zu können. Die untere senkrechte Frässpindel dient ausschließlich für Durchbrechungen an Schnitten usw. Die Frässpindeln können sowohl gemeinsam als auch einzeln, jede für sich, arbeiten.

Die Fig. 257 zeigt an einigen Fräsarbeiten die Vielseitigkeit der Maschine, die durch verschiedene Apparate zum Bearbeiten von Segmenten, Steuerungskulissen usw. oder allgemeinen Werkstücken noch erhöht werden kann.

Die einfache Kurvenfräsmaschine.

Die Fig. 258 und 259 stellen den Typ einer einfachen Stirnkurvenfräsmaschine dar. Dieselbe läßt sich auch zu leichteren Rundfräsarbeiten verwenden. Da es sich bei der Herstellung von Kurven nur um verhältnismäßig kleine Fräser handelt, so wird die Frässpindel ohne Räder-

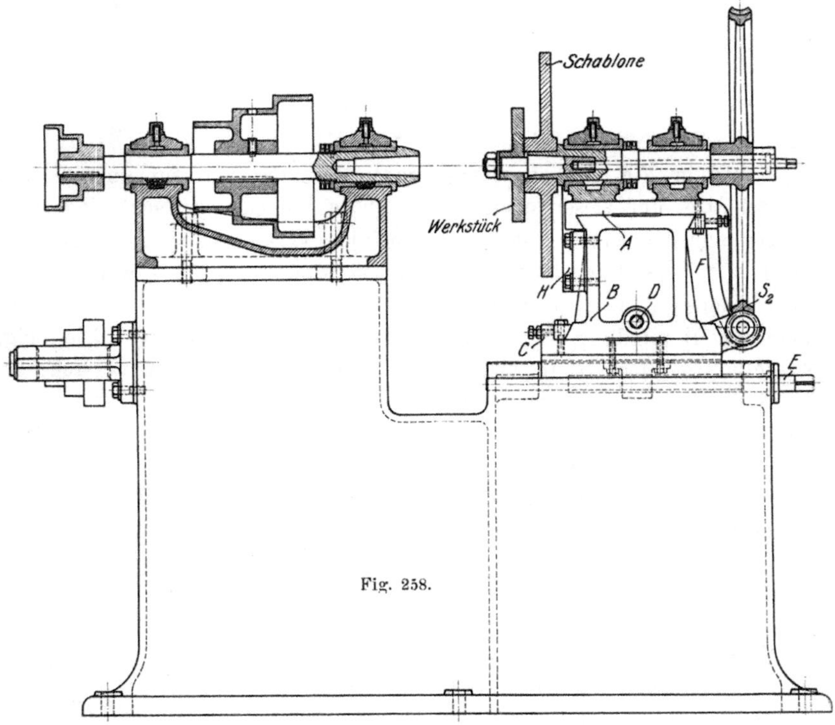

Fig. 258.

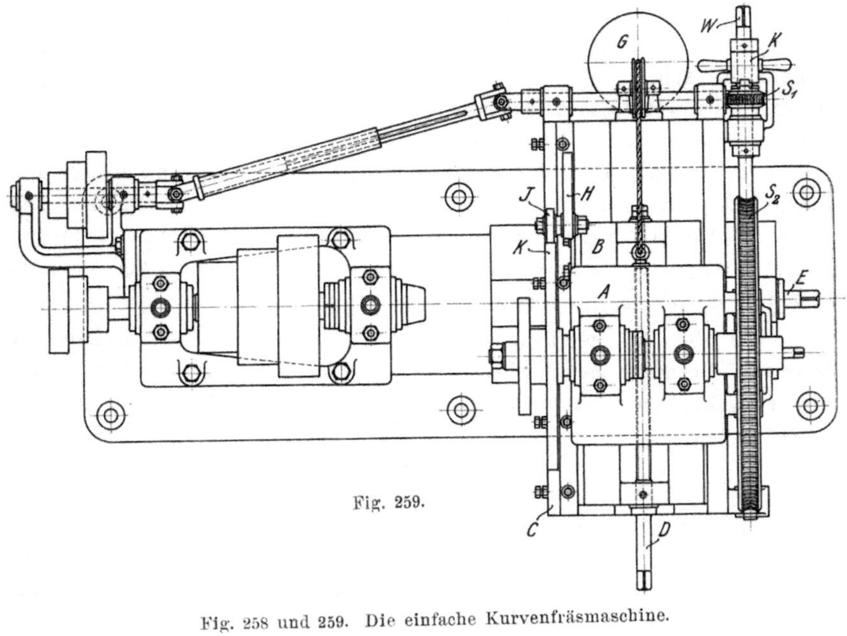

Fig. 259.

Fig. 258 und 259. Die einfache Kurvenfräsmaschine.

vorgelege nur durch einfache Stufenscheibe angetrieben. Der Antrieb für die Werkstückspindel wird, wie aus der Zeichnung ersichtlich, von der Frässpindel abgeleitet. Durch eine Kuppelung kann der Schneckentrieb S_1 ausgelöst und dadurch der Selbstgang für die Schaltbewegung abgestellt werden. Die Schneckenwelle W ist zur Aufnahme einer Handkurbel eingerichtet, so daß die Schaltung auch von Hand betätigt werden kann. Der Werkstückspindelstock A wird durch das Gewicht G nach hinten gezogen, wodurch die Schablone K ständig an die Leitrolle J angedrückt wird. Der Leitrollenbock H ist am Zwischenschlitten B befestigt und kann mit diesem zur richtigen Schnitteinstellung durch die Spindel D verschoben werden. Der Kreuzschieber C dient zur Einstellung der Frästiefe und wird durch die Spindel E betätigt. Die Schnecke für das Schneckenrad S_2 wird, den Kurvenabweichungen entsprechend, zwischen dem doppelten Lagerbock auf der Schneckenwelle W verschoben. Die Maschine ist für vergrößerte Schablonen eingerichtet. Die Befestigung des Werkstückes dürfte ohne weiteres aus der Zeichnung ersichtlich sein.

Fig. 260. Kurvenfräsmaschine von J. E. Reinecker.

Die Kurvenfräsmaschine von J. E. Reinecker in Chemnitz.

In Fig. 260 ist eine weitere Maschine zur Herstellung der Zylinder- und Plankurven ersichtlich, und zwar mit einem Apparat zum Bearbeiten der Zylinderkurven. Die Schablone und mit ihr der ganze Tisch wird an dieser Maschine durch die deutlich sichtbaren Gewichte gegen die feststehende — im Bilde nicht ersichtliche — Leitrolle gedrückt und überträgt dadurch die genaue Kurve auf das eingespannte Werkstück.

Der Antrieb der Frässpindel geschieht durch eine Stufenscheibe. Von ihr wird auch durch Stufenscheiben und Zahnräder die Aufspannspindel für die Kurven angetrieben.

Zum Fräsen der Plankurven dient ein ähnlicher Apparat, der auch auf den Maschinentisch geschraubt wird.

Die Kurvenfräsmaschine von Curd Nube in Offenbach a. M.

Die in den Fig. 261 und 262 abgebildete Maschine ist sehr kräftig ausgeführt, um von vornherein die genaue Übertragung von Kurven zu

Fig. 261.

gewährleisten. Die Frässpindel und der Kopierrollendorn sitzen auf einem gemeinsamen Schlitten, der in langen Führungen auf seinem Bett gleitet. Die Kopierrolle ist auf jede gewünschte Entfernung zur Frässpindel genauestens einstellbar. Auf der Maschine sind sowohl Plankurven als auch Trommelkurven nach einem gegebenen Modell im Verhältnis 1 : 1 oder nach einer vergrößerten Schablone zu kopieren.

Die Fig. 261 zeigt eine gute Lösung für das Kopieren steiler Trommelkurven. Die Kurve ist hierbei auf eine große Scheibe abgewickelt und wird von dieser auf das Werkstück, die zu fräsende Trommelkurve übertragen. Dies geschieht dadurch, daß die scheibenartige Schablone auf einen Rundsupport gespannt wird und durch die Kopierrolle den Fräser die erforderliche Seitenbewegung zum Ausarbeiten der Kurvenbahn erteilt. Das Werkstück sitzt dagegen auf einem wagerechten Rundfräsapparat, der mit dem gleichen Übersetzungsverhältnis angetrieben wird.

Fig. 262.

Bei flacheren Trommelkurven wird dagegen auch die Schablone auf den wagerechten Rundfräsapparat — ähnlich der Fig. 275 — gespannt.

Die Anordnung zum Fräsen von Plankurven zeigt die Fig. 262. Auf dem linken Rundtisch wird die Schablone und auf dem rechten das Werkstück befestigt. Werden dabei die Rundtische im gleichen Verhältnis angetrieben, so erhält das Werkstück genau die gleichen Kurvenbahnen wie die Schablone.

Sobald Schablone und Werkstück — ähnlich der Fig. 269 — übereinander angeordnet werden, lassen sich diese Kurven auch mit nur einem Rundtisch herstellen. Bei vergrößerten Schablonen bietet diese Anordnung große Bequemlichkeit und gewährleistet äußerst genaue Übertragung der Kurvenform.

c) Die Kurvenfräsvorrichtungen.

1. Die Flächen- und Längskurven.

Als Beispiel für diese Kurvenart sei angenommen, daß der bereits gedrehte Profilfräser *W* der Fig. 264 auf einer Universalfräsmaschine mit gerieften Schneidzähnen versehen werden soll. Da bei demselben alle gleichen Punkte der Zähne in irgendeinem Querschnitte des Fräsers gleichweit vom Mittelkunkt liegen müssen, so muß außer der Schaltbewegung des Tisches noch eine — bei jedem Zahn gleichbleibende —, dem einschneidenden Fräser sich nähernde und entfernende Bewegung hinzutreten, die durch eine Einrichtung einer Kopiervorrichtung ermöglicht wird. Eine solche Kopiervorrichtung stellen die Fig. 263 und 264, an einer Universalfräsmaschine angebracht, dar. Der sonst durch Spindel verstellbare Winkelsupport hängt, durch Gewicht ausbalanziert, frei an den Prismen

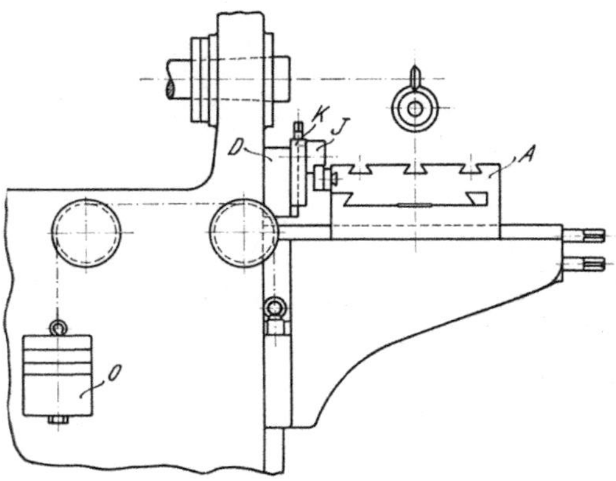

Fig. 263.

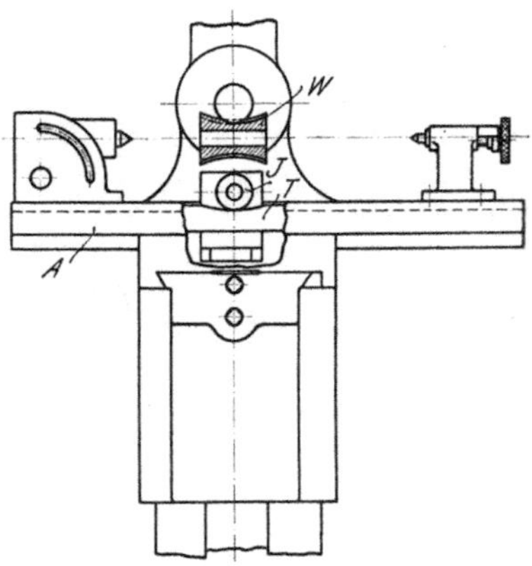

Fig. 264.

Die Fräsvorrichtung zum Kopieren eines geriefteu Profilfräsers.

des Maschinengestells. An diesen hängt über dem Winkelsupport das Druckstück *D*, in dessen kurzer, ebenfalls senkrechter Prismaführung das Rollenstück *K* vermittelst der Spindel verstellt werden kann. Auf einem Bolzen trägt das Rollenstück *K* die Leitrolle *J*, welche zwecks genauen Kopierens dem Durchmesser des arbeitenden Fräsers gleich sein muß. Auf dem Arbeitstische *A* wird nun in geeigneter Weise die Leitschiene oder Schablone *T* derart befestigt, daß sie unter der Rolle *J* zu liegen kommt. Da die Leitschiene *T* (Fig. 264) nur eine Wiedergabe des Profiles ist, welches das zu bearbeitende Werkstück — in diesem Falle der Fräser *W* — erhalten soll, so wird sie am zweckmäßigsten aus ca 5 mm starkem Stahlblech hergestellt.

Die Arbeitseinstellung der eben beschriebenen Vorrichtung geschieht nun wie folgt: Das Druckstück *D*, mithin auch Leitrolle *J*, wird schon einigermaßen in die Lage eingestellt, in der das Werkstück, sobald Leitschiene *T* an Rolle *J* anliegt, möglichst nahe dem arbeitenden Fräser steht. Auch muß durch eine mäßige Vergrößerung des Gegengewichtes *O* der Support *A* mit Leitschiene *T* an die Rolle *J* gedrückt werden. Erfolgt jetzt eine Bewegung des Tisches, so wird, da *T* an *J* entlang gleitet, ein Heben und Senken des Supports *A* stattfinden, das gleich dem Unterschiede ist, welche die Leitschiene *T* von einer geraden Linie hat. Da der Support *A* nur durch die Leitschiene und Rolle in seiner Stellung gehalten wird, ist es nötig, daß die Leitschiene *T* an beiden Seiten um ein gerade verlaufendes Stück verlängert wird, und zwar so viel, daß die Rolle beim Anstellen und Auslaufen des Fräsers nicht heruntergleitet.

Das Anstellen des schneidenden Fräsers auf Schnitt erfolgt durch die Spindel des Druckstückes, und zwar dadurch, daß das Rollenstück *K* mit Rolle *J* durch die Spindel höher geschraubt wird, wodurch die Leitschiene mit dem Tisch, Support und Werkstück näher an den schneidenden Fräser herankommt.

Mit dieser Kopiervorrichtung lassen sich viele, sonst nur auf Sondermaschinen herzustellende Fräsarbeiten ausführen, nur darf an ihnen keine Schweifung einen kleineren Radius haben als die Leitrolle *J* und der arbeitende Fräser. Die eben beschriebene Anordnung kann natürlich auch dergestalt getroffen werden, daß die Leitschiene *T* an dem Druckstück *D*, durch Spindel verstellbar, befestigt und die Rolle *J* an dem Tisch *A* gelagert wird.

Werden z. B. bei der Bearbeitung eines solchen Fräsers Tischspindel und Teilapparat vermittelst Wechselräder verbunden, so lassen sich auch spiralgewundene Schneidzähne herstellen.

Das obiger Einrichtung zugrunde liegende Prinzip ist das der meisten Kopiervorrichtungen der Senktrechtfräsmaschinen, nur können bei letzterem die Teile leichter gehalten werden, weil die Schwere des Supports auf dem Längsbette der Maschine ruht, also die Teile nicht gehoben, sondern nur wagerecht verschoben zu werden brauchen. Es liegen demnach die Verhältnisse des Kurvenfräsens an diesen Fräsmaschinen wesentlich günstiger, was auch erklärt, daß man diese Maschinen soviel mit Kopiervorrichtungen ausstattet (siehe Senkrechtfräsmaschinen).

Eine weitere billige Kopiervorrichtung, die sich auf den meisten Fräsmaschinen anbringen läßt, zeigen die Fig. 265 und 266. Sie besteht aus einer Aufspannplatte *a*, die an einem Ende schwingend am Tisch befestigt und am anderen Ende durch Federn oder Gewichte nach oben gedrückt wird. Die Schablone *x* wird zweckmäßig seitlich gegen die Aufspannplatte geschraubt und so angeordnet, daß sie in senkrechter Richtung durch Stellschrauben verschoben werden kann. Die Leitrolle *y* wird auf den Gegenspitzenhalter gesetzt.

Für kurze Werkstücke genügt eine Wippe, deren freies Ende in einem Hebel ausläuft, auf dem ein verschiebbares Gewicht angeordnet ist (Fig. 267 und 268). Da sich die Flächen oder Längskurven aus größeren oder kleineren Abweichungen von einer geraden Linie ergeben, sind zu ihrer Herstellung zwei möglichst rechtwinklig zueinander liegende Be-

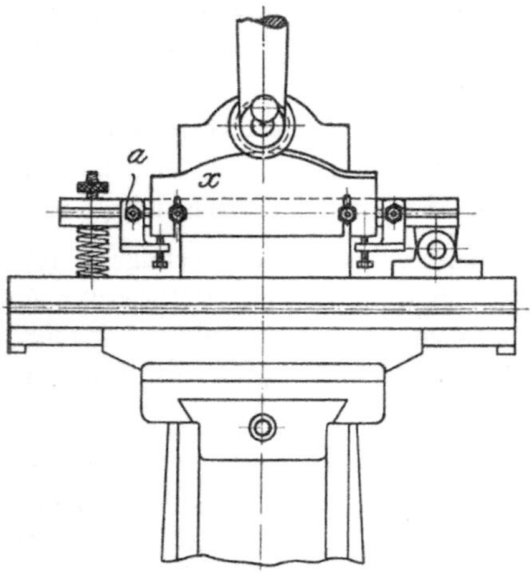

Fig. 265.

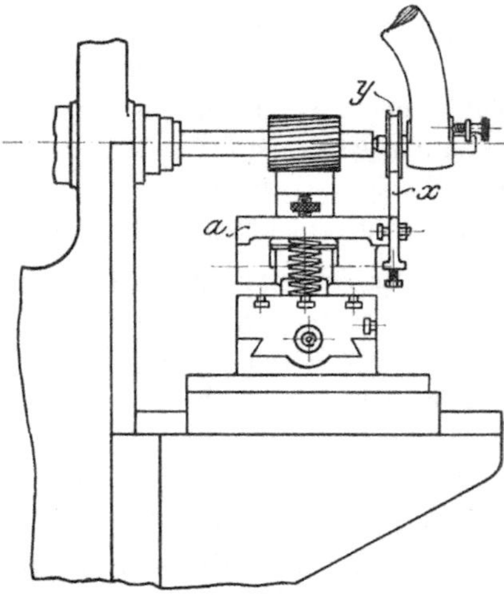

Fig. 266.

Kopiervorrichtung für Längskurven.

wegungen erforderlich. Die Längsbewegang kann dabei eine stets gleichmäßige sein, während sich die Querbewegung, den Abweichungen entsprechend, stetig ändert.

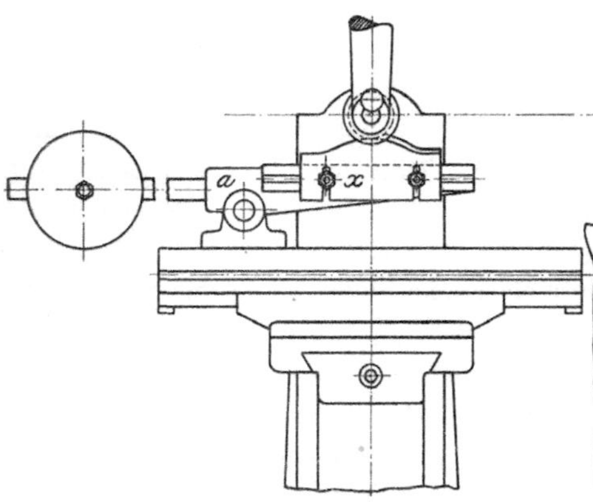

Fig. 267.

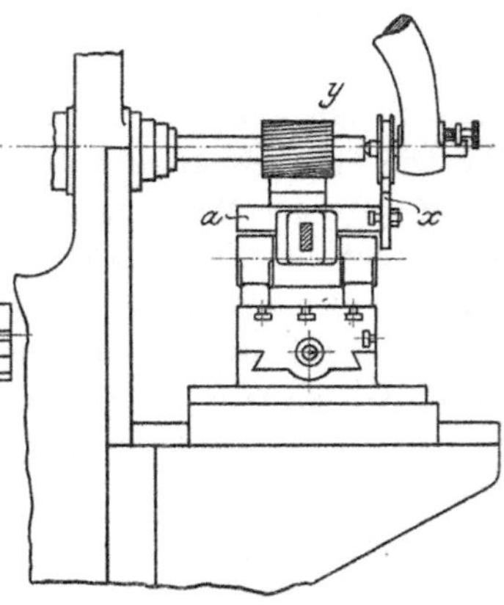

Fig. 268.

Einfache Kopiervorrichtung für Längskurven.

2. Die Stirn-, Plan- oder Zylinderkurven.

Wenn sich die Kurvenbahn an der Stirnseite, Peripherie oder im Loch einer Scheibe befindet und ihr Anfangs- und Endpunkt zusammenlaufen, so ist zu ihrer Herstellung statt der Längsbewegung eine Rundschaltung des Werkstückes oder des Fräsers erforderlich. Die Abweichung von der Kreisbahn wird auch hier durch eine gerade Verschiebung erreicht. Die Schablone ist in diesem Falle eine unrunde Scheibe.

Bei den zur Übertragung von Bewegungen benützten Kurven unterscheidet man, wie schon erwähnt, zwangsläufige und freiläufige Kurven, und nennt zwangsläufig diejenigen Kurven, bei denen die Führungsbahn für die Rolle als Nute in das volle Material geschnitten wird. Die Kurve wird hier durch zwei parallel laufende Kanten gebildet, und muß der erzeugende Fräser daher im Durchmesser genau mit der verlangten Nutenbreite übereinstimmen. Eine in dieser Bahn laufende Rolle wird also durch diese beiden Kanten zwangsläufig geführt. Bei den freiläufigen Kurven hingegen wird die Kurvenbahn nur von einer Kante gebildet. Eine darauf laufende Rolle muß daher, wenn sie Bewegungen übertragen soll, durch Gewichte oder Federn gegen diese Bahn gedrückt werden.

Auf den mit Rundfräs- und Kopiervorrichtung ausgerüsteten Senkrechtfräsmaschinen lassen sich die Stirnkurven ohne weiteres herstellen. Die Schablone wird dabei entweder vermittelst Dornes oder entsprechender Unterlagen zentrisch auf dem Rundtisch befestigt und das Werkstück darauf gespannt.

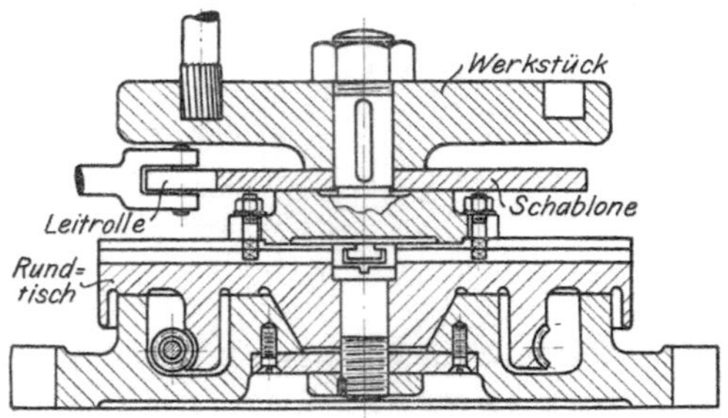

Fig. 269. Kopiervorrichtung für Senkrechtfräsmaschinen.

In Fig. 269 ist eine derartige Anordnung ersichtlich. Der Rollenhalter muß gegen die Frässpindel verschiebbar sein, um den genauen Durchmesser der Kurve einzustellen. Bei freiläufigen Kurven geschieht auch das Anstellen zum Span durch den Rollenhalter. Bei zwangsläufigen Kurven empfiehlt es sich, die Kurve mit einem kleineren Fräser vorzufräsen.

Diese Arbeiten lassen sich mit entsprechenden Vorrichtungen auch auf jeder Wagerechtfräsmaschine ausführen. In den Fig. 270—272 ist eine solche Vorrichtung dargestellt und sei nachstehend erläutert. Auf dem Tisch des Supports *A* wird in der Querrichtung ein weiterer Support mit Arbeitstisch *B* aufgespannt, der jedoch ohne Spindel, also frei verschiebbar ist. Die zu fräsende Kurve *Z* wird mit der Schablone *T* an dem fliegenden Dorne des Teilapparates *N* nach Fig. 272 befestigt. Das Böckchen *K* mit der Rolle *J* wird nun auf der Prismaführung des Tisches *B* derart angeordnet, daß die Rolle *J* an die Schablone *T* mittelst Druckfeder *G* gepreßt wird.

Einen recht handlichen Kurvenfräsapparat, der auf den meisten Fräsmaschinen Verwendung finden kann, baut J. E. Reinecker in Chemnitz. Er ist in Fig. 273 abgebildet. In den Prismaführungen des Unterteiles *a* wird durch Gewichtsdruck der Spinalstock *b* verschoben. Die Spindel *c* ist vorne zur Aufnahme der zu fräsenden Kurve und hinten zur Aufnahme

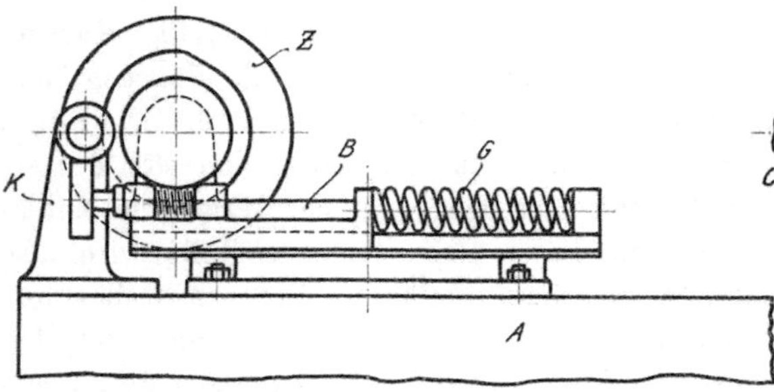

Fig. 270.

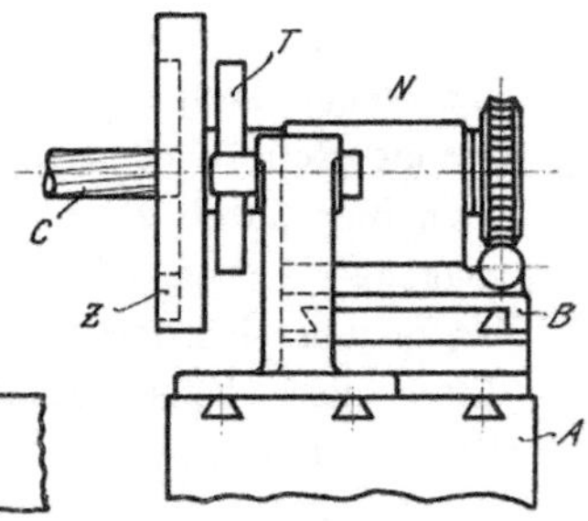

Fig. 271.

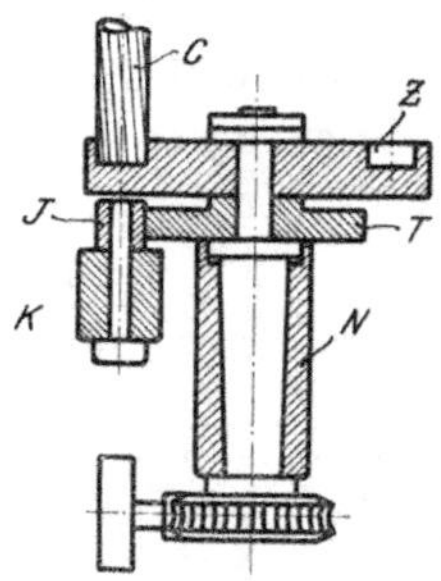

Fig. 272.

Fig. 270—272. Die Kopiervorrichtung für Wagerechtfräsmaschinen.

der Schablone *d* eingerichtet. In einem geschlossenen Rahmen sitzt ferner auf *c* das Schneckenrad *f*, das seinen Antrieb von der langen Schnecke

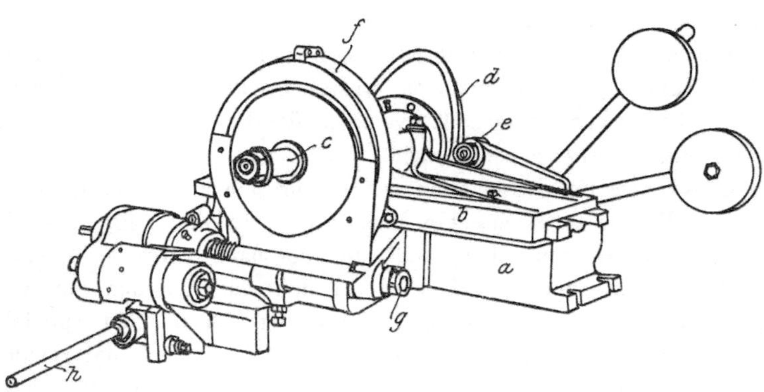

Fig. 273. Die Kopiervorrichtung von J. E. Reinecker.

der Welle *g* erhält. Eingeleitet wird der Antrieb von der Welle *h*. Beim Arbeiten drücken die Gewichte den Schieber *b* und die Schablone *d* gegen die Leitrolle *e* und sichern dadurch eine Kopie der Schablone an der aufgespannten Kurve.

3. Die Mantel-, Zylinder- oder Trommelkurven.

Wie schon der Name sagt, befinden sich die Formen dieser Kurven auf dem Zylindermantel, was die Fig. 274 in verschiedenen Ausführungen darstellt.

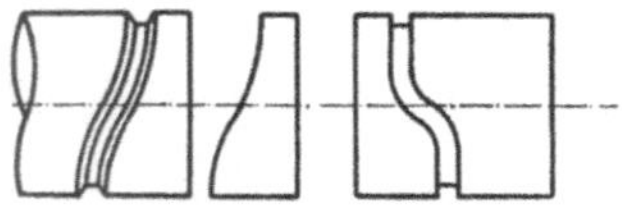

Fig. 274. Die Mantelkurven.

Das Bearbeiten dieser Kurven kann mit geringen Abänderungen auf einer ähnlichen Vorrichtung geschehen. Der Teilapparat steht dabei in seiner normalen Stellung, senkrecht zur Frässpindel (Fig. 275). Die zu fräsende Kurve sitzt auf einem in Teilapparat und Gegenspitze befestigten Dorne, welcher auch die Schablone trägt. Die Rolle ist hierbei seitlich meist auf der Außenseite befestigt, wobei zu beachten ist, daß die Form der Kurve gegensätzlich um soviel verdreht ist, als die Entfernung von Rolle und Fräser beträgt, z. B. in Fig. 275 um 180°.

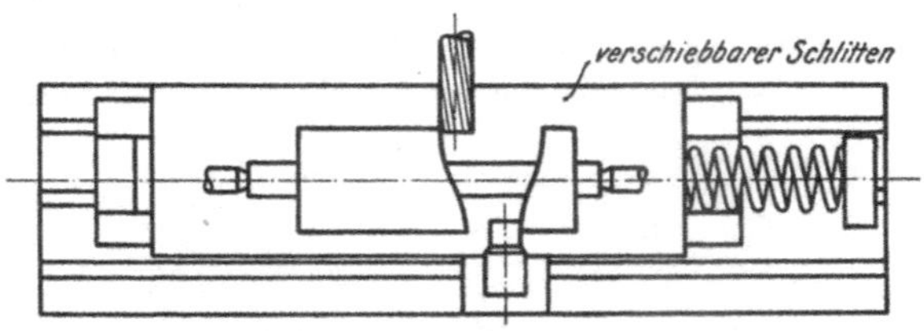

Fig. 275. Die Kopiervorrichtung für Mantelkurven.

Bei der nun erfolgenden langsamen Schaltungsumdrehung muß sich der Tisch mit den Kurven genau um soviel seitlich verschieben, als durch die Form der Schablone bedingt wird. Die Rolle darf natürlich nicht am verschiebaren Schlitten, sondern an dem feststehenden Support befestigt werden.

Es kann diese Kurvenart aber noch einfacher aufgespannt werden, und zwar auf der in Fig. 276 wiedergegebenen Vorrichtung, wobei der

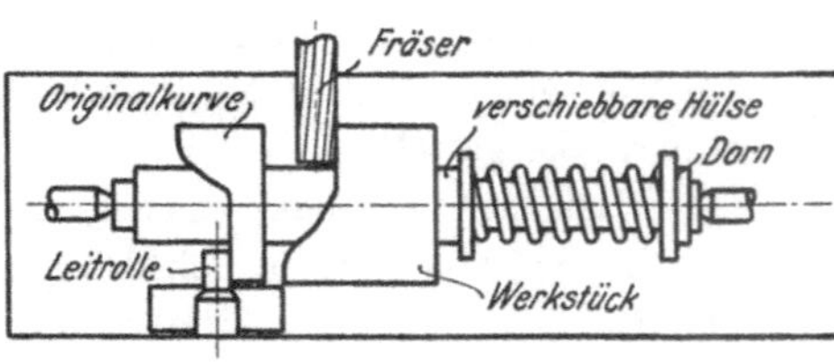

Fig. 276. Einfache Kopiervorrichtung für Mantelkurven.

zweite Support nicht nötig ist. Zwischen Teilapparat- und Gegenspitze ist der zylindrische Dorn eingespannt, auf dessen leicht, aber sichergehende Hülse die Originalkurve und das zu fräsende Werkstück sitzt. Eine widerstandsfähige Spiralfeder drückt nun die Originalkurve an die Leitrolle, welche auf dem Arbeitstische befestigt ist.

Die Trommelkurven, ähnlich wie sie die Fig. 277 und 278 darstellen, fertigt man zweckmäßig auf folgende Weise an: Die glatte Trommel wird überdreht und auf den betreffenden Stellen mit den nötigen Kurvenstücken besetzt, welche durch Schrauben befestigt und dann fertig gefräßt werden.

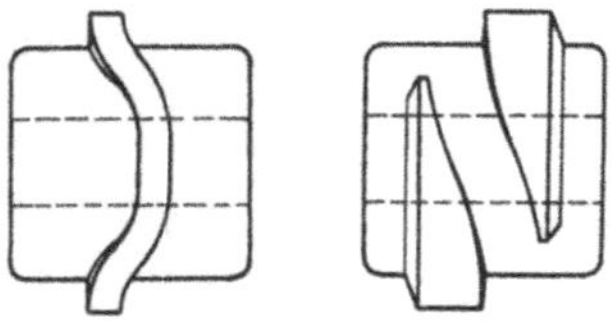

Fig. 277. Fig. 278.
Aufgesetzte Kurvenstücke.

Bei Kurven, wie Fig. 279 zeigt, wo von Kreisabweichungen nicht mehr die Rede sein kann, ist die schaltende Bewegung keine rotierende, sondern eine Längsbewegung des Tisches, und die Rolle *J* erteilt durch Laufen in der Schablone *T* der Kurve die gewünschte Abweichung von der geraden Linie. Die Figur zeigt diese Anordnung auf einem Dorne mit eingestellter Rolle *J*, Schablone *T*, zu fräsender Kurve *Z* und arbeitendem Fräser. Hierbei hat natürlich der Dorn mit den Kurven lose zwischen Spitzen zu hängen, und ist nur vor seitlicher Verschiebung zu sichern. Es ist demnach die Andrückung durch eine Feder nicht

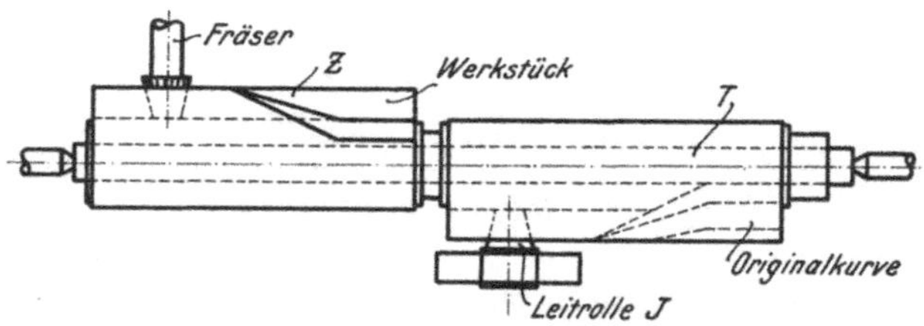

Fig. 279. Das Kopieren einer Steuermuschel.

nötig, weil die in die Schablone eingreifende Rolle *J* allein die Drehung und Führung der Kurve sichert.

Die Figur zeigt die Steuermuschel einer Hobelmaschine, die wohl meist, wie eben beschrieben, also nach Fig. 279, gefräst wird. Außerdem kann dieselbe auf der Universalfräsmaschine in folgender Weise ausgearbeitet werden: Die spiralförmige Windung *b* (Fig. 280) wird, da sie ein Teil einer regelrechten Spirale ist, auf dem Teilapparat hergestellt.

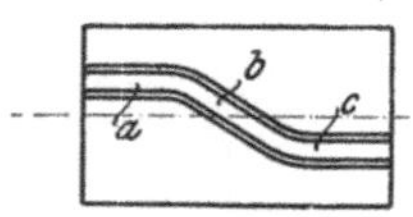

Fig. 280.
Teile der Kurvenbahn.

Nach den vorangegangenen Erläuterungen läßt sich die Spirallänge sehr leicht ermitteln. Soll z. B. auf 135 mm Länge $^1/_8$ Umdrehung stattfinden, so wird die Länge der Spirale 135 . 8 = 1080 mm = ca. 43″ engl. sein, worauf die dafür nötigen Wechselräder angesteckt, jedoch noch nicht mit dem Teilapparate verbunden werden; man fräst vielmehr erst den geraden Teil *a* der Muschel und schaltet nach Fertigstellung desselben für die Herstellung des Teiles *b* die Wechselräder ein, und nach Durchlaufen desselben wieder aus, um nunmehr den geraden Teil fertig zu stellen. Auf diese Weise lassen sich bei einiger Aufmerksamkeit sehr schnell gute Resultate erzielen und es fällt vor allem das zeitraubende Herstellen einer Schablone weg.

12. Das Fräsen von Zahngetrieben.

a) Die Erzeugung richtiger Zahnformen.

Das Einarbeiten der Zähne in den vollen Zahnkranz, welches hauptsächlich durch das Fräsen geschieht, ist nach und nach im großen Umfange eingeführt worden, so daß heute nur noch Zahnräder für ganz untergeordnete Zwecke mit gegossenen Zähnen verwendet werden.

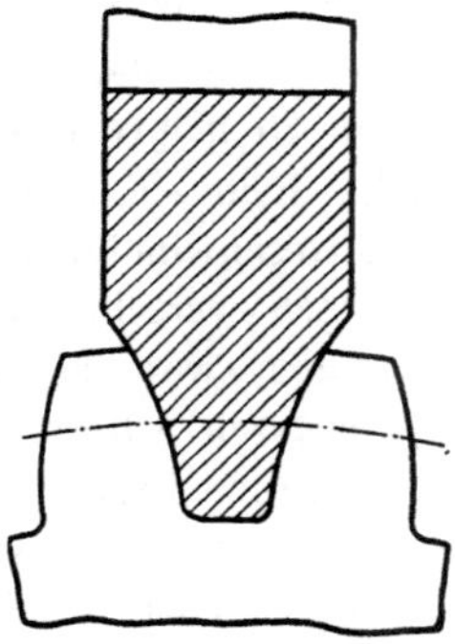

Fig. 281. Zahnrad-Scheibenfräser.

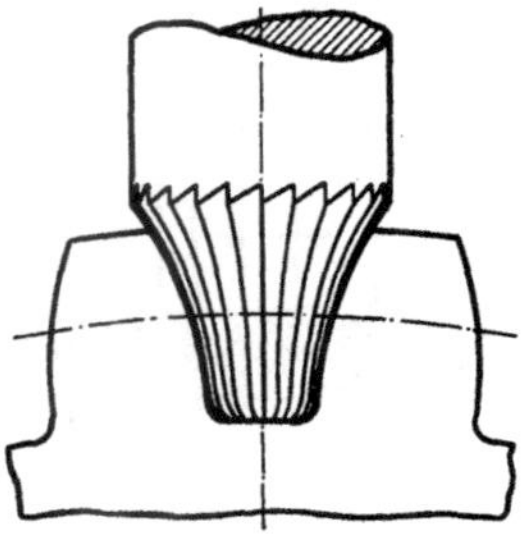

Fig. 282. Zahnrad-Fingerfräser.

Trotz der vielen Fortschritte im Erzeugen von Zahnformen wird in vielen Betrieben noch mit veralteten Verfahren gearbeitet, da einer genauen, regelrechten Verzahnung nicht die ihr zukommende Bedeutung beigemessen wird. Nachstehend soll nun ein kurzer Überblick über die Fortschritte und Verbesserungen im Fräsen von Zahnformen gegeben werden.

Von den Anfängen des Zähnefräsens sind uns zwei Verfahren überliefert worden, von denen das eine, die Herstellung der Zahnlücke durch einen profilierten Scheibenfräser (siehe Fig. 281), noch heute allgemein angewendet wird, während das andere (siehe Fig. 282) nur noch zur Herstellung von Winkelzähnen oder nicht durchgehenden Zahnlücken an Pfeilrädern, Kammwalzen und Antriebsritzeln dient. Gleichbleibende Zahnformen mit dem gleichen Fräser erzielte man beim ersten Verfahren auch erst nach Einführung des hinterdrehten Fräsers, weil dadurch das Schärfen wesentlich vereinfacht wurde und das bei der Erzeugung des Fräsers festgelegte Profil nicht verschliffen (verändert) werden konnte.

Durch einen nach Fig. 283 mit dem Profilfräser zusammenarbeitenden Vorschneider läßt sich die Leistungsfähigkeit der Maschine, vorausgesetzt, daß sie stark genug ist, wesentlich erhöhen. Der Vorschub kann dabei nahezu verdoppelt werden. Außerdem wird dadurch die Lebensdauer des Profilfräsers wesentlich erhöht, denn er wird sich, da er nur die Hälfte des auszuarbeitenden Materials wegzunehmen hat, weniger erwärmen und wird länger scharf bleiben. Größere Teilungen, zu deren Ausarbeiten sonst mehrere Schnitte nötig sind, können bequem mit einem Durchgang fertiggestellt werden. Als Vorschneider läßt sich auch jeder schmale Fräser verwenden, sofern er nur die Flanken des Zahnes nicht angreift.

Die immer größer werdenden Aufgaben, die dem Maschinenbau nach und nach gestellt wurden, namentlich die weite Anwendung der Elektrizität als Betriebskraft und in neuerer Zeit ganz besonders der Automobilbau, bedingten gar bald eine wesentlich größere Genauigkeit der Räderverzahnung. Während man früher Zahnräder nur für niedrige Umdrehungszahlen in Anwendung brachte und Umfangsgeschwindigkeiten von 10 m pro Sekunde schon als Grenzwerte galten, findet man heute, namentlich im Automobilbau, Umfangsgeschwindigkeiten von 25 m pro Sekunde noch normal. Beim Übergang zu den höheren Geschwindigkeiten stellten sich jedoch verschiedene Mängel heraus und zwar das übermäßige laute Geräusch während des Laufens, die große Leerlaufarbeit und der rasche Verschleiß der Zähne.

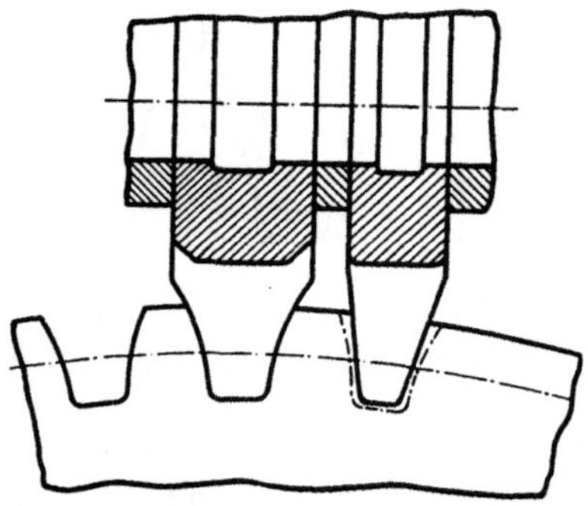

Fig. 283. Zahnradfräser mit Vorfräser.

Von verschiedenen Seiten wurden im großen Maßstabe Versuche angestellt, in welcher Weise man diesen Mängeln begegnen könnte. So wurden vor allem bestimmte Grundsätze für die Verzahnungsart der Zahnräder festgelegt, denen zufolge für besondere Beanspruchung die Zykloidenverzahnung und für gewöhnliche Beanspruchung die Evolventenverzahnung zur Anwendung kommen sollte.

Als Hauptursache der angeführten Mängel wurde jedoch sehr bald die ungenaue Ausführung der Flankenkurven an den zum Einschneiden der Zähne gebräuchlichen Fräsern gefunden. Man fand ferner, daß die korrekt ausgeführte Evolventenverzahnung den gestellten Anforderungen fast immer genügte. Es mußte also die Herstellung der Fräser in einer, eine wesentlich höhere Genauigkeit verbürgenden Weise erfolgen. Das bisherige Verfahren, nach einer in natürlicher Größe aufgerissenen Zahnform eine Blechlehre herzustellen und nach dieser wieder einen Profilstahl auszuarbeiten, der zur Herstellung des die Zahnform erzeugenden Fräsers dienen soll, mußte zu Ungenauigkeiten führen.

Um die Profilstähle in genauester Weise anfertigen zu können, wendete Oberingenieur Lasche[1]) folgendes Verfahren an. Die Zahnform

[1]) Zeitschrift des Vereines deutscher Ingenieure Jahrg. 1899, S. 422.

wurde in einer so vielfachen Vergrösserung aufgerissen, daß eine Ungenauigkeit in der Zeichnung ausgeschlossen war. Um das Zahnprofil wurde entsprechend seinem Vergrösserungsmaßstabe ein Kreis gezogen, der bei dem nun erfolgenden Photographieren zur Verkleinerung des Zahnprofiles auf das natürliche Maß als Anhaltspunkt diente. Dieses Zahnprofil wurde nun auch photograpisch auf den bereits vorgearbeiteten Profilstahl übertragen; worauf der Werkzeugschlosser das Fehlende nacharbeitete.

Die besten Erfolge in der Herstellung genauester Profilstähle hat unstreitig das Entwickeln der Zahnformen auf mechanischem Weg aufzuweisen.

Das diesem Verfahren zugrundeliegende Prinzip besteht darin, daß zwei im Eingriff stehende Zahnräder sich abwickeln, wobei das eine als schneidendes Werkzeug ausgebildet wird, infolgedessen an dem anderen eine genaue, richtige Zahnform erzeugt wird.

Um die Art und Wirkungsweise der mechanischen Herstellung der Zahnflanken zu erklären, sei folgendes vorausgeschickt. Bekanntlich müssen ineinander greifende Zahnräder mit gleichem Rollkreise (Zykloidenverzahnung) oder mit gleichem Eingriffswinkel (Evolventenverzahnung) konstruiert werden. Ebenso wird eine in gleicher Weise konstruierte Zahnstange in jedes Rad von beliebiger Zähnezahl eingreifen können. Wären nun die Zähne einer Zahnstange als Werkzeuge ausgebildet, beispielsweise mit Feilhieben versehen, und sollte in sie ein Zahnrad zum Eingriff gebracht werden, dessen Zahnflanken noch nicht ganz fertig ausgebildet wären, so würde die Zahnstange das eingreifende Rad mit theoretisch genauen Zahnflanken versehen, sofern man der Zahnstange und dem Rad in der Teillinie und in dem Teilkreise genau die gleiche Geschwindigkeit erteilen würde. Es wickelten sich dann, wie bereits erwähnt, die Zähne genau so ab, wie es in Wirklichkeit bei der Arbeit der Fall ist. Auch jedes weitere Rad von beliebiger Zähnezahl würde ebenfalls mit einer richtigen Zahnform versehen werden, die natürlich bei jeder Zähnezahl eine andere wäre. Ganz das gleiche Resultat wird erreicht, wenn an Stelle der Zahnstange ein Zahnrad verwendet wird. Da jedoch die Evolvente für die Zahnstange eine gerade Linie ist, setzen sich die Zahnflanken der Zahnstange aus geraden Linien zusammen. Ein Werkzeug in dieser Form läßt sich daher bei weitem besser und genauer herstellen, als in Form ein Rades.

Denken wir uns, es soll der Profilstahl a (Fig. 284) auf diese Weise ausgearbeitet werden. An Stelle der feilenartigen Zahnstange tritt ein einzelner Zahnstangenfräser b, der natürlich auf das Genaueste hergestellt sein muß, was ja, da seine Flanken bei Evolventenverzahnung nur von Geraden begrenzt werden, nicht schwierig ist.

In der Figur bedeutet ferner x den Teilkreis des Zahnes a, und y die Teillinie des Zahnstangenzahnes b. Der Mittelpunkt von x muß nun zu der Teillinie y in einen Abstand gebracht werden, der gleich dem Radius von x ist; es muß sich also x und y berühren. Nachdem der

Fräser b seine Arbeitsbewegung erhalten hat, muß sich a und b in der angegebenen Pfeilrichtung mit einer Geschwindigkeit bewegen, die auf den Linien x und y genau gleich ist. Es erhält dann der Profilstahl a mechanisch seine theoretisch richtige Zahnform, was aus der Fig. 286 ohne weiteres ersichtlich ist. Auf diese Weise lassen sich die Flanken für alle Zähnezahlen gleicher Teilung bilden, sofern der Abstand des Mittelpunktes von x derart festgelegt wird, daß x auf y sich abwälzt.

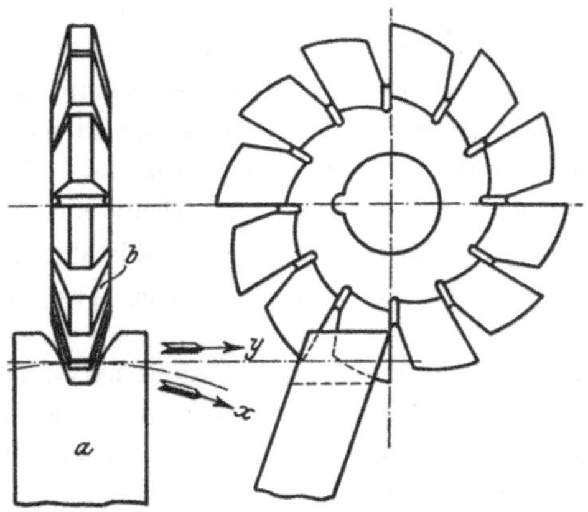

Fig. 284. Das mechanische Entwickeln der Zahnform.

Dieses Prinzip lag auch der Satzräderfräsmaschine von Swasey Cleveland, Ohio,[1]) zugrunde, an der mit mehreren nebeneinander gespannten Zahnstangenfräsern die Verzahnungen in die Räder eingeschnitten wurden.

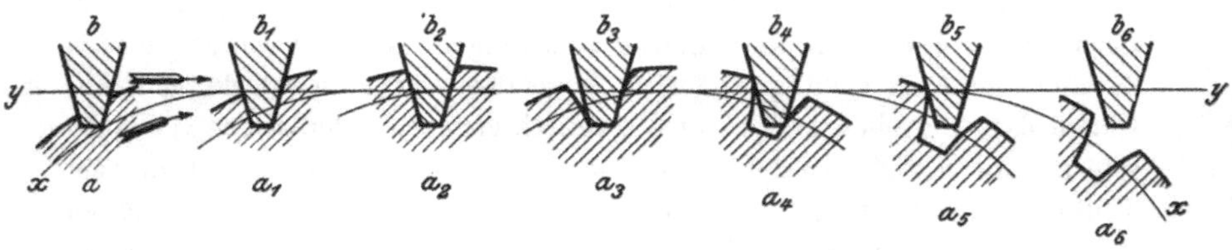

Fig. 285. Mechanische Entwicklung einer Zahnlücke.

Um dabei die gerade Bewegung der Zahnstangen zu erhalten, teilte er die Fräser (siehe Fig. 286) und befestigte jede der Hälften an ein Stangenpaar, zu welchem Zwecke die 4 Löcher bestimmt sind. Die ganze Anordnung drehte sich um eine gemeinschaftliche Achse. Die in Eingriff stehende Fräserhälfte erhielt durch Kammscheiben eine Bewegung in ihrer Achsenrichtung, die genau gleich der langsamen Rundbewegung des zu fräsenden Rades war, während die außer Eingriff stehende Fräserhälfte schnell in ihre Anfangsstellung gezogen wurde.

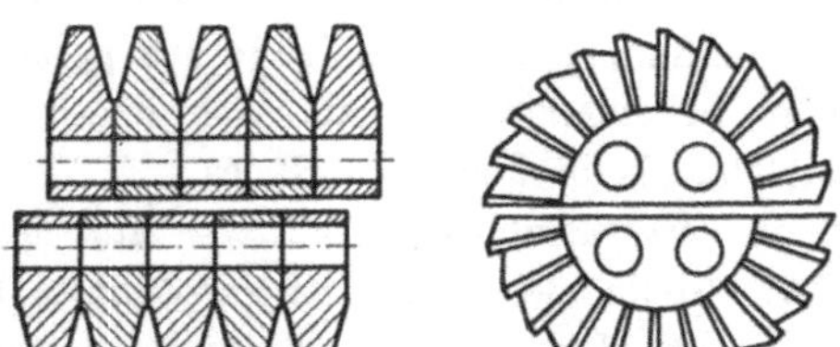
Fig. 286. Der Swasey-Stirnradfräser.

---

[1]) Pregél: Fräse- und Schleifmaschinen, Stuttgart 1893, S. 139.

Eine ausführliche Beschreibung dieser sinnreichen, aber komplizierten Maschine befindet sich in dem oben angezogenen Werke, dem auch die Figuren entnommen sind.

Nach Ritterhaus wurde ein ähnliches Verfahren bereits von Schiele in Frankfurt a. M. 1856 angewendet, der mit einem schraubengangartigen Fräser die Zähne der Stirnräder einschnitt. Allerdings ohne daß die Umdrehungen des Werkrades und des Fräsers zwangsläufig verbundene waren, infolgedessen derartig verzahnte Räder wahrscheinlich keine genaue Teilung besaßen.

Die Umdrehungen von Werkrad und Fräser bezw. Werkzeug voneinander abhängig, d. h. zwangsläufig verbunden zu haben, ist ein Verdienst des Prof. Hermann in Aachen. Nach einem ähnlichen Prinzip, aber mit hin und her gehender, tangierender Schneide arbeitende Maschinen baute Bilgram und Hoppe.

Durch die Anwendung des schraubengangartigen Fräsers und den zwangsläufigen Antrieb von Fräser und Werkstück werden die Maschinen wesentlich vereinfacht. An Stelle des komplizierten Fräsers (Fig. 286) verwendet man einen schneckenartigen Fräser (Fig. 287), der um den Betrag seines Steigungswinkels schräg gestellt wird, wodurch man im Werkrade gerade Zähne erhält. Entsprechend der Zähnezahl des zu fräsenden Zahnrades müssen die Umdrehungen des Fräsers genau festgelegt werden. Die Umdrehungen des letzteren und die des Werkrades verhalten sich entgegengesetzt wie ihre Zähnezahlen, d. h. es muß der Fräser während einer Umdrehung des Werkrades soviel Umdrehungen machen, als das letztere Zähne hat. Man bezeichnet dieses Verfahren heute allgemein als Abwälzverfahren und nennt die dazu verwendeten schneckenartigen Fräser kurz Abwälzfräser. Sie müssen eine der Zahnteilung entsprechende Steigung erhalten. (Den mehrgängigen Schneckenradfräser zum Fräsen von Stirnrädern zu verwenden, empfiehlt sich nicht, da, wie nachstehend noch erläutert, die Steigung des Fräsers nicht mit der Teilung des Stirnrades übereinstimmt).

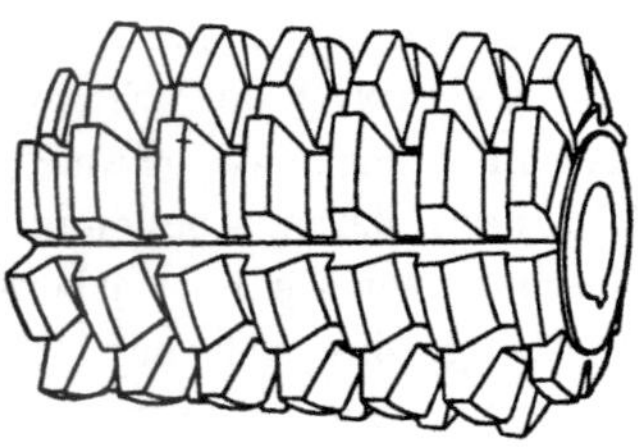

Fig. 287. Der Abwälzfräser.

Die durch Abwälzen hergestellten Zahnräder erhalten theoretisch richtige Zahnformen, wobei für alle Zähnezahlen einer Teilung immer nur ein Fräser erforderlich ist. Ein weiterer Vorteil dieses Verfahrens gegenüber des Fräsens mit Einzelfräser ist die wesentlich höhere Leistung der Maschinen.

Man hat mehrfach versucht dieses Verfahren auch auf die Verzahnung von Kegelrädern anzuwenden, jedoch sind die Versuche bisher anscheinend an der schwierigen Herstellung der dazu erforderlichen Spezialfräser gescheitert. Vergl. Traitteur (D. R.-P. Nr. 137170) und Boisard (D. R.-P. Nr. 165840).

Zum Vorfräsen der Kegelräder hat jedoch Chambon ein gutes Verfahren angegeben und ist eine danach gebaute Maschine weiter unten dargestellt und beschrieben.

Wesentliche Vorteile bietet das Abwälzverfahren noch bei der Herstellung von Spiralzahnrädern, sogen. Schraubenrädern, nach D. R.-P. Nr. 112082, da sich hierbei ohne weiteres die für die Zahnschräge erforderliche richtige Zahnform ergibt, während bei der Herstellung durch Einzelfräser für jeden Steigungswinkel ein besonderer Fräser Verwendung finden muß (vergl. Anhang: Zahnräder).

Durch eine zwangsläufige Verbindung der Fräserspindel mit dem Teilkopfantrieb lassen sich auch auf der Universalfräsmaschine, Räder nach dem Abwälzverfahren herstellen. Eine derartige Zusatzvorrichtung ist in der „Werkstattstechnik", Jahrg. 1909, S. 457 dargestellt und beschrieben.

Nach dem ähnlichen Prinzip, durch Abwälzen des Werkzeuges die richtige Zahnform herzustellen, arbeiten auch die Stirnräderhobelmaschine von Fellow,[1]) die Stirnräderhobelmaschine und die Kegelräderhobelmaschine nach Bilgram[2]), sowie die Kegelräderfräsmaschine System Warren, deren Abbildung und Beschreibung weiter unten folgt. Die Maschine von Fellow arbeitet mit einem als Stirnrad ausgebildeten Hobelwerkzeug, das sich auf dem zu verzahnenden Werkstück abrollt, indem Werkzeug und Werkstück nach jeder Hobelbewegung eine im Teilkreis gleichmäßige Teildrehung erhalten. Beim Verfahren nach Bilgram ist der Hobelstahl als Zahn ausgebildet (vergl. Fig. 290). Er macht nur die hin und her gehende Schnittbewegung, während vom Werkstück sowohl die Abwälz-, als auch die Weiterteilbewegung ausgeführt wird. Bei der Kegelräderfräsmaschine System Warren arbeiten zwei scheibenförmige Fräser die Zahnlücke aus. Die Wälzbewegung wird dabei sowohl vom Werkstück, als auch von den beiden Fräsern ausgeführt. Die der Zahnbreite entsprechende Schaltbewegung wird den Fräsern erteilt.

Obwohl die selbsttätigen, mit Einzelfräser arbeitenden Räderfräsmaschinen heute einen hohen Grad von Vollkommenheit erreicht haben, hat sich das Abwälzverfahren doch immer mehr und mehr eingebürgert. Daß heute in einzelnen Betrieben die Abwälzmaschine, weil dabei besonders leistungsfähig, nur zum Vorfräsen benutzt wird, während das Fertigfräsen mit Einzelfräser vorgenommen wird, hat unseres Erachtens seinen Grund darin, daß man zu der Herstellung des Abwälzfräsers noch nicht diejenige Sorgfalt verwendet, die man dem Einzelprofilfräser notgedrungen angedeihen lassen muß. Außerdem wirft man dem Abwälzverfahren ver-

[1]) Zeitschrift für Werkzeugmaschinen und Werkzeuge, Jahrg. IV, S. 328.

[2]) In Deutschland von J. E. Reinecker gebaut.

mittelst Schneckenfräser viele Mängel vor, die nur zum Teil berechtigt sind, und nur dort zu Tage treten, wo in der Zähnezahl des Werkstückes die oberste und die unterste Grenze erreicht wird, und ferner, wo der Fräser im Verhältnis zu seiner Steigung einen zu kleinen Durchmesser aufweist. Im ersten Falle müßte der Abwälzfräser eine außergewöhnlich große Länge haben, um das Profil richtig auszuschneiden, während bei sehr geringer Zähnezahl des Werkstückes (12—15 Zähne) die Zähne sehr stark unterschnitten werden, da eine Korrektur der Zahnform, wie dies beim Einzelfräser leicht durchgeführt werden kann, hierbei nicht möglich ist.

Da beim Arbeiten mit dem Abwälzfräser das genaue Zahnprofil durch eine Reihe in verschiedenen Stellungen angreifender geradflankiger Zähne erfolgt, setzt sich die ganze Zahnflankenkurve aus einer Reihe Flächen zusammen, die um so breiter werden, je weniger Zähne bei einer Fräserumdrehung zum Schnitt kommen. Würde man z. B. von einem Abwälzfräser alle Schneidzähne bis auf eine Reihe (in axialer Richtung) wegarbeiten, so würde man damit vollständig eckige Zahnflanken erzeugen,

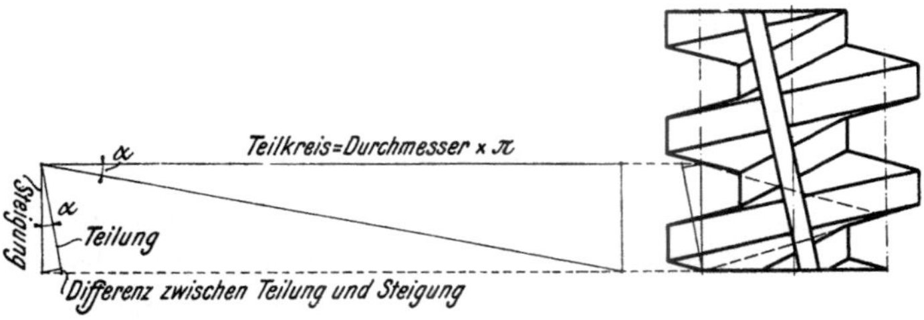

Fig. 288.

während eine mit ganz feinen (feilenartigen) Zähnen versehene Schnecke eine ununterbrochene Kurve erzeugen müßte. Bei geringen Zähnezahlen und dementsprechend kleinem Durchmesser des Rades treten die Flächen wegen der starken Krümmung der Zahnflanken deutlicher hervor. Es sollte aus diesem Grunde bei Abwälzfräsern der Durchmesser nicht zu klein und die Zahnteilung nicht zu groß genommen werden, und zwar sollte jeder Abwälzfräser mindestens 12 Nuten erhalten. Die Flächenbildung ist dann so gering, daß man sie beim 15zähnigen Rade kaum wahrnehmen kann, und deshalb praktisch ohne jede Bedeutung.

Des weiteren ist zu beachten, daß beim Abwälzfräser die Steigung nicht der Zahnteilung des zu erzeugenden Rades entspricht. Wie aus Fig. 288 ersichtlich, ist die Frässersteigung $= \frac{\text{Teilung}}{\cos \text{ des Steigungswinkels}}$.

Man muß also zur Herstellung eines genauen Abwälzfräsers für eine bestimmte Teilung zunächst die Steigung, nach der er geschnitten werden muß, bestimmen. Es muß zu diesem Zweck zunächst der Steigungswinkel gesucht werden, unter der Voraussetzung, daß der Fräser an seinem Umfang eine bestimmte Anzahl Schneidzähne erhalten soll. Für einen anzunehmenden Teilkreisdurchmesser des Fräsers berechnet sich der Steigungswinkel desselben wie folgt:

$$\sin \alpha = \frac{\text{Teilung}}{\text{Teilkreisdurchmesser} \,.\, \pi},$$

oder, wenn die Teilung nach Modul bestimmt ist:

$$\sin \alpha = \frac{\text{Modul}}{\text{Teilkreisdurchmesser}}.$$

Man schlägt nun in den trigonometrischen Tabellen den Winkel auf und ermittelt, wie schon oben gesagt, mit dem Kosinus des Steigungswinkels die Steigung:

$$\text{Steigung} = \frac{\text{Teilung}}{\cos \alpha}.$$

Hat man zu einer gegebenen Steigung die sich daraus zu ergebende Teilung zu bestimmen, so berechnet man den Steigungswinkel wie bei der Schnecke:

$$\operatorname{tg} \alpha = \frac{\text{Steigung}}{\text{Teilkreisdurchmesser} \,.\, \pi}.$$

Die Teilung ergibt sich dann wie nachstehend:

$$\text{Teilung} = \text{Steigung} \,.\, \cos \alpha.$$

Da beim kleinen Steigungswinkel der Wert $\cos \alpha$ nicht viel von 1 abweicht (bei 3^0 0,999, bei 5^0 0,996) macht man bei kleinen Zahnteilungen, bei denen der Winkel α 3^0 nicht überschreitet, die Teilung gleich der Steigung. Z. B. beim Abwälzfräser Modul 3 von 60 mm Teilkreisdurchmesser ergibt sich ein Steigungswinkel:

$$\sin \alpha = \frac{3}{60} = 0{,}05;$$

dies entspricht einem Winkel von $2^0\,50'$. Daraus ergibt sich die Steigung:

$$\text{Steigung} = \frac{3 \,.\, \pi}{\cos 2^0\,50'} = \frac{9{,}424}{0{,}999} = 9{,}433 \text{ mm}.$$

Die Differenz beträgt also hier nur 0,009 mm und ist daher praktisch ohne Bedeutung.

Das Abwälzverfahren wird überall dort mit Vorteil angewendet, wo es sich um die Herstellung großer Mengen gußeiserner Räder mit normalen Zahnformen handelt (besonders auch zur Herstellung von Schalt- und Kettenrädern sowie zum Einschneiden von Kaltsägezähnen). Die Mehrleistung gegenüber der Arbeit mit Einzelfräser wird dabei bei gleicher Sauberkeit der Zahnflanken durchschnittlich 30 % betragen.

Überall dort jedoch, wo es sich um korrigierte Zahnformen oder besonders harte und zähe Materialien handelt (Chromnickelstahl, Stahlguß usw.), wird der Einzelfräser erfolgreich das Feld behaupten.

Die vielfach angegebene größere Billigkeit des Abwälzfräsers gegenüber einem vollständigen (15 teiligen) Satz Einzelfräser ist nur eine scheinbare, denn der Abwälzfräser wird, ganz gleich, ob alle dem 15 teiligen Einzelfräsersatz entsprechende Räder ständig vorkommen oder ob nur eine bestimmte Zähnezahl geschnitten wird, viel eher verbraucht sein als 15 Einzelfräser. Im letzteren Falle wäre ja beim Einzelfräser kein ganzer Satz erforderlich, sondern nur ein der bestimmten Zähnezahl entsprechender Fräser. Da sich die Preise der Einzelfräser gegenüber dem Abwälzfräser (für mittlere Teilungen) ungefähr wie 1 : 5 verhalten, so müssen auch beim Vergleich des Verschleißes dem Abwälzfräser 5 Einzelfräser gleichgestellt werden.

b) Das Fräsen der Zahnräder auf der Universalfräsmaschine.

Im folgenden sollen nochmals die verschiedenen Einstellungen zum Fräsen der Zahnräder angeführt werden, wobei auch auf öfter vorkommende Bedienungsfehler hingewiesen wird.

Sehr wichtig ist vor allem, die Zahnräder sicher und rundlaufend einzuspannen. Das so oft beliebte Auftreiben auf die in den Werkstätten reichlich vorhandenen Drehdorne ist ganz zu verwerfen. Nicht nur die Bohrung des aufgetriebenen Zahnrades wird verdorben und zumeist konisch aufgeweitet, sondern es kommt noch der Mißstand des Lockerwerdens dazu, wodurch in sehr vielen Fällen ungleich starke Zähne entstehen. Die Zahnräder sollten stets mit ihrer Nabe gegen einen Bund anliegen, an den sie durch Anziehen einer Mutter gepreßt werden. Hat das so aufgespannte Zahnrad noch seitlichen Druck — z. B. beim Fräsen spiralgewundener Zähne — auszuhalten, so muß es auch noch durch einen Keil vor Verdrehung geschützt sein.

Gleich wichtig ist die Befestigung des Räderdornes selbst. Am festesten sitzt er in der langen konischen Bohrung des Teilapparates, wo hinein er mit einer Schraube oder Überwurfmutter gezogen wird. Das vielfach angewendete Einspannen in das Zentrier- oder Dreibackenfutter ist nicht zu empfehlen, selbst wenn es ausnahmsweise ein wirklich zentrisch spannendes sein sollte, was aber selten der Fall ist.

Wo immer angängig, sollte darauf gehalten werden, mehrere Zahnräder gleichzeitig aufzuspannen. Der Fräsweg ist bekanntlich nicht nur die Zahnradbreite, sondern $+\,^1/_3$ Fräserdurchmesser beim geraden Zahn und $+\,^1/_2$—$^1/_1$ Fräserdurchmesser beim spiralgewundenen. Das heißt mit anderen Worten: beim geraden Zahn dauert das Fräsen von 2 Zahnrädern einzeln aufgespannt genau solange, als das von 3 gemeinsam aufgespannten Zahnrädern und beim spiralgewundenen Zahn dauert das Fräsen von 2 einzeln aufgespannten Zahnrädern so lange, wie das von 4 gemeinsam aufgespannten. Dieser große wirtschaftliche Vorteil erfordert allerdings eine sorgfältige Dreharbeit der Zahnräder, namentlich an den gegeneinander gespannten Nabenflächen. Schlagen diese, so wird auch der stärkste Dorn krumm gezogen. Längere Dorne werden durch Setzstöcke — ähnlich der Drehbanklünetten — gegen Durchfedern unterstützt.

Eine weitere Einstellung ist die des Fräsers auf Mitte Körnerspitze, um gleichmäßige Flanken am Zahn zu erhalten. Dafür sind in den letzten Jahren eine Anzahl guter Lehren auf den Markt gebracht worden. Auch fügen die Firmen ihren Räderfräsmaschinen solche Kontrollehren bei.

Für besonders genaue und ruhig laufende Räder genügen aber auch die besten dieser Lehren nicht ganz. Das sicherste Verfahren, gleiche Zahnflanken zn erhalten, dürfte das folgende sein. Der mit einer Lehre auf Mitte eingestellte Fräser durchfräst eine dem Zahnrad ähnliche billige Gußscheibe. Nach fertiggestellter Zahnlücke wird die Gußscheibe vom Dorn genommen, mit einer sofort Oxyd bildender Säure bestrichen und verkehrt wieder aufgesteckt. Beim nochmaligen Durchfräsen der Zahnlücke zeigt es sich nun, ob der Fräser genau in der Mitte steht, in welchem Falle er nirgends den Rost angreifen wird. Durch seitliches Verrücken des Fräsers läßt sich im anderen Falle die richtige Stellung ausprobieren. Dieses Verfahren dient gleichzeitig zur Kontrolle des Fräsers betreffs gleichmäßiger Ausführung seiner Zahnflanken.

Sodann ist noch die Einstellung des Teilapparates für die Zähnezahl vorzunehmen, die, je nach der Art derselben, Teilscheiben oder Wechselräder erfordert. Beides ist im Kapitel „Teilen“ ausführlich dargelegt worden.

Die spiralgewundenen Zähne erfordern nun noch zwei weitere Einstellungen, nämlich das Anstecken der Wechselräder für die Spiralbewegung und das Schrägstellen des Arbeitstisches im Drehteil. Vereinzelt wird das letztere durch das Schrägstellen des angeschraubten Frässpindelkopfes ersetzt — wie es z. B. Reinecker empfiehlt.

Die Wahl der Wechselräder erfolgt entsprechend der verlangten Spirallänge und muß beim Anstecken nur darauf geachtet werden, daß durch Einschalten eines oder zweier Zwischenräder auch die richtige Spiralrichtung — rechte oder linke Spirale — erreicht wird.

Hinzugefügt sei, daß spiralgezahnte Räder, deren Achsen sich im rechten Winkel schneiden — Schraubenräder — gleiche Spiralrichtung erhalten, während Räder mit parallelen Achsen — spiralgezahnte Stirnräder — ungleiche (eine rechte und eine linke) Spiralrichtung bekommen.

Für das Schrägstellen des Tisches ist die Größe des Steigungs-, richtiger Achsenwinkels maßgebend. Je nach der Spiralrichtung muß der Tisch nach der einen oder anderen Seite auf das erforderliche Maß herumgedreht werden.

Beide Einstellungen sind ebenfalls im letztgenannten Kapitel ausführlich behandelt worden.

Es herrscht vielfach die irrige Ansicht, daß die Steigung der Spirale auch von der Gradstellung abhängig ist. Diese hat jedoch damit nichts zu tun. Die Gradstellung dient lediglich dazu, daß der schneidende Fräser seinem Profile entsprechend den Zahn ausarbeiten kann. Denn würde der Fräser nicht im richtigen Winkel zur Spirale stehen, so würde eine erhebliche Profilverzerrung entstehen, weil er dann nicht gerade, sondern quer zu seiner Umdrehungsebene durch die Zahnlücke gänge. Die auf S. 208 aufgestellte Gradtabelle für die gebräuchlichsten Durchmesser und Spirallängen dürfte deshalb willkommen sein.

Das Fräsen von Schneckenrädern soll tunlichst auf Sondermaschinen stattfinden, da nur auf solchen das zwangsläufige Einschneiden der Zähne aus dem vollen Material möglich ist.

Auf der Universalfräsmaschine können nur Schneckenräder für geringere Beanspruchung verzahnt werden,[1]) einmal durch freiläufiges Einschneiden der Zähne und zum andern durch Einfräsen schräger Zähne. Das letztere wird mit einem gewöhnlichen Einzelfräser ausgeführt. Der Teilkopf muß dabei um den Steigungswinkel schräg zur Tischführung gesetzt werden. Wegen den am Teilkopf und Spitzenböckchen angebrachten Führungsleisten ist dies jedoch immer umständlich. Einfacher ist es und die gleiche Zahnanlage für die Schnecke ergibt sich, wenn der Radkörper mit spiralgewundenen Zähnen gleicher Winkelstellung ausgestattet wird. In beiden Fällen kommt nur eine ganz schmale Fläche als Zahnanlage in Frage.

Beim freiläufigen Einschneiden müssen die Zähne vorher mit Einzelfräser von oben vorgefräst werden. Dieses vorgeschnittene Rad wird dann, auf einem Dorn befindlich, zwischen den Spitzen freilaufend eingespannt. Ein Fräser (Fig. 51), der im Durchmesser und in der Steigung der Schnecke gleich sein muß, wird über die Mitte des Rades gebracht. Der Support hat dabei so zu stehen, daß sich die Achsen von Schneckenrad und Fräser in dem Winkel schneiden, unter welchem Schneckenrad und Schnecke miteinander arbeiten sollen; wenn also letztere unter 90° arbeiten, so muß der Support genau gerade stehen, und wenn sie unter 80° arbeiten, so muß der Support um 10° verstellt werden. Der laufende Fräser treibt sodann gleichsam als Schnecke das schon vorgefräste Rad an und arbeitet dabei mit seinen Schneidzähnen die kreisförmigen Schweifungen aus. Der Höhensupport wird nach und nach beigestellt, bis das Rad seine richtige Tiefe bekommen hat.

Zum Verzahnen der Kegelräder eignet sich, streng genommen, die Universalfräsmaschine nicht, da auf ihr keine theoretisch genaue Kegelräderzähne erzeugt werden können. Die Theorie über die Flankenangriffe zweier Kegelräder bestimmt, daß sie sich in allen Punkten einer geraden Linie berühren, und daß diese Linien alle durch einen gemein-

[1]) Eine Ausnahme bilden die wenigen Teilapparate, deren Teilspindel mit der Frässpindel zwangsläufig verbunden ist. Mit solchen, für das Abwälzverfahren bestimmten Fräsapparaten können die Schneckenräder zwangsläufig geschnitten werden.

schaftlichen sogen. Kegelschnittpunkt gehen sollen. Die Fig. 289 stellt einen diesen Bedingungen gerecht werdenden konischen Zahn dar. In diesem Falle berühren sich die Zahnflanken gleichmäßig auf der ganzen Fläche vom Kopfe bis zum Fuße. Diese Bedingungen können aber nur

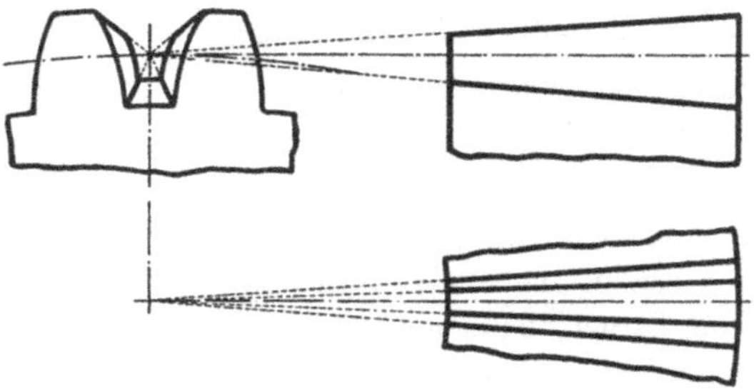

Fig. 289.

auf den besonders dafür gebauten Kegelräderhobelmaschinen erfüllt werden, weil an ihnen die erzeugende Hobelstahlspitze in ihrer verlängerten Bewegungsrichtung stets den vorhingenannten Kegelschnittpunkt durchschneidet.

Eine Kegelräderfräsmaschine für konische Verzahnungen, deren Arbeit der theoretischen Zahnform entspricht, ist die von Warren. Das Ausarbeiten des Zahnes geschieht an dieser Maschine wie bei Bilgram durch Abwälzen des Werkzeuges *b* und des Werkrades (Fig. 290) auf *y* und *x*.

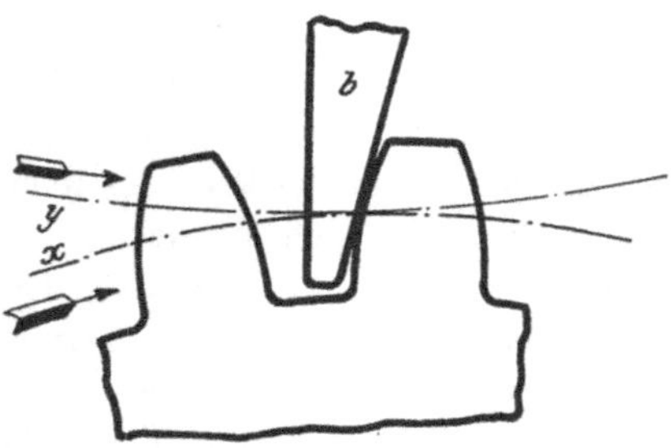

Fig. 290.

Um nun annähernd ein brauchbares Kegelrad fräsen zu können, sind in der Praxis verschiedene Verfahren verbreitet, von denen einige hier erklärt seien.

1. Das zu fräsende Kegelrad wird entweder mit der Nabe direkt oder auf einem fliegenden Dorne sitzend in dem Zentrierfutter des Teilapparates festgespannt. Das Innengehäuse (*J*, Fig. 232—234) des Teilapparates wird nun um soviel Grade verstellt, daß der innere und äußere Fußkreis (siehe „Zahnkonstruktionen") in wagerechter Linie liegen. Alsdann wird das Rad mit einem Fräser vorgefräst, der dem Profile der inneren kleineren Zahnform entspricht. Nachdem das Kegelrad auf diese Weise mit der inneren Zahnform versehen ist, wird ein Fräser mit genauem Profile des äußeren Zahnes angesteckt und nun mit diesem das Rad von der Außenseite Zahn für Zahn eben nur soweit angefräst, daß gerade das volle Profil am Zahnanfange vorhanden ist, damit der Schlosser, der das Rad fertig zu machen hat, einen Anhaltspunkt vorfindet. Es muß

also mit der Feile soviel nachgearbeitet werden, als zur gleichmäßigen Verbindung beider Zahnprofile nötig ist.

2. Nachdem das Kegelrad, wie unter 1 beschrieben, mit dem Fräser des inneren Zahnprofiles durchfräßt ist, wird mit einem Fräser, dessen Seitenflanken den Rundungen der äußeren Zahnform entsprechen, der jedoch in der Breite die innere Zahnform nicht übersteigt, jede Seite des Zahnes nachgefräst. Der Fräser muß also in Zahnhöhe und Rundungen der äußeren Zahnform und in der Breite der inneren gleichen, um beim Nachfräsen nicht die innere Zahnform zu verletzen. Im weiteren wird festgestellt, wieviel die äußere Zahnform breiter als die innere werden muß, um deren Unterschied gleichmäßig auf beide Seiten verteilen zu können. Nehmen wir z. B. an, die innere Zahnform wäre 3 mm schmäler, was durch Nachfräsen an der äußeren Zahnform entfernt werden müßte, so entfielen auf jede Seite 1,5 mm. Der Teilapparat, dessen Achse sonst parallel mit dem Supporttische läuft, wird zu diesem Zwecke etwas schräg gestellt, und zwar um so viel, als der Fräser braucht, um außen die 1,5 mm wegzunehmen und um durch die innere Zahnform zu gehen, ohne diese zu vergrößern. Nachdem alle Zähne an einer Flanke fertiggestellt sind, wird der Teilapparat zur Fertigstellung der anderen Flanke gegensätzlich verstellt.

3. Das Kegelrad wird wie bei 1 und 2 vorgefräst und mit einem Fräser, wie unter 2 beschrieben, auf folgende Weise nachgefräst. Man stellt an der Teilscheibe den Indexstift 1, 2—4 Löcher zurück, wodurch der Zahn etwas aus der Mitte gerückt wird, infolgedessen die Flanken des Zahnes nicht mehr mit dem Tische parallel, sondern zu letzterem in einem kleinen Winkel stehen. Da nun der Fräser immer in paralleler Richtung des Tisches durchgeht, so wird der Fräser bei richtiger Anstellung die eine Flanke des Zahnrades außen angreifen und an der inneren Seite an der inneren Zahnform ohne zu greifen auslaufen. Es muß jedoch darauf acht gegeben werden, daß der Fräser immer an derjenigen Flanke des Zahnes ansetzt, welche der eigentlichen Mitte des Rades senkrecht über der Körnerlinie zunächst liegt. Nachdem auf diese Weise die eine Seite der Zähne gefräst ist, wird der Indexstift nicht nur in seine richtige Anfangsstellung zurückgebracht, sondern jetzt, gegensätzlich 1, 2 bis 4 Löcher vorgestellt, der Fräser wieder von neuem eingestellt und so die andere Seite der Zähne fertig gestellt.

Bei allen drei Verfahren kann der Fall eintreten, daß beim Fräsen mit dem, dem inneren Zahnprofile entsprechenden Fräser der äußere Zahnkopf zu viel angegriffen würde. Zur Vermeidung dieses stellt man das Innengehäuse des Teilkopfes um so viel Grade weniger ein, als zur Schonung der äußeren Zahnform nötig ist, und stellt erst beim sogen. Nachfräsen den Teilkopf in diejenige Gradstellung, welche die beiden Fußkreise bedingen.

Auf diese Weise hergestellte Kegelräder bedürfen nur wenig oder gar keiner Nachhilfe seitens des Schlossers, nur erfordert es seitens des

Fräsarbeiters einige Sicherheit und Erfahrung, um ohne längeres Probieren die richtige Stellung der Zähne sowie das Anstellen des Fräsers zu treffen.

Eine vollkommene korrekte Zahnform ist damit nicht zu erreichen. Alle diese Verfahren können daher nur als Notbehelf dienen. Überall dort, wo der geringe Bedarf an Kegelrädern die Anschaffung einer Sondermaschine nicht rechtfertigt, wird es immer zweckmäßig sein, die Räder einer Zahnräderfabrik zum Verzahnen einzusenden.

c) Die Fräsmaschinen zum Verzahnen der Zahnräder.

Die automatische Stirnräderfräsmaschine von L. Löwe & Co., A.-G., in Berlin.

In Fig. 291 ist eine bekannte selbsttätige Räderfräsmaschine dargestellt. Auf dem kastenförmigen Maschinengestell verschiebt sich in

Fig. 291. Die automatische Fräsmaschine von L. Löwe & Co.

senkrechten Führungen der Werkradspindelstock, dessen durchbohrte Spindel hinten das überaus reichlich bemessene Teilrad trägt. Zur Unterstützung der Aufspanndorne dienen zwei kräftige Böcke, zwischen denen sich ein Gegenlager befindet. Auf den wagerechten Führungen des

Maschinengestells gleitet der Frässpindelschlitten, der von der im Bilde nicht ersichtlichen Seite seinen Antrieb erhält. Der Frässpindelschlitten kann mit verschieden großen Vorschüben arbeiten und wird nach jedem durchfrästen Zahn mit vielfacher Beschleunigung zurückgezogen. Um nicht beim Versagen des Teilens das Werkrad zu verderben, wird der Vorschubmechanismus so lange gesperrt, bis eine Falle nach erfolgtem vollständigen Teilen die Sperre aufhebt. Diese Einrichtungen in Verbindung mit dem großen Teilrad lassen erkennen, daß auf die Herstellung genauester Verzahnung die allergrößte Rücksicht genommen wurde.

Die Abbildung läßt ferner deutlich die Einfräsung der Werkrad- und Fräserspindel erkennen, die zur sicheren Mitnahme der eingespannten Räder- und Fräserdorne dienen.

Die Maschine kann zum Schneiden von Innenverzahnungen durch Aufsetzen eines anderen Frässpindelstockes eingerichtet werden.

Fig. 292. Räderfräsmaschine nach dem Abwälzverfahren von Biernatzki & Co.

Automatische Räderfräsmaschine von Biernatzki & Co. in Chemnitz (D. R.-P. Nr. 112082).

Eine Maschine zum Verzahnen der Stirn-, Schnecken- und Schraubenräder nach dem Abwälzverfahren stelllt die Fig. 292 dar.

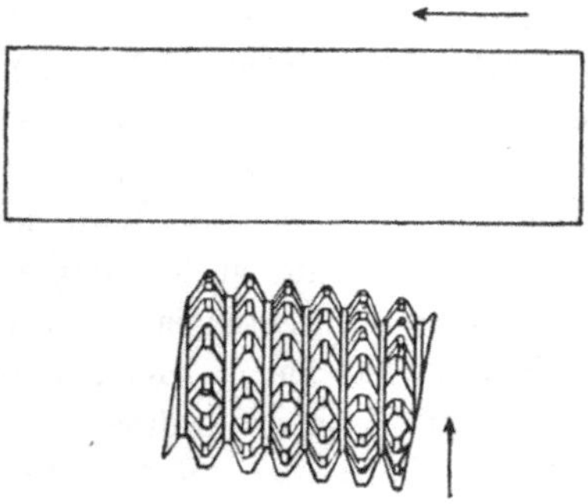

Fig. 293.

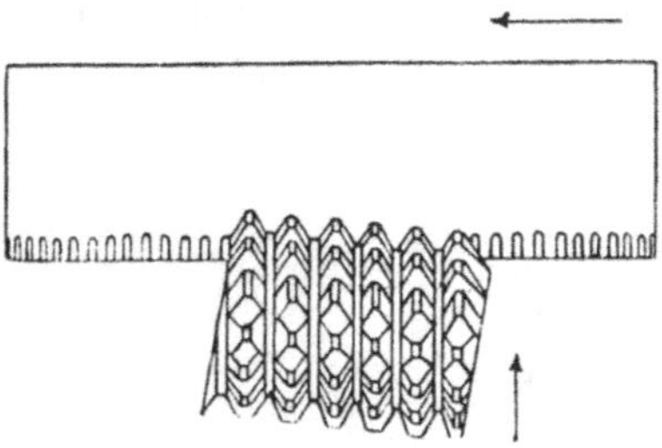

Fig. 294.

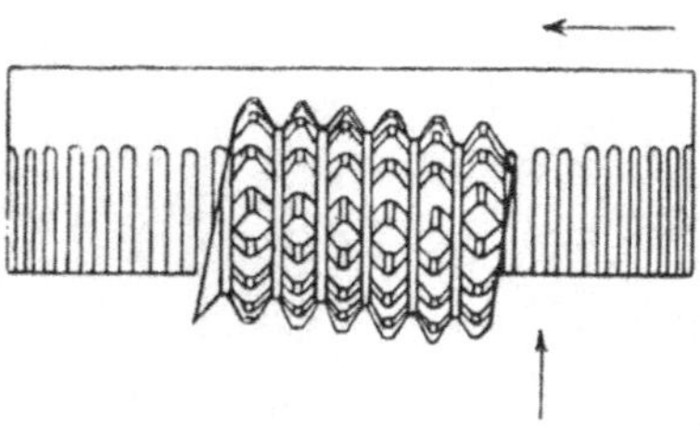

Fig. 295.

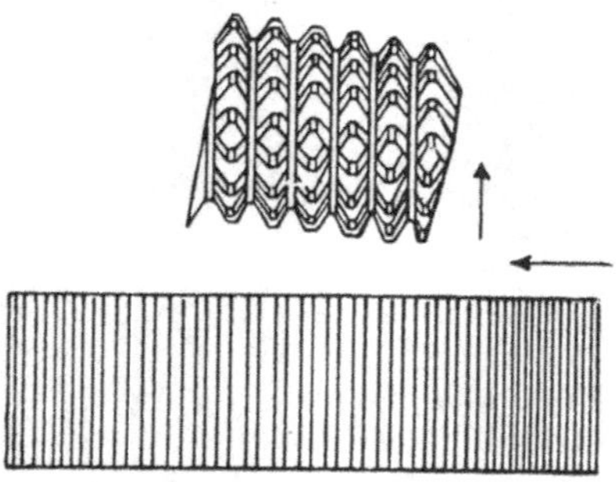

Fig. 296.

Die Arbeitsvorgänge beim Abwälzen eines Stirnrades.

Das in winklicher Form gehaltene Maschinengestell trägt in seiner senkrechten Führung den Werkradspindelschlitten und in seiner wagerechten den mit einem Drehteil versehenen Frässpindelschlitten. Zur Unterstützung des Aufspanndornes ist rechts am Maschinengestell ein kräftiger Bock mit dem Gegenlager angeordnet.

Die Antriebe der Maschine sind besonders kräftig gehalten, namentlich die des Teilrades, das beim Abwälzverfahren bekanntlich in steter Bewegung bleibt. Da sich je nach der Zähnezahl das Verhältnis zwischen Fräser- und Werkradumdrehungen ändert, so ist zwischen ihnen eine Wechselräderanordnung eingeschaltet. Der Antrieb für die Frässpindel muß durch ein Drehteil geleitet werden, da der Abwälzfräser mit seinen Zähnen in eine mit den einzufräsenden Zähnen gleiche Richtung einzustellen sein muß.

In den Fig. 292—296 ist der Vorgang des Abwälzens bei den Stirnrädern erläuternd wiedergegeben. Ihnen dürfte nichts hinzuzufügen sein.

Tritt nun in dem Übersetzungsverhältnis des Werkrades und des Fräsers während des Weiterschaltens des letzteren eine Veränderung ein, so entsteht ein spiralgewundener Zahn, dessen Steigung links oder rechts sein wird, je nachdem die Veränderung eine Beschleunigung oder eine Verzögerung verursachte. Diese Erweiterung des obigen Verfahrens ist der Firma durch D. R.-P. Nr. 112081 geschützt worden (siehe Fig. 297).

Hervorgerufen wird diese Beschleunigung oder Verzögerung durch ein Differenzialgetriebe, das zwischen den Antrieben des Fräsers und der Werkradspindel eingeschaltet ist und vom Schaltwege

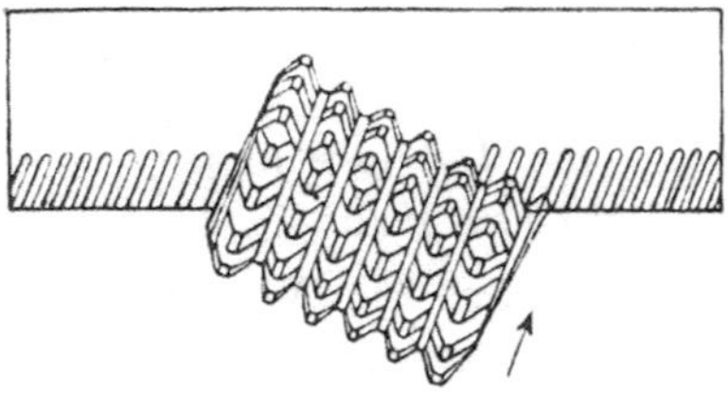

Fig. 297. Die Arbeitsvorgänge beim Abwälzen eines Spiralzahnrades.

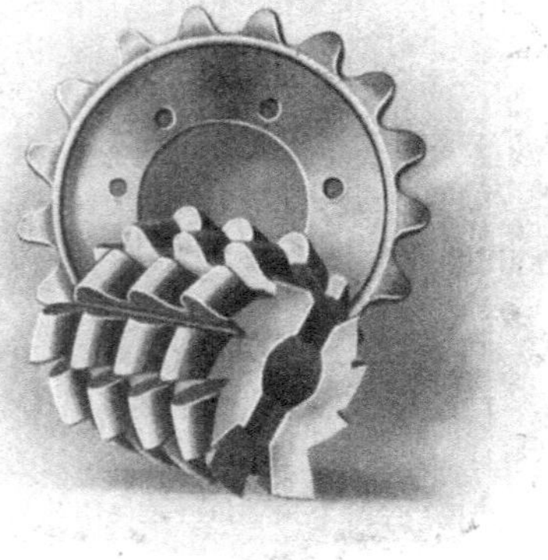

Fig. 298. Kettenzahnrad mit dem dazu gehörigen Abwälzfräser.

des Fräsers betätigt wird. Hierbei ist natürlich notwendig, den Fräser in einen Winkel zu stellen, der sich aus dem Steigungswinkel des Fräsers und dem des zu fräsenden Spiralzahnrades zusammensetzt. Erhält das Werkrad dieselbe Steigungsrichtung wie die Fräserzähne, so besteht der Winkel aus Steigungswinkel des Werkrades minus Steigungswinkel des Fräsers; im anderen Falle aus Steigungswinkel des Werkrades plus Steigungswinkel des Fräsers. Aus der Fig. 297 ist der Arbeitsvorgang leicht zu ersehen.

Die Fig. 298 zeigt ein durch das Abwälzverfahren hergestelltes Kettenrad nebst Abwälzfräser.

Fig. 299. Stirnradfräsmaschine nach dem Abwälzverfahren von J. E. Reinecker.

Die Stirnradfräsmaschine nach dem Abwälzverfahren von J. E. Reinecker in Chemnitz.

Eine weitere Maschine zum Verzahnen von Stirnrädern nach dem Abwälzverfahren zeigt die Fig. 299. Sie zeigt ferner die Einrichtung des

Nachprüfens zwecks genauen Rundlaufens des eingespannten Werkrades durch einen Fühlhebel. Bekanntlich ist gerade das genaue Rundlaufen für den geräuschlosen Gang der Zahnräder so überaus wichtig. Auch das bestverzahnte Rad kann beim Unrundgehen der Verzahnung nicht zufriedenstellend laufen. Die Ausstattung mit obigem Hilfsmittel kann daher nur begrüßt werden.

In der Figur fällt noch die besonders kräftige Ausführung des Frässpindelschlittens und des darunter befindlichen Drehteiles auf.

Die Schneckenräderfräsmaschine von J. E. Reinecker in Chemnitz (D. R.-P. Nr. 85079 und 194137).

In den Fig. 300—311 ist eine Sondermaschine zum Verzahnen der Schneckenräder dargestellt. Auch diese Maschine arbeitet nach dem Ab-

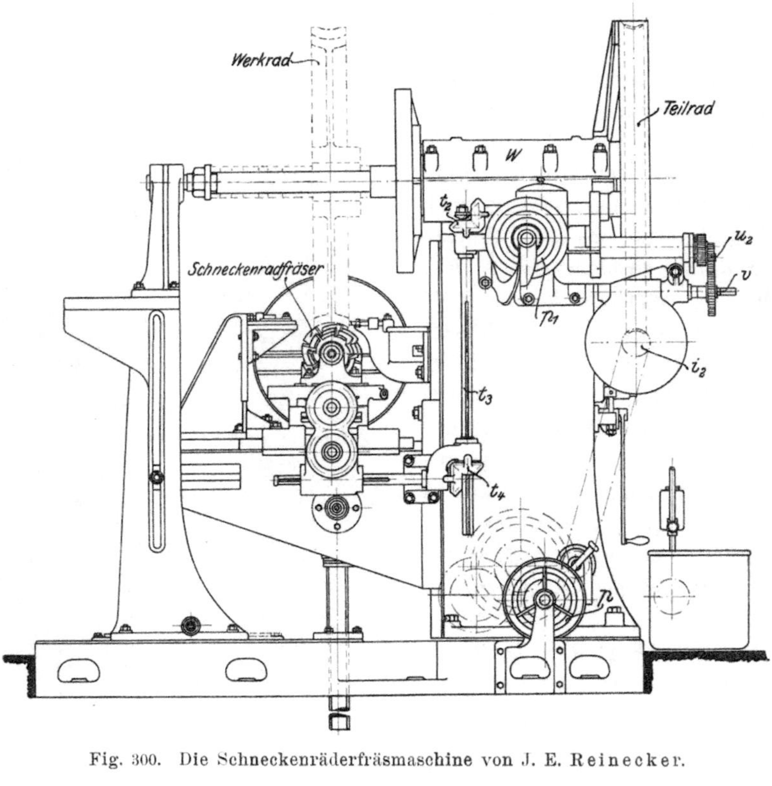

Fig. 300. Die Schneckenräderfräsmaschine von J. E. Reinecker.

wälzverfahren, und es ist interessant, daß es schon viele Jahre vorher zum zwangsläufigen Schneiden der Schneckenräder bekannt war, ehe Reinecker im Jahre 1900 in Paris das ganz ähnliche zwangsläufige Abwälzen für Stirnräder zeigte.

Das zwangsläufige Schneiden der Schneckenräder nach den Patenten von Reinecker vollzieht sich nun in ganz anderer Weise als das sonst übliche, bei dem durch allmähliches Nähern von Fräser und Schneckenrad die Berührung der Teillinie der Schnecke bezw. des Fräsers und des Teilkreises des zu fräsenden Schneckenrades (Werkrades) naturgemäß erst im letzten Augenblick stattfinden kann.

Reinecker läßt die Teillinie und den Teilkreis von Anfang an zusammentreffen und vermeidet somit den bekannten Fehler des alten Verfahrens, daß für die Zahnanlage wertvolle Partien unnütz weggeschnitten werden, was namentlich beim Schneiden von Schneckenrädern für steilgängige Schnecken schmerzlich empfunden wurde. Erst die obige Maschine stellt für alle Schneckenräder die volle Flankenanlage der Zähne her.

Die Möglichkeit, Teillinie und Teilkreis vom Anfang an zu vereinigen, hat J. E. Reinecker durch die Form seines eigenartigen Schneckenrad-

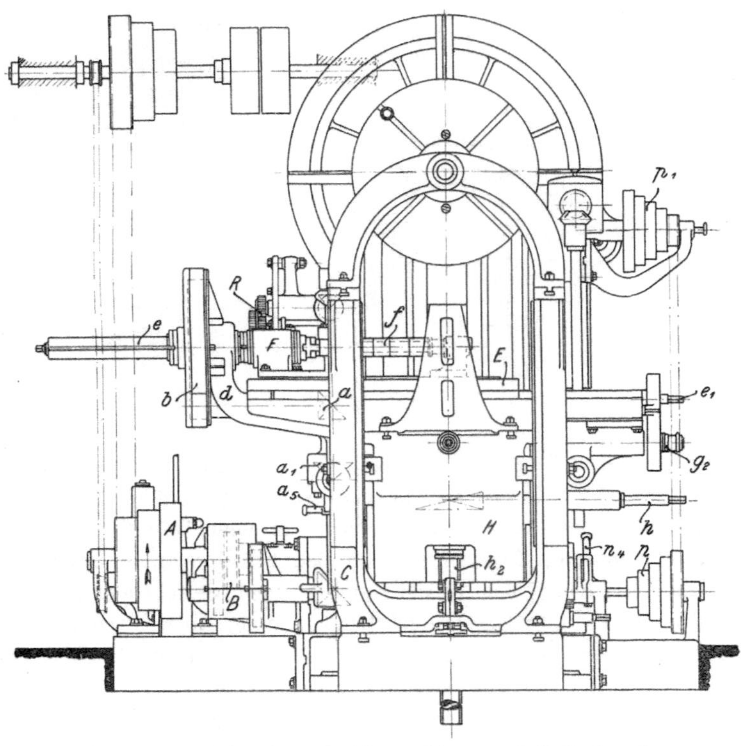

Fig. 301. Die Schneckenräderfräsmaschine von J. E. Reinecker.

fräsers (siehe Fig. 52 und 53) in Verbindung mit der Vorschubart erreicht. Der Fräser ist konisch, seine Zähne sind wie die eines Gewindebohrers angeordnet, sie haben wohl am Grunde die richtige Tiefe, aber die oberen Partien fehlen am Anfang fast ganz und nehmen nach und nach zu, so daß erst am Ende der Fräser die vollen Zähne aufweist. Der Vorschub des Fräsers erfolgt ebenfalls wie das Hineinschneiden beim Gewindebohrer. Er dringt von vorn mit achsialem Vorschub in das Werkrad hinein, bei richtigem Mittenabstand von Fräser und Werkrad.

Der Antrieb der Maschine erfolgt von der Stufenscheibe A und wird durch Wellen und Kegelräderpaare einmal nach dem Frässpindelstock F und zum andern nach dem Werkradspindelstock W geleitet. Die Wechselräderanordnung R dient zur Bestimmung der Zähnezahl des zu fräsenden Werkrades S, um das erforderliche Verhältnis zwischen Fräser- und Werkradumdrehungen zu erhalten. Vom Kettenrade i_2 wird durch später näherangeführte Organe der Vorschubbewegungsantrieb auf die Stufenscheiben p und p_1 übertragen. Da beim bloßen Vorschieben des Frässchlittens E die Zähne vom Fräser weggeschnitten würden, so muß, der Vorschubgröße

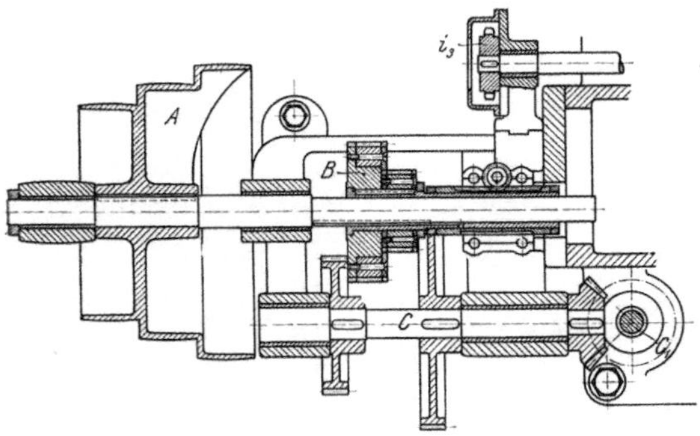

Fig. 302.

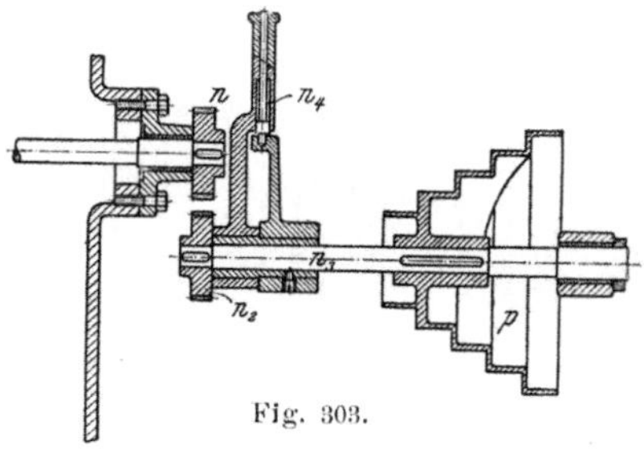

Fig. 303.

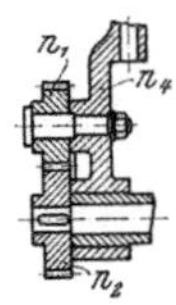

Fig. 304.

Der Antrieb der Maschine.

entsprechend, dem Teilrad und somit dem Werkrad eine Beschleunigung erteilt werden. Zu diesem Zwecke geht von p_1 (Fig. 300) eine Bewegung über u_2, v zu einem Differenzialgetriebe, um dem Teilrade die erforderliche Beschleunigung als Ausgleich für den Fräservorschub zuzusetzen.

Die Einzelheiten der Antriebe stellen die nachstehenden Abbildungen dar. Wie aus Fig. 302—304 ersichtlich, kann der Antrieb mit 2 Geschwindigkeiten über das verschiebbare Doppelrad B auf die Welle C übertragen werden, der durch das Kegelräderpaar C_1 weitergeleitet wird. In der Nähe befindet sich auch das Gegenkettenrad i_3, dessen Welle am andern Ende das Zahnrad n trägt. Über das Zwischenrad n_1 wird das Rad n_2 angetrieben, auf dessen Welle n_3 die Stufenscheibe p sitzt. Dieser Vorschubantrieb läßt sich durch Ausrücken des Zwischenrades n_1, das sich am Hebel n_4 befindet, jederzeit ausrücken bezw. unterbrechen.

Den Antrieb des Fräsers lassen die Fig. 305—308 erkennen. Durch die Wellen von C_1 erhält das Kegelräderpaar a seine Bewegung, nachdem es vorher im Wendegetriebe durch die Kegelräder $a_1\, a_2\, a_3$ die erforderliche Umdrehungsrichtung erhalten hat. Die verschiebbare Büchse a_4, auf der a_2 und a_3 festgekeilt ist, kann durch den im Böckchen a_5 befindlichen Hebel a_6 verschoben werden und bringt a_1 entweder a_2 oder a_3 in Eingriff. Das Innenzahnrad b (Fig. 301), das durch Ritzel b_1 angetrieben wird, ist auf der Büchse c unverschiebbar im Bock d des Quersupportes D gehalten. Die in c verschiebbare Fräserspindel hat ihr Hauptlager auf dem Längstisch E. Für den Fräserdorn f ist das Gegenlager f_1 vorgesehen.

Die Vorschubbewegung überträgt die Schnecke g (Fig. 305 und 306) auf das Schneckenrad g_1, auf deren Welle das Zahnrad g_2 sitzt, das in das

Fig. 305.

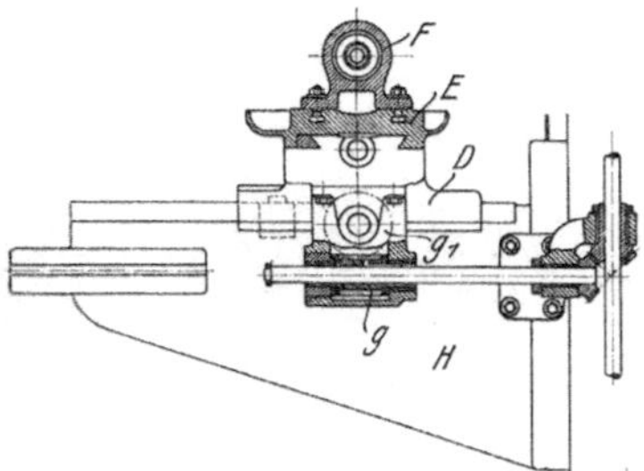

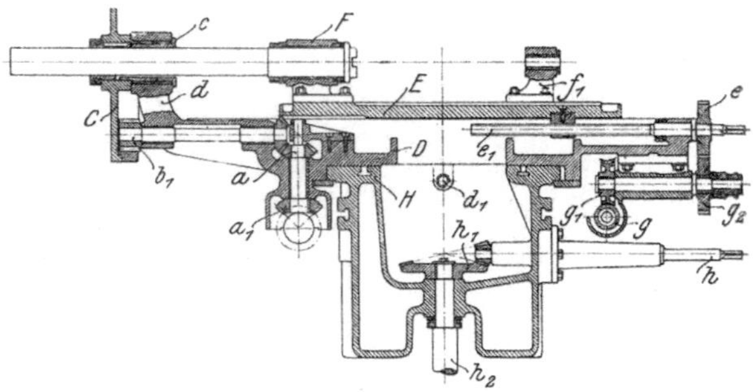

Fig. 306.

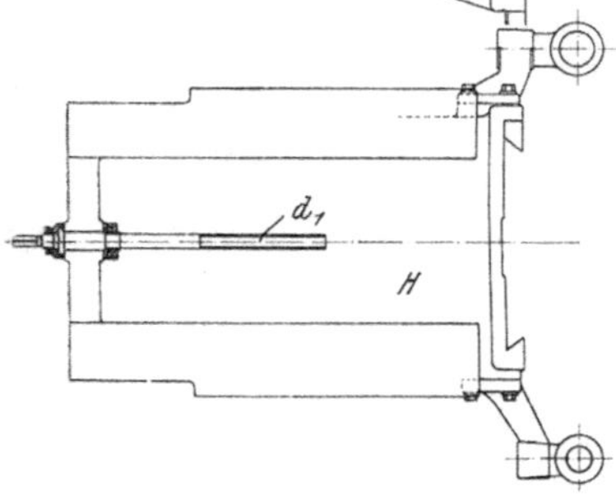

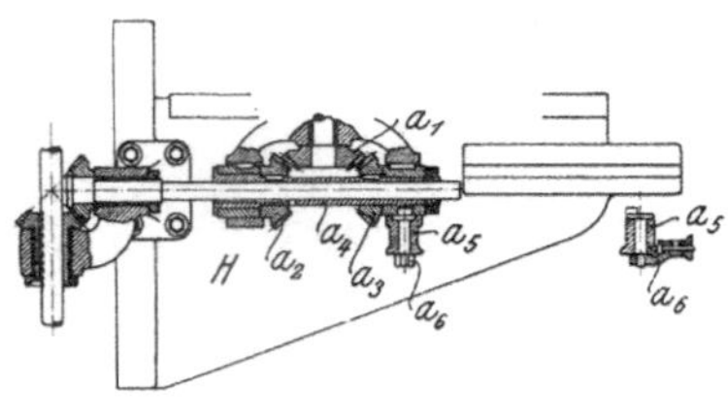

Fig. 307.

Fig. 308.

Schnitte-Ansicht der Supporte.

Zahnrad e greift und somit die Supportspindel e_1 (Fig. 301) den Tisch E mit Fräser langsam verschiebt. Nach erfolgtem Ausrücken von g_2 ist durch Spindel e_1 und eine Kurbel der Tisch E von Hand verstellbar.

Zur Höheneinstellung des gesamten Supportes dient die Spindel h, Räderpaar h_1 und Gewindespindel h_2 des Konsolsupportes H (Fig. 301). Der letztere gleitet in senkrechten Führungen des Maschinengestelles und ist zwecks Versteifung durch Träger mit dem letzteren zu verschrauben.

Den Antrieb zum Teilrade geben die Fig. 309—311 wieder. Er wird vom Wechselrad r_1 auf die Spindel i geleitet, an deren anderen Ende sich das Kegelrad e_1 des Differenzialgetriebes k befindet. Dadurch, daß sich die kleinen Rädchen k_1 und k_2 auch noch um ihre eigene Achse drehen müssen, wird auf das Kegelrad i_2 nur die halbe Umdrehungsgeschwindigkeit von e_1 übertragen. Die lange Büchse l überträgt die von i_2 empfangene Drehung nunmehr durch die Schnecke m auf das Teilrad.

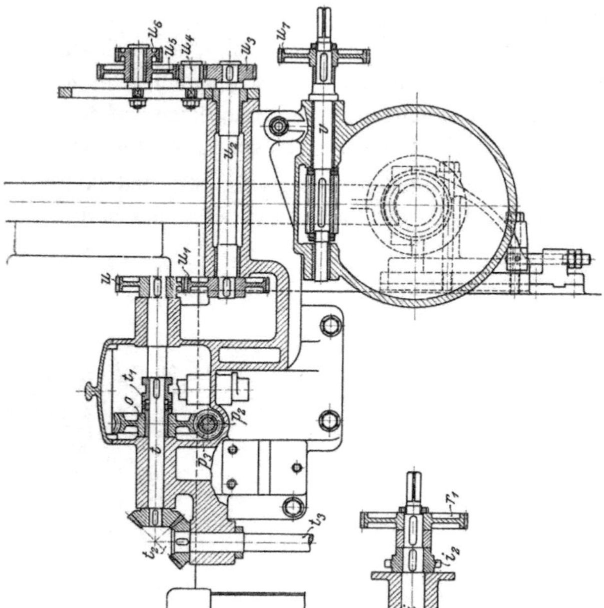

Fig. 310.

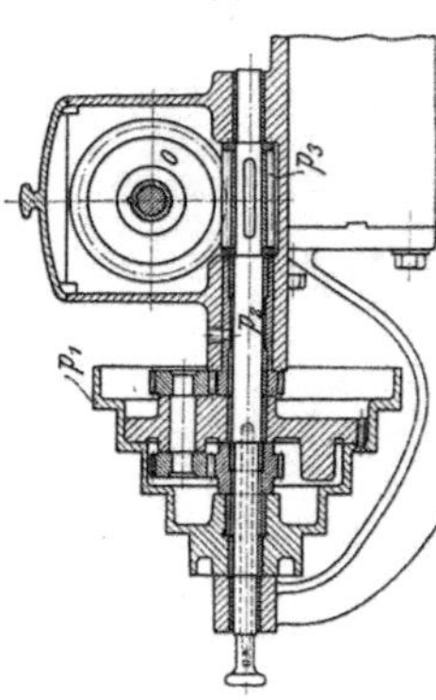

Fig. 311.

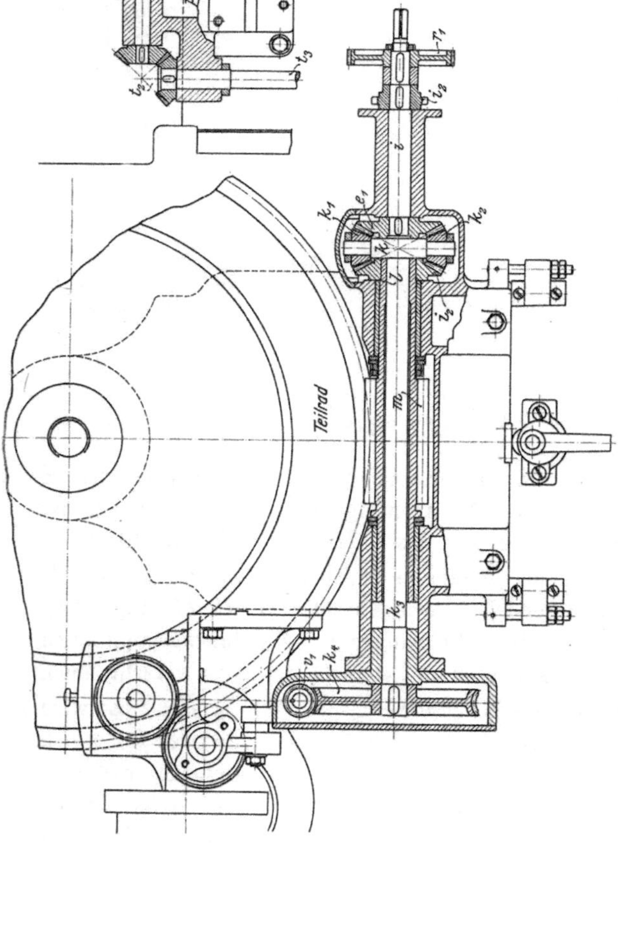

Fig. 309.

Schnitte durch die Antriebsorgane des Teilrades.

Auf der Welle *i* befindet sich noch das Kettenrad i_2, von dem der Antrieb für den Vorschub abgeleitet wird. Von Stufenscheibe p_1 kann die Bewegung schnell oder durch das in ihr eingebaute Vorgelege verlangsamt auf die Welle p_2, Schnecke p_3 bezw. Schneckenrad *o* übertragen werden. Das letztere sitzt lose auf der Welle *t*, die erst nach Einschalten der Klauenkuppelung t_1 mitgenommen wird. Durch die Kegelräder und Wellen t_2, t_3 und t_4 (Fig. 300) wird sodann der Schnecke *g* (Fig. 306), wie schon beschrieben, die Bewegung zum Vorschub des Tisches *E* erteilt.

Am andern Ende der Welle *t* sitzt noch das Zahnrad *u*, das durch Zahnrad u_1, Welle u_2 und Zahnräder u_3, u_4, u_5, u_6, u_7 die Welle *v* antreibt. Auf dieser sitzt die Schnecke v_1, die in das auf Welle k_3 sitzende Schneckenrad k_4 greift und somit dem Differenzialkopf *k* eine ganz langsame Bewegung erteilt. Sobald sich nun *k* mit den Rädchen k_1 k_2 dreht, so wird um die Größe dieser Bewegung das Kegelrad i_2 schneller gedreht und hiermit ist dann die erforderliche Beschleunigung für den Antrieb des Teilrades hinzugesetzt.

Da diese Sondermaschine nur in großen Werkstätten voll auszunutzen ist, wird sie mit einigen Abänderungen auch zum Fräsen von Stirnrädern eingerichtet gebaut.

Fig. 312. Die Zahnstangenfräsmaschine von J. E. Reinecker.

Die Zahnstangenfräsmaschine von J. E. Reinecker in Chemnitz.

Durch die Fig. 312 sei eine Sondermaschine zum Fräsen der Zahnstangen gezeigt, die vom ersten bis letzten Zahn selbsttätig ihre Arbeit verrichtet.

Sie dient hauptsächlich zum Fräsen schwerer Zahnstangen und arbeitet zur Schonung des Fertigfräsers mit einem Vorfräser, der im Bilde leicht erkennbar ist.

Die automatische Kegelräderfräsmaschine von L. Löwe & Co., A.-G., in Berlin.

Die Fig. 313 stellt eine Sondermaschine dar, die, nach dem Abwälzverfahren konstruiert, ebenfalls ohne Schablonen und profilierten Fräser theoretisch richtige Kegelräder schneidet. Zwei einfache Scheibenfräser,

Fig. 313. Die automatische Kegelräderfräsmaschine von L. Löwe & Co.

welche die Flanken der Zahnstange vertreten, arbeiten durch Abwälzung auf dem Radkörper die genaue Zahnform heraus.

Das Arbeitsprinzip dieser Maschine beruht auf der Abwälzung eines Kegelrades von 180° Kegelwinkel, eines sogen. Plankegelrades, auf dem herzustellenden Rade. Das Plankegelrad wird verkörpert durch zwei Fräser, welche die Außenflanken zweier benachbarter Zähne des Plankegelrades darstellen und durch Abwälzen entsprechend die Außenflanken zweier benachbarter Zahnlücken des herzustellenden Rades ausfräsen, so daß eine theoretisch genaue Zahnform entsteht. Da ein Kegelrad mit einem Winkel von 180° auch als kreisförmige Zahnstange gedacht werden kann, ohne daß man dabei einen praktisch meßbaren Fehler begeht, und die Zahnstangenzähne bei Elvolventenverzahnungen stets geradlinig sind, so sind auch die Flanken der beiden Fräser geradlinig gehalten. Die Fräser sind ferner scheibenförmig gestaltet, so daß also ihre Arbeitsflanken senkrecht zu ihrer Achse stehen. Die Arbeitsweise der Fräser ist infolgedessen eine sehr günstige, da sie die zu bearbeitenden Zahnflanken beim Fräsen nicht nur in einem einzigen Punkt des Profils, sondern in einer geraden Linie berühren. Die Neigung der Zahnflanken bezw. der Arbeitsflanken der beiden Fräser um den Winkel von 14° 30′ ist dadurch erzielt, daß die beiden Frässpindeln um diesen Betrag geneigt angeordnet sind.

Der Abwälzvorgang erfolgt, indem sowohl das Arbeitsstück, als auch die beiden Fräser eine schwingende Bewegung vollführen. Die Schlitten, in denen die beiden Fräser angeordnet sind, wandern hierbei allmählich nach der Spitze des Kegels zu; sobald die Zahnlücken durchgefräßt sind, kehrt sich die Bewegung der Schlitten um, und das Arbeitsstück dreht sich, nachdem die Fräser ihre Ausgangslage wieder erreicht haben, um eine Rast der Teilscheibe bezw. eine Teilung weiter. Alle diese Bewegungen erfolgen vollkommen selbsttätig. Sobald das Rad fertiggestellt ist, rückt die Maschine sich selbsttätig aus. Das Verhältnis zwischen den Schwingbewegungen des Arbeitsstückes und der Fräser ist mit Hilfe einer Kulisse einstellbar. Infolgedessen kann die Maschine zum Fräsen von Räderpaaren mit verschiedenen Übersetzungsverhältnissen gebraucht werden, ohne daß dabei irgendwelche Teile der Maschine, wie Segmente usw., ausgewechselt zu werden brauchen. Die Maschine ist fernerhin universell verwendbar, indem sie gestattet, Kegelräderpaare mit beliebigen Achsenwinkeln herzustellen, sei es, daß diese 90° oder mehr oder weniger betragen.

Der Kegelrädervorfräsapparat von J. E. Reinecker in Chemnitz.

Dem Patent von Chambon verdanken wir das einfache Verfahren, die Kegelräder ähnlich dem Abwälzverfahren der Stirnräder vorfräsen zu können. Der dazu erforderliche Fräser entsteht durch Überschneiden mit einer zweiten Steigung bezw. Teilung. Dadurch bleiben allerdings nur einzelne Partien der Fräserzähne stehen, jedoch genügen sie, um recht ansehnliche Leistungen hervorzubringen. Da der Fräser durch das Überschneiden nur sehr kurz ausfallen kann, so kann sich natürlich eine der Zähnezahl entsprechende Zahnform nicht bilden und somit ist bedauerlicherweise dieses Verfahren nur auf das Vorfräsen beschränkt. Es ist jedoch erstaunlich, was dieser verstümmelte Fräser — wenn der Ausdruck gestattet sei — zu leisten vermag.

Die Fig. 314 zeigt eine gewöhnliche Fräsmaschine mit diesem Apparat ausgerüstet. Der zwangsläufige Antrieb des Apparates wird durch Zahnräder, Wellen und Kegelräder von der Frässpinndel abgeleitet und besitzt zur Bestimmung der Zähnezahlen des zu fräsenden Kegelrades eine Wechselräderanordnung.

Fig. 314. Der Kegelrädervorfräsapparat von J. E. Reinecker.

III. Anhang.

13. Die Zahnräder.

Die Zahnräder werden zur Übertragung von Bewegungen wohl schon so lange benutzt, als die Geschichte des Maschinenbaues zurückreicht. Da die Vervollkommnung der Zahnräder bezüglich der Herstellung korrekter Zahnformen mit der Entwicklung der Fräserei eng zusammenhängt, erschien es angebracht, etwas näher auf die einzelnen Arten, ihre Verwendung und die für die Bestimmung der Abmessung üblichen Normen einzugehen.

a) Allgemeines.

In der Hauptsache unterscheidet man drei Arten von Zahnradgetrieben, und zwar

1. Stirnrädergetriebe,
2. Kegelrädergetriebe- oder konische Getriebe,
3. Schnecken- und Schraubenrädergetriebe.

Die Stirnräder können nur zur Übertragung von Bewegungen auf parallel zueinander liegenden Achsen verwendet werden, während die Kegel-, Schnecken- und Schraubenräder die Übertragung unter beliebigen Winkel ermöglichen. Bei den Stirn- und Kegelrädern rollen oder wälzen sich die Zähne bei der Übertragung von Bewegungen aufeinander ab während sie bei den Schnecken- und Schraubenrädern aneinander gleiten. Zur Übertragung von größeren Kräften werden daher vorzugsweise nur Stirn- oder Kegeltriebe verwendet, da sie bei korrekter Verzahnung beinahe reibungsfrei arbeiten. Nur dort, wo das Übersetzungsverhältnis zu groß ist, werden Schneckentriebe zur Übertragung größerer Kräfte angewendet. Die Schraubenräder können ihrer geringen Zahnanlage wegen nur zur Übertragung von geringen Kräften gebraucht werden. Sie sind nur dort am Platze, wo es sich darum handelt, zwischen zwei sich unter einem beliebigen Winkel kreuzenden Achsen einen möglichst geräuschlosen, gleichmäßigen Gang zu erzielen und können dort, wenn sie im Ölbade laufen, ziemlich hohe Umdrehungszahlen vertragen. Ebenso muß die Schnecke beim Schneckengetriebe dauernd im Ölbade laufen, um für das Getriebe einen guten Wirkungsgrad zu erzielen.

Vor einigen Jahren sah man an Werkzeugmaschinen häufig Stirnräder mit zur Achse schräg liegenden, spiralgewundenen Zähnen. Es sollte damit bei hohen Tourenzahlen ein ruhiger Gang erreicht werden. Da der ruhige Gang jedoch in erster Linie von der korrekten Zahnform abhängig ist und eine solche bei geraden Zähnen viel eher erreicht werden kann, ist man von der Anwendung der Spiralzahn-Stirnräder fast gänzlich wieder abgekommen.

Fig. 315. Helikoidengetriebe.

Sozusagen eine Fortsetzung der Schneckengetriebe über die für diese bis dahin allgemein angenommene Grenze bilden die in Fig. 315 dargestellten, von der Firma Fr. Stolzenberg & Co. verfertigten Helikoidengetriebe; das sind Schraubenräder mit konkav geschnittenen Zähnen. Es sind eigentlich weder Schnecken- noch Schraubenräder. Alle guten und eigentümlichen Eigenschaften der Schraubenräder besitzend, jedoch ohne deren Mängel, sind Helikoidengetriebe infolge der vollkommenen Zahnanlage zu Kraftübertragungen in weiterem Maße als Schraubenräder zu verwenden. Die Abnutzung ist geringer, der Nutzeffekt infolge der hohen Gangsteigung besonders günstig. Bremsversuche haben einen Nutzeffekt von 86 % ergeben.

Fig. 316. Stirnrädergetriebe mit Innenverzahnung.

Sind große Kräfte bei verhältnismäßig hoher Tourenzahl zu übertragen, so werden mit Vorteil die Stirnräder mit Winkel- oder Pfeilzähnen verwendet. Wegen ihrer widerstandsfähigen Zahnform werden sie fast durchgängig zum Antrieb von Walzwerken benutzt. Die Zähne werden dabei mit Fingerfräsern auf Sondermaschinen mit selbsttätiger Umkehr des Spiralantriebes eingeschnitten. Eine gut durchgebildete Sonderfräsmaschine zur Herstellung dieser Pfeilräder bis zu den größten Dimensionen wird von der Firma

Lorenz in Ettlingen gebaut. Die Bestimmung der Abmessungen der Räder ist genau wie bei Schraubenrädern.

Besonders ruhig laufen infolge größeren Zahneingriffes Stirnräder mit Innenverzahnung. Fig. 316 stellt ein solches Getriebe von der bekannten Firma Fr. Stolzenberg & Co., Berlin-Reinickendorf, dar.

b) Die Bestimmung der Abmessungen.

1. Die Stirnräder.

Hat man Zahnräder zu bestimmen, so wird wohl meistens ein bestimmtes Übersetzungsverhältnis oder wohl auch noch der Mittenabstand der beiden in Bewegung zu setzenden Wellen gegeben sein. Im letzten Falle ist man dann an bestimmte Durchmesser der Räder gebunden. (Die Berechnung der Zahnstärke nach dem Zahndruck oder den zu übertragenden Pferdestärken anzuführen, würde den diesem Buche gesteckten Rahmen überschreiten.)

Um von einem Kreise, dessen Durchmesser gegeben ist, den Umfang zu erhalten, muß man, wie bekannt, ersteren mit $\pi = 3{,}14$ multiplizieren, und will man umgekehrt aus dem Umfang den Durchmesser finden, so hat man ersteren durch π zu teilen. Nun ist bei Zahnrädern nicht der äußere Durchmesser, sondern der des Teilkreises maßgebend. Es ist dies der Kreis, auf welchem die Zahnteilung aufgetragen wird. Unter Zahnteilung hat man nun wieder den Mittenabstand von zwei nebeneinander liegenden Zähnen zu verstehen, nicht etwa nur die Zahnlücke. Vom Teilkreis ausgehend, unterscheidet man noch Zahnkopf und Zahnfuß, es ist, wie schon die Namen sagen, der erstere das über dem Teilkreis und der letztere das unter dem Teilkreis liegende Stück des Zahnes. Diese Dimensionen macht man im allgemeinen von der Teilung abhängig, und zwar nimmt man die Höhe des ganzen Zahnes 0,7 mal Teilung, wovon 0,3 t auf den Zahnkopf und 0,4 t auf den Zahnfuß entfallen.

Wir wollen nun nach vorhergegangenem ein Getriebe bestimmen, dessen Räder 20 und 40 Zähne haben. Die Teilung sei 22 mm. Der Einfachheit halber wollen wir folgende Bezeichnungen einführen:

Teilung	$= t$,
Zähnezahl	$= z$,
Teilkreisdurchmesser . . .	$= T$,
Äußerer Durchmesser . . .	$= D$.

Es ist nun für das große Rad

$$T = \frac{z \cdot t}{\pi} = \frac{40 \cdot 22}{3{,}14} = 280{,}25 \text{ mm},$$

für das kleine Rad

$$T = \frac{20 \cdot 22}{3{,}14} = 140{,}12.$$

Der Mittenabstand beider Räder ist gleich der Summe der beiden Teilkreisdurchmesser geteilt durch 2, also:

$$\frac{280{,}25 + 140{,}12}{2} = 210{,}18 \text{ mm}.$$

Der Zahnkopf wird

$$0{,}3\, t = 0{,}3 \,.\, 22 = 6{,}6 \text{ mm},$$

der Zahnfuß

$$0{,}4\, t = 0{,}4 \,.\, 22 = 8{,}8 \text{ mm},$$

die Höhe des ganzen Zahnes also

$$6{,}6 + 8{,}8 = 15{,}4 \text{ mm}.$$

Der Außendurchmesser des großen Rades wird also sein:

$$D = T + 2 \,.\, \text{Zahnkopf} = 280{,}25 + 2 \,.\, 6{,}6 = 293{,}45 \text{ mm},$$

der des kleinen:

$$D = 140{,}12 + 2 \,.\, 6{,}6 = 153{,}32 \text{ mm}.$$

Wie man sieht, ergeben sich für die Durchmesser recht unbequeme Dezimalbrüche, welche dem Dreher bei der Ausführung viele Schwierigkeiten bereiten würden, überhaupt ist die ganze Rechnung sehr unbequem. Man kann dieselbe wesentlich einfacher gestalten, wenn man die Teilung als Vielfaches der Zahl $\pi = 3{,}14$ nimmt. Man nennt dies die Modulteilung oder das Modulsystem, weil man alle Dimensionen auf ein bestimmtes Einheitsmaß, den Modul, bezieht und nennt die Zahl, welche angibt, wie oft die Zahl π in der Teilung enthalten ist, den Modul des Rades. Da man den Modul meist in ganzen Zahlen, höchstens in Halben oder Vierteln nimmt, wird die Rechnung so einfach, daß sie wohl jeder einigermaßen intelligente Arbeiter sofort begreift und leicht im Kopf behalten kann. Nachstehend soll dieselbe noch eingehend erläutert werden.

Am leichtesten verständlich wird es sein, wenn wir auf unser vorhergehendes Beispiel zurückgreifen.

Würden wir also statt 22 mm Teilung $7\ \pi = 21{,}99$ mm nehmen, so würden sich die Durchmesser wie folgt ergeben:

großes Rad

$$T = \frac{40 \,.\, 7 \,.\, \pi}{\pi} = 40 \,.\, 7 = 280 \text{ mm},$$

kleines Rad

$$T = \frac{20 \,.\, 7 \,.\, \pi}{\pi} = 20 \,.\, 7 = 140 \text{ mm},$$

woraus man sieht, daß sich eine Rechnung mit π ganz überflüssig macht, da es sich gegenseitig aufhebt. Es ist nur die Zähnezahl mit dem Modul zu multiplizieren. Um nun auch bequeme Außendurchmesser zu erhalten, macht man den Zahnkopf nicht $0{,}3\, t$, sondern $0{,}3183\, t$, dies ist gleich $\frac{t}{\pi}$ gleich dem Modul, hier also 7 mm. Da der Außendurchmesser 2 mal um den Zahnkopf größer ist als der Teilkreisdurchmesser, so hat man, um den Außendurchmesser zu erhalten, nur nötig, 2 zur Zähnezahl zu addieren und mit dem Modul zu multiplizieren. Danach ergeben sich die Außendurchmesser unserer beiden Räder:

großes Rad

$$D = (40 + 2) \,.\, 7 = 294 \text{ mm},$$

kleines Rad

$$D = (20 + 2) \,.\, 7 = 154 \text{ mm}.$$

Der Zahnfuß ist $1^1/_6$mal Modul, folglich die ganze Frästiefe $2^1/_6$ Modul. Der Fußkreis wird also $2^2/_6 = 2^1/_3$ Modul kleiner als der Teilkreis. Für unser Beispiel würden also die Fußkreisdurchmesser:

großes Rad

$$280 - (2^1/_3 \,.\, 7) = 363{,}77,$$

kleines Rad

$$140 - (2^1/_3 \,.\, 7) = 123{,}77.$$

Da ferner der Mittenabstand m zweier Räder $z_1\, z_2$ gleich der Summe der beiden halben Teilkreisdurchmesser ist, so hat man zur Bestimmung desselben nur nötig, die Zähnezahlen der beiden Räder zu addieren, mit dem Modul zu multiplizieren und durch 2 zu teilen. Für unseren Fall also

$$m = \frac{(40 + 20) \,.\, 7}{2} = 210 \text{ mm}.$$

Für Räder, welche ganz genau arbeiten müssen und theoretisch korrekt geschnitten bezw. gefräßt sind, soll Zahnlücke gleich Zahnstärke sein. Bei gewöhnlichen Zahnradübersetzungen gibt man jedoch einen geringen Spielraum, und zwar wird meistens $^1/_{40}$ der Teilung angegeben, so daß die Zahnstärke $^{39}/_{80}\, t$ und die Zahnlücke $^{41}/_{80}\, t$ wird.

Es seien noch alle Hauptpunkte wiederholt und zusammengestellt.

$$\text{Teilung } t = \pi \,.\, \text{Modul}.$$

$$\text{Teilkreisdurchmesser } T = z \cdot \frac{t}{\pi} = \text{Zähnezahl} \times \text{Modul}.$$

$$\text{Außendurchmesser } D = (z + 2) \cdot \frac{t}{\pi} = (\text{Zähnezahl} + 2) \,.\, \text{Modul}.$$

$$\text{Zahnkopf} = \text{Modul}.$$

$$\text{Zahnfuß} = 1^1/_6 \,.\, \text{Modul}.$$

$$\text{Ganze Frästiefe} = 2^1/_6 \,.\, \text{Modul}.$$

Die Mittenentfernung zweier ineinander greifender Stirnräder ist:

$$m = \frac{(z_1 + z_2) \,.\, \text{Modul}}{2} = \frac{\text{Summe der Zähnezahlen beider Räder} \times \text{Modul}}{2}.$$

2. Die Spiralzahn- oder Schraubenräder.

Nicht so einfach ist die Bestimmung der Spiralzahn- oder Schraubenräder (Fig. 317 und 318). Bei dieser Art Verzahnung sind zwei Teilungen,

Fig. 317. Spiralzahnräder mit verschiedenen Achsenwinkeln der Zähne.

und zwar die Normalteilung und die Stirnteilung auseinander zu halten. Bei der Bestimmung der Abmessungen geht man von der Normalteilung aus und berechnet mit Hilfe des Achsenwinkels[1]) die zur Bestimmung des Teilkreisdurchmessers erforderliche Stirnteilung. Wie aus Fig. 318 ersichtlich ist, bildet die Normalteilung (*Nt.*) mit der Stirnteilung (*St.*) und der Zahnschräge ein rechtwinkliges Dreieck; und zwar stellt die Stirnteilung die Hypothenuse dar, während die Normalteilung und die Zahnschräge die beiden Katheten ergeben. Es bildet nun die Normalteilung mit der Stirnteilung genau denselben Winkel, wie die Radachse mit der Zahnschräge. Man nennt diesen Winkel den Achsenwinkel und ist derselbe in unserer Figur mit α bezeichnet. Wie wir

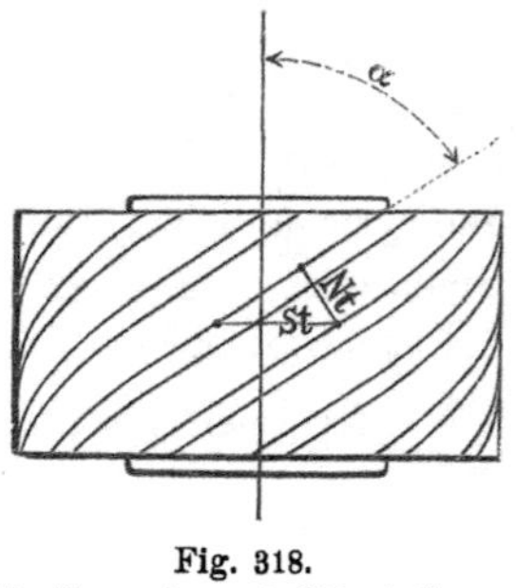

Fig. 318.
Die Normal- und Stirnteilung der Spiralzahnräder.

[1]) Dieser Winkel wird bei Schraubenrädern fast immer als Steigungswinkel bezeichnet. Da man aber das Schraubenrad sowohl bezüglich seiner Herstellung als auch seiner Wirkungsweise als eine vielgängige Schnecke betrachten muß, so sind die einzelnen Zähne als Teile eines Gewinde- bezw. Schneckenganges anzusehen und als Steigungswinkel ist demnach der Winkel, den die Zähne mit der Stirnseite des Rades bilden, zu bezeichnen. (Vergl. Fig. 242 und Fußnote S. 206.) Der Winkel der Zähne mit der Achse ist daher auch hier immer als Achsenwinkel genannt. Die Achsenwinkel zweier ineinander greifender Schraubenräder müssen zusammen den Winkel ergeben, unter den sich die beiden zu treibenden Achsen schneiden.

früher bei den Berechnungen beim Fräsen spiralgewundener Nuten usw. sahen, ist im rechtwinkligen Dreieck die einem spitzen Winkel anliegende Kathete, geteilt durch die Hypothenuse, gleich dem Kosinus dieses Winkels, also ist $\frac{\text{Normalteilung}}{\text{Stirnteilung}} = \text{Kosinus } \alpha$.

Daraus ergibt sich: $\text{Stirnteilung} = \frac{\text{Normalteilung}}{\text{Kosinus } \alpha}$.

Hier muß man allerdings auf die Vorteile, welche die Modulteilung bei Stirnrädern bietet — runde Masse für die Durchmesser zu erhalten — verzichten. Würde z. B. die Stirnteilung nach dem Modul angenommen, so müßte für jeden anderen Achsenwinkel ein besonderer Fräser vorhanden sein, während sonst normale Fräser benutzt werden können. Für zwei ineinander greifende Räder mit ungleichem Achsenwinkel würde es überhaupt unmöglich sein, eine korrekte Verzahnung zu erhalten. Die Normalteilungen zweier ineinander greifender Räder müssen stets gleich sein, während die Stirnteilungen, wenn nicht für beide Räder gleiche Achsenwinkel angenommen werden, ganz verschieden sein können. Daraus ergibt sich, daß zwei ineinander greifende Räder von gleichen Zähnezahlen verschiedene Teilkreisdurchmesser haben können und verhalten sie sich bei rechtwinklich sich kreuzenden Achsen, wenn die beiden Winkel zu 26° 35 Minuten und 63° 25 Minuten genommen werden, wie 1 : 2. Diese Unabhängigkeit der Durchmesser von der Zähnezahl läßt sich für manche Zwecke vorteilhaft verwenden, nur muß dabei das Rad mit dem größeren Achsenwinkel immer als treibendes Rad benutzt werden.

Der Zahnkopf und Zahnfuß werden nach der Normalteilung, wie bei geraden Zähnen bestimmt. An einem Beispiel sei das bisher Gesagte nochmals erläutert.

Es sei ein Schraubenräderpaar zu konstruieren, dessen Achsen sich rechtwinklig schneiden. Die Übersetzung sei 1 : 2, die Zähnezahl 30 und 60. Die Normalteilung sei Modul 6 = 6 π. Nehmen wir den Achsenwinkel α für beide Räder gleich, so beträgt derselbe, da sich die Achsen rechtwinklig, also unter 90°, schneiden, 45°. Die Stirnteilung ist dann

$$St = \frac{\text{Normalteilung}}{\text{Kosinus } \alpha} = \frac{6}{\text{Kosinus } 45^{0}},$$

für Kosinus 45° finden wir in unserer Tabelle den Wert 0,707, dies ergibt

$$\frac{6}{0{,}707} = 8{,}486 \text{ Modul.}$$

Der Teilkreisdurchmesser des kleinen Rades ist also:

$$T = z \,.\, \text{Modul} = 30 \,.\, 8{,}486 = 254{,}6 \text{ mm},$$

der Teilkreisdurchmesser des großen Rades

$$T = 60 \,.\, 8{,}486 = 509{,}1 \text{ mm}.$$

(Die Teilung könnte man ja auch in Millimetern ausdrücken, doch wird die Rechnung dabei nur unbequem. Wir hätten dann in unserem Beispiel als Stirnteilung $\frac{18,86}{0,707} = 26,676$. Die Teilkreisdurchmesser würden sich dann berechnen aus $T = \frac{z \cdot t}{\pi}$, also der des kleinen Rades zu $\frac{30 \cdot 26,676}{\pi} = 254,6$ mm.)

Der Zahnkopf wird nach der Normalteilung gleich dem Modul, also 6 mm, folglich ist der Außendurchmesser des kleinen Rades

$$254,6 + 2 \cdot 6 = 266,6 \text{ mm},$$

der Außendurchmesser des großen Rades

$$509,1 + 2 \cdot 6 = 521,1 \text{ mm}.$$

Da sich die Zahndimensionen nur nach der Normalteilung richten und für die sonstigen Abmessungen des Rades außer der Normalteilung nur der Teilkreisdurchmesser erforderlich ist, kann von der Berechnung der Stirnteilung Abstand genommen werden, weil aus der Normalteilung und dem Achsenwinkel der Teilkreisdurchmesser bestimmt werden kann. Man multipliziert wie bei Stirnrädern den Modul der Normalteilung mit der Zähnezahl und dividiert den erhaltenen Wert durch den Kosinus des Achsenwinkels. Mit Bezug auf obiges Beispiel berechnen sich die Teilkreisdurchmesser der beiden Räder wie folgt:

kleines Rad

$$\frac{30 \cdot 6}{0,707} = \frac{180}{0,707} = 254,6,$$

großes Rad

$$\frac{60 \cdot 6}{0,707} = \frac{360}{0,707} = 509,1.$$

Zusammengefaßt, ergibt:

$$\text{Normalteilung } Nt = \pi \cdot \text{Modul},$$

$$\text{Stirnteilung } St = \frac{Nt}{\text{Kosinus } \alpha},$$

und infolgedessen auch, wenn die Stirnteilung bekannt ist:

$$\text{Normalteilung } Nt = St \cdot \text{Kosinus } \alpha,$$

worin α den Achsenwinkel der Spirale bedeutet, das ist, wie schon früher gesagt wurde, der Winkel, den die Spirale oder Zahnschräge mit der Achse bildet (siehe Fig. 319); die Achsenwinkel der beiden ineinandergreifenden Räder geben zusammen den Winkel, unter den sich die beiden zu treibenden Achsen schneiden.

Teilkreisdurchmesser

$$T = \frac{\text{Modul der Normalteilung} \times \text{Zähnezahl}}{\text{Kosinus } \alpha}$$

oder

$$T = \text{Modul der Stirnteilung} \times \text{Zähnezahl}.$$

Ist die Stirnteilung in Millimetern ausgerechnet, dann ist

$$T = \frac{z \,.\, St}{\pi}.$$

Außendurchmesser $D = T + 2$. Modul der Normalteilung.

Ganze Frästiefe $= 2^1/_2$ Modul der Normalteilung.

Obwohl zum Fräsen von Schrauben- und Spiralzahnrädern normale Stirnradfräser verwendet werden, so darf doch nicht ohne weiteres der Fräser verwendet werden, dessen aufgeschlagene Zähnezahl der Zähnezahl des Schraubenrades entspricht, denn die aufgeschlagene Zahl gilt nur für Stirnräder, bei welchen die Zähnezahl proportional dem Durchmesser ist. Bei den Schraubenrädern verhält sich dies anders, denn erstens ist der Durchmesser abhängig vom Achsenwinkel der Zähne und immer größer als der eines die gleiche Anzahl Zähne habenden Stirnrades. Schon dieses würde bei Abwicklung der Evolvente eine wesentlich andere Zahnform ergeben. Zweitens nähern sich die Zähne bei größer werdenden Achsenwinkeln immer mehr den Schneckengängen; ihre Zahnform muß sich folglich mehr der einer Schnecke, und das ist die der Zahnstange, nähern.

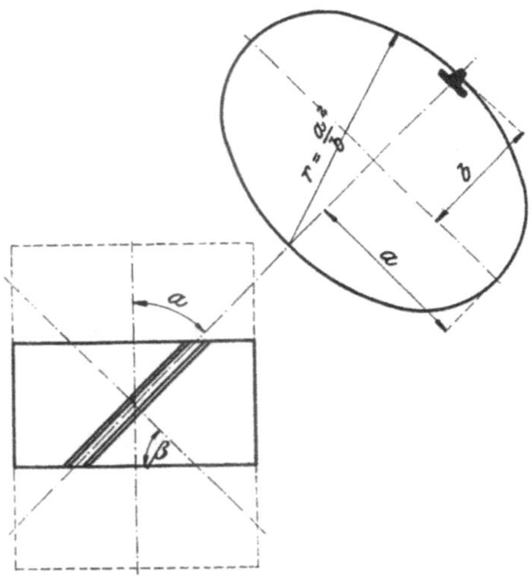

Fig. 319. Die Bestimmung der richtigen Zahnform an Spiralzahnrädern.

Denkt man sich ein Schraubenrad (Fig. 318) rechtwinklig zu einem oben liegenden Zahn geschnitten, so ergibt dieser Schnitt, wenn das Rad die nötige Dicke hat, eine Ellipse, und dieser Zahn liegt dann genau auf dem flachen Scheitel dieser Ellipse (vergl. Fig. 319). Der Krümmungsradius für diesen Scheitel ergibt den Halbmesser des Kreises für die Verzeichnung der Verzahnung. Dieser Krümmungsradius berechnet sich aus $\frac{a^2}{b}$, worin a die halbe große und b die halbe kleine Achse der Ellipse bedeutet. Der Durchmesser des Kreises, auf welchem die Verzahnung zu erfolgen hat und nach welchem auch der Fräser zu wählen ist, ist also $2 \cdot \frac{a^2}{b}$.

Die kleine Achse der Ellipse ist uns direkt als Teilkreisdurchmesser des Schraubenrades gegeben, es ist also

$$2\,b = T,$$

folglich

$$b = \frac{T}{2}.$$

Die große Achse ergibt sich aus dem Teilkreisdurchmesser T und dem Achsenwinkel α, und zwar ist, da $\beta = \alpha$, wie aus Fig. 319 leicht ersichtlich:

$$2a = \frac{T}{\cos\alpha},$$

folglich

$$a = \frac{T}{2 . \cos a}.$$

Es ist also der für den Fräser maßgebende Teilkreisdurchmesser, welchen wir mit Tf bezeichnen wollen:

$$Tf = 2\frac{a^2}{b} = 2 \cdot \frac{\left(\frac{T}{2 . \cos\alpha}\right)^2}{\left(\frac{T}{2}\right)} = 2\frac{T^2 . 2}{4 . \cos^2\alpha\, T} = \frac{T}{\cos^2\alpha}.$$

Nun ist aber auf den gebräuchlichen Zahnradfräsern nicht der Durchmesser, sondern die Zähnezahl für das diesem Durchmesser entsprechende Stirnrad aufgeschlagen, und man muß, um diese Zähnezahl zu erhalten, den ausgerechneten Durchmesser noch durch den Modul der Normalteilung dividieren oder, wie es nachstehend geschehen soll, die ganze Rechnung auf die Zähnezahl des Schraubenrades und die Normalteilung beziehen.

Bezeichnen wir mit

$Nt =$ die Normalteilung (in Modul),
$\alpha =$ den Achsenwinkel der Zähne,
$Zs =$ die Zähnezahl des Schraubenrades,
$Ts =$ den Teilkreisdurchmesser des Schraubenrades,
$Tf =$ den für den Fräser maßgebenden Teilkreisdurchmesser,
$Zf =$ die für den Fräser maßgebende Stirnräderzähnezahl — aufgeschlagene Zähnezahl —, so ist.

$$Tf = \frac{Ts}{\cos^2\alpha};$$

ferner fanden wir vorher (S. 267 und 268)

$$Ts = \frac{Nt . Zs}{\cos\alpha};$$

dies oben eingesetzt, ergibt

$$Tf = \frac{Nt . Zs}{\cos^2\alpha . \cos\alpha} = \frac{Nt . Zs}{\cos^3\alpha};$$

nun ist weiter

$$Zf = \frac{Tf}{Nt};$$

für Tf obigen Wert eingesetzt, ergibt

$$Zf = \frac{Nt . Zs}{\cos^3\alpha . Nt} = \frac{Zs}{\cos^3\alpha}.$$

Es heißt dies in Worten: Zur Herstellung korrekter Schraubenradzähne vermittelst Stirnradfräser ist ein Fräser erforderlich, dessen aufgeschlagene Zähnezahl sich ergibt, indem man den Kosinus des Achsenwinkels dreimal mit sich selbst multipliziert und mit diesem erhaltenen Wert in die Zähnezahl des zu fräsenden Schraubenrades dividiert.

Beispiel: Welcher Fräser ist für ein Schraubenrad von 20 Zähnen und 45^0 Achsenwinkel anzuwenden?

Für $\cos 45^0$ finden wir in unserer Tabelle den Wert 0,707, also ist $\cos^3 45^0 = 0{,}707 \,.\, 0{,}707 \,.\, 0{,}707 = 0{,}353\,393 \sim 0{,}35$.

Zs ist nach unserm Beispiel 20, also ist

$$Zf = \frac{Zs}{\cos^3 \alpha} = \frac{20}{0{,}35} = 57\,;$$

es ist also ein Stirnradfräser für 57 Zähne zu verwenden.

3. Die Schneckengetriebe.

Die Schneckenräder mit geraden, im Steigungswinkel der Schnecke schrägstehenden Zähnen (Fig. 320) berechnet man im allgemeinen wie Stirnräder, indem man die Stirnteilung = Normalteilung nimmt. Solange der Steigungswinkel nicht zu groß wird, ist auch die Differenz zwischen Normalteilung und Stirnteilung gering. Bei 15^0 Steigungswinkel beträgt die Normalteilung $1 \,.\, \cos 15^0 = 0{,}965$ der Stirnteilung, die Differenz ist also bis dahin noch nicht von großer Bedeutung. Bei größeren Steigungswinkeln fräst man die Zähne spiral und berechnet sie wie bei den Schraubenrädern.

Fig. 320.

Schneckenrad mit geraden, im Steigungswinkel der Schnecke schrägstehenden Zähnen.

Da man auf einer gewöhnlichen Drehbank ohne besondere Wechselräder nicht gut eine Schnecke genau der Modulteilung entsprechend herstellen kann und anderseits nicht immer die den Gewindesteigungen entsprechenden Fräser hat, hilft man sich, um eine Übereinstimmung herbeizuführen, dadurch, daß der Schneckenraddurchmesser nach der Gewindesteigung bestimmt, also die Teilung gleich der Steigung gemacht wird, und die Zähne mit dem dieser Teilung am nächsten liegenden Modulfräser eingefräst werden.

Um auf einer Drehbank, deren Leitspindel Zollsteigung hat, der Modulteilung entsprechende Schnecken herzustellen, ist ein Wechselrad von 97 Zähnen nötig. Die damit geschnittenen Schnecken erhalten, wie aus folgendem ersichtlich ist, nur eine ganz minimale Abweichung in der Teilung und sind für alle praktischen Zwecke anstandslos verwendbar.

Zum Beispiel: Es soll eine Schnecke Modul 1 geschnitten werden. Die Steigung der Leitspindel sei 2 Gang auf 1 Zoll.

Modul 1 entspricht nun einer Gangzahl von $\frac{25,4}{3,1416} = 8,085$ Gang auf einen Zoll. Das Verhältnis der Wechselräder muß also 2 : 8,085 sein. Erweitert man dasselbe mit 12, so erhält man 2 . 12 = 24 und 8,085 . 12 = 97,02. Die Differenz der letzten Zahl mit 97 macht also nur $^1/_{50}$ eines Zahnes aus. Da bei einer Umdrehung der Leitspindel nach unserem Beispiel bei $^1/_2$ Zoll Steigung der Support 12,7 mm vorgeschoben wird, so wird also die Differenz in der Steigung $\frac{1}{50} \cdot \frac{1}{97} \cdot 12,7 = \frac{12,7}{4850} = 0,002\,62$ mm betragen. Demnach ist der Unterschied von der genauen Modulsteigung auf 1 m Länge kaum $^2/_{10}$ eines Millimeters.

Nachstehend ist zum besseren Verständnis noch eine Wechselrädertabelle für die gebräuchlichsten Modulsteigungen aufgeführt, und zwar für eine Drehbank, deren Leitspindel $^1/_2$ Steigung hat.

Bei anderen Spindelsteigungen ändert sich das Verhältnis der Gangzahl entsprechend; so wird z. B. bei einer dreigängigen Spindel das Verhältnis 3 : 8,05 sein, man muß nur immer, um auf 97 zu kommen, mit 12 erweitern. Für größere Teilungen würde jedoch das Rad am Spindelstock zu groß, man nimmt dann ein kleineres und steckt, um die richtige Übersetzung zu erhalten, entsprechende Zwischenräder an.

Wechselräder-Tabelle.

Modul	Rad am Spindelstock	Zwischenräder		Rad an der Leitspindel
1	24	—		97
1,5	36	—		97
2	48	—		97
2,5	60	—		97
3	60	75	90	97
3,5	60	50	70	97
4	60	50	80	97
4,5	60	50	90	97
5	60	50	100	97
5,5	60	50	110	97
6	60	50	120	97
6,5	60	50	130	97
7	60	50	140	97
8	72	45	120	97

Zu bemerken ist hier noch, daß man für doppelgängige Schnecken natürlich auch doppelte Steigung anzustecken hat; also für eine doppelgängige Schnecke Modul 3 hat man die Wechselräder, welche in obiger

Tabelle für Modul 6 angegeben sind, anzustecken. Es läßt sich dies leicht durch die Zwischenräder ermöglichen.

Die Ermittelung des Steigungswinkels bezw. der Zahnschräge ist auf S. 198 eingehend erläutert. Es sei hier nur noch bemerkt, daß die Teilung des Schneckenrades nur bei einer Schnecke mit einfachem Gewinde gleich der Steigung ist. Bei einer Schnecke mit mehrfachem Gewinde

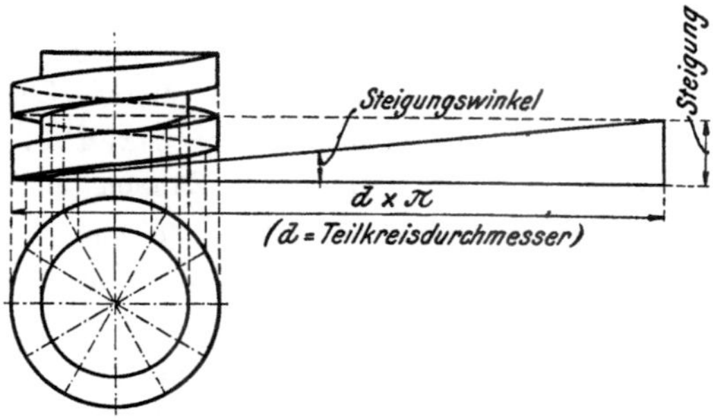

Fig. 321. Die Bestimmung des Steigungswinkels einer Schnecke.

beträgt die Teilung des Schneckenrades nur den sovielten Teil der Steigung, als das Gewinde der Schnecke gängig ist. Z. B. bei einer Schnecke mit sechsfachem Gewinde wird die Teilung des Schneckenrades nur $\frac{1}{6}$ der Gewindesteigung betragen. Die Größe des Steigungswinkels ist jedoch unabhängig von der Gängigkeit der Schnecke. Derselbe berechnet sich nur aus der Steigung. (Fig. 321 und 322.) Die Mittenentfernung von Schnecke und Schneckenrad wird wie bei den Stirnrädern bestimmt, ist also gleich der halben Summe der beiden Teilkreise.

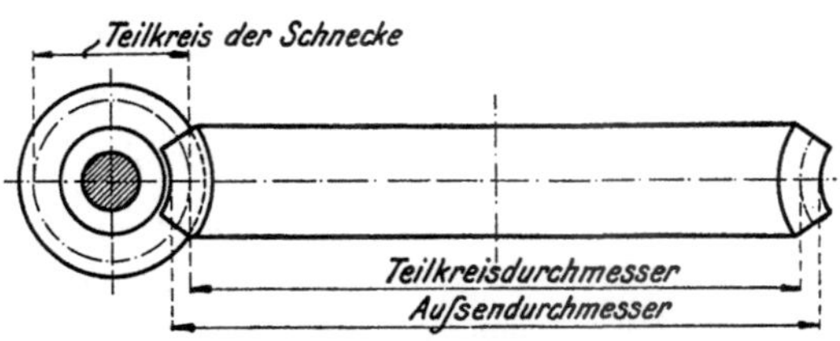

Fig. 322. Die Schneckenradabmessungen.

Die Schneckenräder, welche mit einem Schneckenradfräser freiläufig nachgeschnitten oder zwangsläufig aus dem Vollen gefräst werden, dreht man der besseren Zahnanlage und des besseren Aussehens wegen dem Radius der zugehörigen Schnecke bezw. des Fräsers entsprechend konkav aus. Teilkreis und Durchmesser werden dabei in der Mitte des Rades gemessen. (Vergl. Fig. 322.) Zum genauen Vorarbeiten auf der Drehbank muß hierzu eine Schablone angefertigt werden. Die Stirnflächen der Zähne läßt man vom Zahngrund aus nach dem Mittelpunkt der Schnecke zu verlaufen. Die Steigung der Schnecke (bei mehrgängigen Schnecken

Steigung dividiert durch Gängigkeit) ist immer als Zahnteilung zu betrachten und geschieht mit dieser Teilung die Bestimmung der Schneckenräder mit konkaven Zähnen genau wie bei Stirnrädern.

Unterschnitten.

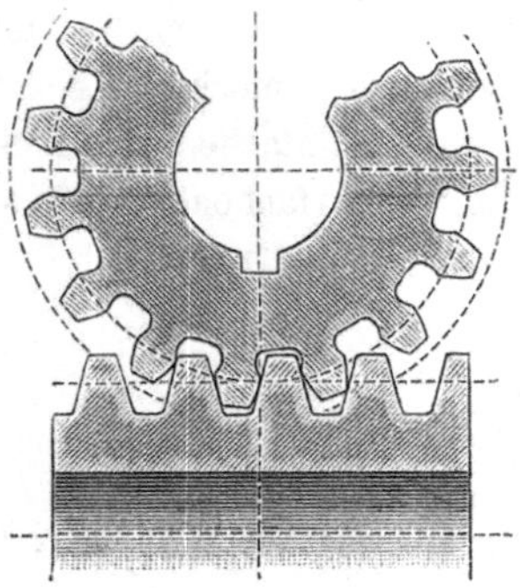

Fig. 323. Schneckenrad mit normaler Zahnform.

Schnecken- und Helikoidenräder mit weniger als 30 Zähnen erhalten bei der normalen Abmessung stark unterschnittene Zähne. Fig. 323 zeigt ein solches Schneckenrad mit 15 Zähnen. Um diesen Übelstand zu vermeiden, empfiehlt Stolzenberg für Schneckenräder unter 30 Zähnen den Teilkreisdurchmesser zu vergrößern und stellt nachstehende beiden Formeln, die sich in der Praxis gut bewährt haben, auf.

1. Für Schneckenräder mit 30 und mehr Zähnen:

$$\text{Teilkreisdurchmesser } T = \frac{z\,t}{\pi},$$

$$\text{Außendurchmesser } D = T + 2\,\frac{t}{\pi}$$

oder, wenn die Schnecke nach der Modulsteigung geschnitten ist:

$$T = z\,.\,M \quad \text{und}$$

$$D = (z + 2)\,.\,M.$$

2. Für Schneckenräder mit weniger als 30 Zähnen:

Nicht unterschnitten.

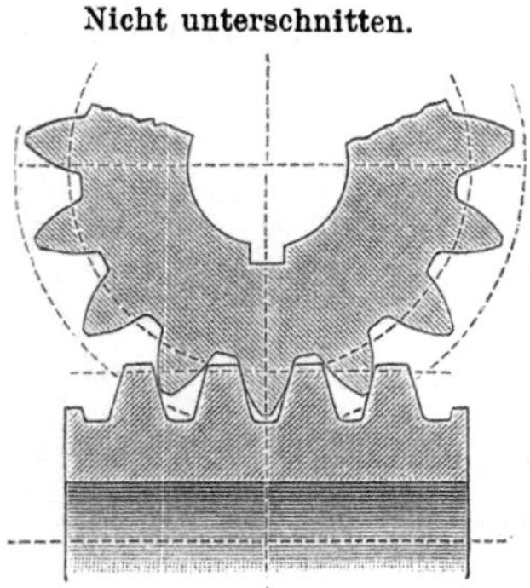

Fig. 324. Schneckenrad mit korrigierter Zahnform.

$$T = \frac{z\,t}{\pi} \cdot 0{,}937 + 2\,\frac{t}{\pi};$$

$$D = T + 2 \cdot \frac{t}{\pi} \quad \text{bezw.}$$

$$T = z\,.\,M\,.\,0{,}937 + 2\,.\,M \quad \text{und}$$

$$D = T + 2\,.\,M.$$

Fig. 324 zeigt ein Schneckenrad mit 15 Zähnen, dessen Durchmesser nach Formel 2 bestimmt wurde. Wie ersichtlich, ist der Zahnfuß nicht unterschnitten. Die Abwälzung ist vollkommen korrekt. Profil und Durchmesser der Schnecke sind normal. Der Vergrößerung des Rad durchmessers entsprechend vergrößert sich die Mittenentfernung von Schnecke und Rad.

4. Die Kegelräder.

Man hat sich zwei zusammenarbeitende Kegelräder als zwei aufeinander abrollende Kegel zu denken, deren Spitzen in einem Punkt zusammenfallen. (Fig. 325 bis 327.) Nach diesem Punkt zu müssen demnach alle die Zahnflanken begrenzenden Linien auslaufen.

Am sichersten bestimmt man die Abmessungen von Kegelrädern, wenn man dieselben in natürlicher Größe aufreißt.

Zum Zweck des Aufreißens bestimmt man sich nun wie bei Stirnrädern die äußeren Teilkreisdurchmesser und trägt dieselben unter dem der Wellenlage entsprechenden Winkel aneinander an, halbiert dieselben und zieht durch die beiden Teilpunkte je eine Senkrechte. Diese den Wellenmitten entsprechenden Linien schneiden sich in dem Punkt O (Fig. 325), in welchem die obengenannten Kegelspitzen zusammenfallen. Jetzt zieht man von den Endpunkten der Teilkreisdurchmesser Gerade nach diesem Schnittpunkt und erhält so die Umrisse der beiden Kegel. Auf diesen Geraden trägt man sich nun weiter vom äußeren Teilkreis nach der Spitze zu die Zahnbreite ab und erhält, wenn man diese Punkte verbindet, die beiden inneren Teilkreisdurchmesser. Nun kann man aber, da die Zähne schräg zur Wellenachse liegen, Zahnfuß und Zahnkopf nicht auf den Teilkreisen auftragen, sondern im rechten Winkel zu den die Kegel einschließenden Geraden.

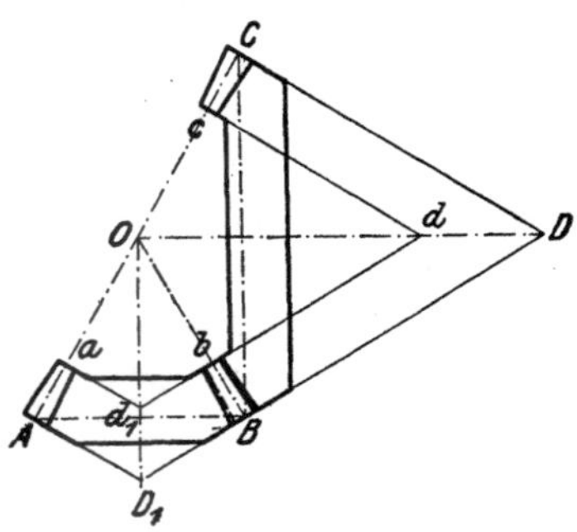

Fig. 325. Das Aufreißen von Kegelrädern.

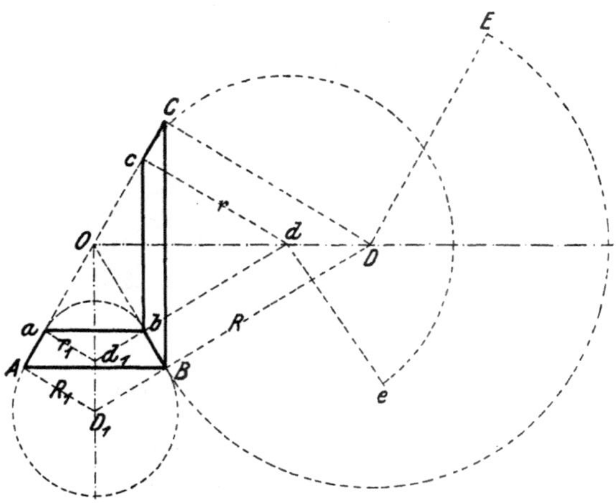

Fig. 326. Das Aufreißen von Kegelrädern.

Zieht man also in A (Fig. 325) senkrecht zu AO, in B senkrecht zu BO und in C senkrecht zu CO abermals Gerade, so schneiden sich dieselben in den Punkten D und D_1. Ebenso verfährt man in den Punkten a, b und c und erhält so die Punkte d und d_1.

Von A, B und C trägt man sich auf diesen Geraden nach der angenommenen Normalteilung Zahnkopf und Zahnfuß ab und zieht von diesen erhaltenen Punkten in der Richtung nach O hin bis a, b und c die Zahnober- und -Unterkante und erhält so die Zahnumrisse.

Die äußere Verzahnung muß auf der Abwicklung des Kegels DBC bezw. D_1BA verzeichnet werden und ist also dafür die Strecke DB bezw. D_1B als Teilkreisradius maßgebend. (Vergl. Fig. 326.) Im übrigen wird die Zahnform wie bei Stirnrädern aufgetragen.

Um die innere Zahnform, für welche die Strecke db bezw. d_1b als Teilkreisradius anzunehmen ist, aufzureißen, muß man erst die innere Teilung bestimmen. Dieselbe verhält sich zur äußeren wie die Strecke bO zur Strecke BO; es ist also, wenn wir die äußere Teilung mit T und die innere mit t bezeichnen:

$$t = \frac{T \cdot (bO)}{(BO)}.$$

Nehmen wir also für unsere Figur eine Teilung von Modul 7 an, ferner für die Strecke BO 120 mm und für die Zahnbreite 40 mm, so daß die Strecke bO 80 mm wird, so erhalten wir die innere Teilung

$$t = \frac{7 \cdot 80}{120} = 4{,}66 \text{ Modul.}$$

Danach berechnet man dann Zahnkopf und Zahnfuß und trägt auf dem Teilkreis mit dem Radius db bezw. d_1b die inneren Verzahnungen auf.

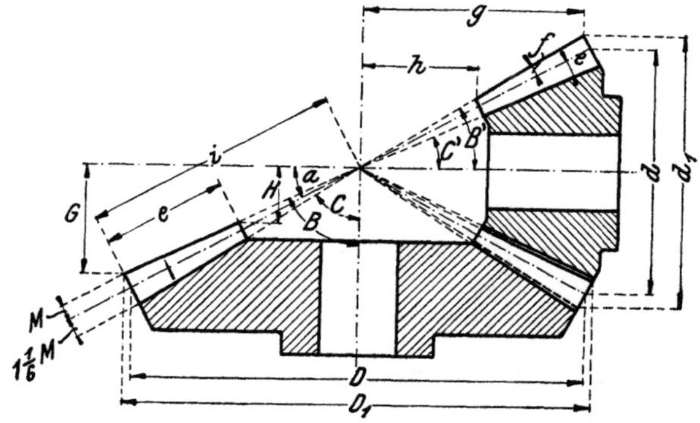

Fig. 327. Die Abmessungen der Kegelräder.

Um eine korrekte Verzahnung der Kegelräder zu erreichen, ist es unbedingt erforderlich, die Räder genau vorzuarbeiten, vor allen Dingen das Kranzprofil in den richtigen Winkeln zu drehen. Da ein Übertragen der Winkel von der Zeichnung vermittelst eines Transporteurs immer Ungenauigkeiten in sich birgt, ist es erforderlich, die Kegelwinkel, wonach das Supportdrehteil, das an jeder besseren Drehbank genaue Gradeinteilung trägt, eingestellt werden kann, trigonometrisch zu bestimmen. Auch die anderen Hauptabmessungen lassen sich trigonometrisch festlegen und soll dies nachstehend kurz erläutert werden.

Wir nehmen Bezug auf die Fig. 327 und bezeichnen mit:

Z = die Zähnezahl des großen Rades,
M = den Modul der Teilung (außen gemessen),
D = den Teilkreisdurchmesser des großen Rades,
D_1 = den Außendurchmesser " " "
A = den Teilkreiskegelwinkel " " " $(90^0 - \alpha)$
B = den Kopfkreiskegelwinkel " " "
C = den Fußkreiskegelwinkel,
f = den Zahnkopfwinkel
e = den Zahnfußwinkel } bei beiden Rädern gleich,
l = die Zahnlänge
z = die Zähnezahl des kleinen Rades,
d = den Teilkreisdurchmesser des kleinen Rades,
d_1 = den Außendurchmesser " " "
a = den Teilkreiskegelwinkel " " "
b = den Kopfkreiskegelwinkel " " "
c = den Fußkreiskegelwinkel " " "

und ferner G, H, g, h und i die auf der Zeichnung Fig. 327 ersichtlichen Abmessungen, so ist

$$D = Z \,.\, M,$$

ferner
$$\operatorname{tg} A = \frac{Z}{z} = \frac{D}{d},$$

$$D_1 = D + 2\,M \,.\, \cos A,$$

$$i = \frac{D}{2 \,.\, \sin A},$$

$$\operatorname{tg} f = \frac{M}{i},$$

$$B = A + f,$$

$$\operatorname{tg} e = \frac{1^1/_6\, M}{i} = \frac{1{,}166 \,.\, M}{i},$$

$$C = A - e,$$

$$d = z \,.\, M,$$

ferner
$$\operatorname{tg} a = \frac{z}{Z} = \frac{d}{D},$$

$$d_1 = d + 2\,M \,.\, \cos a,$$

$$b = a + f,$$

$$c = a - e,$$

$$G = \frac{d}{2} - M \,.\, \sin A,$$

$$H = G - l \,.\, \cos B,$$

$$g = \frac{D}{2} - M \,.\, \sin a,$$

$$h = g - l \,.\, \cos b.$$

Beispiel: Es sei ein Räderpaar zu bestimmen mit einem Übersetzungsverhältnis 1 : 2. Die Teilung sei Modul 10, die Zahnbreite 80 mm und die Zähnezahlen 15 und 30. Es ist dann

$$D = 30 \,.\, 10 = 300,$$
$$d = 15 \,.\, 10 = 150,$$
$$\mathrm{tg} \cdot A \frac{30}{15} = 2;$$

wir finden mit diesem Wert in der Tabelle

$$A = 63^0\, 30',$$
$$D_1 = 300 + 2 \,.\, 10 \,.\, \cos 63^0\, 30' = 300 + 20 \,.\, 0{,}446 = 308{,}9,$$
$$i = \frac{300}{2 \,.\, \sin 63^0\, 30'} = \frac{300}{2 \,.\, 0{,}895} = 168,$$
$$\mathrm{tg}\, f = \frac{10}{168} = 0{,}0595.$$

Damit finden wir für

$$f = 3^0\, 25',$$
$$B = 63^0\, 30' + 3^0\, 25' = 66^0\, 55',$$
$$\mathrm{tg}\, e = \frac{1^1/_6 \,.\, 10}{168} = \frac{1{,}166 \,.\, 10}{168} = 0{,}069;$$

dies gibt für

$$e = 4^0,$$
$$C = 63^0\, 30' - 4^0 = 59^0\, 30',$$
$$\mathrm{tg}\, a = \frac{z}{Z} = \frac{15}{30} = 0{,}5,$$
$$a = 26^0\, 30',$$
$$d_1 = 150 + 2\, m \,.\, \cos 26^0\, 30' = 150 = 2 \,.\, 10 \,.\, 0{,}895 = 167{,}9,$$
$$b = 26^0\, 30 + 3^0\, 25' = 29^0\, 55',$$
$$c = 26^0\, 30 - 4 = 22^0\, 30',$$
$$G = \frac{150}{2} - 10 \,.\, \sin 63^0\, 30' = 75 - 8{,}95 = 66{,}05,$$
$$H = 66{,}05 - 89 \,.\, \cos 66^0\, 55' = 66{,}05 - 31{,}30 = 34{,}75,$$
$$g = \frac{300}{2} - 10 \,.\, \sin 26^0\, 30' = 150 - 4{,}46 = 145{,}54,$$
$$h = 145{,}54 - 80 \,.\, \cos \,.\, 29^0\, 55' = 145{,}54 - 69{,}30 = 76{,}24.$$

Diese Berechnung gilt aber nur für rechtwinklig zueinander arbeitende Räder, anderenfalls ist jedes Rad besonders zu bestimmen. Da sich (bei rechtwinkligen Rädern) die Winkel A und a zu einem rechten Winkel ergänzen, ist es nur nötig, einen davon trigonometrisch zu bestimmen; der andere läßt sich dann leicht durch Subtraktion von 90° finden. Die Winkel *e* und *f* sind für zwei ineinandergreifende Räder gleich. Bei Rädern mit einfacher Übersetzung (1 : 1) beträgt der Teilkegelwinkel 45°; Tangens *A* bezw. *a* ist dann gleich 1.

c) Vor- und Nachteile der gebräuchlichen Verzahnungsmethoden.[1])

Von den bekannten Verzahnungsmethoden kommen für die Praxis im Maschinenbau nur zwei in Betracht, die Zykloiden- und die Evolventenverzahnung. Jede derselben hat ihre Vor- und Nachteile, die jedoch nicht immer richtig beurteilt werden.

Wenngleich die Zykloide, theoretisch betrachtet, zweifellos die richtigere Form ist, weil die Zahnflanken, die danach bestimmt sind, beim Betriebe eine Formveränderung nur in geringem Maße erleiden und der Reibungsverlust verhältnismäßig klein ist, so liegt doch in dem Umstande, daß dieser Vorteil nur zu erreichen ist, wenn Ausführung der Räder und Adjustierung der Mittenentfernung derselben vollkommen korrekt sind, ein Nachteil, der, mit den Mängeln der Evolventenverzahnung verglichen, entschieden schwerwiegender ist als diese. Die Zykloidenverzahnung ist daher nur in besonderen Fällen für einzelne bestimmte Zwecke vorzugsweise zu benutzen.

Die Evolventenverzahnung bedarf keiner so peinlich genauen Einstellung der Achsenmitten, die Räder können auseinandergerückt werden, ohne daß der Zahneingriff an Richtigkeit einbüßt.

Wird die Evolvente, wie allgemein üblich, mit 15° Eingriffswinkel konstruiert, dann erhalten die Räder mit weniger als 31 Zähnen den Zahnfuß unterschnitten, und zwar um so mehr, je kleiner die Zähnezahl; bis zu 12 Zähnen herunter sind so konstruierte Verzahnungen noch, abgesehen von besonderen Fällen, anstandslos verwendbar. Bei Trieben mit weniger als 12 Zähnen verursacht das Unterschneiden jedoch eine beträchtliche Schwächung des Zahnfußes, die wirksame Fläche der Zahnflanken wird verkürzt und der Zahneingriff infolgedessen ungünstig; zur Übertragung von Kräften sind solche Räder nicht mehr verwendbar.

Diese Nachteile zu vermeiden, gibt es zwei Methoden. Nach der einen mache man den Zahnkopf des Triebes höher als normal, den Zahnfuß entsprechend niedriger, so daß bei einem von der normalen Ausführung abweichend größeren Außendurchmesser die ganze Zahnhöhe normal bleibt; beim eingreifenden Rade verfahre man entgegengesetzt.

Nach der anderen Methode bleiben die Durchmesser normal. Man konstruiere die Evolvente mit einem größeren Eingriffswinkel als 15°

[1]) Dieser Artikel, sowie die nachstehende Tabelle für die Aufzeichnung der normalen Evolventenverzahnung sind dem Katalog der Firma Fr. Stolzenberg & Co. entnommen und ist ein Nachdruck nur mit ausdrücklicher schriftlicher Genehmigung obiger Firma gestattet.

und erreiche dadurch, daß, wenn dieser 20° das sechzehnzähnige, wenn 22° 30', der zehnzähnige Trieb frei vom Unterschneiden wird.

Das Vorhergesagte zu veranschaulichen, sollen die beiden Fig. 328 und 329 dienen. Beide zeigen ein Trieb mit 10 Zähnen in Evolventenverzahnung.

Fig. 328 mit 15° Eingriffswinkel konstruiert, läßt die angeführten Mängel deutlich erkennen; der Zahnfuß ist stark unterschnitten. Fig. 329 mit 22° 30' entwickelt; der Zahn ist ersichtlich kräftiger und nicht unterschnitten.

Gegen die Evolventenverzahnung wird als Nachteil weiter geltend gemacht, daß die Form der Zähne ein Auseinandertreiben der Räder verursacht, also dadurch ein Druck auf die Lager ausgeübt wird, der mit dem Eingriffswinkel größer bezw. kleiner wird.

Fig. 328. Stirnrad mit 15° Eingriffswinkel konstruiert. Fig. 329. Stirnrad mit 22° 30' Eingriffswinkel konstruiert.

Der Druck auf die Lager ist am geringsten, wenn die Kraft senkrecht auf die den Mittelpunkt beider Räder verbindende Gerade wirkt, ein Verhältnis, das bei der Zykloidenverzahnung nur eintritt, solange der Angriffspunkt in den Teilpunkt fällt; in jeder anderen Stellung ist auch bei dieser Verzahnung der Kraftangriff geneigt gerichtet.

Für die Praxis ist der Evolventenverzahnung entschieden der Vorzug zu geben, und zwar wird dieselbe, mit 15° Eingriffswinkel konstruiert, als normale Verzahnung von den maßgebendsten Fabriken ausschließlich benutzt.

d) Aufzeichnung der normalen Evolventenverzahnung.

Die Konstruktion der Evolventenverzahnung ist in den technischen Lehrbüchern ausführlich behandelt. Die daselbst erläuterten Verzahnungsmethoden sind jedoch für die Zwecke der Praxis nicht immer anwendbar. Einmal bietet die Entwicklung der Evolvente an sich Schwierigkeiten, deren Aufzeichnung ist umständlich und nicht jedem geläufig, wird überdies zur Unmöglichkeit, wenn es sich um Verzahnungen in kleinen Teilungen handelt.

Um die Aufzeichnungen zu vereinfachen, dienen die bekannten Kreisbogenverzahnungsmethoden. Es werden danach die Mittelpunkte und Radien eines bezw. zweier Kreisbogen bestimmt, die eine Form ergeben, welche sich dem Evolventenbogen, den sie ersetzen soll, annähert. Für alle Verhältnisse gleichmäßig richtige Zahnflanken lassen sich jedoch mit diesen Methoden nicht erreichen; je weniger Zähne das zu verzahnende Rad hat, um so größer ist der Fehler. Räder niedriger Zähnezahlen, danach bestimmt, erhalten den Zahnkopf zu kurz gerundet.

In nachstehendem folgt eine Beschreibung von Grants Odontograph, einer Verzahnungsmethode, mit deren Benutzung sich für alle Zähnezahlen von 10 aufwärts bis zur Zahnstange die Zahnform mit für praktische Zwecke genügender Genauigkeit bequem und korrekter als nach den erwähnten Kreisbogenmethoden aufzeichnen läßt.

Für die zeichnerische Darstellung von Verzahnungen, sowie zur Anfertigung von Werkzeugen und Lehren für Formmodellräder, Formstücken für Räderformmaschinen kann diese Methode als die bestgeeignetste empfohlen werden.

Für die Herstellung der Schnittprofile von Zahnradfräsern können alle vorgenannten, wie überhaupt jede auf graphischer Darstellung beruhende Methode nicht in Anwendung kommen, wenn eine besondere Präzision verlangt wird. Ist die Aufzeichnung auch korrekt, was bei kleinen Teilungen nur vermittelst photographischer Reduktion nach vergrößerten Originalformen möglich ist, dann stellen sich durch die weiter danach zu fertigenden Lehren, Gegenlehren und Fassonstähle Ungenauigkeiten ein.

Um solche Fräser in der größtmöglichen Vollkommenheit zu erhalten, müssen die Zahnformen an dafür geeigneten Sondermaschinen mechanisch entwickelt werden.

Es sind nach Tabelle S. 282 und Fig. 330 die Zahnformen für ein Trieb, 12 Zähne und Zahnstange, in Teilung Modul 10 aufzuzeichnen.

Das Trieb: Zeichne Teilkreis, Kopf- und Fußkreis und innerhalb des Teilkreises im Abstande

$$a = \frac{12 \,.\, 10}{60} = 2 \text{ mm}$$

den Konstruktionskreis, ziehe durch den Mittelpunkt eine Senkrechte, trage, vom Teilpunkte O ausgehend, auf dem Teilkreis die Teilung ab und halbiere dieselbe, wenn Zahn gleich Lücke werden soll.

Nach umstehender Tabelle ergibt sich für 12 Zähne:

der Kopfbogenradius

$$b = 2{,}51 \,.\, 10 = 25{,}1 \text{ mm},$$

der Fußbogenradius

$$c = 0{,}96 \,.\, 10 = 9{,}6 \text{ mm}.$$

Grants Tabelle für normale Evolventenverzahnung.

Eingriffswinkel 25°.

Zähnezahl	*b* Kopfbogen-	*c* Fußbogen-
	Radius mit dem Modul zu multiplizieren 1 — 2 — 3	
10	2,28	0,69
11	2,40	0,83
12	2,51	0,96
13	2,62	1,09
14	2,72	1,22
15	2,82	1,34
16	2,92	1,46
17	3,02	1,58
18	3,12	1,69
19	3,22	1,79
20	3,32	1,89
21	3,41	1,98
22	3,49	2,06
23	3,57	2,15
24	3,64	2,24
25	3,71	2,33
26	3,78	2,42
27	3,85	2,50
28	3,92	2,59
29	3,99	2,67
30	4,06	2,76
31	4,13	2,85
32	4,20	2,93
33	4,27	3,01
34	4,33	3,09
35	4,39	3,16
36	4,45	3,23
37— 40	4,20	
41— 45	4,63	
46— 51	5,06	
52— 60	5,74	
61— 70	6,52	
71— 90	7,52	
91—120	9,78	
121—180	13,38	
181—360	21,62	

$\text{Modul} = \frac{\text{Teilung}}{\pi}$.

Teilkreisdurchmesser = Zähnezahl × Modul; Kopfkreisdurchmesser = (Zähnezahl + 2) . Modul.

Zahnkopf = Modul. Zahnfuß = 1,166 . Modul. Zahnhöhe = 2,166 Modul.

Die Mittelpunkte der Kopf- und Fußbogenradien liegen auf dem Konstruktionskreis.

a = Abstand des Konstruktionskreises innerhalb des Teilkreises = $^1/_{60}$ Teilkreisdurchmesser.

Fußrundung = 0,166 . Modul.

Der Kopf des Zahnes der Zahnstange ist mit einem Radius 2,1 . Modul, Mittelpunkt der Teillinie, zu runden.

Hierzu siehe Figur 330.

Mit diesen Radien, die Mittelpunkte auf dem Konstruktionskreis, sind vom Teilpunkt O aus Bogen zu schlagen, und zwar der Kopfbogen bis zum Kopfkreis (1—2, Fig. 330) und der Fußbogen vom Teilpunkt bis zum Konstruktionskreis (2—3, Fig. 330). Vom Konstruktionskreis bis zum Fußkreis ist die Zahnflanke als Gerade radial zu zeichnen und der Zahnfuß mit einem Radius

$$d = 0{,}166 \,.\, 10 = 1{,}66 \text{ mm}$$

auszurunden (4—5, Fig. 330).

Ist die Zähnezahl größer als 36 oder die Teilung klein, dann wird der Kopfbogen über den Teilkreis hinaus bis zum Konstruktionskreis gezogen (1—3, Fig. 330); für diese Fälle ist der eine Kreisbogen genügend annähernd.

Die Zahnstange: Ziehe durch den Teilpunkt tangential zum Teilkreis die Teillinie und trage die Teilung auf; zeichne die Zahnflanken

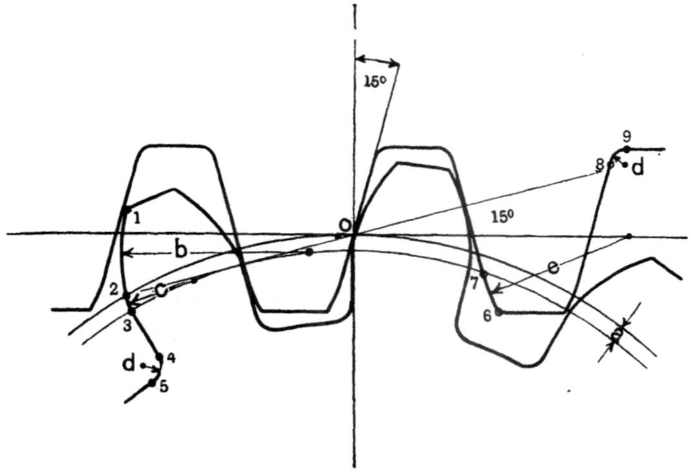

Fig. 330. Das Aufzeichnen der normalen Evolventenverzahnung.

15° zur Senkrechten geneigt geradlinig, halbiere die Zahnkopflinie und runde von diesem Punkt (7, Fig. 330) aus, den Mittelpunkt auf der Teillinie, den Zahnkopf mit einem Bogen (6—7) ab, dessen Radius

$$e = 2{,}1 \,.\, \text{Modul ist.}$$

Um theoretisch genaue Evolventenbögen für die Zahnflanken zu erhalten, müßte man zur Herstellung korrekter Zahnlücken vermittelst Einzelfräser für jede Zähnezahl einen besonderen Fräser haben. Da dies einen sehr großen Frädersatz erfordern würde und die Abweichungen zwischen zwei oder mehreren aufeinanderfolgenden Zähnezahlen namentlich bei größerem Durchmesser sehr gering sind, faßt man zwei oder mehrere zusammen und fertigt hierfür immer nur einen Fräser an.

In der Praxis haben sich nun für Teilungen bis Modell 10 der achtteilige und für größere Teilungen der vierzehnteilige Satz eingeführt und werden von den maßgebenden Firmen, wie folgt, auf Lager gehalten.

Achtteiliger Satz.

Fräser Nr.	1	2	3	4	5	6	7	8
für Zähnezahlen	12—13	14—16	17—20	21—25	26—34	35—54	55—134	135—∞

Vierzehnteiliger Satz.

Fräser Nr.	1	2	3	4	5	6	7
für Zähnezahlen	12	13	14	15—16	17—18	19—20	21—24
Fräser Nr.	8	9	10	11	12	13	14
für Zähnezahlen	25—28	29—33	34—41	42—52	53—80	81—134	135—∞

e) Die diametral pitch-Teilung.

Da man vielfach Werkzeugmaschinen englischen oder amerikanischen Ursprunges antrifft, so sei zum Schluß noch kurz die Berechnung der Zahnräder, wie sie dort üblich ist, besprochen.

Wie bekannt, wird in England und Nordamerika noch nach Zoll gemessen und es läuft auch diese Rechnung darauf hinaus; alle Abmessungen sind also in englischen Zollen und zwar wird durch „diametral pitch" angegeben, wieviel Zähne auf einen Zoll des Teilkreisdurchmessers entfallen. Z. B. ein Rad von 3 Zoll Durchmesser und 30 Zähnen wird $\frac{30}{3} = 10$ pitch haben, ein Rad von gleichem Durchmesser mit 36 Zähnen $\frac{36}{3} = 12$ pitch. In dem Rad von 10 pitch entfallen also 10 Zähne auf 1 Zoll des Teilkreisdurchmessers und in dem Rad 12 pitch 12 Zähne auf 1 Zoll des Teilkreisdurchmessers usw.

Unter „circular pitch" hat man die Teilung zu verstehen, also ein Rad, bei welchem die Teilung 1 Zoll beträgt, hat 1 Zoll circular pitch und 3,14 diametral pitch.

Der Teilkreisdurchmesser ergibt sich also, indem man die Zähnezahl durch diametral pitch dividiert; zur Bestimmung des Außendurchmessers nimmt man Zähnezahl + 2 und dividiert durch diametral pitch, z. B. ein Rad von 30 Zähnen und 10 pitch hat $\frac{30}{10} = 3$ Zoll Teildurchmesser und $\frac{30+2}{10} = \frac{32}{10} = 3{,}2$ Zoll Außendurchmesser.

Tabelle.

Diametral pitch	Circular pitch
1	3,14
2	1,57
$2^1/_4$	1,39
$2^1/_2$	1,25
$2^3/_4$	1,14
3	1,05
$3^1/_2$	0,898
4	0,785
5	0,628
6	0,524
7	0,448
8	0,392
9	0,350
10	0,314
11	0,280
12	0,262
14	0,224
16	0,196
18	0,174
20	0,157
22	0,143
24	0,130
26	0,120
28	0,112
30	0,104
32	0,098

Tabelle.

Circular pitch	Diametral pitch
2	1,57
$1^3/_4$	1,79
$1^1/_2$	2,09
$1^7/_{16}$	2,18
$1^3/_8$	2,28
$1^5/_{16}$	2,39
$1^1/_4$	2,51
$1^3/_{16}$	2,65
$1^1/_8$	2,79
$1^1/_{16}$	2,96
1	3,14
$^{15}/_{16}$	3,25
$^7/_8$	3,59
$^{13}/_{16}$	3,86
$^3/_4$	4,19
$^{11}/_{16}$	4,57
$^5/_8$	5,03
$^9/_{16}$	5,58
$^1/_2$	6,28
$^7/_{16}$	7,18
$^3/_8$	8,38
$^5/_{16}$	10,06
$^1/_4$	12,56
$^3/_{16}$	16,75
$^1/_8$	25,12
$^1/_{16}$	50,24

Tabelle.

Modul	Diametral pitch
1	25,4
1,25	20,32
1,5	16,93
1,75	14,51
2	12,7
2,25	11,29
2,5	10,16
2,75	9,23
3	8,46
3,5	7,26
4	6,35
4,5	5,64
5	5,08
5,5	4,62
6	4,23
7	3,63
8	3,17
9	2,82
10	2,54
11	2,31
12	2,12
14	1,81
16	1,59

Diese Methode vereinfacht, ebenso wie bei uns die Modulteilung, ganz wesentlich die Rechnung. Vorstehend sind zwei Tabellen angeführt; wovon die erste zu einem bestimmten diametral pitch gehörigen circular pitch, und die zweite umgekehrt zum angenommenen circular pitch gehörigen diametral pitch angibt, wobei man also unter circular pitch die Teilung in Zollen zu verstehen hat.

Eine dritte Tabelle dient zum Vergleich mit unserer Modulteilung und gibt den unserem Modul entsprechenden diametral pitch an.

Nachstehend sei noch alles zusammengestellt und an einem Beispiel erläutert. Es seien folgende Bezeichnungen eingeführt:

P = diametral pitch = Zähnezahl auf 1 Zoll Teilkreisdurchmesser,
T = Teilkreisdurchmesser,
D = Außendurchmesser,
Z = Zähnezahl,
p = circular pitch = Teilung,
t = Zahnstärke oder Fräserstärke im Teilkreis,
d = Arbeitstiefe des Zahnes,
f = Übrige Zahntiefe zum Ausrunden der Ecken (Spiel zwischen Zahnoberkante und Grund),
$d + f$ = Ganze Zahntiefe.

Es ist dann

$$P = \frac{Z+2}{D} \text{ oder } \frac{Z}{T},$$

$$T = \frac{D.Z}{Z+2} \text{ oder } \frac{Z}{P},$$

$$Z = P.T \text{ oder } P.D - 2,$$

$$D = \frac{Z+2}{P} \text{ oder } T + \frac{2}{P},$$

$$t = \frac{1{,}57}{P},$$

$$d = \frac{2}{P}, \qquad f = \frac{t}{10},$$

$$p = \frac{\pi}{P}, \qquad P = \frac{\pi}{p}.$$

Der Zahnkopf wird

$$\frac{1}{P} = \frac{d}{2},$$

der Zahnfuß

$$\frac{1}{P} + f.$$

Die Mittenentfernung zweier ineinander greifender Räder wird:

$$\frac{\text{Summe der Zähnezahlen beider Räder}}{2P}.$$

Beispiel: Es sei ein Rad von 72 Zähnen und 12 diametral pitch zu bestimmen.

Der Teilkreisdurchmesser ist:

$$\frac{Z}{P} = \frac{72}{12} = 6 \text{ Zoll.}$$

Der Außendurchmesser:

$$D = \frac{Z+2}{P} = \frac{72+2}{12} = 6{,}166 = 6^2/_{12} \text{ Zoll}$$

oder auch:

$$D = T + \frac{2}{P} = 6 + \frac{2}{12} = 6^2/_{12} \text{ Zoll.}$$

Circular pitch oder Teilung:

$$p = \frac{\pi}{P} = \frac{3{,}1416}{12} = 0{,}262 \text{ Zoll.}$$

Die Zahnstärke

$$t = \frac{1{,}57}{P} = \frac{1{,}57}{12} = 0{,}131 \text{ Zoll}$$

Die Arbeitstiefe

$$d = \frac{2}{P} = \frac{2}{12} = 1{,}66 \text{ Zoll.}$$

Die übrige Zahntiefe (Spiel zwischen Zahnoberkante und Grund)

$$f = \frac{1}{10} = \frac{0{,}131}{10} = 0{,}013 \text{ Zoll.}$$

Die ganze Zahntiefe

$$d + f = 1{,}66 + 0{,}013 = 1{,}679 \text{ Zoll.}$$

Der Zahnkopf

$$\frac{1}{P} = \frac{1}{12} = 0{,}83 \text{ Zoll.}$$

$$\text{Der Zahnfuß} = \frac{1}{P} + f = 0{,}83 + 0{,}013 = 0{,}843 \text{ Zoll.}$$

Alles andere läßt sich leicht mit Hilfe der vorhergehenden Formelnsammlung bestimmen.

Sachregister.

Abheben der Späne 2.
Abkühlungsflüssigkeit 75.
Abwälzfräser 23, 239.
Abwälzfräsmaschinen 249, 251.
Achsenwinkel (Spiralzahnräder) 206.
Analyse der Schnellaufstähle 11.
Anlassen 75.
Anlaßfarben 76.
Anschnitt der Fräser 10.
Arten der Fräser 16.
Aufgesteckte Nutenfräser 18.
Aufspanneinrichtungen 120.
Ausglühen der Fräser 65.
Ausnützung, volle, der Fräsmaschinen 114.

Bearbeitung der Fräser 48.
Bedienung mehrerer Maschinen 110.
Befestigungsarten der Fräser 24.
Befestigungskonen 27.
Berechnungen für Teil- und Spiralarbeiten 171.
Bleibad zum Erwärmen der Fräser 71.
Bügeleisen, Fräsen von 116.

Cosinustabelle, s. unter K.
Cotangenstabelle, s. unter K.
Cykloidenverzahnung, s. unter Z.

Diametral pitch-Teilung 284.
Differentialteilen 184.
Differentialteilkopf 187.
Drehen der Fräser 48.

Einsatzmittel 70.
Einsatzöfen 69.
Einsatztiefe 70.
Einsetzen der Fräser 69.
Einzelscheibenantrieb 112.

Elektrischer Härteofen 72.
Entwicklung der Fräsmaschine 108.
— des Fräsers 11.
Erwärmen der Fräser 63, 67.
Evolventenverzahnung 279.

Fingerfräser 18.
Fräsen der Fräserschneidzähne 50.
— der Gewinde 168.
— einer Kurbel 6.
— einer Platte 2, 5.
— einer Schnecke 7.
— einer Schwalbung 6.
— eines Handrades 7.
— eines Kegelrades 7.
— eines Lagerdeckels 110.
— eines Tisches 3.
— von Bügeleisen 116.
— von Lokomotivrahmen 8.
— von Nähmaschinenplatten 117.
— von Schwungradrillen 8.
— von Spiralbohrern 169.
Fräseranschnitt 10.
Fräser aus kohlenstoffarmen Eisen 70.
Fräserschärfmaschinen 91.
Fräsköpfe 20.
Fräsvorrichtungen 122.
Freiläufiges Einschneiden von Schneckenradzähnen 245.

Gasmuffelofen 68.
Geriefter Fräser 11.
Gewindefräsmaschine 168.
Glockenfräser 19.
Glühen der Fräser 63, 65.

Härtebad 75.
Härtegrades, Nachlassen des 67, 75.

Härtekohle 65.
Härten der Fräser 65.
Härteofen 68.
Härterisse, Entstehen der 66, 74.
Härtespannungen 66.
Härtetemperatur, richtige 66, 74.
Helekoidengetriebe 262.
Hinterdrehbank 55.
Hinterdrehen der Fräser 53.
Hinterdrehte Fräser, Tabelle für 34.
Hinterfräsen der Fräser 52.
Hobeln einer Platte 2.
Hochleistungsfräser, Patent Koch 15.
— Patent Krupp 15.
— von J. A. Kühn (Pfeilzahnfräser) 16.
Horizontalfräsmaschinen 133.

Innenhinterdrehen 61.
Innenschleifapparat 90.
Innenschleifen 84.

Kaltsägen, Schnitt- und Schaltgeschwindigkeiten derselben 42.
Kaltsägeschärfmaschine 105.
Kegelräder, Bestimmung der Abmessungen 274—276.
— Fräsen der 246.
Kegelräderfräsmaschine 258.
Kegelrädervorfräsapparat 259.
Klemmfutter für Fingerfräser 26.
Klemmhülse zum Fräserschleifen 84.
Konustabellen der metrischen, Morse- und Reinecker-Konen 27, 28.
Kopieren 216.
Kopier- und Kurvenfräsmaschinen 162, 164, 220.
Kopier- und Kurvenfräsvorrichtungen 228.
Kosinustabelle 200.
Kotangenstabelle 203.
Kraftverbrauch der Fräser 7, 35, 46.
Kulissenfräsmaschine 165.
Kurvenarten, die 216.

Langlochfräser 17.
Längskurven 220.
Lebensdauer der Fräser 8.
Leistungsfähigkeit der Fräser 4.
— der Fräsmaschine 165.
Leistungsversuche 7, 43, 47.
Lochkreise der Teilscheiben 180.

Mantelkurven 218, 219.
Maschinenschraubstöcke 120.
Maschinenschraubstock, revolverartiger 122.
Materialbeschaffenheit der Fräser 48.
Messerköpfe 20.
Metallbäder zum Härten 71.
Mitnehmer 29.
Modulsteigung der Schnecke 216, 272.
Modulteilung der Zahnräder 264.

Nachstellbare Nutenfräser 18, 22.
Normalteilung (Spiralzahnräder) 267.
Nortonschleifscheiben 79.
Nute, das Einstoßen der 50.
Nutenfräser 17, 18, 21, 22.

Parallelfräsmaschine 166.
Pfeilzahnfräser 16.
Planfräsmaschinen 132.
Plankurven 218.
Profilfräser 22.
Profilstähle für Zahnformfräser 237.
Pyrometer 74.

Räderfräsmaschinen 248.
Regenerieren des Stahles 65.
Revolverfräsmaschinen 119.
Ringfräser 19.
Rundfräsen 7, 168.
Rundfräsmaschine 168.
Rundschleifen der Fräser 83.
Rundschleifmaschinen 85.

Salzbad zum Härten 72.
Salzbadeofen, elektrisch betriebener 72.
— mit Ölheizung 73.
Satzfräser 3, 5, 110, 114, 115, 130.
Schaltwege, Arten der 3.
Schaltgeschwindigkeiten (s. auch Vorschub) 39, 42, 45, 46, 47.
Schaftfräser 19.
Schärfen der Fräser 93.
— der Kaltsägen 104.
Scheibenfräser 21.
Schleifarbeit, Wirkungsweise der 79.

Schleiflehren 94.
Schleifmaterialen, künstliche 77.
Schleifsteine, natürliche 77.
— künstliche 77.
Schlitzfräser 17.
Schneckengetriebe 271.
Schneckenradfräser 23, 272.
Schneckenradfräsmaschine 252.
Schneidwinkel 31.
— veränderter 3.
Schneidzähne, Form und Teilung 29.
— spiralgewundene 36.
Schnellaufstahlfräser 9.
Schnittgeschwindigkeiten der Fräser 39, 40.
Schnittgeschwindigkeitstabelle 44, 45.
Schmieden der Fräser 63.
Schmiedespannung 64.
Schmirgelräder 78.
Schräggeteilte Fräser 16, 22, 23.
Schräghinterdrehen der Fräser 13.
Schrägstellen der Supporte 212.
Schraubenräder 266.
Seegerkegel 74.
Seitendruck der Spiralzähne 38.
Senkrechtfräsmaschinen 159.
Spanabhebung, eigentümliche des Fräsers 1.
Späne, kommaartige 2.
Spiralbohrerfräser 22.
Spiralbohrerfräsmaschine 170.
Spiralgewundene Nuten, Zähne, Riefen, Herstellung der 190.
Spirallänge, Berechnung der 191, 195.
Spiralschneidzähne, starkgewundene 36.
Spiralzahnfräser 14.
Spiralzahnräder 266.
Steigungswinkel der Spiralen 195, 273.
Stellfinger 93.
Stirnkurven 218.
Stirnräderteilapparat 176.
Stirnradfräser 22, 235, 236, 238, 284, 339.
Stirnradfräsmaschinen 248.

Tangenstabelle 203.
Teilapparate, einfache 171.
— selbsttätige 98, 136.
Teilapparate, universale 173.
Teilen, Differential- 184.
— direktes und indirektes 176.
Teilkreisdurchmesser an Kegelrädern 275.
— an Schneckengetrieben 273.
— an Stirnrädern 263.
Teilscheibenlochkreise 180.
Teiltabellen 181.
Teilung der Schneidzähne 29.
Topfschale (Schleifen) 93.
Trigonometrische Funktionen 196.
Trommelkurven 218, 233, 234.

Umdrehungszahlen der Fräser 39.
— der Fräser, Tabelle 44, 45.
— der Schleifräder, Tabelle 83.
Umfangsgeschwindigkeit der Fräser (s. Schnittgeschwindigkeit).
— der Schleifräder, zulässige 81.
Universalfräsmaschinen 133.
Universalteilapparate 173.
Urfräser 11.

Vertikalfräsmaschinen 161.
Versuche, vergleichende 8, 43, 46.
Vorfräser 236.
Vorrichtungen 122.

Wagerechtfräsmaschinen 133.
Walzenfräser 21.
Wechselrädertabellen 62, 272.
Winkel der Schneidzähne 31.
Winkelfräser 51.
Wirtschaftlichkeit der Fräsvorrichtungen 126.
— der Schnellauffräser 9.

Zähnezahlen der Fräser 33.
Zahnform an Spiralzahnrädern, richtige 269.
— mechanische Entwicklung der 238.
Zahnformen der Fräser 12, 31.
Zahnradfräser 22, 235, 236, 238, 284.
Zahnstangenfräsmaschine 257.
Zahnteilungen der Fräser 30.
Zangenfutter 26.
Zentrierfutter 26, 84.
Zwischenlegringe, Tabelle 25.
Zykloidenverzahnung 279.

Rationelle mechanische Metallbearbeitung. Gemeinverständliche Anleitung zur Durchführung einer Normalisierung und rationellen Serienfabrikation. Zum Gebrauch in Werkstatt und Bureau. Von **Martin H. Blancke,** Konsultierender Ingenieur für Fabrikation, Berlin. Mit 34 Textfiguren.
In Leinwand gebunden Preis M. 2,40.

Moderne Arbeitsmethoden im Maschinenbau. Von **John T. Usher.** Autorisierte deutsche Bearbeitung von **A. Elfes,** Ingenieur. Dritte, verbesserte und erweiterte Auflage. Mit 315 Textfiguren.
In Leinwand gebunden Preis M. 6,—.

Die Betriebsleitung insbesondere der Werkstätten (Shop management). Von **Fred W. Taylor.** Autorisierte deutsche Ausgabe von Prof. **A. Wallichs.** Mit 6 Figuren und 2 Zahlentafeln.
In Leinwand gebunden Preis M. 5,—.

Selbstkostenberechnung im Maschinenbau. Zusammenstellung und kritische Beleuchtung bewährter Methoden mit praktischen Beispielen von Dr.-Ing. **Georg Schlesinger,** Professor an der Kgl. Technischen Hochschule zu Berlin. Mit 110 Formularen. In Leinwand gebunden Preis M. 10,—.

Fabrikorganisation, Fabrikbuchführung und Selbstkostenberechnung der Firma Ludw. Loewe & Co., A.-G., Berlin. Mit Genehmigung der Direktion zusammengestellt und erläutert von **J. Lilienthal.** Mit einem Vorwort von Dr.-Ing. **Georg Schlesinger,** Professor an der Technischen Hochschule zu Berlin. Zweiter, berichtigter Abdruck.
In Leinwand gebunden Preis M. 10,—.

Selbstkostenberechnung für Maschinenfabriken. Im Auftrage des Vereines Deutscher Maschinenbauanstalten bearbeitet von **J. Bruinier.**
Preis M. 1,—.

Der Fabrikbetrieb. Praktische Anleitung zur Anlage und Verwaltung von Maschinenfabriken und ähnlichen Betrieben sowie zur Kalkulation und Lohnverrechnung. Von **Albert Ballewski.** Zweite, verbesserte Auflage.
Preis M. 5,—; in Leinwand gebunden M. 6,—.

Werkstättenbuchführung für moderne Fabrikbetriebe. Von **C. M. Lewin,** Dipl.-Ing. In Leinwand gebunden Preis M. 5,—.

Die Inventur. Aufnahmetechnik, Bewertung und Kontrolle. Für Fabrik- und Warenhandelsbetriebe dargestellt von **Werner Grull,** Beratender Ingenieur, Erlangen. Mit zahlreichen Formularen.
Preis M. 6,—; in Leinwand gebunden M. 7,—.

Die Wertminderungen an Betriebsanlagen in wirtschaftlicher, rechtlicher und rechnerischer Beziehung (Bewertung, Abschreibung, Tilgung, Heimfallast, Ersatz und Unterhaltung). Von **Emil Schiff,** Berlin.
Preis M. 4,—; in Leinwand gebunden M. 4,80.

Zu beziehen durch jede Buchhandlung.

GPSR Compliance

The European Union's (EU) General Product Safety Regulation (GPSR) is a set of rules that requires consumer products to be safe and our obligations to ensure this.

If you have any concerns about our products, you can contact us on ProductSafety@springernature.com

In case Publisher is established outside the EU, the EU authorized representative is:

Springer Nature Customer Service Center GmbH
Europaplatz 3
69115 Heidelberg, Germany

Batch number: 10682323

Printed by Printforce, the Netherlands